人脸识别与人体动作识别技术及应用

曹 林 著

電子工業出版社
Publishing House of Electronics Industry
北京 · BEIJING

内 容 简 介

本书以模式识别的一些基本理论与方法为基础，重点讨论了模式识别在人脸识别、人脸配准、人脸检测、素描人脸识别、图像超分辨率重建、Kinect 人体动作识别中的应用。全书共分 7 章，第 1 章概述了人脸识别技术与人脸图像超分辨率重建技术的发展现状。第 2 章提出了基于人脸纹理特征点 3D 人脸配准算法和基于均值权重粒子滤波器的人脸检测跟踪算法。第 3 章提出了基于 LBP 的素描人脸识别算法。第 4 章提出了一种基于 Gabor 小波变换和隐马尔可夫模型的人脸识别算法。第 5 章提出了一种基于分块 PCA 的单帧人脸超分辨率算法。第 6 章提出了基于空间几何角度信息的人体动作识别算法。第 7 章实现了一种基于 Kinect 的手势识别算法，完成了对智能小车的控制。

本书可供从事图像理解与识别、生物特征识别及相关研究和开发的教师、研究生及工程技术人员参考。

图书在版编目（CIP）数据

人脸识别与人体动作识别技术及应用 / 曹林著．—北京：电子工业出版社，2015.8

ISBN 978-7-121-26660-7

Ⅰ．①人…　Ⅱ．①曹…　Ⅲ．①面—图像识别　②人体—运动—图像识别　Ⅳ．①TP391.41

中国版本图书馆 CIP 数据核字（2015）第 161226 号

策划编辑：董亚峰
责任编辑：郝黎明
印　　刷：北京建宏印刷有限公司
装　　订：北京建宏印刷有限公司
出版发行：电子工业出版社
　　　　　北京市海淀区万寿路 173 信箱　　邮编：100036
开　　本：720×1 000　1/16　印张：13.25　字数：339.2 千字
版　　次：2015 年 8 月第 1 版
印　　次：2025 年 3 月第 3 次印刷
定　　价：88.00 元

凡所购买电子工业出版社图书有缺损问题，请向购买书店调换。若书店售缺，请与本社发行部联系，联系及邮购电话：（010）88254888。

质量投诉请发邮件至 zlts@phei.com.cn，盗版侵权举报请发邮件至 dbqq@phei.com.cn。

本书咨询联系方式：（010）88254434 或 fengq@phei.com.cn。

展 望

本书以模式识别的一些基本理论与方法为基础，重点讨论了模式识别在图像配准、人脸检测、素描人脸识别、图像超分辨率重建、Kinect 人体动作识别中的应用。其中两个章节涉及小波分析领域关于人脸识别的应用。现如今人脸识别及人体行为动作研究已经取得了一定研究成果，但是这并不说明它的弊端问题已经得以解决。

以物体之间的遮挡为例，此时人体部分被遮挡，如何剥离与之重叠的物体，并完整地分割出人体目标将是一个挑战。可以将监控视频中目标人体各个部位的定位与分割作为研究的切入点，通过对大量人体样本的训练与学习，从而精准地识别出人体的各个部位，并由此构建出人体骨架。对于实时性来讲，它受多方面因素的影响，如硬件条件、算法的复杂度、算法的识别效率，其间需要找到一个平衡点来处理这些影响。另外，图像配准在实际应用中的严格性也是一个挑战，由于它的准确度很多情况下并不尽如人意，因此，图像配准常常需要手工矫正，自动图像配准技术仍然是一个难题。

问题的存在其实并不能掩盖它们在实用性方面的价值，人脸识别技术在生物特征识别领域、司法领域、访问权限控制领域等均有应用。很显然，传统的人脸识别已经趋近成熟，这势必带来研究热点的一个新的转移。目前，异质人脸识别领域的素描人脸识别以及漫画人脸识别正在悄然兴起，这无疑给人脸识别研究注入新的动力。然而，异质人脸识别研究并不像传统研究那样简单，作为新兴事物，它正面临着一系列的挑战。用于刑侦的素描人脸识别与常规人脸识别不同，素描人脸识别通常都是正向的，姿态影响较小；表情通常为中性表情，表情变化较小；光照条件人为可控，基本不受光照影响。素描人脸识别的困难在于，刑侦专家根据目击者的描述所画的图像与真实图像之间的“像几分”问题。现场临摹的素描图与真实人像之间的相似度较大，相对识别效果较好；事后回忆的素描图与真实人像之间的差异偏大，识别率必然降低，但实际应用中，刑侦素描人脸识别往往不需要 Rank-1，因此识别率可通过 Rank-N 提高。

未来，合成素描照，即通过软件处理或其他手段得到的素描照，或许会提高法医素描照识别的可操作性。它可以通过 CBR（Component Based Representation）来处理原图和合成素描图之间的形态差距，以 ASM 检测人脸的局部信息，以 MLBP 捕捉纹理和结构特征作为切入点，这里不同局部图像之间存在的相关性将会是未来研究的重点。但是年龄问题仍然是亟待解决和不可避免的，同一个人不同时间段的照片（与素描照）匹配度能否理想也是未来研究的一个方向。

当前，基于原型的可操作异质人脸识别框架表明，异质面部特征或许可以用到异质人脸图像匹配上。当在复杂场景下进行红外热像与原图匹配时，就需要考虑到诸多不确定因素，这仍然是目前研究努力的一个方向，就像深度图像的人脸匹配需要使用到 LIDAR 传感器。已经证明这种传感器在远距离捕获高分辨率图像上具有较为优秀的能力，这将在人工智能及法律实施应用上形成一种可实施的人脸识别场景。

异质人脸识别领域的另一热点——漫画人脸识别技术或许会成为未来研究的一个新方向，随着大量数据库的开放，将有助于一些研究者找到新的算法来处理这类问题。对于漫画人脸识别，单一的算法是很难做到较高的识别率的，不同算法的结合应该会是新的思路。也许我们可以利用漫画人脸与原图特征点的相对位置，及各特征点之间的相对距离，探索新的研究方式。

另外，基于 Kinect 的人体动作研究目前大都针对于单个人体动作的识别，研究层面尚且较浅。很显然，实时的实现多目标的人体动作识别或将成为目标检测新的研究热点。例如，小组人群目标的检测，即多个人在同一时刻表现出不同的行为，若将其实时的检测出来，而不是分别对单个目标检测后组合，这样检测识别效率明显提高，应用性势必会得到提升。就社会意义来讲，人体动作识别的最终目标即是实现异常目标人体动作的识别，然而这仍然任重道远。

图像超分辨率重建技术目前处于研究初级阶段，由于其社会意义重大，很多研究者们仍然希望找到更为高速高效的算法，如盲超分辨率重建方法、概率模型方法等。实际情况下，人们更需要在“盲的”情况下进行超分辨率重建，对于重建质量，仍然需要进一步提高。未来继续在运动估计、退化模型、压缩视频、算法优化等方面进行更深入的研究或许会取得新的进展。

前言

人脸识别与人体动作因其在公安、视频监控、人机交互等方面良好的应用前景而成为近年来模式识别、图像处理等领域中的研究热点。虽然人类可以毫无困难地通过人脸而识别出某个人，但要建立一个能够完全自动进行人脸识别的人工智能系统却非常困难。困难的原因在于人类对视觉认知机理的了解还很肤浅，还不知道如何用数学来准确描述认知现象。使用图像处理技术来进行人脸识别时，困难表现在：人脸光照模式的不确定性，人脸表情的多样性和人脸姿态的随意性。到目前为止，已经取得的研究成果离这一问题的彻底解决还有很大的距离。

本书以模式识别的一些基本理论与方法为基础，重点讨论了模式识别在图像配准、人脸检测、素描人脸识别、图像超分辨率重建、Kinect 人体动作识别中的应用。全书共分 7 章，各章节主要内容如下：

第 1 章概述了人脸识别技术与人脸图像超分辨率重建技术的发展现状，并介绍了人体行为识别的研究进展。

第 2 章提出了基于人脸纹理特征点 3D 人脸配准算法。通过对 3D 人脸投射到 XOY 平面，获取正面人脸纹理图，利用 VOSM 算法实现了 3D 人脸数据库的重建以及配准。提出基于均值权重粒子滤波器的人脸检测跟踪算法，提高了系统对于人脸跟踪的准确度。

第 3 章提出了一种新的素描人脸识别，以 LBP 算子描述素描人脸和光学照人脸的相似性，采用 DOG 滤波器进一步提升了图像纹理效果。利用机器学习思想，加入分块特征，实现了素描人脸识别。提出了基于 SIFT 特征的人脸验证算法，以 SIFT 特征为基础，划分为数量特征和位置特征进行验证，实现了人脸验证。

第 4 章提出了一种基于 Gabor 小波变换和隐马尔可夫模型的人脸识别算法，以及基于 Gabor 小波变换、独立元分析和隐马尔可夫模型的人脸识别方法。上述方法识别率高，复杂度较低，对部分遮挡的图像具有较大的容忍度。

第 5 章提出了一种基于分块 PCA 的单帧人脸超分辨率算法。此算法用人脸图像块位置信息表征人脸图像的全局结构，图像块内容表征人脸图像的细节，进而重建出高分辨率人脸图像。

第 6 章提出了一种基于深度传感器提取人体骨骼空间角度信息的动作识别方法和一种基于三维时空特征的人体行为识别算法。上述算法着眼于虚拟现实、人机交互中的人体动作识别，利用空间几何角度来实现人体动作识别。

第 7 章实现了一种基于 Kinect 的手势识别算法，完成了对智能小车的控制。

本书的出版得到了北京市属高校青年拔尖人才培育计划（项目号：CIT&TCD201304119）、国家科技重大专项煤层气田地面集输信息集成及深度开发技术（项目编号：2011ZX05039-004-02）、人才培养项目—学科与研究生教育水平提高项目（项目号：5111524100）等科研项目的资助，在此一并表示感谢。

由于时间仓促，书中难免存在不足，欢迎读者对本书批评指正。

目录

第 1 章

绪 论

1.1 人脸识别技术的研究与应用

现代社会中，随着计算机技术的高速发展，计算机技术已经融入了人们生活的方方面面，人们和计算机进行交互的场合也越来越多，人工智能技术成为了许多学者研究的热点和重点。让计算机像人类一样思考，是人们一直以来在努力实现的目标，从“深蓝”象棋机器人的诞生，到现在的人工智能机器人可以和人进行简单交流，人工智能技术已经取得了长足的发展。同时，随着人工智能的发展，利用计算机代替人工作，也是人们对人工智能技术发展的一个重要需求。安全问题是各个国家都十分看重的问题，而人工智能在安全问题方面可以提供非常大的帮助，智能安防系统在近年来已经进入人们的生活中。其中，人脸识别[1]技术，正是人工智能领域的关键技术。人脸识别的相关技术包括人脸检测和跟踪，人脸验证以及各类人脸识别等，这些技术都可以广泛地应用于智能机器人、智能视频监控系统、门禁系统中。因此人脸识别不仅是一项拥有极高学术研究价值的技术，还是一个有巨大商业价值的技术。尽管人脸识别技术已经发展多年，但是还未能达到人们预期的目标。由于以上原因，人们对于人脸识别技术研究从未停止。本书在前人的研究基础上，对人脸识别技术进行了深入的研究，为了全面地研究人脸识别技术，实现人脸识别的整个流程，下面按图像配准、人脸检测和跟踪、人脸验证以及人脸识别的顺序，完成人脸识别技术所有步骤，对人脸识别技术的各个方面进行了完整的展现。

1.1.1 国内外人脸库介绍

人脸识别技术属于大数据技术的一种，因此作为人脸识别的基础，人脸库的建立不可缺少。国内外已经建立许多权威人脸库，具体介绍如下：

（1）FERET 人脸数据库。本数据库是由美国军方建立的人脸数据库，共有 14000 多幅图片，每人对应 7 幅图像，在不同的姿态、表情和光照条件下采集。采集的人脸多数是由西方人构成的，人种较为单一。

（2）CMU-PIE 人脸数据库。本数据库由美国卡内基梅隆大学所建立，库中共有 68 名志愿者共 41368 幅图像，每幅图像的姿态和光照条件都进行了严格控制。

（3）YALE 人脸数据库。由耶鲁大学建立的人脸数据库，包含了 15 名志愿者以及对应的 165 幅图像。

（4）ORL 人脸数据库。由剑桥大学的 AT&T 实验室所建立的人脸数据库，由 40 名志愿者以及对应的 400 幅图像所组成，是人脸识别研究最常用的人脸数据库之一。

（5）MIT 人脸数据库。由麻省理工大学所建立的人脸数据库，包括 16 名志愿者以及对应的 2592 幅不同姿态、光照等条件的图像。

（6）CAS-PEAL 人脸数据库。中国最大的人脸数据库[2]，是中国人脸库中最具权威的数据库。该数据库由中科院计算所建立，包括 1040 名志愿者，对应不同表情、光照、年龄、饰物等条件的共 99450 幅图像。

（7）BJUT-3D 3D 人脸数据库。由北京工业大学建立的第一个中国人的 3D 人脸数据库[3]，是国内常用 3D 人脸数据库，有男女各 250 名，共 500 幅 3D 人脸图像。

（8）CHUK 素描人脸数据库。由香港大学所建立的素描人脸数据库[4]，主要用于研究素描人脸识别，数据库包含有 606 人，分别来自香港大学人脸数据库以及其他数据库，每人都有一幅常规光学人脸图像以及对应的一幅素描人脸图像。

还有其他一些常用数据库，因为篇幅有限，没有一一列举。

1.1.2 国内外研究现状

早在 1964 年，国外就开始了对人脸识别的相关研究。研究初级人脸识别并没有单独作为一个研究领域，只是作为一般性的模式识别问题进行研究，方法也大多是针对人脸几何特征实现的算法。进入 20 世纪 90 年代后，人脸研究突飞猛进，不仅建立了数个大型人脸库的建立，而且出现了一些商业化的人脸识别系统。

麻省理工大学在这个阶段提出的特征人脸算法（Eigenface）被公认为是经典的人脸识别算法。与此同时，由 Belhumeur 等提出的 PCA 结合 LDA 的人脸识别算法，也是人脸识别算法的一个里程碑[5, 6]。在 20 世纪 90 年代末，Viola 提出了 AdaBoost 算法[7]，在人脸检测方面取得了突破性进展，为后续人脸检测的相关研究奠定了基础。除此之外，还有像 Gabor、神经元网络等方法。20 世纪后，3D 人脸识别的相关研究开始崭露头角，3D 人脸识别、3D 人脸检测等算法也相应出现。在 3D 人脸研究方面做出突出贡献的 Blanz 和 Vetter ，最先提出了基于 3D 变形[8, 9]（3D Morphable Model）模型人脸识别，解决了人脸检测与识别难以解决的多姿态问题。同时，在这一阶段，更多的 2D 人脸识别算法也相应提出，支持向量机（Support Vector Machine，SVM）[10]作为统计学习理论的代表算法，是最为突出的。

相比于国外，国内的发展相对较晚，但是发展迅速，在 20 世纪 90 年代起，国内开始在人脸技术方面进行相关研究，各个研究机构开始建立。最有代表性的研究机构以及学校包括，清华大学计算机系、自动化系和电子系，代表人物有徐光佑教授、边肇祺教授等；哈尔滨工业大学计算机系和中科院计算技术研究所合作的研究组，代表人物有高文教授、陈熙霖教授等；中科院自动化研究所模式识别国家重点实验室，代表人物有谭铁牛博士、王蕴红博士等；北京交通大学，代表人物有袁保宗教授等；北京工业大学，代表人物有沈兰荪教授、尹宝才教授等。还有许多研究机构和学校就不一一列举，这些研究机构，研究小组和学校在人脸识别以及其他模式识别领域进行了许多有意义的尝试，取得了非常多的研究成果。

1.1.3 人脸识别技术的难点和发展趋势

尽管人脸识别以及相关的研究已经取得了非常多的成果，但是仍有一些研究难点并未解决。

1. 光照影响

光照因素对于各类人脸研究的影响是非常巨大的，无论是检测、识别还是验证。在光照条件不理想（过强或者过弱）的情况输入待处理图像，会导致结果误差增大。目前解决这一问题的方法有两种：第一是通过算法对图像进行光照补偿处理，消除部分光照影响；第二是通过外部条件实现，如让检测、识别以及验证人脸区域的光照保持在合理程度，或者直接采用不受光照影响的红外图像等来实现算法。在这两种方法中，第一种节约成本但是效果不好，第二种效果更佳，但是成本更大。

2. 姿态影响

人脸的姿态会影响到各类人脸识别算法的效果，因为人脸识别的研究基础是人脸数据库，而人脸数据库中收集的人脸一般都是正面姿态的人脸，所以对其他姿态的人脸容忍度都比较低。针对这个问题，一般在训练的时候，加入其他类型姿态的人脸，增加算法对多姿态人脸的鲁棒性。另一类方法，采用3D人脸可以有效地解决多姿态问题，因为3D人脸本身具有可旋转性，可改变模型的姿态，但是3D人脸获取困难，很难在一般设备上得到普及。

3. 目标图像的分辨率影响

一般来说，目标图像的分辨率越高，目标人脸保留的信息也越多，因此人脸识别率更高。相反的分辨率低的图像会造成识别率下降。增强监控设备获取图像的像素是一个很好的解决手段，然而在一些情况下获取的图像往往是低分辨率的，因此针对这个情况，一些学者提出了图像超分辨重建算法，通过训练的方法由低分辨率的图像获取高分辨率的图像。

与此同时，人脸识别的发展也取得了长足的进步，主要从深度和广度两个方面分析：

（1）深度方面，人脸识别的相关技术已经和人们生活息息相关。人脸识别的相关技术可用于安防系统，譬如门禁系统、监控系统等。因此人脸识别相关技术已经走向了商业化、产业化，同时算法的稳定性，兼容性也在不断提高。

（2）广度方面，人脸识别技术也从开始的2D人脸识别、同质人脸识别等，发展到3D人脸识别以及异质人脸识别。3D人脸识别技术在虚拟现实领域发挥巨大的作用，同时异质人脸识别的相关技术也能为医学、刑侦等领域提供巨大的帮助。因此人脸识别的相关技术将在未来扮演更加重要的角色。

1.2 人脸图像超分辨率重建技术的研究与实现

数字图像处理是一门迅速发展的学科，它与人类的生活越来越密不可分，随着对计算机研究的不断深入，图像处理已经在很多领域中广泛应用，如机器视觉、工业检测、遥感卫星，图像传输、医学图像及视频监控等。

图像是经过图像观测系统，以不同形式和手段对真实的客观世界进行二维平面投影得到的。现实生活中，很多因素会不可避免地造成图像质量的下降，这些因素包括传感器的形状和尺寸、光照的影响、运动模糊、噪声干扰等，因此获得一幅高分辨率的图像几乎是不可能的。提高图像分辨率最直接的方法是提高成像装置的分辨率，但是受传感器阵列排列密度的限制，提高传感器的空间分辨率越来越难，通常采用的方法是减少单位像素的尺寸（即增加单位面积内的像素数量），例如：对于数字摄像机来说，就是减少其传感单元的尺寸，从而提高传感器的阵列密度，使其能够分辨出更多场景细节，但是成本会很高。另外，现有的技术工艺也限制了图像分辨率的进一步提高。因此从硬件方面来提高图像的分辨率是不切实际的。因此从软件方面着手来提高图像的分辨率，即超分辨率重建技术（Super Resolution Reconstruction，SRR）有着极大的现实意义和应用价值。

图像分辨率是指图像在单位长度上具有的像素数，单位一般为"像素/英寸"（pixel/inch），通常将分辨率作为衡量图像细节丰富程度的指标。图像质量的优劣和图像分辨率有着紧密的联系，图像的分辨率越高代表图像质量越好，越清晰，并且含有的高频信息越丰富。高分辨率图像的像素密度高，图像细节信息丰富，在实际应用中这些细节信息是很重要的。例如，高分辨率的医学影像可以帮助医生做出更精确的诊断；高分辨率的卫星图像有助于判断出地面上的相似建筑物或物体；高分辨率的人脸图像能够更准确有效地检测和识别人脸，在刑侦领域帮助警察更快地识别犯罪嫌疑人的相貌，加速破案。因此，在实际生活中高分辨率图像有很高的应用价值，对高分辨率图像的强烈需求有力地推动了图像超分辨率研究领域的发展[11]。

图像超分辨率重建技术就是利用软件的方法，将一幅或多幅低分辨率（Low Resolution，LR）图像重建成一幅高分辨率（High Resolution，HR）图像的过程。图 1.1 是两组低分辨率图像进行超分辨率重建后的效果图，左边的图像是低分辨率的，右边的图像的是重建的图像，通过对比可知，重建后的图像更清晰，噪声也降低了，如字母，边界部分都清晰可见。

超分辨率问题的解决涉及许多图像处理、计算机视觉、优化理论等领域中的基本问题，例如图像配准、图像分割、图像压缩、图像特征提取、图像质量评价、机器学习、最优化算法等，超分辨率是这些基本问题的一个具体应用领域，同时也对它们的研究进展起到了推动的作用。因此超分辨率问题本身的研究具有重要的理论意义。

图像超分辨率重建技术在很多领域都有着广阔的应用前景[11,12]，包括以下几个方面。

(a)　　(b)

图 1.1　图像超分辨率重建示意图

（1）公共安全领域。在公共安全领域（如银行、海关、机场等），视频监控技术越来越普及，在视频监控中，为了方便获取全景信息，摄像头通常离拍摄物距离较远，导致拍摄的视频图像较模糊，图像细节的信息较少，如犯罪嫌疑人的脸或肇事车辆的车牌号，这样不能快速地帮助警察侦破案件，因此，图像超分辨率技术可以应用到视频监控中，对视频图像中的关键部分如人脸或牌照进行高分辨率图像重建，为案件的侦破和事件的处理迅速提供重要的线索及证据。

（2）医学图像领域。通过各种医学成像技术［如 X 光、核磁共振（MRI）、断层图像重构（CT）和超声波等］形成的医学图像能够帮助医生诊断病情[11]，高分辨率医学图像能更精确地显示病变部位的具体位置和详细情况，能帮助医生更精确地诊断病因，制定更好的治疗方案。但受到成像设备本身的制约和成像技术的不完善，导致获取高分辨率的医学图像几乎是不可能的，因此图像超分辨率技术能为高清晰医学图像的产生提供了更有效的途径。

（3）卫星遥感图像领域。在卫星遥感图像应用中，高分辨率的图像有利于正确有效地跟踪识别目标。例如，“火星之脸”被证明只是火星上的奇怪石头；火星勘测轨道器的高分辨率成像科学实验摄像仪提供了大量清晰的火星表面图像，为科学家们对火星的深入研究提供了第一手资料。

（4）军事应用领域。虽然红外热像在现代战争中的夜间侦查监视中获得广泛的应用。但受到红外热像系统硬件的限制，获得的侦查图像的分辨率通常较低，图像模糊，不利于清晰地发现敌人，故图像超分辨率重建技术在现代化的战争中也有很广泛的应用前景。

（5）数字电视领域。现实生活中，随着数字电视的不断的普及，人们对高清晰度电视（HDTV）的需求也日益强烈。视频标准转换应用中，超分辨率技术会进一步减少成本，享受高分辨率画面质量将会使人们身心愉悦，更好地满足人们日益增长的文化需求。

（6）历史、人文照片的复原。一些历史文献或旧照片等常常由于保存不当或人为损毁导致图像质量降低，图像超分辨率技术就可以增强图像的视觉效果，对旧照片进行恢复。

人脸是图像的一种特殊类型，具有高度相似性，人脸图像处理是数字图像处理中很典型的问题。近年来在公共安全领域，视频监控技术的应用越来越普及，但是受到监控设备自身分辨率的影响，拍摄环境的干扰和拍摄物离摄像头较远，获得的人脸图像的分辨率通常比较低，不能很好地进行人脸检测和识别，因此如何将超分辨率技术运动到人脸图像中，专门针对人脸图像的超分辨率重建技术成为新的研究热点。人脸超分辨率重建是专门针对人脸图像，能大大提高人脸图像分辨率，恢复脸部细节特征。使用人脸超分辨率技术重建后的图像去进行人脸身份确认可以得到更好的效果。另外，在人脸表情分析方面，也可以先对其进行超分辨率处理然后进行表情分析。

人脸超分辨率重建技术在许多领域有巨大的发展前景，如①证件识别，如身份证、驾驶证、护照等证件上人脸图像重建；②刑侦破案，可以提高视频图像的中嫌疑犯的人脸质量，帮助公安机关快速锁定嫌疑人；③海关、机场等对公共安全比较敏感的部门的监控系统；④高清视频会议，突出参会人员的脸部信息，增强视频会议的真实直观的效果；（⑤人脸表情分析等，人脸图像超分辨率重建技术成为图像超分辨率重建技术中一个很重要的分支，是模式识别领域一个研究热点[12]。人脸图像超分辨率重建的示意图如图 1.2 所示，图 1.2（a）是低分辨率人脸图像；图 1.2（b）是超分辨率重建后的人脸图像；图 1.2（c）是原始的高分辨率人脸图像。

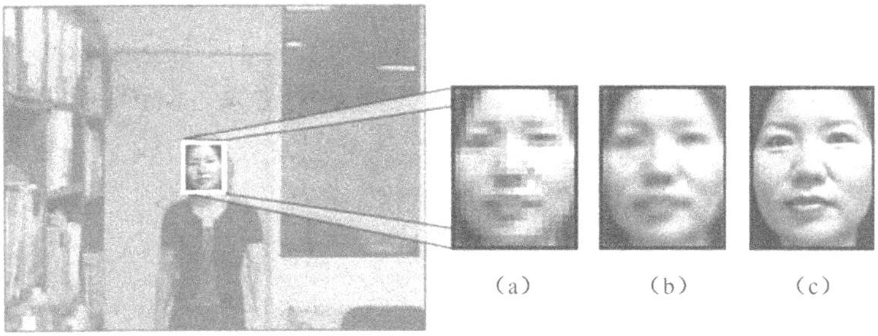

图 1.2　人脸图像超分辨率重建示意图

1.2.1 图像超分辨率的发展及国内外研究现状

图像超分辨率技术是在20世纪60年代提出的，目前已有的超分辨率重建算法主要分为基于插值的超分辨率重建算法、基于重建的超分辨率重建算法和基于学习的超分辨率重建算法三类算法，下面对这三类算法的国内外发展现状进行阐述。

基于插值的超分辨率重建算法是研究最早的算法，在实际生活中已经被广泛应用，主要用于单帧图像的重建，其原理是利用邻近像素点的灰度值来产生待插值像素点的灰度值。传统的插值算法包括最近邻域插值、双线性插值、双三次插值，这些都是建立在图像的连续性假设之上的，对满足灰度值连续性假设的区域进行插值，可以使生成的像素灰度值延续这种连续性的变化，但是对那些具有不连续灰度特性的像素进行插值时，会模糊图像的边缘和纹理，降低图像的质量[13]。为了克服传统方法的不足，许多新的插值算法被提出。Allebach 等 [14]提出了 EDI 方法（Edge-directed Interpolation，边缘导向插值）是最早出现的边缘自适应插值算法。后来Li和Orchard[15] 提出了一种新的边缘导向插值算法（New Edge-directed Interpolation，NEDI），这种算法利用低分辨率图像与高分辨率图像之间在像素点协方差上的几何相关性来解决超分辨率上的问题边缘[12]。新提出的插值方法能够得到更好的图像边缘，从而提高图像的视觉效果。总之，插值算法简单、效率高、实时性好，但并没有考虑到图像的成像过程，重建图像的效果不太理想。

基于重建的超分辨率重建算法是目前研究最多的算法，主要结合图像的先验知识进行重建。Tsai 和 Huang[17]首次提出了序列图像超分辨率重建的方法[12]，采用频域解混叠的原理进行图像重建。从此以后，图像超分辨率重建技术进入一个崭新的研究发展阶段。Nguyen[16]等人首先采用小波方法进行图像超分辨率重建，取得了比较满意的成果。Irani 等[18]人提出的迭代反投影算法（IBP），通过计算不断的迭代模拟低分辨率图像和实际测试输入图像的误差来不断更新对重建图像的估计，但是解不唯一，没有引入先验知识约束。Stark 和 Oskoui[19]首次提出了凸集投影方法（POCS），此方法是基于理论集合的模型，取得了较满意的重建效果。目前图像超分辨率研究中贝叶斯法研究的最多，重建效果也较好。Schultz 和 Stevenson 等[20]人首次提出用最大后验概率估计（MAP）方法进行图像超分辨率重建，并用 Huber-Markov 随机场作为先验知识，取得较满意的效果。Elad[21]等人提出了混合 MAP 和 P OCS 的方法，基于统计理论和集合论，在图像重建的过程中不断地进行迭代优化，结合图像的先验知识和凸集约束特征。Babacan 提出用分层的贝叶斯架构模拟未知的高分辨率图像和运动参数，可以减小估计误差，扩展性强。这类方法若有合理的先验知识，就可以获得非常理想的图像重建效果，但缺点在于计算量较大，不适合实时性要求高的场合。另外，输入的图像分辨率较低或者方法倍数较大，图像重建效果就不好。

后来，基于学习的图像超分辨率重建算法被提出，并迅速成为研究的热点，这类算法总的思想是，通过包含高分辨率图像和对应低分辨率图像的训练集建立学习模型，获取先验知识，指导重建高分辨率图像，重建图像的效果在很大程度上取决于训练集的规模和质量[22]。学习算法可以利用大量现存自然图像之间的统计关系来解决图像超分辨率的病态求逆问题，为图像超分辨率重建开辟了新的道路，还克服了基于重建的方法在分辨率提高倍数方面的局限性，近年来发展很快，成为研究的热点。A Hertzmann 等[23]人提出了基于多尺度（multiscale）自动回归的图像类比技术。Freeman WT[24]等人提出一种基于例子的学习算法，首先用很多自然图像构建训练图像集，然后通过标准的马尔科夫（markov）网络进行图像重建。Yang 等[25]通过构建过完备字典，提出基于稀疏表示的图像重建算法。但是主要适用于一般图像的超分辨率重建，不是专门针对人脸图像的算法。

针对人脸图像，最早是由 Baker 等 [26]等人提出了人脸图像超分辨率重建技术，即人脸超分辨率（Face Hallucination），也称为虚幻脸重建，使人脸图像超分辨率重建从图像超分辨率重建技术中单独分离出来，成为一个独立的研究领域。目前来说，人脸超分辨率重建主要是基于学习类的算法。他们利用高斯金字塔以及拉普拉斯金字塔，建立人脸图像的特征空间。通过学习得到映射关系，并以此作为先验知识，在贝叶斯框架下得到超分辨率重建人脸，缺点是人脸图像的一些部位会存在较大的错误或噪声。Liu[27]等人首次提出了基于两步框架的人脸超分辨率算法，他们给出了人脸超分辨率重建的三条约束准则，并结合全局参数模型与局部马尔科夫随机场的非参数模型来重建高分辨率人脸图像[12]。后来学者提出很多算法都是基于这种两步法框架的。Wang 等[28]人利用主成分分析（PCA）方法，认为输入的人脸图像可以看做是由一系列低分辨率图像线性组合得到的，利用 PCA 变换得到测试图像在训练人脸图像上的权重系数，结合权重系数和对应位置的高分辨率图像，重建出最后的高分辨率图像。Liu 等[29]提出一种基于多尺度和多方向特征的人脸超分辨率算法，利用金字塔学习人脸图像的低层次局部特征的空间分布，并结合塔状父结构和局部最优匹配算法来预测最佳先验模型 [12]。David Capel 等[30]将人脸划分成眼、鼻、嘴和面颊等不同部位，利用主成分分析 PCA 模型来描述不同部位的特征，由不同部位的权重系数加权重建得到最后的人脸图像[31]。Yang 等[32]提出一种利用相关过完备字典的稀疏表示的图像超分辨率算法，来增强人脸的局部细节信息。Zhuang 等[31]提出局部保持投影（LPP）和邻域残差补偿相结合的方法，先利用 LPP 提取图像特征，结合径向基函数回归（RBF）进行重建。基于学习的方法属于新兴的算法，正在被广泛的研究，这种方法可以弥补基于重建的方法的很多不足，通过利用训练图像库的先验信息来指导图像重建，在放大倍数很大的情况下，仍然能保持较好的重建效果，是值得进一步研究和发展的方向[33]。

目前，图像超分辨率重建技术要想在现实应用中取得较好的效果，还面临许多的问题和挑战[34]。图像配准在序列图像超分辨率重建中占有很重要的地位，在很大程度上影响高分辨率图像重建的效果。以此同时，图像退化模型在实际应用中是很复杂的，会受到模糊、噪声、几何运动等很多因素的影响，目前现有的图像退化模型是不准确的，并且也难以对退化模型的参数进行精确的估计，这也会很直接地影响超分辨率重建图像的效果。还有，基于学习的重建算法，如何选取恰当的训练样本数量和质量是非常重要的。最后，衡量超分辨率重建图像质量的标准也是一项值得研究的课题。

1.2.2 低分辨率图像退化模型

在现实生活中受到成像硬件系统分辨率的限制和各种成像环境因素（如运动形变、光学模糊、噪声等）的干扰，获得的图像通常都不是严格意义上的高分辨率图像。低分辨率图像退化模型如图 1.3 所示。

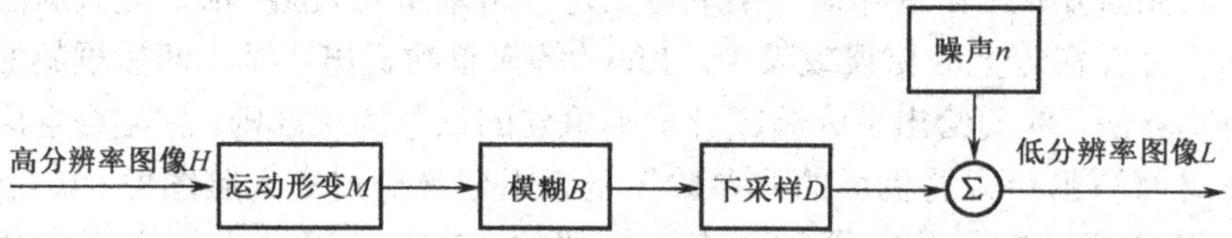

图 1.3　退化模型

图像退化模型包括四个部分，即运动形变、模糊、下采样和噪声，使得原始的高分辨率图像经过退化模型后，得到一幅或多幅低分辨率图像。下面对造成图像分辨率下降的几种因素进行简单的介绍。

（1）运动形变：运动形变的产生是由于真实景物与成像设备之间的相对运动，包括图像的全局运动和局部运动 [12]。全局运动是指整个图像空间的像素具有相同的运动特性，其运动参数可以用垂直和水平方向的位移来表示。局部运动是指图像空间中的多个物体具有各自的运动特性和参数。

（2）模糊：引起模糊的主要原因是光学模糊，用点扩散函数的卷积来描述，在超分辨率重建的过程中，需要采用一定的手段对点扩散函数进行确认，然后通过对其函数进行反卷积计算实现重建。

（3）下采样：下采样会使图像丢失部分信息，降低图像的分辨率。

（4）噪声：成像过程中会加入很多种类型的噪声，通常为了降低问题求解的复杂性，假定噪声是独立同分布的高斯噪声。

按照图像退化模型，通常可以认为 n 幅低分辨率图像是由一幅高分辨率图像经过图像退化模型得到的，图像退化模型的数学公式表示为：

$$L_k = D \times B_k \times M_k \times H + n_k \qquad (k = 1, 2, \cdots, n) \tag{1.2.1}$$

式中，H 是高分辨率图像；L 是低分辨率图像；B 是模糊矩阵；M 是运动形变矩阵；D 是下采样矩阵；n 是噪声。

图像超分辨率重建的目的是在已知一幅或多幅低分辨率图像以及假定的图像退化模型的情况下，求高分辨率图像的过程。这个过程看似只是对图像退化模型进行求逆运算，但超分辨率重建是一个高度病态的问题，参数一般是很难估计的。这使得在实际应用中，误差是不可避免的，在恢复高分辨率图像过程中具有不稳定性，影响鲁棒性。在解的稳定性、收敛性和可靠性得不到保证的情况下，通常只能利用某些约束条件将问题进行转化，然后通过最优化的方法估计出最优解。

1.3 空间角度的人体行为识别介绍

计算机视觉技术属于计算机智能的一部分，它包含图像处理、模式识别等热点研究领域。与人类一样，来自视觉的信息占信息量的比重很大，因此计算机视觉研究的重要性不言而喻。对计算机视觉的研究并不是在于让计算机能和人眼一样看见外界环境，其最终目的是让计算机能对获取的外界信息进行智能分析与处理，模拟人脑功能，实现对现实世界的认知。计算机视觉是一门综合性很强的学科[35]，它涉及生物学、物理学、神经学、认知心理学、图像处理、模式识别、计算机科学等，这决定了计算机视觉技术拥有广泛的应用领域以及广阔的发展前景。在计算机视觉诸多应用领域中，应用于安防事业[36]的智能视频监控系统也占有重要的地位。

随着社会的发展，人们对于自己所生活的社会环境安全的需求日益增长，特别是公众对自身的人身安全以及财产安全得到保障的需求日益凸显，这使得世界各国对社会的安防建设事业越来越重视。纵观近年来世界各国频繁发生的特大恐怖袭击事故，这些重大事件都突显出社会迫切需要提高预防公众安全事故发生的能力。

2014 年 3 月 1 日 21 时 20 分，在中国云南省昆明市火车站发生一起“昆明火车站暴恐案”，这是一起震惊中外的极其恶劣的暴力恐怖袭击案件。该案件是由新疆分裂势力组织策划的任意砍杀民众事件，一伙统一着装的歹徒手持凶器冲进昆明火车站广场、售票厅等，见人就砍，场景十分凶残。据统计，截至 3 月 2 日 18 时，已造成 29 死 143 伤。

2013 年 10 月 28 日中午时分，在北京天安门金水桥边发生一起“暴力恐怖袭击案”[37]。不法分子驾乘一辆吉普车闯入长安街，沿途快速行驶，故意冲撞游客群众，并最后撞向金水桥护栏，点燃车内汽油导致车辆起火燃烧，据统计该事件造成 5 人死亡，40 人受伤。

2012 年 12 月 14 日，在美国康涅狄格州的桑迪·胡克小学[38]发生“校园枪击惨案”。一名暴徒手持枪械闯入桑迪·胡克小学后，便直接向在校的教师及小孩肆意开枪，该事件共造成包括枪手在内的 28 人丧生，其中 20 名都是无辜的儿童，场面极其残忍。此事件也是美国历史上死伤最惨重的校园枪击案之一。

上述几个事件突出说明了我们社会迫切需求能有一套有效的措施来防止公众的人身安全及财产安全等遭受侵害。如今社会发展迅速，视频监控已经在社会的各个行业和领域随处可见，如图 1.4 所示。目前在经济社会生活中，对于安全事故的防范以及安全事故发生后的侦破，视频监控[39,40]有重要的应用价值，对维护国家及公共安全有重要的现实意义。

然而，当前视频监控系统只是停留在被动的数据采集阶段，系统功能单一，智能化程度低。大多时候还只是对某些特定环境下运动目标的检测以及跟踪，对目标做进一步的识别和理解分析工作还很欠缺。当安全事故已经发生后，通过视频监控，人工地进行侦破。而令人头疼的是，视频监控收集的数据庞大，因此需要耗费极大的人力，效率低下，检测效果也令人担忧。而另一方面，我们不仅需要通过视频监控帮助事后的侦破，更需要通过视频监控实时地进行安全事故的防范，这才是人们日常生活中所迫切需求的。

因此，针对以上背景提出了对视频中行人的动作理解与分析[41-43]以及异常行为实时检测的研究[44,45]。该技术将提高视频监控、安防系统等智能化程度，以便于能够充分发挥视频监控系统的主动监督作用、及时报警预防安全事故发生的作用。

图 1.4　经济社会生活中随处可见的视频监控

1.3.1　国内外研究现状

21 世纪以来，智能视频分析及其相关技术受到世界各国安防部门、国防建设、公司、研究所、高校等机构和学者们的极大关注。对视频中的信息进行分析与理解等研究在过去时间里迅猛发展，形成了比较全面的研究内容，相继取得了一系列阶段性的成果。许多国家有关部门以及领域内学者们对该项课题进行了大量的研究，下面将分别从国外与国内视角进行梳理。

1997 年，美国国防部高级研究项目署设立了由卡内基梅隆大学（CMU）领导的、麻省理工学院（MIT）、Sarnoff 公司等单位参与的智能视频监控系统重点项目（Visual Surveillance and Monitoring，VSAM）[46]。该系统不仅能用于民用监控，还可应用于军事领域，如军事基地、敌方战地、难民流动区域等的实时监控，有助于战场势态分析、为军事行动做出决策提供帮助。

1999 年，美国马里兰大学（Maryland）研制了一套实时视觉监控系统，命名为 W4 系统[47]，它不但可以跟踪行人并检测出行人的各个部位，而且通过建立各个部位的外观模型实现对多人的监控，在室内及室外等某些场景下实现了检测人体的简单行为。

除此之外，还有麻省理工学院开发的人体运动跟踪系统 Pfinder，美国的 ObjectVideo 公司开发的视频分析系统，以色列的 NiceVision 公司的视频分析仪等。

该研究领域还有许多国际上权威的学术期刊，如 PAMI（IEEE Transactions on Pattern Analysis and Machine Intelligence）、IJCV（International Journal of Computer Vision）、IVC（Image and Vision Computing）等，以及重要的学术会议，如 CVPR（IEEE Conference on Computer Vision and Pattern Recognition）、ICCV（IEEE International Conference on Computer Vision）、ICPR（International Conference on Pattern Recognition）等。

在国内，该课题的研究也得到了国家、科研院所、高校以及专家学者的高度重视。中科院自动化研究所的模式识别国家重点实验室[48]（Center for Biometrics and Security Research, CBSR）开发了一套针对室内、室外环境监控的智能视频检测系统，该系统能实时记录和分析场景中目标的姿态、行为等，并且支持对运动目标执行多生物特性的识别。此外，他们还建立了数个行为识别的数据库，为国内研究提供了很好的基础和平台。相继投入研究的还有清华大学、北京航空航天大学、浙江大学、西北工业大学、微软亚洲研究院等。在 2008 年北京奥运会期间，中国在安防系统中也首次采用了该领域最新的技术，提供人脸识别和视频报警等重要功能，预防各种安全突发事件，为北京奥运会的顺利召开提供了坚实的安全保障。

1.3.2　人体行为视频数据库

对于人体行为识别的研究，比较繁重的一项工作是需要采集人体行为的视频数据库。随着人体行为识别研究的不断推进，领域里已经出现了一些较为权威的、完整的、被多数研究所采用的行为视频数据库。在一定程度上可以说，行为数据库为该课题的研究提供了必要的数据依据。下面将介绍几个公开的、使用较为广泛的行为数据库。

1. Weizmann 人体行为数据库

Weizmann 人体行为数据库是以色列 Weizmann 科学院采集的，其主要特点是采集视频数据的背景、拍摄视角都是静止不变的。该视频库总共有 90 个视频片段，由 9 个不同性别、不同体型的人分别进行 10 种不同的动作，包括行走（Walk）、跑步（Run）、跳跃（Jump）、侧身行走（Gallop sideways）、弯腰（bend）、挥单手（One-hand wave）、挥双手（Two-hands wave）、原地跳（Jump in place）、挥臂原地跳跃（Jump jack）、单腿跳（Skip），每个视频段只存在一个人和一种行为。图 1.5 所示是该视频数据库的部分示例图。

（a）行走 （b）跑步 （c）跳跃

（d）侧身行走 （e）弯腰 （f）挥单手

（g）挥双手 （h）原地跳 （i）单腿跳

图 1.5 Weizmann 人体行为数据库部分示例图

2. KTH 人体行为数据库

KTH 人体行为数据库是皇家理工学院采集的，其特点是在多个场景下拍摄，背景相对静止，某些场景拍摄的镜头有拉近拉远操作。该数据库由 25 个不同性别、不同体型的人，分别执行 6 种行为，包括行走（Walking）、拳击（Boxing）、挥手（Hand Waving）、拍手（Hand Clapping）、慢跑（Jogging）、跑步（Running），并且每个人每种行为分别在四种场景（户外、户外镜头变焦、户外不同着装、室内）下依次采集，每个视频只存在一个人和一种行为。图 1.6 所示是该视频部分示例图。

(a) 行走

(b) 挥手

(c) 慢跑

(d) 拍手

(e) 跑步

(f) 拳击

图 1.6　KTH 人体行为数据库部分示例图

3. 中科院人体行为数据库[48]

中科院自动化研究所也建立了一个人体的步态数据库，其特点是拍摄视角有斜视、俯视、平视三种，而且包含单人行为以及多个人交互行为。该视频库总共1446 个视频片段，拍摄场景都在室外。单人行为有行走、跑、跳跃、弯腰等 8 种，多人交互行为有抢劫、打斗、尾随等异常行为。该行为数据库不是公开的数据库。

本章参考文献

[1] 山世光. 人脸识别中若干关键问题的研究[D]. 北京：中国科学院研究生院，2004.

[2] 张晓华, 山世光, 曹波, 等. CAS-PEAL 大规模中国人脸图像数据库及其基本评测介绍[J]. 计算机辅助设计与图形学学报, 2005, 17(1): 9-17.

[3] Yin Baocai. BJUT-3D Face Database [OL]. [2008-04-22] http://www.bjut.edu.cn/sci/multimedia/mul-lab/3dface/face_database.htm.

[4] The CUHK Face Sketch Database is available for download at: http://mmlab.ie.cuhk.edu.hk/facesketch.html.

[5] Belhumeur, P.N., Kriegman, D. What is the set of images of an object under all possible lighting conditions? IEEE Computer Society Conference on Computer Vision and Pattern Recognition[C]. San Francisco: IEEE, 1996, 270-277.

[6] Belhumeur P.N.，Hespanha J. P.，Kriegman D. J. Eigenfaces vs. Fisherface: Recognition Using Class Specific Linear Projection[J]. IEEE Trans. PAMY, 1997, 19(7), 711-720, July.

[7] Jones, M.J., Viola, P. A cluster-based statistical model for object detection. IEEE International Conference on Computer Vision[C].Kerkyra: IEEE, 1999, 2:1046-1053.

[8] V.Blanz, T.Vetter. A morphable model for the synthesis of 3D faces. Proc. of SIGGRAPH'99[C]. Los Angeles, 1999, 187–194.

[9] T.Vetter, V.Blanz. Estimating coloured 3d face models from single images: An example based approach. European Conference on Computer Vision(ECCV) [C].Freiburg, 1998, 499-513.

[10] Cortes C, Vapnik V. Support-vector networks[J]. Machine Learning, 1995, 20(3):273-297.

[11] 陈文. 小训练样本集下人脸图像超分辨率重构算法研究[D]. 湖南：中南大学,2010.

[12] 沈华. 基于插值和主元素分析的人脸超分辨率算法研究[D]. 湖南：湖南大学,2010.

[13] 杨宇翔.图像超分辨率重建算法研究[D]. 安徽省：中国科学技术大学, 2013.

[14] J Allebach, P W Wong. Edge-directed interpolation[J]. IEEE International Conference on Image Processing, 1996, 3: 707-710.

[15] Li X, Orchard M T. New edge-directed interpolation[J]. IEEE Trans. on Image Processing, 2001, 10(10): 1521-1527.

[16] N. Nguyen, P Milanfar. An efficient wavelet-based algorithm for image super-resolution[C]. IEEE International Conference on Image Processing, 2002, 2: 351-354.

[17] Huang TS, Tsai R. Multi-Frame Image Restoration and Registration[J]. Advances in Computer Vision and Image Processing,1984, 1(2): 317-339.

[18] Irani M, Civanlar M R. The Feasible Solution in Signal Restoration[J]. IEEE Transactions on Acoustics, Speech and Signal Processing. 1984, 3(2): 201-212.

[19] Stark H,oskoui P. High-resolution image recovery from image-plane arrays, using convex projection[J]. Journal of the Optical Society of America A,1989, 6(11): 1715-1726.

[20] R. R. Schulz, R.L. Stevenson. Extraction of high-resolution frames from video sequences[J]. IEEE Trans. on Image Processing,1996, 5: 996-1011.

[21] Elad M, Feuer A. Restoration of a single super-resolution image from several blurred, noisy and understand measured images[J]. IEEE Trans on Image Processing,1997, 6(12): 1646-1658.

[22] 朱婷婷. 图像插值超分辨率重建算法研究[D]. 四川. 西南交通大学, 2010.

[23] A Hertzmann, C E Jacobs, N Oliver. Image analogies[C]. The 28th Annual Conference on Computer Graphics and Interactive Techniques, 2001, 327-340.

[24] W T Freeman, T R Jones, E C Pasztor. Example-based super-resolution[J]. IEEE Computer Graphics and Applications,2002,22(2):56-65.

[25] J C Yang, J Wright, T Huang. Image super-resolution as sparse representation of raw image patches[J]. IEEE Conference on Computer Vision and Pattern Recognition, 2008: 1-8.

[26] Baker S, Kanade T. Limits on super-resolution and how to break them[J]. IEEE Trans. on Pattern Analysis and Machine Intelligence,2002, 24(9): 1167-1183.

[27] C Liu, H Y Shun, C H Zhang. A two-step approach to hallucinating faces: Global parametric model and local nonparametric model[J]. IEEE Computer Society Conference on Computer Vision and Pattern Recognition,2001, 1: 192-198.

[28] X G Wang, X O Tang. Hallucinating face by eigentransformation[J]. IEEE Trans. on Systems, Man and Cybernetics, Part C, 2005(3): 425-434.

[29] W Liu, D H Lin, X O Tang. Neighbor combination and transformation for hallucinating faces[J]. IEEE Conference on Multimedia and Expo,Amsterdam, 2005, 145-148.

[30] David C, Andrew Z. Super-resolution from multiple views using learnt image models[C]. In Proc,CCVPR,2001, 2(6): 27-34.

[31] Y Zhuang, J Zhang, F Wu. Hallucinating face: LPH super-resolution and neighbor reconstruction for residue compensation[J]. Pattern Recognition,2007, 40(11): 3178-3194.

[32] J C Yang, H Tang, Y Ma. Face hallucination via sparse coding[J]. IEEE Conference on Image Processing, 2008: 1264-1267.

[33] 乔建苹. 超分辨率重建与图像增强技术研究[D]. 山东：山东大学,2008.

[34] S. Derin Babacan. Variational Beyesian Super Resolution[J]. IEEE Transaction on image processing, 2011, 20(4): 984-999.

[35] Jungong Han, Ling Shao, Dong Xu, et al.. Enhanced Computer Vision With Microsoft Kinect Sensor: A Review[J]. IEEE Transactions on Cybernetics, 2013, 43(5): 1318-1334.

[36] Weilun Lao, Han J. Automatic Video-based Human Motion Analyzer for Consumer Surveillance System[J]. IEEE Transactions on Consumer Electronics, 2009, 55(2): 591-598.

[37] 高学敏. 中国反恐立法的形式、问题与对策[J]. 行政与法, 2014, 7: 126-129.

[38] 胥长寿. 校园暴力的现状、成因及预防[J]. 科学咨询（科技.管理）, 2014, 22(6): 18-20.

[39] Meghdadi A H, Irani P. Interactive Exploration of Surveillance Video through Action Shot Summarization and Trajectory Visualization[J]. IEEE Transactions on Visualization and Computer Graphics, 2013, 19(12): 2119-2128.

[40] Sayed M S, Delva J G R. An Efficient Intensity Correction Algorithm for High Definition Video Surveillance Applications[J]. IEEE Transactions on Circuits and Systems for Video Technology, 2011, 21(11): 1622-1630.

[41] 徐光祐, 曹媛媛. 动作识别与行为理解综述[J]. 中国图象图形学报, 2009, 14(2): 189-195.

[42] Zhuolin Jiang, Zhe Lin, Larry S D. Recognizing Human Actions by Learning and Matching Shape-Motion Prototype Trees[J]. IEEE Transactions on PAMI, 2012, 34(3): 533-547.

[43] Panahandeh G, Mohammadiha N, Leijon A, er al.. Continuous Hidden Markov Model for Pedestrian Activity Classification and Gait Analysis[J]. IEEE Transactions on instrumentation and measurement, 2013, 62(5): 1073-1083.

[44] 朱旭东, 刘志镜. 基于主题隐马尔科夫模型的人体异常行为识别[J]. 计算机科学, 2012, 39(3): 251-275.

[45] Xiaogang Wang, Meng Wang, Wei Li. Scene-Specific Pedestrian Detection for Static Video Surveillance[J]. IEEE Transactions on Pattern Analysis and Machine Intelligence, 2014, 36(2): 361-374.

[46] Collins R, Lipton A, Kanade T, et al.. A system for video surveillance and monitoring: VSAM final report[S]. Carnegie Mellon University, 2000.

[47] Haritaoglu I, Harwood D, Davis L S. W4 real-time surveillance of people and their activities[J]. IEEE Trans on Pattern Analysis and Machine Intelligence, 2000.08, 22(8): 809-830.

[48] Cbsr, Center for Biometrics and Security Research [EB/OL]. http://www.cbsr.ia.ac.cn/china/Action%20Databases%20CH.asp, 2008.

第 2 章

人脸图像配准和人脸检测跟踪

本章根据人脸模型的 2D/3D 特性，提出了基于图像纹理特征点的 3D 人脸配准算法。根据 3D 人脸模型的特性，将 3D 人脸投影到 XOY 平面上，获得 3D 人脸模型对应的正面 2D 人脸纹理特征，之后利用 VOSM 算法检测 2D 人脸对应的特征点，再反投影到 3D 空间获得 3D 人脸特征点的位置，之后重建坐标系，建立新的三角网格，将 3D 人脸重建并实现配准。

接着，本章还提出结合均值粒子滤波器的人脸检测和跟踪算法。算法分为人脸检测部分和跟踪部分。人脸检测部分使用 Gentle AdaBoost 算法实现，并提出递进复杂度的级联分类器，增加人脸检测的效率。人脸跟踪部分，使用粒子滤波器算法实现，提出了均值权重粒子滤波器算法，解决了传统粒子滤波器高权重粒子产生的误差问题。最后将两部分结合，提出人脸检测校正策略，提升了人脸跟踪准确性，并解决了粒子滤波器样本匮乏的问题。实验表明新算法性能更好，保存的人脸截图冗余性低，出错率小。

2.1 人脸配准简介

人脸配准是指将人脸图像分辨率变为一致，并将各个关键特征部位的坐标位置尽量接近，如眼睛、鼻子、嘴巴等。人脸配准是人脸识别相关技术实现的基础，没有进行配准过的人脸库是无法直接用于人脸识别相关技术的。因此若数据库采集后没有配准，则必须先进行配准。传统2D人脸配准的方法一般分为两种，一种是直接对特征点进行手工标定，得到各个特征点坐标，之后使用线性变换，得到配准图像，属于手动配准。另一种则是利用人眼检测等手段，寻找到图像特征点，再进行配准。这类方法一般情况下，需要少量的对人眼检测等进行一些手工校正，防止误检测，因此属于半自动配准的方法。2D人脸一般信息量较少，使用特征点也不多，配准相对容易，配准主要难点在于，无法正确检测到特征点，配准算法本身已经比较成熟。因此本章重点研究了3D人脸数据库的配准实现，下面将详细地介绍3D人脸数据的配准方法。

2.1.1 3D人脸配准简介

3D人脸的相关技术在人工智能、虚拟现实等领域是一个十分热门的技术，相比2D人脸的相关技术发展已久，并且日趋成熟，3D人脸的相关技术还处于起步阶段。对比2D人脸，3D人脸的信息量更丰富，除了颜色信息、位置信息，3D人脸多了深度信息，并且，3D模型不同于2D图像，是由三角网格构成的，因此3D模型可以很轻易地实现模型形变，这样3D人脸模型就可以实现表情变化、姿态变化等，因此3D人脸识别对多表情、多姿态的识别[1-4]效果有很大提升。但是由于3D人脸是由三角网格构成的，也导致3D人脸的配准十分困难。对于2D人脸，只需要准确找到特征点位置，即可以进行有效配准。但是对于3D人脸，仅仅有特征点位置，还并不够。3D人脸的配准需要让三角网格信息一致，并将特征点配准之后，才能用于下一步研究。现阶段，可以直接使用的3D人脸数据库不多，国内最著名的有北京工业大学的BJUT-3D数据库，国外则有3D_RMA、GavabDB等。但是这些数据库在公开的同时，并没有将3D人脸模型进行配准，无法直接使用。由于上述原因，本章对BJUT-3D人脸数据库进行了研究，对数据库进行了重建并配准。

2.1.2 数据库简介

BJUT-3D是北京工业大学建立的中国第一个大型3D人脸数据库[5]，3D模型使用Cyber Ware 3030RGB/PS激光扫描仪获取。3D人脸模型获取时，要求目标正坐在椅子上，面朝前方，保证扫描出来的3D人脸为面朝正面人脸头像。为了保证获取过程中，不受光照等其他条件的影响，扫描仪所在房间是一个封闭的、没有其他光源的房间。图 2.1 为模型采集示意图。

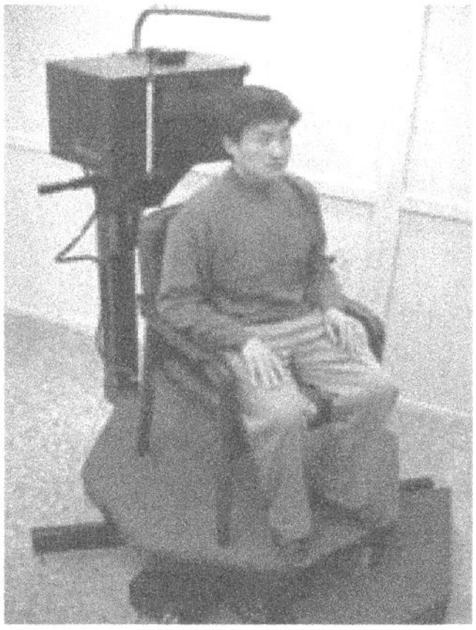

图 2.1　模型采集示意图

数据库共包括 500 个 3D 人脸模型，其中男、女各 250 名，年纪从 16～49 岁不等，所有人物都没有佩戴眼镜或者其他饰物。图 2.2 为采集到的 3D 人脸模型示意图。

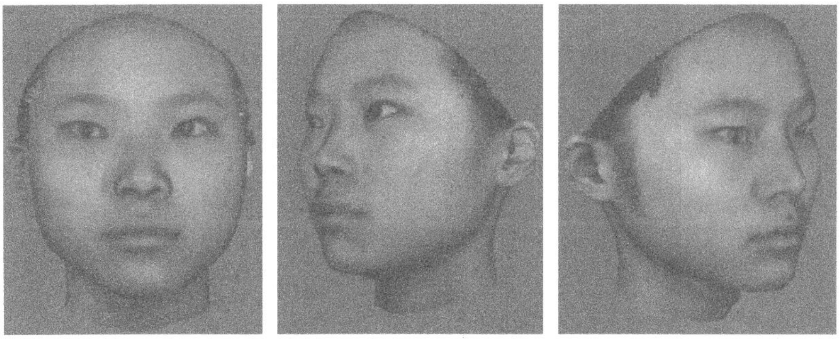

图 2.2　获取到的 3D 人脸示意图

2.2　3D 人脸配准

本节中，提出了基于 3D 人脸纹理图像的 3D 人脸配准算法。和 2D 人脸配准一样，3D 人脸配准也需要寻找特征点。但是，3D 人脸中，手动寻找特征点的难度非常大，工作量太大，无法实现。3D 人脸特征检测的方法，也并不成熟，没有办法直接检测到 3D 人脸中的眼睛、鼻子等特征位置，因此，本章选择找到 3D 人脸模型对应的纹理图像，并对纹理图像进行特征检测，之后再找到 3D 人脸模型对应的特征位置，再对 3D 人脸进行重建，并配准。

2.2.1 获取纹理图像

纹理图像是指 3D 模型的对应平面图像，由于所获得的人脸模型都是默认的正面人脸，因此我们只需要将 3D 人脸投射到 XOY 平面，忽略 Z 坐标的深度信息，即可以获得对应 3D 人脸的正面人脸纹理图像[5,6]。为了保证所有的纹理图像大小一致，在进行纹理投射时，所得到的图像进行了归一化，均为 1101×901 的 2D 图像。在进行纹理投射过程中，会碰到许多（x,y）坐标信息一致，但是 z 坐标信息不同的点。实际使用中，我们只需要人脸表面的点作为纹理图像，因此需要设定深度信息 z 的阈值，过滤掉多余的点。对于 3D 人脸图像，越是靠近面部表面的点，深度值越小，因此设定阈值 z_θ，小于 z_θ 的点保留，大于 z_θ 的点则舍去。之后将所有留下的点投射到 XOY 平面，保留颜色信息，点与点之间的颜色使用线性插值的方法进行填充，即可得到的正面人脸纹理图像。图 2.3 为得到的正面人脸纹理图像示意图。

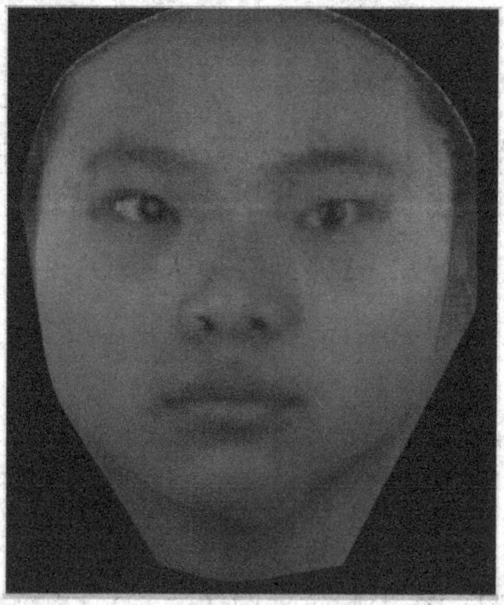

图 2.3　正面人脸纹理示意图

2.2.2　检测特征点

得到 2D 人脸纹理图像后，我们就可以使用 2D 人脸图像特征点检测方法，对图像进行检测，获得特征点。由于人脸纹理图像的图像内容本身比较简单，因此我们可以采用比较方便的手段获得人眼位置以及人脸位置，例如，本章中，使用 Matlab 工具中的人眼滤波器，得到了人眼的位置，然后使用了边缘检测，得到了人脸的大概位置。经过测试，500 幅图像进行检测，只需要 5 分钟不到的时间就可以完成，并且准确度超过 90%，只有少部分的图像需要手动微调，效率较高，可以满足需求。图 2.4 为检测结果示意图。

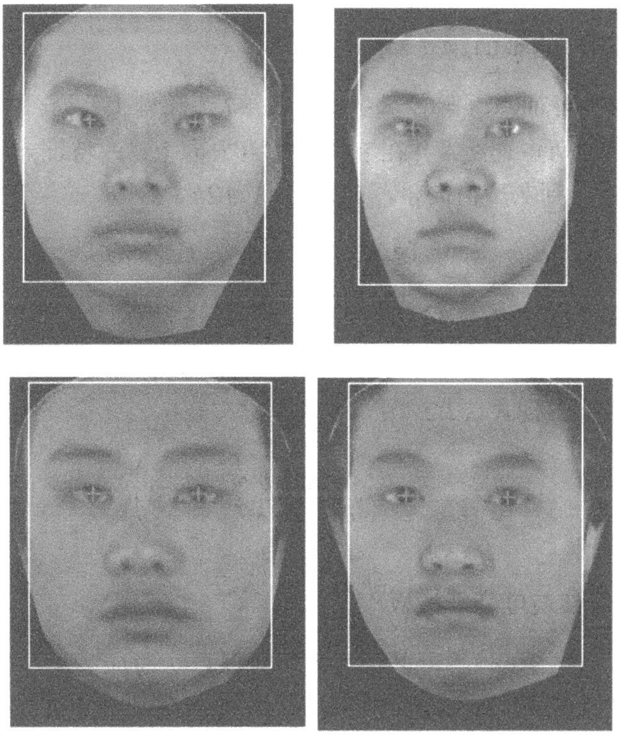

图 2.4　人眼定位及人脸定位结果示意图

2.2.3　细化特征点位置

在 2.2.2 节中，对人眼以及人脸位置进行了定位，这个步骤可以认为是特征点的粗定位，仅仅使用这些特征位置，还无法完成配准，需要对人脸其他进行细节定位，才能实现下一步。因此特征点粗定位后，需要再进行特征点的精确定位。对人脸特征精确定位的方法一般采用 ASM 算法，ASM 算法原理如下。

1．形状模型的建立

对于 N 个训练样本，获取训练数据

$$X_i = \{(x_{i1}, y_{i1}, x_{i2}, y_{i2}, \cdots, x_{in}, y_{in})^T\}_{i=1}^N \tag{2.2.1}$$

其中，n 为特征点数量，(x_{ij}, y_{ij}) 为第 i 幅图像的第 j 个特征点的坐标，一般使用 98 个特征点进行面部描述，即 n=98。

2．局部灰度模型的建立

对于第 j 个特征点, $j=1,2,3,\cdots,n$，在第 i 幅图像上，$i=1,2,3,\cdots,N$，以该点和最相近的其他两点连线，并在连线的垂直方向上，取特征点两边的 k 个像素灰度值,之后可以得到灰度值向量，向量维度为 $2k+1$，如式（2.2.2）所示：

$$g_{ij} = (g_{ij1}, g_{ij2}, \cdots, g_{ij(2k)}, g_{ij(2k+1)})^T \tag{2.2.2}$$

对其求差分后，有式（2.2.3）：

$$\mathrm{d}g_{ij} = (g_{ij2} - g_{ij1}, g_{ij3} - g_{ij2}, \cdots, g_{ij(2k+1)} - g_{ij(2k)})^T \tag{2.2.3}$$

标准化后，得到式（2.2.4）：

$$y_{ij} = \mathrm{d}g_{ij} \Big/ \left(\sum_{l=1}^{2k} |\,\mathrm{d}g_{ijl}\,| \right) \tag{2.2.4}$$

3．获得局部灰度特征模板

最后通过式（2.2.4），可以获得每个特征点 j 对应的灰度特征模板，即可以对图像进行形状匹配，式（2.2.5）为最后的灰度特征模板的表达式。

$$\overline{y_j} = \frac{1}{N}\sum_{i=1}^{N} y_{ij}, S_j = \frac{1}{N}\sum_{i=1}^{N}(y_{ij} - \overline{y_j})(y_{ij} - \overline{y_j})^T \tag{2.2.5}$$

本章中借鉴了 VOSM 算法[7]对人脸特征精确定位，VOSM 算法为 ASM 算法的改进算法。图 2.5 为 VOSM 算法对人脸特征细定位的结果示意图。

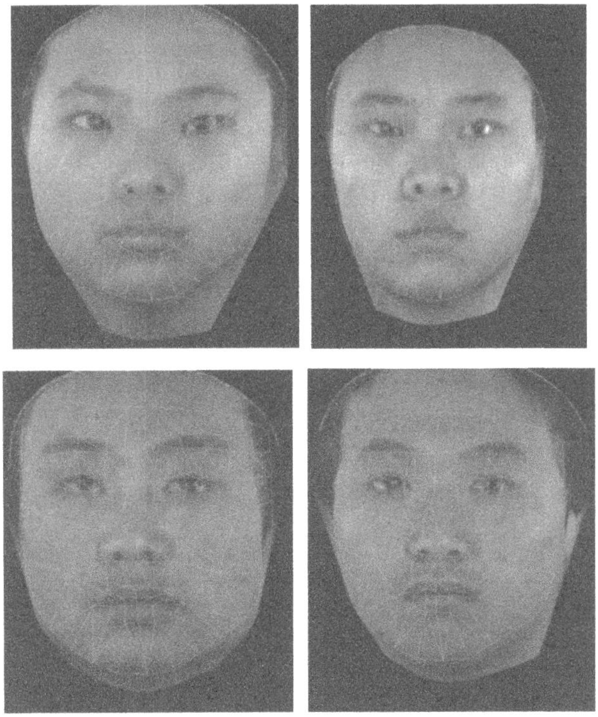

图 2.5　VOSM 特征点检测示意图

2.2.4　特征点模型标准化

为了让重建后的3D人脸模型和一般标准3D人脸模型有同样的结构，本章使用了 3D 人脸模型中最为常用的 Candide 3 模型[8]。Candide 3 模型是一个国际常用的 3D 标准人脸模型，模型对应的形变内容十分齐全，包括各类表情变化的动画等，泛用性极高。Candide 3 模型由 113 特征点组成，本章中选取了其中 71 个特征点来描述人脸图像。在获取了 VOSM 特征点后，建立 VOSM 模型和 Candide 3 模型之间点的映射关系，得到 Candide 3 模型对应的特征点位置，图 2.6 即为 Candide 3 模型示意图。

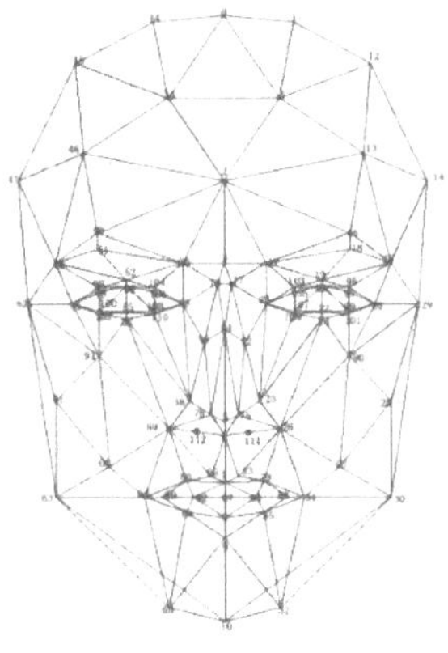

图 2.6　Candide 3 模型示意图

2.2.5 3D 人脸模型配准

在得到所有特征点后，就可以对 3D 人脸模型进行配准。和 2D 图像不同的是，2D 人脸的配准可以通过对图像的形变直接得到，但是 3D 人脸为了保证三角网格相同，需要以特征点为基准，重新建立坐标系，并对三角网格进行重建，这样才能保证所有的 3D 人脸特征点坐标位置，三角网格结构和顶点位置一致。为了实现这个目标，需要 2D 特征点对应在 3D 人脸模型的深度值，找到在 3D 人脸模型对应的位置。对于所得到特征点，已经得到其在纹理图像中的（x,y）的坐标信息，因为纹理图像和 3D 图像的映射关系是已知的，所以可以直接得到对应特征点的（x,y,z）的信息。但是虽然 VOSM 算法对人脸特征点的定位已经较为准确，但是再投射到 Candide 3 模型和 3D 人脸的过程中，依旧会产生误差，虽然可能（x,y）的差距不大，但是反应到对应的 3D 模型中，z 的偏差会比较明显，特征点可能不在人脸所在的平面上，因此这部分需要进行一些手工微调，让 3D 人脸特征点位置更加准确。图 2.7 为 3D 人脸模型中特征点定位完成后的示意图。

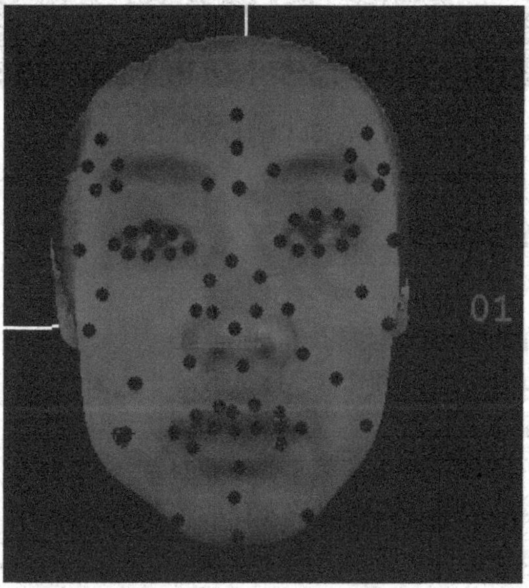

图 2.7　3D 人脸特征点定位

得到所有 3D 人脸的特征点的坐标后，就可以对模型进行重建。首先进行坐标系重建，本章中新的坐标系以两眉间的中点作为坐标系原点，建立坐标系，其他点的坐标可以由原坐标系和新坐标系的对应关系计算得到。之后进行三角网格的重建，对于 3D 模型，都是使用三角网格进行构建，因此可以将所有特征点相连，形成粗略的三角网格，之后对网格进行细化获得需要的模型。细化方式具体如下：

（1）取三角网格对应的三角形各边的中点，并计算中点的空间坐标 (x_m, y_m, z_m)。

（2）寻找和这些中点具有相同的（x_m, y_m）信息的面部点，若有则进入（3），若无进入（4）。

（3）设对应面部点的空间坐标为（x_m, y_m, z_f），其中 z_f 为对应面部点的深度值，并获得其对应的颜色信息。，

（4）若（x_m, y_m）处没有对应面部点，则寻找和（x_m, y_m）在 XOY 平面投影中距离最小的面部点，设其坐标为（x_f, y_f, z_f）。其中（x_f, y_f）为面部点对应的平面坐标值，并满足式（2.6）。

$$(x_f, y_f) = \arg\min \sqrt{(x_m - x_f)^2 - (y_m - y_f)^2} \tag{2.2.6}$$

（5）将新找到的这些面部点和原本的特征点再相连，组成新的三角网格。

细化步骤流程图如图 2.8 所示。

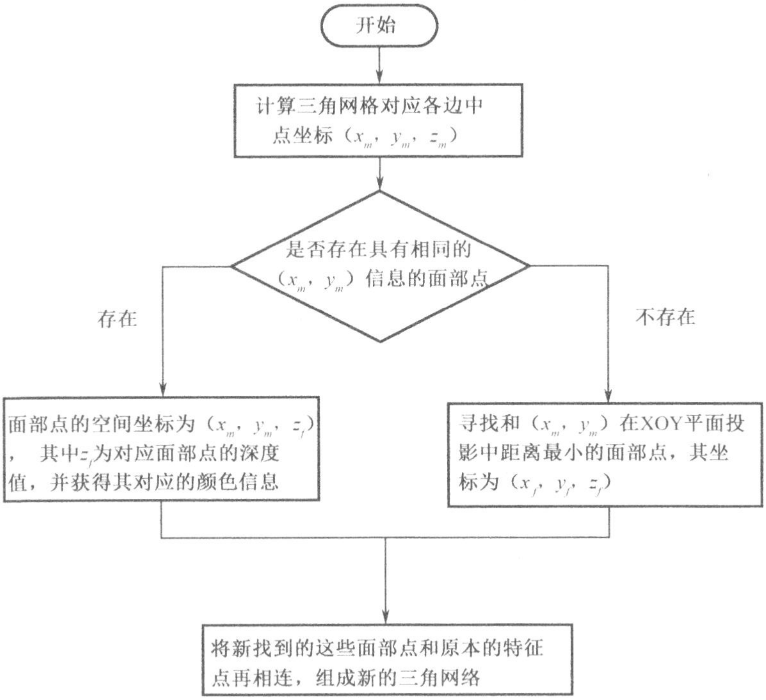

图 2.8　三角网格细化步骤流程图

重复以上步骤，就可以对整个面部细化，得到重建的人脸。细化 3D 网格，本身十分耗费时间，同时 3D 网格过于密集，顶点过多，也会导致模型的使用性下降。基于这个原因，采用的分块细化方法，即将人脸划分为左面颊、右面颊、左眉、右眉、左眼、右眼、前额、鼻子、嘴、下巴共 10 个部分，每部分的细化次数从 3 次到 5 次不等，如眼睛、鼻子等复杂部位细化次数多，而面颊这类简单的部位细化次数则较少。

这样一来，重建的 3D 人脸就保证了特征点一致，网格信息一致，并且保留了面部需要的有效信息。图 2.9 为图 2.7 对应的重建的 3D 人脸模型。

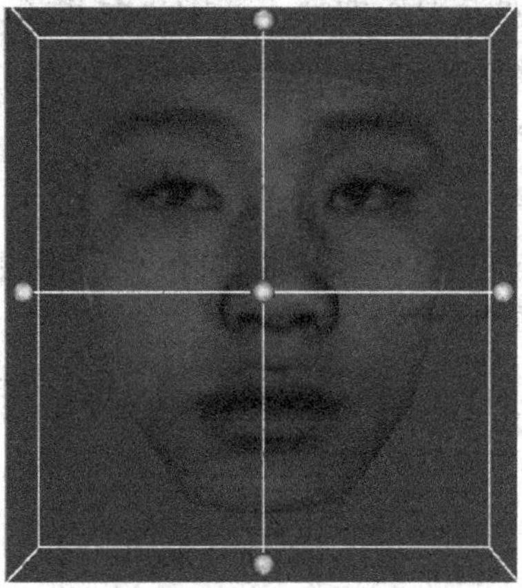

图 2.9　重建的 3D 人脸模型示意图

2.3　人脸检测简介与常用算法介绍

人脸检测是指对输入的图像或者视频帧中，确认是否有人脸的存在，若有则将人脸位置框出的过程。人脸检测是人脸识别技术的基础，也是人脸识别系统中的第一步，因此其重要程度也是最高的。一般来说，人脸检测要求尽可能地找出图像或者视频中的各类人脸，包括各类姿态、表情、饰物，以及光照条件的人脸。能检测的各个类型的人脸种类越多，人脸检测算法的鲁棒性则越好。

人脸检测在模式识别[9]中，是一个二分类问题，即这个问题的判断结果只有是或者不是两种可能。一般情况下，人脸检测可分为两大类：非学习类检测方法和学习类检测方法。

非学习类的检测方法主要是对人脸进行几何分析、颜色分析、运动分析等，针对人脸的形状、肤色以及运动轨迹等进行检测，常用的方法包括 Gobor 图形检测，肤色检测等，这类算法的优点在于得到分类器的速度很快，方法简单、易用。但是缺点也是明显的，这类算法的检测效果非常粗糙，检测率很不理想，针对类人的物体无法分辨，因此并不是人脸检测的主流算法。

学习类的算法即机器学习的方法，机器学习是研究如何使用机器来模拟人类学习活动的一门学科。机器学习是一门研究机器获取新知识和新技能，并识别现有知识的学问。这里所说的“机器”，指的就是计算机、电子计算机、中子计算机、光子计算机或神经计算机等。其过程主要包括以下几步：

（1）将样本分为两类，一类正样本，一类负样本。人脸检测中，即人脸和非人脸。

（2）寻找样本的特征，以这个特征来对样本进行分类，得到分类器，之后用分类器对样本进行测试，得到检测率。

（3）对各类特征进行循环处理，对特征进行组合，直到得到最好的检测率，并得到最终的分类器。

可以看出，机器学习的过程中，会不断告诉计算机，如何对样本进行分类是正确的，之后不断修正分类器，这个过程称为“学习”。学习类算法可以再细分为两类，一类是非监督训练的学习算法，一类是有监督训练的学习算法。非监督训练的学习算法是指学习过程中，每一轮学习中错误分类的样本和正确分类的样本同等看待，并不区分。监督训练的学习算法则不同，在每一轮学习过程中，会更多地注意上一轮错分的样本。

人脸检测发展到现在，基本上有效的算法都是有监督训练的学习算法，这也是因为这类算法更符合人类的学习过程。人脸检测算法非常多，不能一一列举，因此下面将简单介绍目前最常用的人脸检测重要算法。

2.3.1　神经网络

人工神经网络就是模拟人的思维。这是一个非线性动力学系统，其特色在于信息的分布式存储和并行协同处理。虽然单个神经元的结构极其简单，功能有限，但大量神经元构成的网络系统所能实现的行为却是极其丰富多彩的。

神经网络利用众多的节点（也称为神经元）形成一个网络，将众多的图像样本及鉴定结果输入，使网络渐渐获得可以鉴定类似样本的能力。其优点比较明显：

（1）在非线性分类中可以充分逼近理想结果。

（2）所有定量或者定性的信息都保存在了各个网络的神经元节点上，因此算法具有较好的鲁莽性。

（3）拥有较好的自适应性，可以适用于不同的环境。

神经网络是检测效果十分好的检测算法，但是其缺点也是明显的，神经网络的分类器获取复杂，对多姿态人脸容忍度非常低，同时神经网络的检测效率是所有人脸检测算法中偏低的，因此不能用于视频中的实时检测，无法作为实时人脸检测系统中的算法。

2.3.2 支持向量机（SVM）

支持向量机于 1995 年由 Vapnik 和 Corinna Cortes 等人所提出，建立在统计学习理论的 VC 维理论和结构风险最小原理基础上的，根据有限的样本信息在模型的复杂性（即对特定训练样本的学习精度）和学习能力（即无错误地识别任意样本的能力）之间寻求最佳折中，以求获得最好的推广能力。

SVM 算法提出时是用于线性可分的模型进行分类的算法，经过发展后，后提出对于线性不可分的模型，可以采用将低维向量投射到高维，建立超平面，将问题转化为线性可分的问题，从而使得高维特征空间采用线性算法对样本的非线性特征进行线性分析成为可能；之后 Osuan 等人首次使用 SVM 算法在人脸检测中使用，对 19×19 大小的人脸进行检测，取得良好的效果。但是 SVM 和神经网络有着类似的问题，获取的分类器由于是在高维空间获取的，因此分类器维度很高，训练过程也相对复杂，无法实现实时检测的要求。

2.3.3 AdaBoost 算法

AdaBoost 算法是典型的机器学习类算法，其全称为 Adaptive Boosting，在 1995 年由 Freund 和 Schapire 在首次提出，并在 1997 年 Viola 等第一次将 AdaBoost 算法首次应用在人脸检测中，取得非常好的效果。AdaBoost 算法使用 haar 特征区分人脸与非人脸的特征，并提出利用积分图快速计算 haar 特征，作为弱分类器使用，保证了算法的效率。同时该算法是有监督的机器学习算法，每次迭代后，弱分类器都会对训练反馈，让下一轮迭代过程更加注重前轮无法分类的样本。这样，随着迭代次数的增加，理论上可以达到很高的检测率。为了进一步提高算法的检测效率，还提出了级联式分类器的模型，达到了实时检测的需求。

AdaBoost 算法的缺点是训练耗时，且需要大量训练样本的收集，特别是负样本。同时分类器依赖训练样本的类型，若训练时没有加入正面人脸以外的其他类型的样本，如多姿态人脸，分类器在检测时对此类样本的鲁棒性就会比较低，但是在训练时添加对应样本，则可以增强对此类样本检测的鲁棒性。之后，AdaBoost 算法也出现许多改进方法，本章中所使用的 Gentle AdaBoost 人脸检测算法就是其中之一，后文中会详细介绍该算法。

2.4　Gentle AdaBoost 人脸检测算法

基于上文的研究基础，本节实现了 Gentle AdaBoost 算法，并提出了递进复杂度的级联分类器，AdaBoost 算法的核心思想是寻找弱分类器，然后利用训练过程构造强分类器进行检测。Gentle AdaBoost 的核心思想和传统的 AdaBoost 类似，只是在构造弱分类的方法上进行了优化。

2.4.1　图像训练预处理

首先需要收集正样本的图像和负样本的图像，本章中正样本的图像使用 CAS-PEAL-R1 的人脸数据库来获取，以下简称 CAS 数据库。由于 CAS 数据库的图像照到了脖子以上，不能直接用于人脸检测的训练，因此将图像截取到标准人脸，并将图像配准，变为 20×20 大小，如图 2.10 所示。

（a）CAS 数据库原图像

（b）处理后的图像

图 2.10　CAS 数据库预处理

非人脸则直接使用没有人脸的图像进行截取，同样要保证大小为 20×20，但是由于需要训练级联分类器，因此需要的非人脸数量远远大于人脸数量。因此，笔者训练使用了超过 80000000 张非人脸。在训练中，使用的图像都为灰度图像，因此图像收集后都要进行灰度化。

2.4.2 haar 特征选择和积分图的计算

haar 特征[10]是图像处理中常用的特征提取方式，在 Gentle AdaBoost 中作为弱分类使用。图 2.11 展示了 5 种基本 haar 特征，其边长单位即为像素。

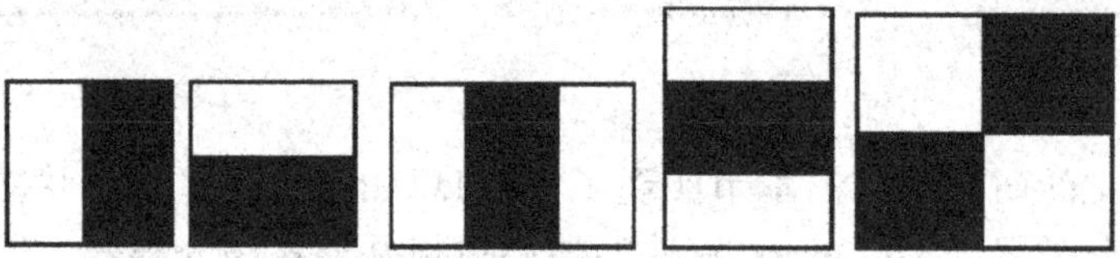

（a）1×2　（b）2×1　（c）1×3　（d）3×1　（e）2×2

图 2.11　基本 haar 特征

其中，图 2.11（a）则表示这个基本 haar 特征的基础模型为 1 行×2 列的像素块，之后可以将这个基础模型放在 20×20 窗口的任意位置，以任意比例放大（不能超出窗口本身）进行放置，对应的所有这样的特征，均为（a）类 haar 特征，其余类的 haar 特征以此类推可以得到，以这个方式在 20×20 窗口中共可以得到 78460 个 haar 特征。对于每一个 haar 特征，其特征值是由一个特征白块的像素和值减去黑块的像素和值，为了快速计算 haar 特征值，我们引入积分图这一概念。

积分图概念源自积分运算，其表达式如式（2.4.1）所示：

$$f(x,y)=\int_0^y\int_0^x g(x',y')\mathrm{d}x\mathrm{d}y \tag{2.4.1}$$

其中 $f(x,y)$ 表示积分图，$g(x',y')$ 表示原图像，其计算方式就是将位于 (x,y) 的左上角所有像素值的和作为积分图对应 (x,y) 处的积分图值。因此我们可以将式（2.4.1）化简为式（2.4.2）：

$$f(x,y)=\sum_{x'\leqslant x,y'\leqslant y} g(x',y') \tag{2.4.2}$$

其中 $f(x,y)$ 表示积分图，$g(x',y')$ 表示原图像。

之后利用积分图可以快速计算某区域的像素和值，如图 2.12 所示。

可以由式（2.4.3）计算，

$$D=f_1+f_4-f_2-f_3 \tag{2.4.3}$$

其中 f_i 为对应点处积分图的值。

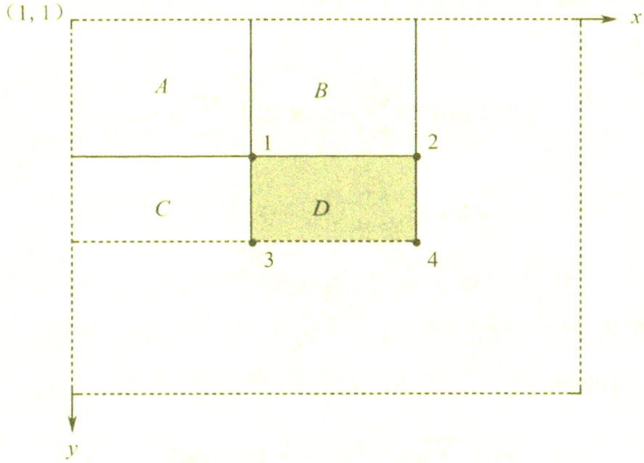

图 2.12　计算 D 区域的像素和值

2.4.3　Gentle AdaBoost 算法

在 AdaBoost 算法中，有强分类器、弱分类器的区别。弱分类器指在分类过程中，分类正确率略大于 50%的分类器。而将弱分类器通过数学手段组合成高正确率分类器的过程，称为训练，组合而成的拥有强分类能力的分类器，称为强分类器。Gentle AdaBoost[11]在 AdaBoost 算法基础之上，添加了自适应牛顿法，拟合加性 logistic 模型，置信度提高，提升了学习的稳定性。下面详细叙述 Gentle AdaBoost 的训练过程。

1. 弱分类器训练

训练弱分类器首先需要确定 haar 特征的总数，前文已经确定共有 78460 个 haar 特征，每一个 haar 特征即可作为一个弱分类器。之后需要确定训练样本的数量，一般情况下，将正样本和负样本的数量保持一样，训练中，正负样本各使用 10000 个，共 20000 个样本进行训练。为了表述简洁，下面将 haar 特征数量记作 N，训练样本数量记作 M，其中 N=78460，M=20000。具体训练过程如下：

（1）对于 M 个训练样本以及 N 个 haar 特征，可以通过计算获得特征值二维矩阵 feature[i][j]，其中 $1\leqslant i\leqslant N,1\leqslant j\leqslant M$，每一个 feature[$i$][$j$]第 j 个训练的第

i 个特征值，feature[i][]即为所有样本对应的某一个特征值的集合。

（2）开始循环

① value[]=feature[i][]。

② 将 value 数组从小到大进行排序。

③ For j=1:M。

$$\text{leftvalue} = \sum_{k=1}^{j}(w_k \times y_k) / \sum_{k=1}^{j} w_k \tag{2.4.4}$$

$$\text{rightvalue} = \sum_{k=j+1}^{M}(w_k \times y_k) / \sum_{k=j+1}^{M} w_k \tag{2.4.5}$$

其中，w_k 为第 k 个样本的权重，权重值在后文的强分类器训练中会计算。y_k 为样本的类型值，若 k 样本为正样本，则 $y_k = 1$，否则 $y_k = -1$。leftvalue 表示前 j 个样本的集中度，rightvalue 为后 $M-j$ 个样本的集中度。

$$\text{lefterror} = \sum_{k=1}^{j} w_k \times (y_k - \text{leftvalue})^2 \tag{2.4.6}$$

$$\text{righterror} = \sum_{k=j+1}^{M} w_k \times (y_k - \text{rightvalue})^2 \tag{2.4.7}$$

其中，lefterror 为前 j 个样本的离散度，righterror 为后 $M-j$ 个样本的离散度。

If（lefterror+righterror<fault）

fault= lefterror+righterror，

θ=value[j]，

$\alpha_1 = \text{leftvalue}, \alpha_2 = \text{rightvalue}$.

End

其中，fault 表示均方误差值。

（3）保存均方值误差 fault 最小的 haar 特征的相关参数，包括左上角顶点坐标位置，haar 特征长宽值以及 fault 值及其对应的 $j, \theta, \alpha_1, \alpha_2$ 值。

经过以上训练过程，让所有的 haar 特征识别率达到了最高，并得到达到最高识别率对应的参数，可以使用这些参数对图像进行初步的检测，得到各个弱分类器对所有训练样本的检测结果。

2．强分类器训练

强分类器的训练过程即将每轮选出的拥有最低加权错误率的弱分类选出，加以组合，得到一个具有高分类能力的分类器过程，其详细过程如下。

（1）设置最低检测率为 $d_{\min}$，最大虚警率为 $f_{\max}$。准备训练样本集，其中正样本集数量为 numPos，负样本数量为 numNeg。在本书中，numPos=numNeg=10000。

（2）初始化所有样本的权重，一般可以如式（2.4.8）设定初始权重。

$$w_j = 1/M \tag{2.4.8}$$

其中，M= numPos+numNeg，w_j 为第 j 个样本的权重，j=1,2,3,⋯,M。

（3）定义 dpre 为强分类器当前的检测率，fpre 表示当前强分类器的虚警率，t 为当前强分类中所包含的弱分类器的数量，初始值为 0。

① 计算第 i 个弱分类的加权错误率 ε_i，其中 $\varepsilon_i = \sum_{j=1}^{M} w_{t,j} \times (y_j - h_i(x_j))^2$，$h_i(x_j)$ 表示第 i 个弱分类对第 j 个训练样本的分类结果，若分类为正样本 $h_i(x_j)=1$，否则为 $h_i(x_j)=-1$。

② 计算出所有弱分类器对应的 ε_i，挑选本轮最低加权错误率的弱分类器，得到 ε_t，$\varepsilon_t = \min(\varepsilon_1, \varepsilon_2, \varepsilon_3, \cdots, \varepsilon_N)$，并且得到新的弱分类器后，$t$=$t$+1。

③ 设定当前强分类器阈值保证 $\text{dpre} > d_{\min}$。

④ 按照最优弱分类的分类结果，调整各个样本的权重，$w_{t+1,j} = w_{t,j} \cdot \exp(-y_j \cdot h_t(x_j))$。

⑤ 更新强分类器的所有参数。

（4）保存所有强分类器的参数。

3．级联分类器结构

本节中，提出并实现了递进复杂度的级联分类器结构。AdaBoost 算法中，级联分类器结构[12]的提出，大大提升了算法效率，使算法实现了实时检测的可能。级联分类器结构示意图如图 2.13 所示。

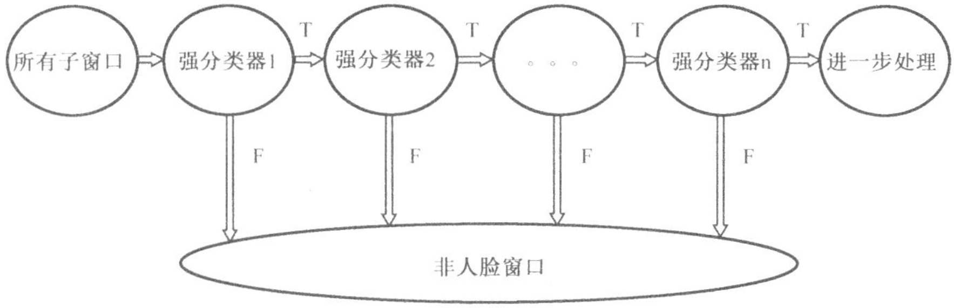

图 2.13　级联分类器结构示意图

级联分类器，其实就是利用多个强分类构造出来的。从图中可以看出，若要被识别为正样本，要求所有级的强分类器均识别目标窗口为正样本才能通过，有一级强分类识别子窗口为非人脸，则会将这个窗口拒绝。级联分类器提升检测效率的主要原因是，前级的弱分类器数量少、结构简单，可以快速过滤大量较好排除的非人脸窗口，之后通过增加级联分类器的级数，可以不断过滤难以排除非人脸子窗口，最后达到检测出人脸子窗口的目的。由于级联分类器的特性，我们需要保证每一级尽量不能将人脸误检测为非人脸，因为一旦误检测，后面的分类器也无法补救。相反的，若非人脸误检测为人脸，则可以通过后面级数的强分类器过滤掉多余的非人脸。

为了提升检测效率，本章中使用了递进复杂度的级联分类器。递进复杂度，是指每一级的强分类器，包含的弱分类数量递增。在一般情况下，弱分类器数量越大，可以达到的虚警率越低，过滤非人脸的能力也越强，但检测效率也随之下降，因此采用逐步降低最大虚警率的方法，实现递减复杂度的级联分类器结构。使用弱分类较少的强分类器作为前级，可以过滤掉大量的很好排除非人脸窗口，之后弱分类器数量较多的强分类器，进一步过滤难以排除的非人脸图像。为了保证后级的强分类能够过滤掉前级无法过滤的非人脸，需要通过训练样本的替换来实现，级联分类器的具体训练流程如下。

（1）从样本库中选取出正样本 numPos 个，负样本 numNeg 个，挑选出的样本称为训练样本，本章中，numPos=numNeg=10000，被挑选为训练样本的图像，从样本库中去除。

（2）使用 Gentle AdaBoost 算法训练，得到第一级强分类器，第一级需要结构简单的强分类器，因此本级的最大虚警率 f_{max} 可以适当提高，本章中，第一级 f_{max} =70%，同时，保证高的检测率 d_{min}，本章中，检测率设定为 99.99%。

（3）While（1）

① 将前一级错误分类的正样本和正确分类的负样本剔除训练样本，设被剔除的正样本数量为 Pnum，被剔除的负样本数量为 Nnum，其余保留。

② 使用已训练好的级联分类器对样本库进行检测，挑选出能被当前级联分类正确分类的正样本数量为 Pnum 个，错误分类的负样本数量为 Nnum 个，补充到训练样本库，保证训练样本数量不变，同时，成为训练样本的图像从样本库中去除。

③ 使用新得到的训练样本库进行强分类器训练。

④ 若级联分类器达到预期的检测率，训练结束。

⑤ 若级联分类器为达到预期的检测率，降低最大虚警率 f_{max}，继续训练。

End

2.5　实时人脸跟踪

人脸检测的主要目的是找到人脸位置，但是光靠人脸检测无法实现将视频流中的人脸图像保存下来的目的，因此我们需要配合跟踪算法[13,14]来实现对人脸的实时跟踪，并在人脸离开视频可拍摄范围前，保存其一张相对清晰的人脸图像作为检测目标的人脸结果。如前文中所述，人脸检测的过程中，人脸会由于姿态、饰物、光线甚至直接被遮挡等原因，导致人脸检测出现短暂的检测失踪，跟踪系统也会出现误跟踪，这些都会导致跟踪结果完全错误。因此人脸检测以及跟踪算法的结合，主要有以下 3 个难点需要解决：

（1）目标出现：何时需要跟踪一个新目标。

（2）目标消失：何时需要移除一个已经跟踪的目标。

（3）目标修正：什么时候跟踪系统的跟踪结果出现错误，如何修正错误。

这些问题的出现会因为检测系统以及跟踪系统的性能不同而改变。本章中使用 Gentle AdaBoost 算法作为检测算法，粒子滤波器作为跟踪算法组合，并提出人脸检测修正策略（Face Detection Fixing Strategy）实现实时人脸检测和跟踪。

粒子滤波器[15]是跟踪算法中十分流行的算法之一，其原理是通过寻找一组在状态空间中传播的随机样本来近似地表示概率密度函数，用样本均值代替积分运算，进而获得系统状态的最小方差估计的过程，这些样本被形象地称为“粒子”，故而称为粒子滤波。在图像跟踪中，粒子滤波器的粒子就是跟踪区域中随机选取的像素点，其粒子信息一般是像素的色度，亮度等色彩信息。当视频帧流动时，帧与帧之间的信息是连续的，根据颜色的相似度可以计算出粒子的权重值，以权重值最高的粒子估算目标的位置。但是传统的粒子滤波器存在几个问题。第一，目标位置以最高权重粒子来估计并不准确，原因是最高权重粒子可能本身就不止一个，同时最高权重的粒子可能由于其他误差产生。第二，粒子滤波器的粒子随着视频帧的流动，相似度越来越低，最后会出现样本不足现象，失去跟踪能力，因此本章提出均值权重粒子滤波器算法。

2.5.1 均值权重粒子滤波器

粒子滤波器是通过从后验概率中抽取的随机状态粒子来表达其分布，是一种顺序重要性采样法。在视频中，若目标出现的时刻为 T=1，则估计 T=t 时刻的目标状态 $p(\alpha_t \mid z_{1:t})$，其中 α_t 表示目标在 t 时刻的状态，$z_{1:t}$ 表示时刻 1 至时刻 t 的所有的粒子的观测结果。这是一个贝叶斯估算模型，可以将这个过程分类一个两步递归运算：

$$p(\alpha_t \mid z_{1:t-1}) = \int p(\alpha_t \mid \alpha_{t-1}) p(\alpha_{t-1} \mid z_{1:t-1}) \mathrm{d}\alpha_{t-1} \tag{2.5.1}$$

$$p(\alpha_t \mid z_{1:t}) = \frac{p(z_t \mid \alpha_{t-1}) p(\alpha_t \mid z_{1:t-1})}{p(z_t \mid z_{1:t-1})} \tag{2.5.2}$$

其中 α_t 为目标在 t 时刻的状态，$z_{1:t-1}$ 为时刻 1 至时刻 t-1 时刻的所有粒子的观测结果，z_t 为 t 时刻的粒子信息，$p(\alpha_t \mid z_{1:t-1})$ 为以 $z_{1:t-1}$ 粒子的观测结果推测出的 t 时刻的目标状态的概率，其余符号的含义以此类推。式（2.5.1）为预测步骤，因为 $p(\alpha_t \mid z_{1:t-1})$ 的结果是由 1 至 t-1 时刻的粒子的观测结果推测出来的。式（2.5.2）为计算步骤，因为 $p(\alpha_t \mid z_{1:t})$ 是以时刻 1 到时刻 t 的所有粒子的观测结果进行计算，其中时刻 t 的粒子相似度信息是已知的。

设共散布了 N_s 个粒子，则在 t-1 时刻的粒子权重 $\{w_{t-1}^n, \alpha_{t-1}^n\}_{n=1}^{N_s}$ 可以根据 $p(\alpha_t \mid z_{1:t-1})$ 的概率来计算，其 α_{t-1}^n 表示第 n 个粒子的状态，w_{t-1}^n 表示第 n 个粒子的权重。但是由于实际计算中 $p(\alpha_t \mid \alpha_{t-1})$ 难以进行计算，因此一般以 $q(\alpha_t \mid \alpha_{t-1}^n)$ 来替代，其中 $q(\alpha_t \mid \alpha_{t-1}^n)$ 称为重要密度函数。这样可以得到 t 时刻各个粒子的权重：

$$w_t^n \propto w_{t-1}^n \frac{p(z_t \mid \alpha_t^n) p(\alpha_t^n \mid \alpha_{t-1}^n)}{q(\alpha_t^n \mid \alpha_{t-1}^n, z_t)} \tag{2.5.3}$$

之后对新得到的权重进行归一化，由式（2.5.4）计算：

$$w'^n_t = \frac{w_t^n}{\sum_{n=1}^{N_s} w_t^n} \tag{2.5.4}$$

传统的粒子滤波器中，下一帧的目标位置直接由最高权重的粒子来确定。但是在本章中，下一帧的目标位置由式（2.5.5）计算：

$$\text{Locate}_n = \frac{\sum_{t=1}^{N_s} L_n(\alpha_t \mid z_t) w_t^n}{N_s} \tag{2.5.5}$$

其中 $L_n(\alpha_t \mid z_t)$ 为 t 时刻第 n 个粒子的推测的位置信息，w_t^n 为对应粒子的权重，可以看出式（2.5.5）所计算的目标位置由所有粒子的位置信息并结合权重计算所得到，因此本算法成为均值权重粒子滤波器算法。以所有粒子的加权位置进行目标位置的估算，可以有效消除高权重粒子带来的误差，而关于粒子权重信息不断下降的解决方法，将在人脸检测修正策略中提出。

2.5.2　人脸检测校正策略

对于检测和跟踪系统，一般人脸检测系统和跟踪系统都是分开使用，互不干涉。但是事实上，人脸检测系统检测到人脸的位置信息，和跟踪系统跟踪的人脸位置信息，是可以结合使用的。人脸检测系统对人脸的定位更加准确，因此可以利用人脸检测系统对跟踪系统进行校正，这个过程称为人脸检测校正策略，具体过程如下。

（1）假设人脸检测系统在第 n 帧检测到人脸，检测位置为 LD_n。

（2）使用均值权重粒子滤波器，对检测到的目标进行跟踪。

（3）For $j=n:m$，在 j 表示目标被跟踪的帧数，m 表示目标能被跟踪的最后帧数。

① 跟踪系统跟踪目标，且目标在每一帧的位置为 LT_j。

② 检测系统检测每一帧是否有人脸，若检测到没有人脸，则返回步骤 1，若有，则记录检测到人脸的位置 LD_j。

③ 计算 LT_j 和 LD_j 的欧式距离，若距离小于 D_θ，则更新 LT_j，$\mathrm{LT}_j = \mathrm{LD}_j$，同时，在更新的 LT_j 区域进行粒子重采样，其中 D_θ 为自己设定的距离阈值。若距离大于 D_θ，则返回步骤②，认为有新的人脸进入，进行跟踪。

（4）在目标离开检测区域时，保存人脸截图，并释放这个跟踪目标区域。

这样就在跟踪的同时利用了检测系统对跟踪结果进行修正，并在修正的同时重新散布了粒子，避免了粒子的衰退问题。对于上述过程，可以用图 2.14 所示的流程图进行描述。

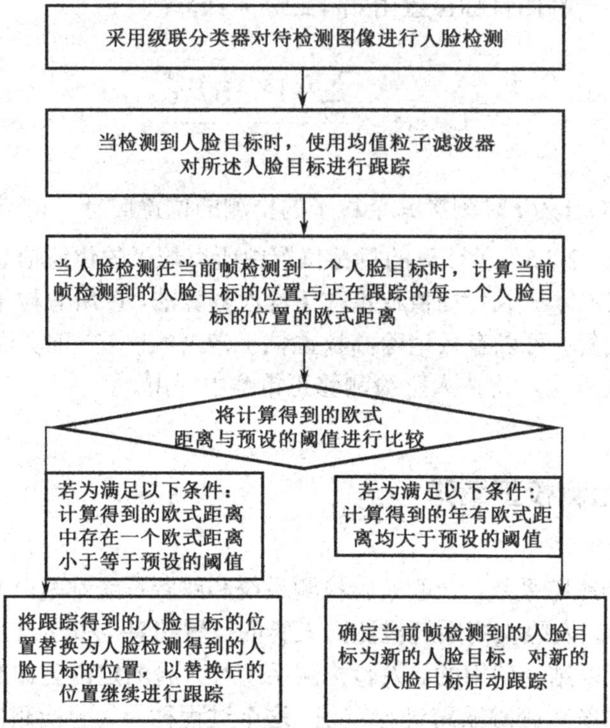

图 2.14　人脸检测校正策略流程图

2.5.3　人脸检测和跟踪实验结果分析

人脸检测和跟踪的实验中，本章使用了实时视频进行测试，视频来源是某军区大门的实时录像，共 5 段视频，共出现人脸 103 次。最后共使用级联分类器 16 级，对视频进行检测，对比了 Gentle AdaBoost 算法（以下简称 GAB）与均值权重粒子滤波器（Weighted Particle Filter，以下简称 WPF）结合策略和 Gentle AdaBoost 算法与传统粒子滤波器（PF）的结合策略的性能。表 2.1 为详细的实验结果。

其中，5 个编号的视频的具体描述如下：

1 号视频：2 人并排以正常速度进入大门。

2 号视频：2 人并排以高速进入大门。

3 号视频：所有人一列纵队进入大门。

4 号视频：单人以正常速度进入大门，每人之间间隔 3 秒左右。

5 号视频：2 人并排或者单人戴墨镜或者口罩进入大门。

表 2.1 人脸检测和跟踪实验结果

（a）GAB-PF 的检测结果

视频编号	GAB-PF 的检测结果			
	视频中出现人脸的数量	只有一张截图的人数	超过一张截图的人数	错检或者漏检的人数
1	40	10	27	3
2	22	7	12	3
3	23	10	6	7
4	12	5	3	4
5	6	1	5	0

（b）GAB-WPF 的检测结果

视频编号	GAB-WPF 的检测结果			
	视频中出现人脸的数量	只有一张截图的人数	超过一张截图的人数	错检或者漏检的人数
1	40	34	3	3
2	22	14	5	3
3	23	16	0	7
4	12	9	1	2
5	6	4	2	0

为了衡量检测和跟踪系统的性能，定义两个参数，模糊正确率和模糊错误率。

模糊正确率=被保存了至少一张截图的人脸数量/测试视频中的人脸总数量

模糊错误率=（非人脸被错误保存的数量+截图超过一张的人脸）/
测试视频中的非人脸总数量

这两个参数，类似于检测系统中的检测率和虚警率，随着模糊正确率的提升，容易将非人脸检测为人脸，同时也会增大一个人脸出现多次截图的可能，因此模糊错误率也会提升。反之，模糊正确率下降，模糊错误率也会下降。在系统中，我们希望模糊错误率尽量低，这样保存的图像冗余信息就少，但是这样就意味着人脸漏检的可能增大，因此需要平衡这两个参数。文中所使用视频大小均为720×576分辨率。检测框初始大小设定为30×30大小，检测窗每次移动窗口大小的1/5边长，每次对检测框的放大倍率设定为1.2，对视频帧进行检测。由于图像的连续性，测试视频的帧速率为30帧/秒，因此对每一帧都进行检测意义不大，本章中，对此进行了设定，检测频率为4帧/次，这样即不会影响检测效果，还能提升检测效率。图2.15为对应视频3中所制作的模糊正确率和模糊错误率对应的ROC曲线图。

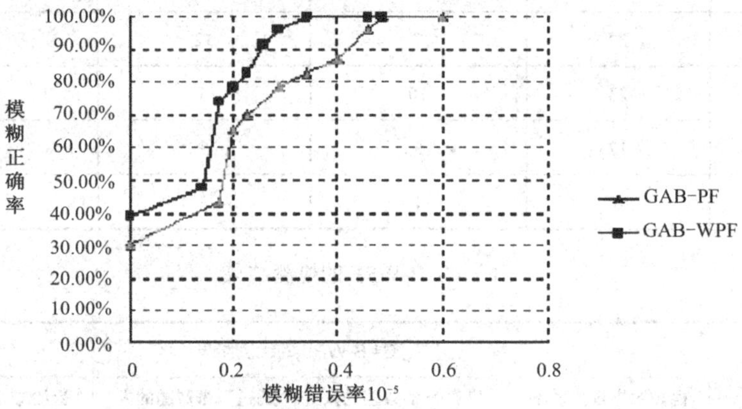

图2.15　视频3对应ROC曲线图

由于视频中，非人脸数量远远超过人脸数量，按照30×30的检测窗口初始大小计算，每一帧的非人脸数量约为35000左右，因此模糊错误率的数量级较低。从图2.15可以看出，GAB-WPF算法的曲线在各个参数点都在GAB-PF之上，性能较传统的GAB-PF算法提升较为明显。同时，表2.1中，进一步可以看出，使用GAB-WPF算法后，一张人脸对应一张截图的数量大大增加，这也说明WPF的跟踪算法丢失跟踪次数较少，不会导致系统多次对同一个目标的重新启动跟踪，大大降低了系统最后保存信息的冗余度。

图2.16为测试视频的一些截图和最终检测人脸的保存截图。从图中可以看出，即使是对戴口罩的人脸或者戴有帽子的人脸，系统依然可以正常检测、跟踪，并保存人脸截图，证明了GAB在人脸检测算法中具有足够的鲁棒性，同时均值权重粒子滤波器和GAB的协同效果也很不错。

图 2.16　视频截图以及人脸检测截图保存结果示意图

2.6　本章小结

本章提出了基于人脸纹理特征点 3D 人脸配准算法。由于 3D 人脸的特殊性，配准方式和 2D 人脸有着较大不同，通过对 3D 人脸投射到 XOY 平面，获得正面人脸纹理图，将 3D 人脸特征点的检测转化到 2D 空间，使用 VOSM 算法进行特征点检测，之后再反投射到 3D 人脸得到 3D 人脸特征点的位置。最后以特征点为基准点，建立新坐标系，并重新构造三角网格，实现了3D人脸数据库的重建以及配准。后文中，虽没有直接使用到本章的3D配准方法，但是后文中的所有2D图像的配准算法都是本章配准方法的基础，因此本章配准算法的实现，为后文的研究打下了良好的基础。

关于基于均值权重粒子滤波器的人脸检测跟踪算法，首先简要介绍了常用的人脸检测算法，详细介绍了Gentle AdaBoost算法的训练过程，提出了递进结构的级联分类器，提升检测效率，达到实时检测的目的。之后提出了均值权重的粒子滤波器算法，解决了高权重的粒子问题，实现跟踪系统，并提出人脸检测校正策略，结合了人脸检测和跟踪系统的位置信息，提高了系统对于人脸跟踪的准确度，并解决粒子滤波器样本衰退问题。从实验结果可以看出，相较于传统的GAB-PF算法，GAB-WPF算法有效提升了跟踪准确度，并减少了保存图像的冗余信息，性能提升明显。

本章参考文献

[1] GuptaS, Markey M K, Bovik A C. Advances and Challenges in 3D and 2D+3D Human Face Recognition [M]. Columb us F. Pattern Recognition Theory and Application, New York: Nova Science Publishers, 2008, 63-103.

[2] Federico M. Sukno, Sebastian Ordas, Constantine Butakoff, et al. Active Shape Models with Invariant Optimal Features: Applicaiont to Facial Analysis[J]. IEEE Transactons On Pattern Analysis And Machine Intelligence, 2007, 29(7):1105-1117.

[3] Wang Y, Liu J, Tang X. Robust 3D face recognition by local shape differenceboosting[J]. Pattern Analysis and Machine Intelligence, IEEE Transactions on, 2010, 32(10): 1858-1870.

[4] Ben Amor, B., Srivastava, A., Daoudi, M, etc. 3D Face Recognition under Expressions, Occlusions, and Pose Variations [J]. IEEE Transactions on PAMI, 2013, 35(9): 2270-2283.

[5] Queirolo C C, Silva L, Bellon O R P, et al. 3D face recognition using simulated annealing and the surface interpenetration measure [J]. Pattern Analysis and Machine Intelligence, IEEE Transactions on, 2010, 32(2): 206-219.

[6] D. Ramanan, D. Forsyth. Using temporal coherence to build models of animals. In Proc. Int. Conf. Comp. Vision(ICCV)[C]. Nice, France, 2011, 338-346.

[7] http://www.cvchina.info/2011/05/21/vosm-library/.

[8] Jian Huang, Ziling Su, Ruomei Wang. 3D Face Reconstruction Based on Improved candide-3 model. Digital Home (ICDH), 2012 Fourth International Conference on Digital Object[C]. Guangzhou: IEEE, 2012, 438 -442.

[9] T. Cootes, G. Edwards and C. Taylor. Active Appearance Models[J]. IEEE Transactions on Pattern Analysis and Machine Intelligence, 2010, vol.23:681-685.

[10] Belhumeur P.N., Hespanha J. P., Kriegman D. J. Eigenfaces vs. Fisherface: Recognition Using Class Specific Linear Projection[J]. IEEE Trans. PAMY, 1997, 19(7), 711-720, July.

[11] 王建. 基于 GentleAdaboost 算法的人脸检测研究[D]. 成都：电子科技大学，2011.

[12] Viola, P., Jones, M.J.. Rapid object detection using a boosted cascade of simple features. IEEE Computer Society Conference on Computer Vision and Pattern Recognition[C]: IEEE, 2001, 1, 511-518.

[13] Tu JL, Tao H, Huang T. Face as mouse through visual face tracking[J]. Computer Vision And Image Understanding, 2010, 108(1):35-40.

[14] Gerard Medioni, Isaac Cohen, et al. Event detection and analysis from video stream[J]. IEEE Transactions on Pattern Analysis and Machine Intelligence, 2010, 23(8):873-875.

[15] 夏利民, 张良春. 基于自适应粒子滤波器的物体跟踪[J]. 中国图像图形学报, 2009, 14(1): 112～117.

第 3 章

人脸验证和素描人脸识别

本章首先提出了基于 SIFT 特征的人脸验证算法。传统人脸验证，大都需要有监督训练的机器学习过程，利用 SIFT 特征对两幅图像进行匹配，得到匹配点后，将匹配点划分为数量特征和位置特征，结合使用，实现了无须训练的人脸验证。实验证明该算法在验证率基本没有变化的情况下，大大提升了算法的适用范围。

另外，还提出了结合分块 LBP 特征的素描人脸识别算法。传统的同质人脸识别已经比较成熟，本章研究了异质人脸识别的一个热门分支，素描人脸识别。这里算法是利用 LBP 算子，寻找素描人脸图像和光学照人脸图像的纹理相似处，并利用 DOG 滤波器增强两个图像的纹理信息。之后对图像进行分块处理，利用机器学习的思想，寻找能有效进行素描人脸识别的特征块，并赋予权重。最后计算加权总距离，来判断图像间的相似度，实现了素描人脸识别。

3.1 人脸验证简介

人脸验证，是人脸识别领域的一个分支。人脸识别包括两大类：①人脸身份识别，根据人脸图像识别人物的身份，解决是谁的问题，是个一对多的匹配过程，这也是前一章研究的主要内容；②人脸验证，判断图像中的人脸是否是指定的人，解决是不是某人的问题，是一对一的匹配过程，广泛应用在安防领域中，一直都是国内外研究的热点和重点，已经有不少研究成果。在国外，Belhumeur 等人使用了 Fisher 特征人脸算法，实现人脸识别，之后 Kittler[1-3]等人在 LDA 的基础上引进了客户相关子空间（client specific）的验证方法，实现人脸验证。在国内，在上述研究基础上，主要有陈伏兵等人对 2DPCA 推广提出了模块化 2DPCA 方法，之后袁宁[5]等提出了 2DPCA 和 CSLDA 改进算法。这些算法都属于线性分类算法，也是目前常用的验证算法类型[6,7]。

现有的人脸验证算法，大多还是使用 PCA 降维，获得人脸特征，再使用 LDA 获取类间差值，来确定人脸是否匹配，属于有监督训练过程的机器学习算法。近年，在人脸验证中，比较有代表的成果是 Hae Jong Seo 等[8]以及 Juan Ramón Troncoso-Pastoriza 等[9]提出的算法。Hae Jong Seo 在 2011 年提出局部自适应回归核的人脸验证算法，该算法很好地解决了多表情下的人脸验证，在各个人脸数据库中的测试有良好的结果。但是这个算法依旧是需要训练，验证时，需要已经训练过的数据库的支持。2013 年，Juan Ramón Troncoso-Pastoriza 等提出非交互的人脸验证算法，文中指出现阶段存在的人脸验证算法基本都限于和服务器端已存的人脸图像进行对比，无法对外部没有训练的图像对比。本章提出使用 Gabor 变换结合 SVM 进行训练，获得分类器，最后使用不同的人脸库进行验证，获得了较好的效果。这个算法解决了传统人脸验证中需要训练才能验证的问题，但是需要计算 Gabor 特征，并且分类器维度较高，验证效率较低，不利于实时验证。

基于上述情况，这里提出采用尺度不变特征（Scale-Invariant Feature Transform，SIFT）算法来确定图像是否匹配。SIFT 算法在 1999 年由 Lowe 首次提出，并在 2004 年作为一种特征应用于图像匹配领域。SIFT 特征具有尺度不变性，可在图像中检测出关键点，是一种局部特征描述算子，可以有效地寻找到两幅图像间存在的相似的特征点数。本章提出的算法，和传统人脸验证算法区别的是，算法是试图寻找两幅待验证图片的相似处，没有机器学习过程，没有监督训练过程，对样本库外的图像有更好的兼容性。但是人脸差异性不是非常明显，仅以 SIFT 作为特征来匹配两幅图像[10]，还不足够。为了解决上述问题，这里特提出使用 SIFT 特征基础上引入了分块特征，对各个分块进行 SIFT 匹配，将所有分块的 SIFT 匹配点组合成一个向量，计算两幅图像间的匹配向量距离，比较匹配向量的相似度，最后判断两幅图像是否匹配。算法使用中科院 CAS 数据库以及 FERET 数据库进行了测试，验证了算法的有效性。

3.2 SIFT 匹配算法

3.2.1 SIFT 算子

SIFT 算法在 1999 年由 Lowe 首次提出，并在改进后于 2004 年正式提出了一种基于尺度空间的、对图像缩放、旋转甚至仿射变换保持不变性的图像局部特征描述算子——SIFT 算子[11]，也称为 SIFT 特征。下面简要介绍一下 SIFT 特征的提取过程。

（1）将图像转化到高斯差分空间。

若输入的二维图像为 $I(x,y)$，则其对应的高斯尺度图像 $L(x,y,d)$为：

$$L(x,y,d)=G(x,y,d)\times I(x,y) \tag{3.2.1}$$

其中 $G(x,y,d)$为高斯核函数，d 为尺度空间因子。之后利用高斯尺度图像构建高斯差分尺度图像，如式（3.2.2）所示：

$$D(x,y,d)=(G(x,y,d)-G(x,y,kd))\times I(x,y)=L(x,y,d)-L(x,y,kd) \tag{3.2.2}$$

其中 k 为相邻层图像的平滑因子。

（2）尺度空间极值点检测，获得尺度不变性。

对每个像素点在其图像空间和 DOG 尺度空间的邻域中搜索极值点，初步得到特征点的位置。以某像素点为中心，将同 DOG 尺度空间的 8 个相邻点，以及上下相邻尺度对应的 9×2 个点，共 26 个点构成的邻域中进行比较，以确保在尺度空间和二维图像空间都能检测到极值点。这些极值点将作为粗特征点，之后利用 DOG 函数的二阶 Taylor 展开式进行特征点精确定位。

（3）为特征点分配方向值。

首先计算高斯空间特征点的梯度模和方向，如式（3.2.3）与式（3.2.4）所示：

$$m(x,y)=[(L(x+1,y)-L(x-1),y)^2+(L(x,y+1)-L(x,y-1))^2]^{\frac{1}{2}} \tag{3.2.3}$$

$$\theta(x,y)=\tan^{-1}(\frac{(L(x,y+1)-(L(x,y-1)}{(L(x+1,y)-(L(x-1,y)}) \tag{3.2.4}$$

其中 $m(x,y)$为特征点梯度幅度，$\theta(x,y)$为特征点方向，然后使用梯度直方图确定特征点主方向和其辅助方向，实际计算中，梯度直方图的范围是 0～360°，其中每 45° 一个柱，总共 8 个柱。

（4）获取 SIFT 特征向量。

首先将特征点作为中心，将坐标轴 x 轴旋转到特征点主方向上，之后以特征点为中心，取 16×16 邻域的像素块，作为采样区域。把这个 16×16 的像素区域以 4×4 大小的像素块划分子块，可以得到 16 个子块，计算每一个区域中像素在 8 个方向的梯度直方图，则一个区域可以得到一个 8 维向量，最后将 16 个区域 8 维向量组合，得到一个 128 维的向量，这个向量即为 SIFT 的特征向量，即 SIFT 算子，如图 3.1 所示。

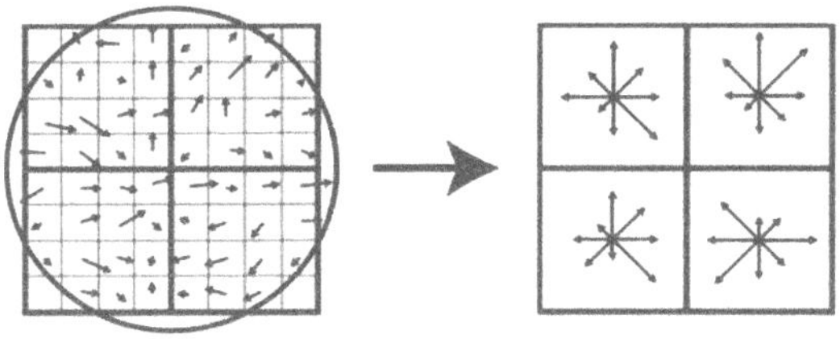

图 3.1　8×8 区域 SIFT 向量计算

图 3.1 中只列出了其中一个 8×8 大小的区域，因此最后得到是 4 个子块的 4×8=32 维的向量。还有 3 个 8×8 个大小的区域，其计算方式和图 3.1 相同，每个区域可以计算得到一个 32 维的向量，组合后将得到 4×32=128 维向量，作为 SIFT 的特征向量。

3.2.2　SIFT 匹配

如 3.2.1 节中所述，得到图像的特征点以及对应的特征向量后，我们采用关键点特征向量的欧式距离来作为两幅图像中关键点的相似性判定度量。为了排除因为图像遮挡和背景混乱而产生的无匹配关系的关键点，采用比较最近邻距离与次近邻距离的方法，比如两幅需要匹配的图像，第一幅称为图像 1，第二幅称为图像 2，取图像 1 中的某个关键点，并找出其与图像 2 中欧式距离最近的前两个关键点，最近的两个关键点距离为 d_1，次近的两个关键点距离为 d_2，ratio=d_1/d_2，其中当距离比率 ratio 小于某个阈值的认为是正确匹配。对于错误匹配点，由于特征空间的高维性，相似的距离可能有大量其他的错误匹配，从而它的 ratio 值比较高。降低 ratio 值会减少匹配点数量，但是找出的匹配点会更加稳定。图 3.2 是一些 SIFT 算法的匹配效果较好的一些图像。

（a）匹配前

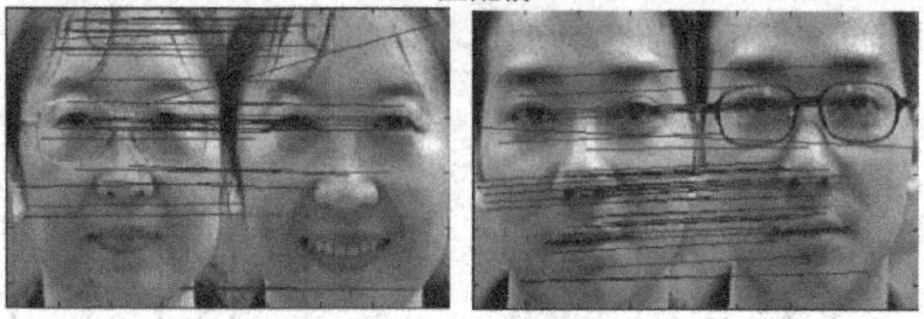

（b）SIFT 算法匹配后

图 3.2　SIFT 算法匹配

3.2.3　SIFT 数量特征匹配分析

由 3.2.2 中图 3.2 可以看出，SIFT 匹配算法应用在人脸验证中，是有效的，这种使用匹配点数量来进行配对的特征，称为数量特征。但是，可以看出在图 3.2（b）第一对图像中，有一对错误的匹配点，事实上，SIFT 特征在许多图像对匹配中，只用数量特征，匹配效果并不理想，不仅有错误匹配点，还有匹配点数量不足的情况。因此 SIFT 应用在人脸验证中，不仅需要匹配点相对位置一致，还需要有足够的匹配点数，这样才能认为这一对图像是同一个人。图 3.3 是 SIFT 算法难以匹配的图像示例。

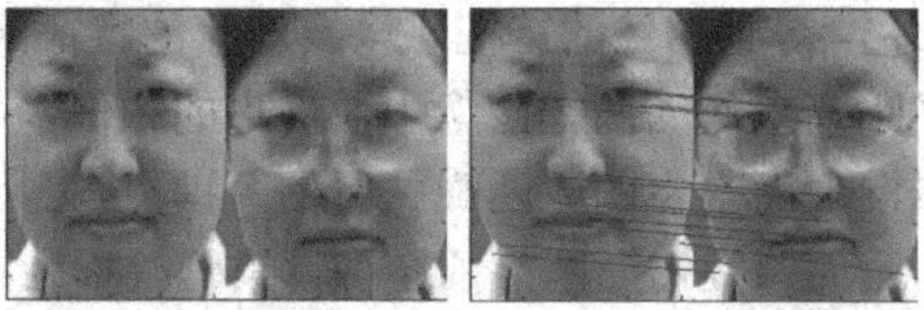

（a）

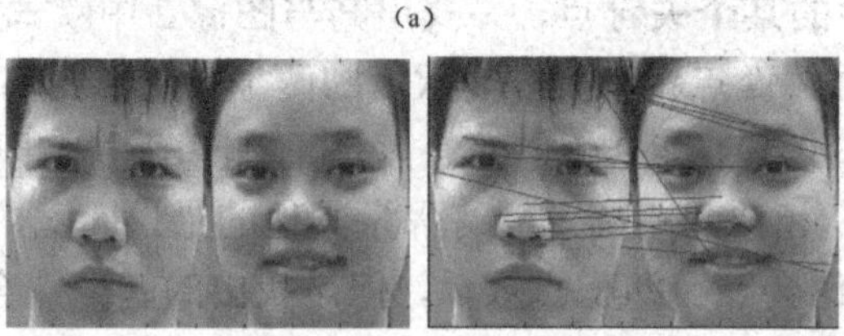

（b）

图 3.3　SIFT 匹配失败图示

从图 3.3 可以看出，图 3.3（a）为同一人的两幅图像的匹配结果，图 3.3（b）为不同两人的两幅图像的匹配结果。从匹配点数量上来看，两对图像结果一样，因此以匹配点数量作为人脸验证的判断标准，是无法区分这两种情况的。但是从图像上可以看到，图 3.3（b）中两幅图像的许多匹配点位置匹配是错误的，如果以欧式距离来计算匹配点间的距离，有许多匹配点的欧式距离远大于合理的距离。因此不能只用数量特征作为 SIFT 特征进行人脸验证，需要配合其他类型的特征[12]再进行验证。

3.3　SIFT 位置特征的人脸验证算法

本节中，提出了结合 SIFT 位置特征的人脸验证算法。3.2 节中，已经证明 SIFT 算法在人脸验证中有一定效果，但是只利用 SIFT 匹配点数量作为验证标准，效果还不够理想。分析实验结果可以知道，SIFT 算法对图像匹配过程中有两种特征可以利用，一是匹配点数量，匹配点数量足够多的图像一般都是匹配图像；二是匹配点的相对位置。实验中证明，只用匹配点数量作为特征验证效果不理想，主要原因是，有许多匹配图像对和非匹配图像对的匹配点数量十分接近，导致无论如何划分匹配点阈值，也不能很好地区分图像是否匹配，因此要利用匹配点间的相对距离作为特征，进行验证。由图 3.3 可知，非匹配图像和匹配图像的匹配点数量近似的情况下，有许多匹配点相对距离非常大。本章提出对图像分块[13]，计算各个分块中的特征点数量，并利用每一块中的特征点数量组成特征向量，最后计算向量相似度来确定是否匹配。具体方法如下。

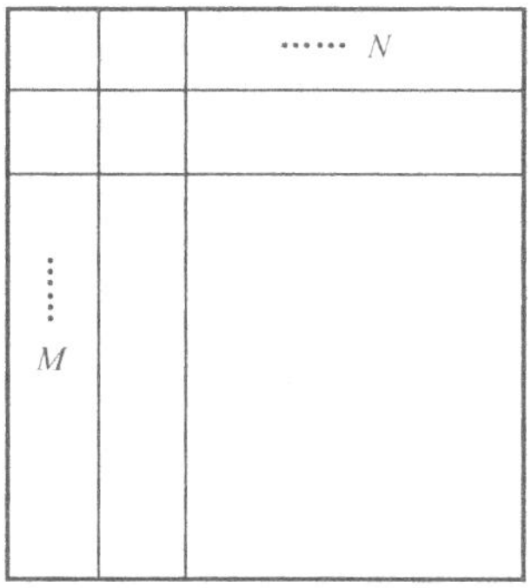

图 3.4　图像分块示意图

（1）对于需要验证的一对图像，第一幅称为 Img1，第二幅称为 Img2，对两个图像分块，将两幅图像都划分为 $M \times N$ 个子块，两幅图像的子块分别记为 $\mathrm{Img1}_i$，$\mathrm{Img2}_i$，$i=1,2,3,\cdots,M \times N$，如图 3.4 所示。

（2）对于两幅图像进行 SIFT 匹配，设两幅图像的匹配点数量为 K。

（3）对所有匹配点进行区域统计，统计两幅图像各个分块中的匹配点数量，设 Img1 对应的向量为 hist1，Img2 对应的向量为 hist2，向量维度均为 $M \times N$，称为匹配向量，其中 $hist1_i$ 为 $Img1_i$ 中对应的匹配点数量，$hist2_i$ 为 $Img2_i$ 中对应的匹配点数量。

（4）得到两幅图像的匹配向量后，以匹配向量匹配的方式，按式（3.3.1）判断两个向量的相似程度 s，若大于一定阈值，则认为满足匹配条件；若小于，则不满足匹配条件。

$$s = \sum_{i=1}^{M \times N} \frac{1 - \mathrm{abs}(hist1_i - hist2_i)}{\max(hist1_i, hist2_i)} \times 100\% \tag{3.3.1}$$

使用对匹配向量进行向量匹配，相比直接判断匹配点相对距离的方法，更具有统计意义，匹配结果更为可靠。相似率的阈值，可以根据环境需求进行调整。

验证过程

利用 SIFT 算法得到了一对需要验证的匹配点数量以及匹配向量，就可以对图像进行匹配验证。具体步骤如下

（1）对需要验证的一对图像 Img1、Img2 进行平均分块，如图 3.4 中所示，获得分块 $Img2_i$、$Img2_i$，其中 i=1,2,3,…,$M \times N$，其中 M 和 N 分别是纵向和横向划分的分块数量，$M \times N$ 为总分块数量。

（2）对 Img1、Img2 进行 SIFT 匹配，得到两个图像的匹配点数量 K。

（3）若匹配点数量大于阈值 x，则进行第（4）步，否则认为两幅图像不匹配。

（4）计算匹配点位于各个区域的数量，得到对应的匹配向量 hist1、hist2，其中 $hist1_i$、$hist2_i$ 的值即为分块 $Img1_i$、$Img2_i$ 中匹配点的数量。

（5）计算向量 $hist1_i$、$hist2_i$ 的相似度，若大于阈值 θ 则认为是匹配，反之认为不匹配。

图 3.5 为该过程的流程图。

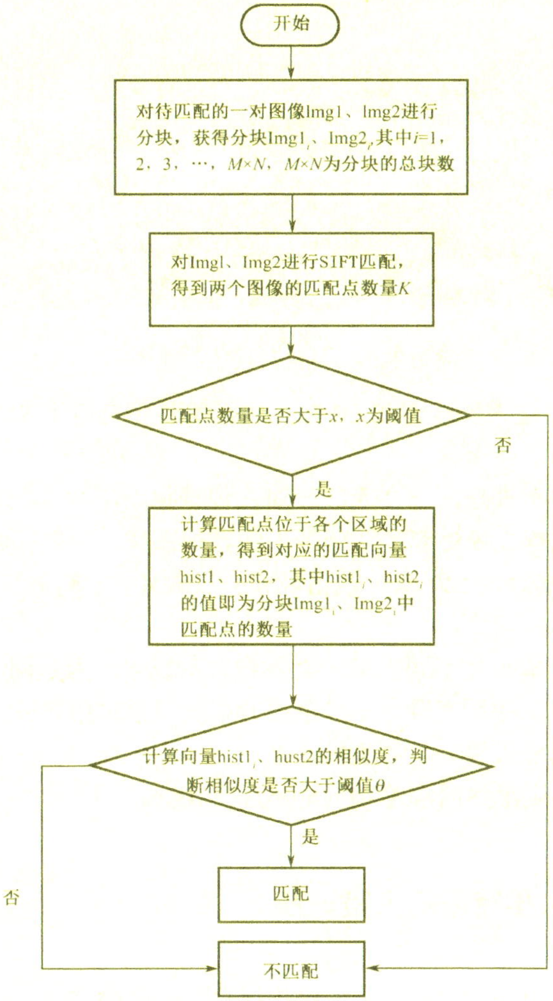

图 3.5　验证过程流程图

3.4　人脸验证实验结果与分析

本章首先使用了中科院计算技术研究所中的人脸数据进行算法有效性的验证，其中共挑选 20 人，每人有对应 3 幅图像，其中两幅戴眼镜，眼镜之间略有区别，一副不戴眼镜，3 幅图像间表情略有区别，图 3.6 是一个人的所对应的 3

幅图像例子。

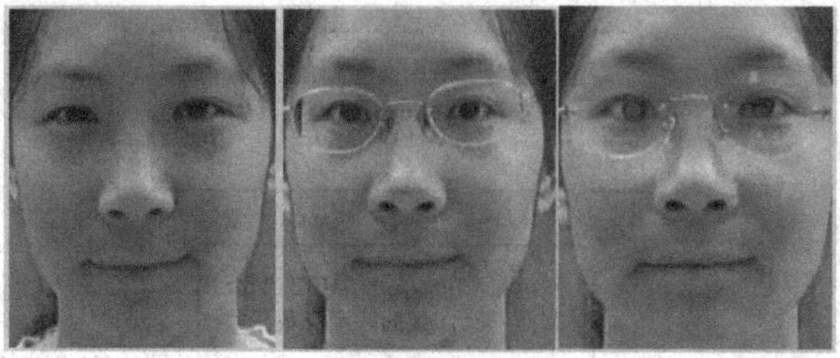

图 3.6　一个人所对应的 3 幅图像

按上述方法挑选人脸能得到 60 幅人脸，实验中有以下 2 个测试数据需要先定义：

（1）虚警率：本来是同一个人的一对图像误报为不同人的概率。在本实验数据库中，1 幅图像有 2 幅对应为同一个人的其他图像，所以匹配结果本应该同一个人的次数应为 2×60=120 次，若出现虚警次数为 x，则最终虚警率为 x/120×100%。

（2）漏警率：本来是不同人的一对图像，系统误认为是同一个人的概率。在本实验数据库中，1 幅图像除了对应的 2 幅同一个人的图像外，其余 57 幅都是不同人的，因此本应报警为不同人的次数为 60×57=3420 次，若本应报警却没有报警的次数为 y，则最终的漏警率为 y/3420×100%。

3.4.1　SIFT 数量特征的人脸识别

这里首先测试了只使用 SIFT 数量特征进行验证的方法，即只能使用匹配点数量作为特征进行匹配，而阈值则是使用某个匹配点数量，大于这个数量认为一对图像是匹配的，小于则是不匹配。阈值的改变会影响到虚警率和漏警率，一般来说，提高阈值会降低漏警率，但是会提升虚警率，图 3.7 是 SIFT 算法中，使用数量特征各个阈值的验证效果。

如图 3.7 所示，阈值的选取对虚警和漏警的影响是矛盾的，一般来说，我们需要在其中寻找一个相对平衡的点，在实际验证中，虚警率不能超过 20%，不然需要太多的人为干预，而漏警率不能超过 1%，因为一旦漏警，则会有重要的安全隐患。而图 3.7 中可以看出，仅用 SIFT 进行验证，无法满足上述条件，当阈值取 20 的时候，漏警率接近了 1%，但是对应的虚警率已经高达 35%以上了，而其他阈值显然和条件都差距很大，因此单独使用 SIFT 的数量特征是无法满足验证需求的。

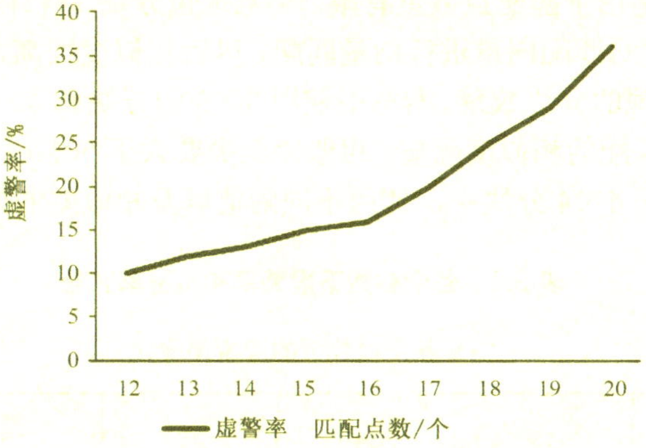

（a）阈值和虚警率的关系

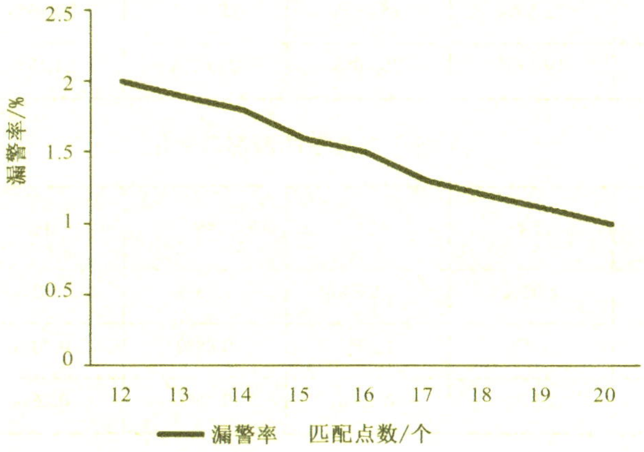

（b）阈值和漏警率的关系

图 3.7　训练样本影响

3.4.2　结合 SIFT 位置特征的人脸验证

设定要加入位置特征验证，首先我们需要做的是使用匹配点数量筛选掉不可能是匹配图像的情况，由图 3.7 可以知道，匹配点作为阈值，当在 13～17 之间时，虚警率可以满足在 10%到 20%，在这个基础上，去掉那些匹配点位置差距较大的图像，则可以再次降低漏警率，使结果满足需求。之后的验证过程需要考虑的有以下 2 个因素，一是分块的数量，理论上块数越多，则图像分割的越精细，效果会更好，但是由于匹配点数量有限，一旦大量分块，有许多分块中的匹配点数量都是 0，这样对匹配向量进行向量匹配，尽管相似度很高，但是却没有意义，因此需要找到合理的分块数量。本章中使用 3×3 的分块和 4×4 的分块进行实验测试。二是向量匹配的相似度阈值，相似度至少要大于 50%以上的阈值才是合理的阈值。表 3.1 是 4×4 分块中，使用不同阈值以及相似度的虚警率。

表 3.1　各个参数下虚警率和漏警率变化

（a）各个参数下的虚警率变化

匹配点数 / 相似度	13	14	15	16	17
50	8.30%	10.00%	10.83%	12.50%	15.83%
60	12.50%	15.83%	18.30%	20.83%	22.50%
70	19.17%	20.00%	21.67%	24.17%	27.50%

（b）各个参数下的漏警率变化

匹配点数 / 相似度	13	14	15	16	17
50	2.02%	1.99%	1.75%	1.52%	1.40%
60	1.46%	1.20%	0.88%	0.70%	0.41%
70	0.31%	0.29%	0.26%	0.26%	0.20%

如表 3.1 所示，在结合使用相似度计算之后，虚警率有所提高，但是还在可以接受的范围，对应的，漏警率大大降低了。从表中可以看到，在使用匹配点数为 13 至 15,相似度为 60 至 70 的阈值时，有多个结果满足需求，可以根据实际需求，选择最优的参数搭配。将相似度固定，取不同的匹配点数作为阈值将表 3.1 做成 ROC 曲线后，其结果如图 3.8 所示。

本章中最后使用的是匹配点数 13，相似度 70%的参数，保证漏警率达到最低，满足安全性能的需求。

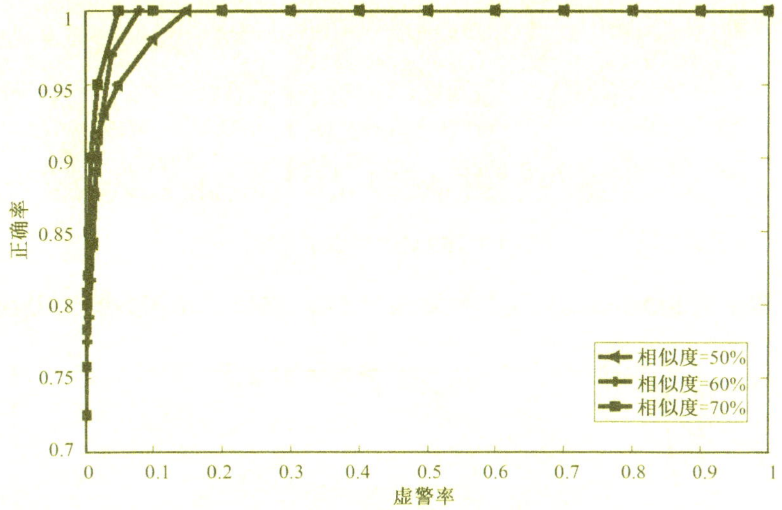

图 3.8　不同相似度下的 ROC 曲线图

3.4.3　和传统人脸验证算法的对比

传统算法中选用袁宁等提出了 2DPCA 和 CSLDA 作为对比，数据使用文献 5 中的参数，详细结果如表 3.2 所示

表 3.2　和传统人脸验证算法的对比

算法名称	参数设置	虚警率	漏警率
2DPCA+CSLDA[5]	分块 11×3　r=3	15%	2.92%
2DPCA+CSLDA[5]	分块 5×3　r=6	16.6%	2.51%
本章算法	分块 4×4	19%	0.29%

由表 3.2 可以看出，传统算法中，虚警率较新算法要更低，然而漏警率过高。前文中提过，漏警率在实际中要求尽可能为 0，安全性是首要考虑的，因此本章算法在安全性方面更为可靠。

同时，为了和其他论文中的算法进行对比，还使用本章算法对 FERET 数据库进行了测试。测试中，从数据库中随机选取 20 人，每人随机选取 3 张图像进行验证。FERET 数据库中选取的部分图像示例如图 3.9 所示。

图 3.9　FERET 图像示意图

本章算法的 ROC 曲线以及其他算法的 ROC 曲线对比图如图 3.10 所示。

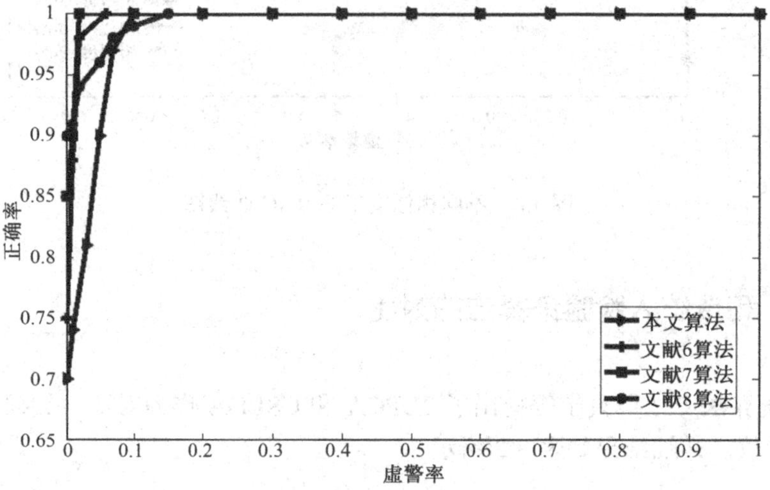

图 3.10　不同算法在 FERET 库 ROC 曲线对比图

由图 3.10 中可以看出，在 FERET 数据库中的算法取得了较好的效果，但是由于这两个算法训练的图像和验证的图像的人是来自同一个人，因此在 FERET 数据库的测试结果比本章中算法更好，是预期中的结果。本章算法和文献 9 算法在验证时，均不涉及到训练图像问题，文献 9 算法在虚警率为 0%时，取得了更高的验证正确率，但是本章算法在更低的虚警率达到了 100%的验证率，也证明了本章算法的有效性，在验证性能没有太大差异的情况下，大大提升了算法的适用范围。另外由于在验证 FERET 数据库时，挑选的样本有些表情变化较大，对本章算法也有一定的影响，因此验证效果没有在 CAS 数据库中的好。

3.5 人脸识别简介

人脸识别是指对于给定的一幅人脸作为输入，在待识别库中进行识别，寻找出和输入人脸同一个人的人脸图像。和人脸检测以及人脸验证不同，人脸识别是一对多问题，因此一般使用的方法都是使用某一类算法计算输入图像和待识别图像的相似度，之后按识别度对待识别图像排序，相似度最高的图像认为是同一人的图像。传统的人脸识别算法研究已经比较成熟，常用算法包括特征脸（Eigenface）、Gabor、PCA 结合 LDA 以及以上算法的改进算法等都在传统人脸识别，即同质人脸识别中都取得非常好的效果，但是在异质人脸识别方向，相关研究还十分缺少，因此本章主要研究了异质人脸识别其中一个应用，素描人脸识别。

异质人脸识别[14]，是人脸识别领域的一个分支，也是近年来人脸识别领域的一个新的研究热点和难点。与之前章节的研究有所不同的是，区别于一般人的人脸识别，异质人脸识别是指识别库中的图像和待识别目标图像，获取方式不同，在这个基础上进行的一种人脸识别，比如识别目标为红外图像、深度图像、素描图像等，而识别库为可见光图像等。异质人脸识别在国内外已经有一些学者进行研究，目前研究成果集中在红外人脸识别，即识别目标源为红外获取的人脸图像，识别目标库为可见光人脸图像，这种识别的应用主要在门禁系统中。素描人脸识别[15]，也是异质人脸识别的一种，是指将一个人的可见光照片和其对应的素描照进行识别，最终达到通过输入素描照寻找到对应人的可见光照片的过程，是刑侦领域的研究热点，关于这个领域，国外以 Brendan F. Klare 博士的研究比较成熟，研究成果比较多，而在国内这方面的研究还比较缺乏。

素描人脸识别分为两大类，第一类是画师在可以见到目标的可见光照片的情况下，进行素描，以这种素描照作为待识别目标对其他可见光图像进行识别的过程，称为可见素描人脸识别；第二类则是由人对目标进行脸部特征描述，由法医根据描述对目标进行素描重现，以这种方式获取的素描照作为待识别目标对其他可见光图像进行人脸识别，称为法医素描人脸识别[16]。由于数据库的限制，主要是缺乏专业法医以特征描述重现人脸的素描照数据库，本章目前只研究了第一类的素描人脸识别。在今后的研究中，将会以目前的研究成果作为研究基础，进一步探究在法医素描人脸识别中，算法的优化问题，使本章算法可以推广到实际的刑侦中使用。

和传统的人脸识别相比，素描人脸识别的重点有所改变，传统的人脸识别[1]问题主要集中在光照、姿态、饰物、表情等条件限制，影响了识别率，这主要是因为传统的人脸识别更多的是应用在一般大众场合，不可能对识别目标有动作、穿着、表情等硬性要求，因此识别要求有更高的鲁棒性。而素描人脸识别由于应用的方面主要就是刑侦，因此，一般来说，识别库中的图像都是面部清晰，没有饰物遮挡或者特殊表情的标准证件照，同时，画师或者法医的素描照也会是正面人脸素描照，无饰物或者其他遮挡。因此素描人脸识别需要解决的主要是素描人脸如何与光学照片相匹配的问题，其他外部条件暂且不予考虑。而素描人脸图像和可见光人脸图像的最大区别是素描人脸没有色彩信息，面部特征清晰[17]，这一点类似于灰度图像。另外，由于素描图像的匮乏，一个人只能有一张对应的素描图像作为训练使用，因此素描人脸识别还是基于单幅图像的人脸识别算法。而单幅图像的人脸识别算法本身是人脸识别的一大难题，这也造成了传统人脸识别算法，如 PCA、GABOR 等效果不佳。

基于上述情况，提出采用 LBP[18]算子来刻画素描图像和可见光图像的相似性。LBP 图像的特点是可以有效刻画图像纹理[19]，同时放弃颜色信息，符合素描人脸照和可见光人脸照的共同特性，再结合图像分块算法，利用机器学习算法思想特征提取，寻找到能有效识别素描照和可见光照相似性的特征，并使用 CUHK 的素描人脸数据库[20]对算法进行测试，验证了算法的有效性。

3.6 LBP 识别算法

3.6.1 LBP 基本算子

LBP 算子[21-23]是对图像纹理进行描述的一种有效手段，将图像信息的颜色信息去除后，保留了图像的变化信息，如亮度和色度的变化规律。基本的 LBP 算子是一个 3×3 的矩阵，以中心点为的像素值作为阈值，其他周围 8 个点和中心点进行比较，若大于中心点，则为 1，若小于中心点则为 0。设中心点坐标为（0,0），阈值为θ，且周围 8 点位于坐标（1,1），（1,0），（1,−1），（0,−1），（−1,−1），（−1,0），（−1,1），（0,1），则有式（3.6.1）：

$$f(x,y)=\begin{cases}1 & \text{当 } f(x,y)>\theta \\ 0 & \text{当 } f(x,y)<\theta\end{cases} \tag{3.6.1}$$

这样一来，将一个 3×3 的子块以中心点周围 8 个点按照上述坐标顺序，进行排序，将组成一个 8 位二进制数，将这个二进制数转换为十进制数替代中心点原数据，即是这个算子的 LBP 值，如图 3.11 所示。

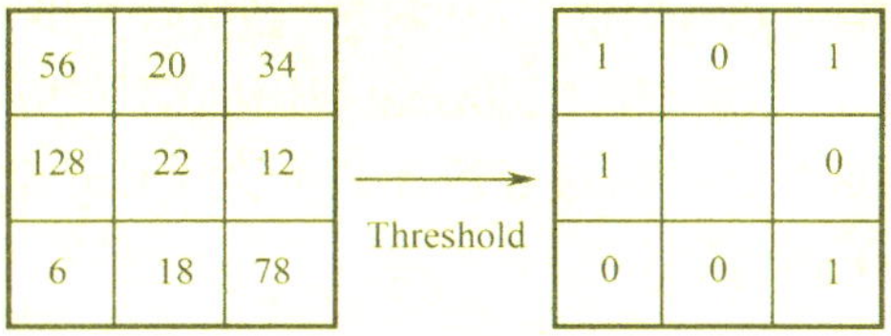

图 3.11　LBP 基本算子

如图 3.11 中，以上文给出的坐标顺序读取二进制数，则 LBP 值为 $(10100110)_2=166$。对于任意矩阵，将边缘部分补一行 0，一列 0，按照上述处理方法即可得到这个矩阵的 LBP 矩阵，如果矩阵为图像矩阵，则得到这个图像对应的 LBP 图像。图 3.12 为一副可见光人脸照片的灰度图像及其对应的 LBP 图像。

（a）原图像灰度图像　　（b） LBP 图像

图 3.12　原图像和 LBP 图像的对比

图像数据由 CUHK 素描人脸数据库所提供，训练数据都经过面部特征位置的配准，如眼睛、鼻子、嘴巴等关键特征，均基本在同一坐标位置，像素值差距不大于 10，图像大小均为 250×200。

3.6.2 LBP 人脸识别

LBP 识别一般以 LBP 直方图进行识别，即将 LBP 图像进行直方图统计，由 3.6.1 所述可知，以 LBP 基本算子生成的 LBP 图像，所有像素值应该是 0～255 范围之间，以这个图像做直方图统计，可以知道各个数值的分布范围。若把直方图看做一个向量，则是一个 256 维的行向量，以α_i表示。对于每一个人脸图像，都可以经过 LBP 处理得到其对应的 LBP 向量，通过计算两个图像 LBP 直方图的距离，判断两者的相似性。最初，Kullback 提出用交叉熵的方法进行 LBP 的统计测定，之后 Sokal 将这个算法称为 G 统计，也称为 Log 概率统计[23]，经过化简后，其表达式如式（3.6.2）所示：

$$L(S,M)=\sum_{b=1}^{B} S_b \log_{10} M_b \tag{3.6.2}$$

其中，（S,M）分别为 2 个样本的 LBP 向量，$b=1,2,\cdots,256$，S_b和 M_b分别为某像素值出现的概率，距离 L 即反映了（S,M）向量之间的相似度，后文中，没有特意说明的情况下，LBP 距离即指式（3.6.2）中的距离。当有数个样本的情况下，距离最小的 2 个即认为是同一类样本。

3.6.3 LBP 算法分析

实际试验过程中，传统的 LBP 识别算法在测试中，识别率并不理想，当识别目标超过 5 个之后，识别率就已经下降到了 30%以下，实验分析结果如下。图 3.13 所示是可见光图像和素描图像的 LBP 图像对比。

（a）原图像灰度图　（b）原图像 LBP 图　（c）素描图像　（d）素描图像 LBP 图像

图 3.13　原图像和素描图像的对比

从图 3.13 可以看出，尽管 LBP 图像能够将图像的纹理信息凸显出来，但是由于素描照本身的特性，素描照的 LBP 图像噪声明显多于可见光图像的 LBP 图像，效率并不理想。从图 3.14 可见，在素描照 LBP 直方图中，低灰度值统计数量较大，在 0～50 灰度值范围内尤其明显，而灰度值为 0 的数量很多，这说明了素描图像黑色噪点偏多，从图 3.13（d）中可以清楚地看到许多黑点噪声，而后续滤波器的处理，将会减少图像噪声点，增强纹理信息。

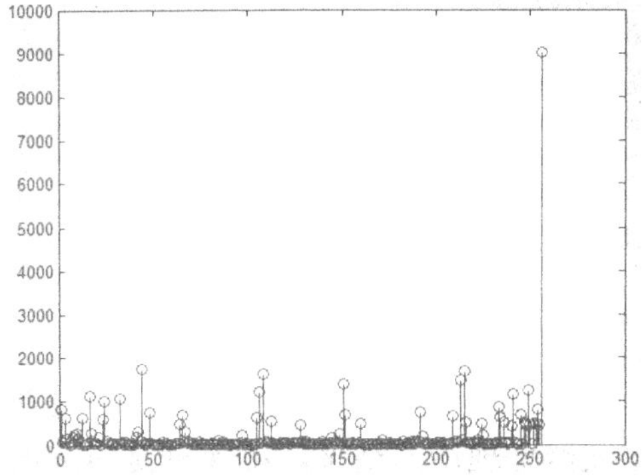

（a）原图像 LBP 直方图

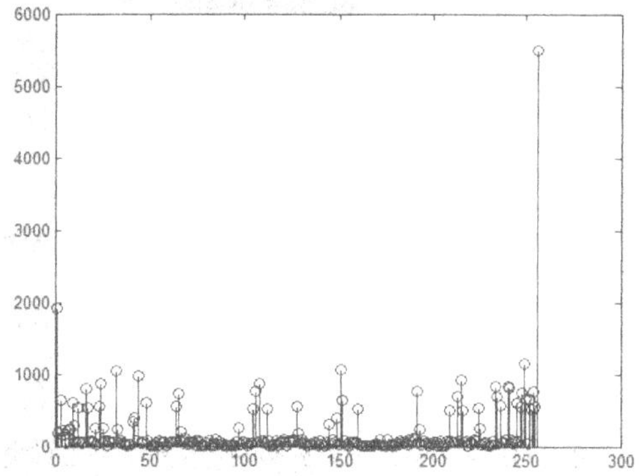

（b）素描图像 LBP 直方图

图 3.14　LBP 直方图对比

3.6.4　滤波器分析

直接使用 LBP 算法进行识别效果十分糟糕，因为当图像转换为 LBP 图像后，图像中纹理并不清晰，噪点也十分多，LBP 直方图特征也不明显。因此，对图像进行必要的预处理，使用滤波器进行滤波是一种有效的手段。

本章使用了 3 种滤波器进行试验，分别是中值滤波器[24]、高斯滤波器[25]、DOG[26]（Different of Gaussian）滤波器进行尝试。图 3.15 展示了各个滤波器处理后的图像及其对应 LBP 图像。

（a）中值滤波器对比图

（b）高斯滤波器对比图

图 3.15　滤波器处理效果

（c）DOG 滤波器对比图

图 3.15　滤波器处理效果（续）

其中，第 1 列图像是可见光图像经过滤波器处理后的图像，第 2 列图像是对应的 LBP 图像，第 3 列是素描图像经过滤波器处理后的结果，第 4 列是对应的 LBP 图像。可以看出，高斯滤波器和 DOG 滤波器都大大增强了 LBP 图像的效果，而中值滤波器效果则不明显，没有提升图像效果。经过实验验证，在目前数据库中测试，DOG 滤波器的效果是最佳的。

3.7　结合 LBP 和分块特征的识别算法

3.7.1　训练算法

上一节中，已经证明 LBP 算法在识别过程中有一定效果，并且利用 DOG 滤波器对图像加强后，效果进一步加强，然而用整幅图像计算 LBP 直方图，用 Log 概率统计计算两个图像间的相似程度，识别结果依然不能达到理想的结果，因此提出分块的 LBP 算法。在之前的许多人脸识别研究中发现，尽管使用整个人脸的信息量远大于使用局部特征，然而这样同时会带来更多的噪声，反而影响到识别效果，而在使用面部的局部有效特征时，识别率可以有所提升[27]，如眼睛、鼻子、嘴巴等人脸的明显特征。分块 LBP 算法对图像进行分块，之后将每一个小块作为一个可识别特征，利用机器学习思想训练，逐步将特征块进行选取，最后将识别能力最强的特征块取出进行线性组合，最终提升了识别率。具体算法过程如下。

（1）对于 N 个人，每人拥有一张可见光图像，一张素描图像，可见光和素描图像一一对应。

（2）对于所有 $2N$ 个样本，进行 DOG 滤波器处理，得到对应 $2N$ 个 DOG 处理后的图像，之后，再对所有样本进行 LBP 处理，得到对应的 $2N$ 张 LBP 图像。

（3）对图像进行分块处理，块状为方形，边长为 l，每个块平移长度为 step，一旦 l 和 step 确定，则每个图像分出的小块数量可以确定，假设为 y。分块示意图如图 3.16 所示。

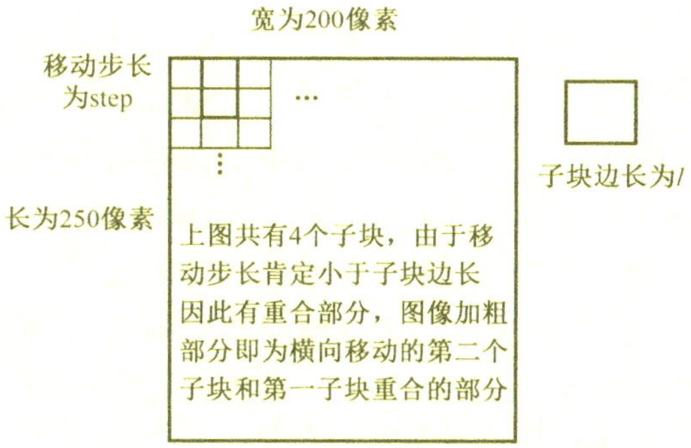

图 3.16　分块示意图

（4）以 $photo_i$ 表示某个照片的图像，$sketch_i$ 表示某个素描照的图像，i=1,2,…,N，对于某个人照片图像中的一个子块，以 $photo_{i,m}$ 表示，素描子块以 $sketch_{j,n}$ 表示，其中 i,j=1,2,…,N，m,n=1,2,…,y。

（5）对图像进行分组处理，方便后续的权重判定处理以及子块判定处理。将 1 号素描照和所有可见光图像作为第 1 组，将 2 号素描照和所有可见光图像作为第 2 组，以此类推，可以得到 N 组图像。如图 3.17 所示，图中仅用连线表示了 1 组与 2 组，其他组方法一致，没有全部画出。

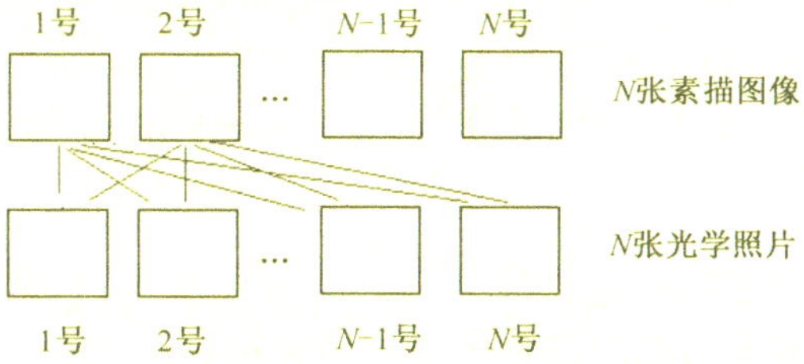

图 3.17　分组示意图

对所有分好组的图像进行权重分配，一般情况下，使用平均权重分类，即每组初始权重为 w_x=1/N，其中 x=1,2,…,N。

（6）对所有分组进行循环训练，$w_x = 1/N$；

① 初始化权重为 $w_{1,x} = w_x$，其中 $w_{1,x}$ 为第 1 轮训练的初始化权重。

For $t = 1:T$，其中 T 表示若一共训练 T 轮，t 为当前训练轮次号。

② 权重归一化：

$$q_{t,x} = \frac{w_{t,x}}{\sum_{k=1}^{N} w_{t,k}} \tag{3.7.1}$$

$q_{t,m}$ 为归一化后的权重。这里 x 为组号，t 为轮次号，y 表示取遍所有组号。

③ 对于每一组图像，利用子块计算 LBP 向量进行判别，比如对于第 1 组图像，计算所有图像第 i 号子块的 LBP 向量，接着可以得到所有第 1 组中可见光图像和素描图像第 i 号子块的 LBP 向量距离。若素描照和对应的可见光照片的 LBP 距离是最小的，即第 N 组中，素描照能匹配到第 N 张可见光图像，则第 i 号子块对本组照片判断结果为正确，反之为错误。将所有组的照片都如此处理，可以得到第 i 号子块在 N 组照片中的识别能力。

④ 对于每个子块 i（i=1,2,..,y），用 ε_f^i 表示加权错误率：

$$\varepsilon_f^i = \sum_x q_{t,x} h(d) \tag{3.7.2}$$

其中，$h(d)$ 为这个子块在 x 组照片中判断结果，判断正确为 0，判断错误为 1。

⑤ 选取本轮最佳识别子块

$$\varepsilon_t = \min_d(\varepsilon_f^i) = \min(\varepsilon_f^1, \varepsilon_f^2, \varepsilon_f^3, \ldots, \varepsilon_f^y) \tag{3.7.3}$$

$\min_d(\varepsilon_f^i)$ 为最本轮加权错误率最低的子块。

⑥ 根据这个子块结果，调整各个组的权重，

$$w_{t+1,x} = w_{t,x}\beta_t^{1-e_x} \tag{3.7.4}$$

其中，$e_x = 0$ 表示本组为正确识别，$e_x = 1$ 表示本组被错误分类，而 $\beta_t = \dfrac{\varepsilon_t}{1-\varepsilon_t}$。

(7) 最终记录子块信息，包括子块顶点坐标和 α_t（$\alpha_t = \log_{10}\dfrac{1}{\beta_t}$），一般而言，训练轮数决定了最终识别的准确程度，轮数越多，特征越多，识别率相对会提升。关于这一点会在下节更详细地说明。

训练流程图如图 3.18 所示。

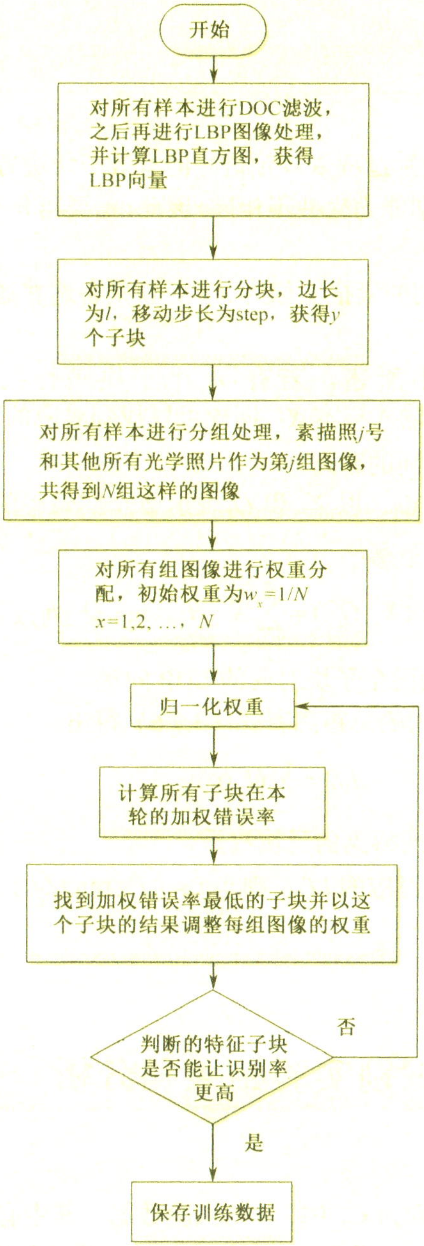

图 3.18 训练算法流程图

3.7.2 识别过程

分块 LBP 算法的识别过程依赖预选好的有效子块进行判决，而由于每个子块在训练中表现出的识别能力也并不相同，因此，需要给每个子块设置判决权重，具体过程如下。

（1）设输入需要识别的素描图像为 X，对识别备选普通照片的数量为 M，用 O_i 表示，$i=1,2,\cdots,M$ 。

（2）如 3.7.1 节中所述，若有 n 个子块进行判决，且对应权重为 $\alpha_t(t=1,2,3,\cdots,n)$。对于输入样本 X，同样可以找到对应的 n 个子块，这样一来，可以计算 X 和任意 O_i 之间的距离。

（3）对于 X 和任意 O_i，以 X_t 和 O_i 表示 2 个图像中的某个对应子块，则计算这两个子块间的 LBP 距离：

$$L_t = F(X_t, O_{i,t}) = \sum_{b=1}^{B} X\_h_{t,b} \log_{10} O\_h_{i,t,b} \tag{3.7.5}$$

其中，X_h、O_h 为两个子块对应的 LBP 向量。

（4）最后 2 个图像间的总距离有式（3.7.6）得出：

$$Lf_i = \sum_{t=1}^{n}(L_t\alpha_t) \tag{3.7.6}$$

其中，α_t 为训练中所得到的子块权重。

（5）计算出所有 O_i 对应的 Lf_i，则当 $I=i, i\in \min(Lf_i)$，则 O_i 为 X 的匹配光学照片。

3.8 素描人脸识别实验结果和分析

本实验中使用数据均为 CUHK 中的人脸数据，其中有 188 个人，每个人各有 1 幅照片及 1 幅素描画。将前 88 人的照片及素描画作为训练样本，在后 100 人的照片中对后 100 人的素描画进行识别测试。

3.8.1　训练样本数量分析

本实验和传统人脸识别有所区别。传统识别中，比如利用 ORL 数据库训练，一个人对应 10 张图像，以其中 8 张作为训练集，测试集则是训练集中这个人剩下的 2 张图像。而本章采用非交叉验证，训练图像和测试图像没有任何交集，比如，训练集中人是 A、B、C 作为训练集，测试集的人则是 D、E、F。因此训练样本的数量的选择将直接影响到结果。理论上，训练样本数量越多，最终效果也会更好，然而样本数量增加也会大大增加训练所消耗的时间成本，因此本章中验证了样本增加对算法效果提升的有效程度。

如图 3.19 所示，训练样本均使用 20×20 子块，步长为 10 的分块方法进行训练，并在识别过程中，对 100 个样本进行识别，并取有效子块数 100。可以看到，在提升训练数量过程中，识别率基本是以上升趋势提升，只有当 20 提升到 30 个样本的时候，出现了异常，可能原因是训练样本数量较小。对应的，随着训练样本的增加，训练时间也大大增加，88 个训练样本达到最佳效果的训练时间为 5517 秒，而使用 10 个样本训练所花时间为 78 秒。从实验结果来看，提升训练样本后识别效果也有显著提升，正确率从 93%提升到了 99%，而训练时间在实际的识别过程中，并不会影响识别速度，因此这个时间成本是值得的，而实验也验证了提升训练样本可以有效提升识别效果。

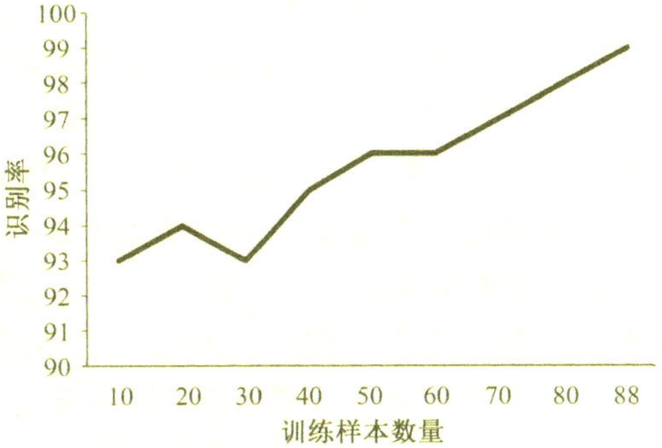

（a）训练样本数量和识别率的关系

图 3.19　训练样本影响

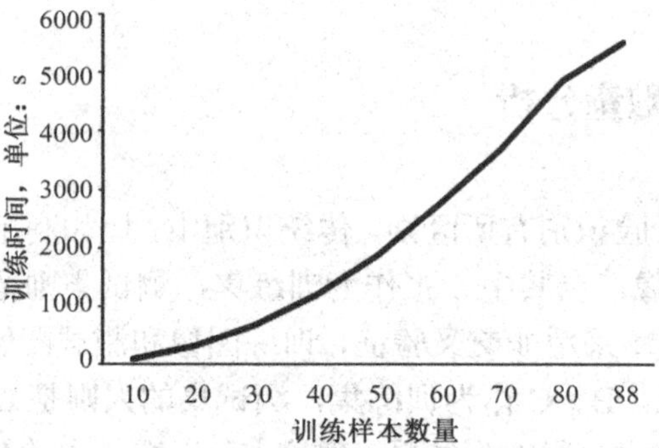

（b）训练样本数量和训练时间的关系

图 3.19 训练样本影响（续）

3.8.2 特征数量对识别效果的影响

识别过程中，特征数量的多少，对识别结果有着决定性的作用，不仅仅体现在了识别正确率方面，也体现在了识别所需时间上面，使用子块数量越大，识别速度越慢，正确率则越高，反之，识别速度越快，正确率也会大大降低。

实际使用中，我们需要结合实际情况考虑，当系统对实时性要求较高时，必要地减少特征数量，减少识别时间是最为有效的手段，因此需要在识别率和时间中做出综合考虑。本章以 88 个样本训练结果为模板，测试样本集使用 100 个测试目标，测试了特征数量对识别结果的影响。

如图 3.20 所示，随着使用特征的提升，识别效果大大增强。使用一个特征时，识别 100 个样本识别率只有 6%，当提升至 10 个特征时，识别率提升至 76%。而当特征增加到 20 个之后，识别率达到 92%，之后尽管随着特征数量的增大，识别效果有所提升，然而效果并没有开始提升的那么明显。使用 100 个特征时识别率为 99%，比 20 个特征的识别率高出 7 个百分点。从实际使用上来说，识别率提升虽然很多，但是时间成本的增加也不可忽视。因此，使用特征的数量多少需要根据实际需求来决定，如果实时程度要求低，可以使用更多的特征。如果实时程度要求高，则适当减少特征数量，在识别时间和识别率中寻找一个平衡点来达到目标。

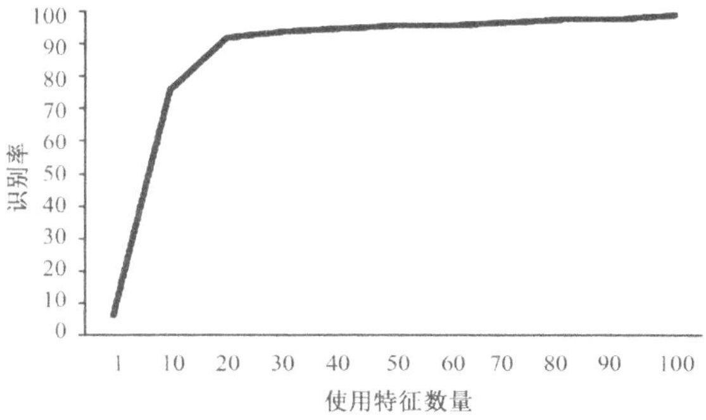

图 3.20　特征数量和识别率的关系

3.8.3　识别级别对识别结果的影响

识别中，识别级别（Rank 值）也是一个很重要的标准。类似于检测中的虚警率，识别级别和识别精度是相互矛盾的一对数据，识别级别越低，识别精度越高，识别准确率会越低，反之识别级别越高，识别精度也越低，识别准确度会越高。如当 Rank=1，则认为和待识别目标距离最小的图像为匹配对象；若 Rank=*N*，则认为和待识别目标距离最小的 *N* 个图像都为匹配对象。其中，只有当待识别目标的真实匹配目标在匹配对象集时，判定为识别正确。显然，当 *N* 越大，识别正确的可能也越高，但是识别出来的干扰目标也越多。

而在实际应用中，提升识别级别可以在更加苛刻的环境中找到需要的识别目标，有效地减少识别范围，本章总结了在各个特征下，不同 Rank 值下的识别效果，同时，将原始的不分块 LBP 算法在不同 Rank 下的识别正确率进行比对。

如图 3.21 所示，随着 Rank 值的增加，各个数量的特征下，识别率是不断上升的，而原始 LBP 算法在不进行分块的情况直接使用，效果十分糟糕。可以发现在特征数量较大时，使用很少的阶数，就可以达到 100%的识别率，如在 100 个特征下，使用 Rank=2，即可以达到 100%的识别率。由以上对比结果可以知道，分块 LBP 特征经过 AdaBoost 算法训练后，比原始 LBP 算法有效许多，同时，增加训练轮数并增加判断的特征数量，也能有效提升识别效果。

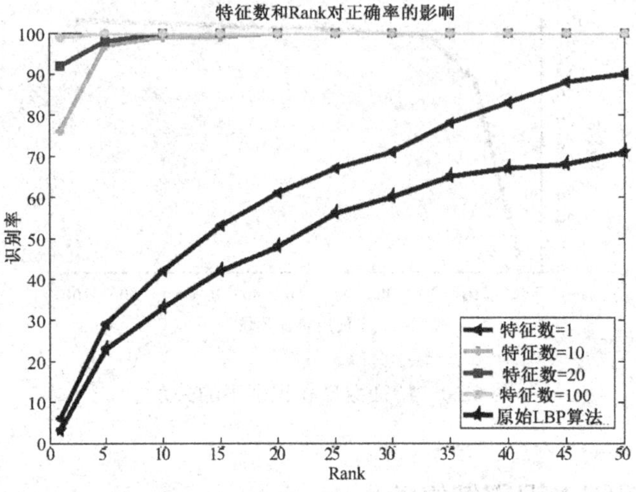

图 3.21　特征数量和 Rank 对正确率的影响

3.8.4　和目前已存在算法进行比较

目前在这项研究中，主要以 Brendan F. Klare 博士的研究成果最为显著[14]，Brendan F. Klare 将常见的各种算法均进行过仿真，并得出结论，之后将这些方法在更实际应用进行过测试。本章所提出的方法因缺乏相应的实验数据，不能全面地和 Brendan F. Klare 的各个算法进行对比，但目前本章中的实验数据仍可以证明本章算法还是行之有效的一个新方法。与 Brendan F. Klare 数据的详细的比对在表 3.3 中列出。

表 3.3　Rank=1 时，算法对比结果

算法名称	特征数	样本数	正确率
DOG+MLBP	59	202	96.3%
CSDN+MLBP	59	202	96.2%
Guassian+SIFT	128	202	97.8%
本章算法	50	100	96%
本章算法	100	100	99%

在表 3.3 中，前 3 个算法都是 Brendan F. Klare 博士的实验结果，其中“+”号之前为滤波器算法，“+”号之后为使用特征算法。图 3.22 中展示了本章算法部分的识别结果，图中一个打叉的图像为本章算法在最好结果中未能识别出的图像。

图 3.22 素描人脸识别部分结果

3.8.5 交叉验证实验

为了验证本章算法的有效性，进行了交叉与非交叉验证对比实验。由于 CUHK 数据库中每个人只有 1 张光学图像和 1 张与之对应的素描图像,因此需利用作图工具（本章采用美图秀秀工具），对后 100 人的光学图像进行处理，生成额外的 100 幅近似素描图像，简称美图素描脸。

对于非交叉验证，如 2.1 节所述，用前面 88 人的光学与素描人脸进行训练，用后 100 人的美图素描脸进行测试。对于交叉验证，用后 100 人的光学图像和素描图像进行训练，用后 100 人的美图素描脸进行测试。实验结果如表 3.4 所示。

表 3.4 交叉与非交叉实验比对

特征数量	交叉实验正确率	非交叉实验正确率
特征数=10	96%	95%
特征数=20	98%	96%
特征数=30	100%	100%
特征数=100	100%	100%

由表 3.4 可以看到，无论是交叉验证还是非交叉验证，本章算法均保持了较高的准确率。在交叉验证中，由于训练样本和测试样本来自同一个类别，因此实验结果比非交叉验证略好，但当特征子块数量达到 30 时，两种验证方法的识别

率都达到了100%。综上所述，本算法在交叉与非交叉验证中，取得良好的实验结果。

3.9 本章小结

本章提出了基于SIFT特征的人脸验证算法，现有人脸验证算法，基本是有监督训练过程的机器学习算法，验证的目标需要进行训练才能获得较好的验证结果，并且，大部分算法训练难度高，分类器维度大，验证效率一般。本章提出以SIFT 特征为基础，划分为数量特征和位置特征进行验证，利用数量特征过滤掉好排除的图像，再利用位置特征得到匹配向量，计算图像相似度，进一步确定匹配的图像，实现了人脸验证。这个方法的优点是没有监督训练过程，可以对各个目标直接进行验证，具有良好的兼容性，适用于更多的验证场合。

同时，还提出了一种新的素描人脸识别，以LBP算子描述素描人脸和光学照人脸的相似性，确定LBP特征的有效性后，采用DOG滤波器进一步提升了图像纹理效果。为了进一步提升识别的准确率，利用机器学习思想，加入分块特征，加以训练，得到能有效分类的分块号和权重。最后的识别中，使用了加权距离概念，利用所有子块的加权距离衡量各个图像之间的相似度，实现了素描人脸识别。本方法和传统的人脸识别方法不同，可以对训练样本以外的图像库进行识别，无交叉验证和交叉验证的实验结果均证明了算法的有效性，是一种新的有效的素描人脸识别的方法。

本章参考文献

[1] Kittler J. Face Authentication Using Client Specific Fisherfaces[EB]. 2001-02-09, Citeseerx.ist.psu.edu/viewdoc/download:jsessionid.

[2] Y P Li. LDA and its application to face identification[D]. Surrey: University of Surrey, 2000.

[3] K Messer, J Kittler, J Luettin, et al. XM2VTSDB: The extended M2VTS database. Audio and Video-based Biometric Person Authentication [C]: Surrey, 1999.

[4] 蔡亮, 达飞鹏.结合形状滤波和几何图像的 3D 人脸识别算法[J]. 中国图象图形学报, 2011, 16(7): 1303～1309.

[5] 袁宁. 人脸验证算法的改进与研究[D]. 无锡：江南大学, 2008.

[6] Shu X, Gao Y,Lu H. Efficient linear discriminant analysis with locality preserving for face recognition [J]. Pattern Recognition, 2012, 45(5): 1892-1898.

[7] Xanthopoulos R Pardalos P M, Trafalls T B. Linear Discriminant Analysis[M]. Robust Data Mining, Springer New York, 2013: 27-33.

[8] Hae Jong Seo, Milanfar. Face Verification Using the LARK Representation[J]. IEEE Transactioins on Information Forensics and Security, 2011, 6(4):1275-1286.

[9] Juan Ramón Troncoso-Pastoriza, Daniel González-Jiménez, Fernando Pérez-González, Fully Private Noninteractive Face Verification. IEEE Transactioins on Information Forensics and Security, 2013,8(7):1101:1114.

[10] 杨晓敏. 图像特征点提取及匹配技术[J]. 光学精密工程, 2009, 17(9): 2279-2280.

[11] 熊英, 马惠敏. 3 维物体 SIFT 特征的提取与应用[J]. 中国图像图形学报, 2010, 15(5): 814-819.

[12] 赵焕利, 王玉德, 张学志, 薛乃玉. 小波变换和特征加权融合的人脸识别[J]. 中国图像图形学报, 2012, 17(12): 1522～1527.

[13] 丘文涛, 赵建, 刘杰. 结合区域分割的 SIFT 图像匹配方法[J]. 液晶与显示, 2012, 27(6): 827-831.

[14] Klare B. Heterogeneous Face Recognition [D]. Lansing: Michigan State University, 2012.

[15] Akgul T. Can an algorithm recognize montage portraits as human faces[J]. IEEE Signal Processing Magazine, 2011, 28(1): 160-158.

[16] Klare B and Jain A. Matching forensic sketches and mug shots to apprehend criminals[J]. IEEE Computer, 2011, 44(5): 94-96.

[17] Klare B and Jain A. On a taxonomy of facial features. Biometrics: Theory Applications and Systems (BTAS), 2010 Fourth IEEE International Conference on Biometrics Compendium[C]. Washington, DC:IEEE, 2010: 1-8.

[18] Ahonen T, Hadid A, and Pietikainen M. Face description with local binary patterns: Application to face recognition [J]. IEEE Trans. Pattern Analysis & Machine Intelligence, 2006, 28(12): 2037 - 2041.

[19] 山世光, 高文, 陈熙霖. 基于面部纹理分布和变形模板的面部特征提取[J]. 软件学报, 2001, 12(4): 570-577.

[20] The CUHK Face Sketch Database is available for download at: http://mmlab.ie.cuhk.edu.hk/facesketch.html

[21] 黄非非. 基于 LBP 的人脸识别研究[D]. 重庆：重庆大学, 2009.

[22] 谢志华, 伍世虔, 方志军. LBP与鉴别模式结合的热红外人脸识别[J].中国图像图形学报, 2012, 17(6): 707-711.

[23] 高涛, 何明一, 戴玉超, 等. 多级 LBP 直方图序列特征的人脸识别[J]. 中国图像图形学报, 2009, 14(2): 202-207.

[24] 钟灵,章云. 等级阈值的彩色图像适量中值滤波器[J]. 中国图像图形学报, 2011, 16(3): 330-335.

[25] 管涛, 李玲玲. 高斯混合模型、求解算法及视觉应用综述[J]. 中国图象图形学报, 2012, 17(12): 1461-1471.

[26] Tan X and Triggs B. Enhanced local texture feature sets for face recognition under difficult lighting conditions [J]. IEEE Trans. on Image Processing, 2010, 19(6): 1635－1650.

[27] Meyers E and Wolf L. Using biologically inspired features for face processing[J]. Journal of Computer Vision, 2008, 76(1):93-104.

第4章

Gabor 小波在人脸识别中的应用研究

本章通过分析 Gabor 小波变换的分类性能，提出了一种基于 Gabor 小波变换和隐马尔可夫模型的人脸识别算法。该算法先对人脸图像进行多分辨率的 Gabor 小波变换，然后在图像上放置一组网格结点，采用主元分析法对每个结点进行去相关、降维，最后形成 Gabor 脸。把 Gabor 脸的每个特征结作为观测向量，对隐马尔可夫模型进行训练，并把优化的模型参数用于人脸识别。之后分析了观测向量维数与识别率的关系，以及状态个数和高斯概率混合成分的个数对识别率的影响，测试了待识别图像经过部分遮挡后，算法的识别性能。对算法复杂度进行了分析，并同其他 4 种相关方法进行了比较。实验结果表明，该方法识别率高，复杂度较低，对部分遮挡的图像具有较大的容忍度。

此外，本章还提出了一种基于 Gabor 小波变换、独立元分析和隐马尔可夫模型的人脸识别方法。独立元分析（Independent Component Analysis，ICA）法可以降低信号统计相关性，它的目标是寻找一个线性变换，把一系列随机变量表达成若干个统计独立的源信号的线性组合。该统计模型用高阶累积量来表示信号的互信息，并通过最小化互信息来确定所需的线性变换。由于 ICA 充分利用了信号的高阶统计量，在降低信号统计相关性的同时，也降低了信号的维数，所以它可以更好地表达信号的本质特征。该方法仍先对人脸图像进行多分辨率的 Gabor 小波变换，但是采用独立元分析法对每个 Gabor 特征网格结点进行去相关、降维，并形成特征结；然后把每个特征结作为观测向量，对隐马尔可夫模型进行训练，并把优化的模型参数用于人脸识别。实验结果表明，该方法识别率高，工程上易于应用。

4.1 人脸识别典型方法

人脸识别就是用计算机对人脸图像进行特征提取和识别的模式识别技术，它牵涉模式识别、图像处理、计算机视觉、生理学、心理学及认知科学等方面的诸多知识，并与基于其他生物特征的身份鉴别方法，以及计算机人机感知交互领域都有密切联系。本节概述了人脸识别的典型方法，讨论了其中的关键技术和难点及应用和发展前景，并对人脸识别研究中应注意的问题提出了一些看法。

4.1.1 子空间方法

人脸图像的维数通常都是非常高的，而实际上人脸图像在这样高维空间中的分布很不紧凑，因而不利于分类，并且在计算上的复杂度也非常大。为了得到人脸图像的较紧凑分布，Kirby 和 Turk 等首次把主元分析的子空间思想引入到人脸识别中，并获得了较大的成功。随后子空间分析方法就引起了人们的广泛注意，并成为当前人脸识别的主流方法之一。子空间分析的思想就是根据一定的性能目标来寻找一个线性或非线性的空间变换，把原始数据压缩到一个低维子空间，使数据在子空间中的分布更加紧凑，为更好地描述数据提供了手段，另外计算的复杂度也大大降低。目前在人脸识别中得到成功应用的子空间方法有特征脸（Eigenface）方法、线性鉴别分析（Linear Discriminant Analysis，LDA）、独立元分析、核主元分析、奇异值分解等。

4.1.2 基于连接机制的人脸识别方法

基于连接机制的人脸识别方法就是用一个动态连接结构来对人脸进行建模，通过调整权值来达到人脸识别的目的。基于连接机制的方法包括神经网络方法、弹性图匹配方法等。

神经网络在人脸识别中的应用有很长的历史，它有其特殊的适合于人脸识别的优势，它不像其他方法那样要用一套由人确定的规则，同时避免了复杂的特征抽取工作，它能根据有代表性的样本自我学习，具有鲁棒性和自适应性。此外，神经网络以并行方式处理信息，如果能用硬件实现，就能显著提高速度。神经网络方法在人脸识别领域的应用范围很广，除了用于人脸识别外，还适用于性别识别、种族识别等。

弹性图匹配方法[1]是一种基于动态连接结构（Dynamic Link Architecture，DLA）的方法，它将人脸用格状的稀疏图表示，图中的结点用图像位置的 Gabor 小波分解得到的特征向量标记（称为 Jet），图的边用连接结点的距离向量标记。小波特征分析是一种时频分析，若空间一点周围区域的不同频率响应构成该点的特征串，则其高频部分就对应了小范围内的细节，而低频部分则对应了该点周围较大范围内的概貌。因此采用小波变换特征的弹性图匹配方法，既考虑了局部人脸细节，又保留了人脸的空间分布信息，而且它的可变形匹配方式在一定程度上能够容忍人脸从三维到二维投影引起的变形。

4.1.3 隐马尔可夫模型识别方法

在人脸识别方面，Samaria[2]首先将 HMM 用于人脸识别研究，并取得了比较好的效果，他采用的是一维的隐马尔可夫模型。Nefian 等人[3]对 HMM 用于人脸识别方法进行了改进，采用了嵌入式 HMM，提高了识别速度和识别率。

HMM 使用马尔可夫链来模拟信号统计特性的变化，而这种变化又是间接地通过观察序列来描述的，因此 HMM 是一个双重的随机过程。在 HMM 中，结点表示状态，有向边表示状态之间的转移，一个状态可以具有特征空间中的任意特征，对同一特征，不同状态表现出这一特征的概率不同。由于 HMM 是一个统计模型，对于同一个特征序列，可能会对应许多种状态序列，特征序列与状态序列之间的对应关系是非确定的。这种模型对于状态序列来说是隐藏的，故称为隐马尔可夫模型。

4.1.4 基于贝叶斯的人脸识别方法

Moghaddam 和 Pentland 的贝叶斯人脸识别[4,5]把人脸图像之间的变化 Δ 分为两类，即人内（类内）变化 Ω_{I}（同一个人，不同图像之间的变化）和人间（类间）变化 Ω_{E}（不同人的图像之间的变化），从而把人脸识别置于贝叶斯框架之下。

在该方法中，两幅图像 I_1 和 I_2 之间的相似性 $S(I_1,I_2)$ 以概率的形式定义：

$$S(I_1,I_2)=P(\Delta\in\Omega_{\mathrm{I}})=P(\Omega_{\mathrm{I}}\mid\Delta)$$

式中，$P(\Omega_{\mathrm{I}}\mid\Delta)$ 可根据贝叶斯规则，利用条件概率 $P(\Delta\mid\Omega_{\mathrm{I}})$ 和 $P(\Delta\mid\Omega_{\mathrm{E}})$ 计算而得，这两个条件概率则从训练数据中学习得到。在识别时，用最大后验概率（MAP）准则进行判别。这种方法的难点在于，两幅图像之间的差异向量 Δ 的维数 N 很大（$\Delta\in R^N, N=O(10^4)$），因而没有足够的样本来计算条件概率密度的二阶统计值。为了解决这一问题，Moghaddam 和 Pentland 提出了一个对概率密度进行估计的方法：利用特征分解，把向量空间 R^N 划分为两个互补的子空间，一个为主子空间 F，包含 M 个主分量（$M<<N$）；另一个为 F 的正交补空间 $\bar{F}$，它包含其余的残余分量。按照文献[5]中导出的公式，条件概率的估计值可表示为两个独立的高斯边缘分布密度的乘积：

$$\hat{P}(\Delta\mid\Omega)=\left(\frac{\exp(-\frac{1}{2}\sum_{i=1}^{M}\frac{y_i^2}{\lambda_i})}{(2\pi)^{M/2}\prod_{i=1}^{M}\lambda_i^{1/2}}\right)\cdot\left(\frac{\exp(-\frac{\varepsilon^2(\Delta)}{2\rho})}{(2\pi\rho)^{(N-M)/2}}\right)=P_F(\Delta\mid\Omega)\hat{P}_{\bar{F}}(\Delta\mid\Omega)$$

式中，$P_F(\Delta\mid\Omega)$ 是在 F 空间中真正的边缘密度，$\hat{P}_{\bar{F}}(\Delta\mid\Omega)$ 是 $\bar{F}$ 空间中的边缘密度的估计值，y_i 是主成分，λ_i 是对应的特征值，$\varepsilon^2(\Delta)$ 是残余能量，ρ 为 $\bar{F}$ 中特征值的平均值。由条件概率密度的估计值 $\hat{P}(\Delta\mid\Omega)$，以及 $P(\Omega_{\mathrm{E}})$、$P(\Omega_{\mathrm{I}})$ 便可根据贝叶斯规则计算出后验概率 $P(\Omega_{\mathrm{I}}\mid\Delta)$，从而进行识别。

4.1.5 基于流形的人脸识别

2000 年，斯坦福大学的 Tenenbaum[6]和伦敦大学的 Roweis[7]在国际著名的杂志《Science》上分别发表了《基于全局几何结构的非线性降维》和《基于局部线性嵌入的非线性降维》。两篇文章都使用非线性流技术对人脸、手势等大型数据进行降维，部分解决了维数灾难问题。特征提取在人脸识别中的作用至关重要，如何根据人的视觉机制提取有效的特征一直是模式识别领域的研究热点。原始的人脸数据经过传统的主元分析后，其维数确实降低了，但是在低维空间中的欧式距离是否能表达高维空间中各点之间的位置关系呢？答案是否定的，上述两篇文章都表达了如下观点：经过主元分析降维后的数据位于非线性流上，传统的求两点之间的距离是求图中虚线两点之间的“位移”，而正确的求法应该是沿着实线在非线性流上求两点之间的“路程”。文献[8]从视觉认知的角度阐述了相同人的各种姿态在视网膜中所成的像位于非线性流上，可以利用这一点把不同的人用不同的流形区分，利用曲线拟合技术来比较两个流形之间的相似性。

4.2　隐马尔可夫模型

隐马尔可夫模型（Hidden Markov Model，HMM）是在马尔可夫链的基础上发展起来的。由于实际问题比马尔可夫链所描述的更为复杂，观测到的事件并不是与状态一一对应的，而是通过一组概率分布相联系，这样的模型就称为 HMM。它是一个双重随机过程，其中之一是马尔可夫链，这是基本随机过程，它描述状态的转移。另一个随机过程描述状态和观测值之间的统计对应关系。这样，站在观察者的角度，只能看到观测值，不能直接看到状态，需要通过一个随机过程去感知状态的存在及其特性。

4.2.1　隐马尔可夫模型介绍

隐马尔可夫模型是一种用参数表示的，用于描述随机过程统计特性的概率模型[9]。它由两部分组成：一个是隐含的马尔可夫链，称为隐含层；另一个是实际的观测量，称为观测层。下面以一阶离散马尔可夫过程为例，介绍隐马尔可夫模型的组成，如图 4.1 所示。

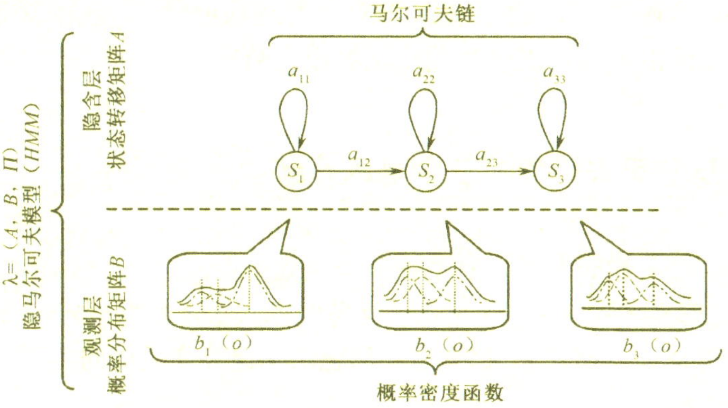

图 4.1　隐马尔可夫模型的组成

（1）N 表示隐含状态数。S 表示隐含状态，即 $S=\{S_1,S_2,\cdots,S_N\}$。模型在时刻 t 的状态用 q_t 表示（$q_t \in S$，$1 \leqslant t \leqslant T$），其中 T 表示观测序列的长度。

（2）M 表示不同观测符号的总数。如果 V 是所有的观测符号集，则有 $V=\{v_1,v_2,\cdots,v_M\}$。

（3）A 表示状态转移矩阵，$A=\{a_{ij}\}$。其中 $a_{ij}=P(q_{t+1}=S_j \mid q_t=S_i)$，$1 \leqslant i,j \leqslant N$，约束条件为：

$$\begin{cases} 0 \leqslant a_{ij} \leqslant 1 \\ \sum_{j=1}^{N} a_{ij}=1 \end{cases} \tag{4.2.1}$$

（4）B 表示观测层的概率分布矩阵，$B=\{b_j(o_t)\}$，$b_j(o_t)=P(o_t=v_k \mid q_t=S_j)$，其中 $1 \leqslant j \leqslant N$，$1 \leqslant k \leqslant M$，$o_t$ 是在时刻 t 的观测符号。

（5）$\varPi$ 表示初始状态概率分布，$\varPi=\{\pi_i\}$，其中 $\pi_i=P(q_1=S_i)$，$1 \leqslant i \leqslant N$。

HMM 可简记为 $\lambda=(A,B,\varPi)$。对于离散 HMM，观测量是有限符号集中的一个离散符号；对于连续 HMM，观测量只能用一个概率密度函数来刻画。最常用的概率密度函数是混合高斯概率密度函数：

$$b_i(o_t)=P(o_t \mid q_t=S_i,\lambda)=\sum_{l=1}^{M} c_{il} N(o_t \mid \mu_{il},\varSigma_{il})=\sum_{l=1}^{M} c_{il} b_{il}(o_t) \tag{4.2.2}$$

式中，M 表示混合高斯概率密度函数的个数，有别于离散型 HMM 中的观测符号总数“M”；$N(o_t \mid \mu_{il},\varSigma_{il})$ 为均值向量为 μ_{il}，协方差矩阵为 $\varSigma_{il}$ 的多元高斯分布概率密度函数；c_{il} 为混合系数，满足 $\sum_{l=1}^{M} c_{il}=1$；$b_{il}(o_t)$ 为第 i 个状态第 l 个分量的高斯概率密度函数。图 4.1 是连续 HMM 的结构示意图，图中采用 HMM 的左右模型，在后续的人脸识别中将使用这种模型结构。

4.2.2 隐马尔可夫模型的三个基本问题

将 HMM 应用到实际中，必须解决三个基本问题[9]，分别如下：

① 给定观测序列 $O=o_1,o_2,\cdots,o_T$ 及模型 $\lambda=(A,B,\varPi)$，如何计算由模型 λ 产生 O 的概率评估值 $P(O \mid \lambda)$。解决这个问题的快速算法是前向-后向算法，在人脸识别阶段和人脸训练阶段都需要利用此算法。

② 给定一个观测序列 $O=o_1,o_2,\cdots,o_T$ 和模型 $\lambda=(A,B,\varPi)$，如何选择一个最佳状态序列 $Q^*=q_1^*,q_2^*,\cdots,q_T^*$，以最好地解释观测序列 O。Viterbi 算法可以解

决这个问题，在人脸训练阶段需要使用该算法进行 Viterbi 分割。

③ 给定一个观测序列 $O=o_1,o_2,\cdots,o_T$，如何确定一个 $\lambda=(A,B,\Pi)$，使 $P(O|\lambda)$ 最大。Baum-Welch 算法将解决这个问题，该算法实际上是解决 HMM 训练，即 HMM 参数估计问题。

问题①是一个评价问题，即如何计算给定模型产生观测序列的概率。我们也可以把它看成一个得分问题，即模型与观测序列的匹配程度如何，这一点很重要。例如，如果我们要在多个模型中选择一个最佳模型，问题①的答案就可以帮助我们找到与观测数据匹配的最佳模型。问题②要帮我们揭开模型的隐含部分，找到"正确"的状态序列。必须明确的是所谓"正确"状态可能是不存在的，因此在实际情形中，我们通常使用一个优化准则来解决这个问题。问题③是我们要尽量优化模型参数以最好地解释一个观测序列是如何产生的。用以调整模型参数的观测序列称为训练序列。在大多数的应用中，训练问题都是很重要的。下面将介绍解决上述三个问题的办法。

1. 前向-后向算法

若观测序列 $O=o_1,o_2,\cdots,o_T$ 依一定的概率对应于状态序列 $Q=q_1,q_2,\cdots,q_T$，那么其条件概率为：

$$\begin{aligned}P(O|Q,\lambda)&=\prod_{t=1}^{T}P(o_t|q_t,\lambda)\\&=b_{q_1}(o_1)b_{q_2}(o_2)\cdots b_{q_T}(o_T)\end{aligned}\tag{4.2.3}$$

其中假定了在上述条件下各观测序列是相互独立的。模型 λ 所描述的随机过程出现状态序列 Q 的概率为：

$$P(Q|\lambda)=\pi_{q_1}a_{q_1q_2}a_{q_2q_3}\cdots a_{q_{T-1}q_T}\tag{4.2.4}$$

在模型 λ 条件下 O 和 Q 同时发生的概率为：

$$P(O,Q|\lambda)=P(O|Q,\lambda)P(Q|\lambda)\tag{4.2.5}$$

注意到对于 N 状态的模型 λ，出现长为 T 的状态序列应该有 N^T 种可能，要想求给定模型 λ 下出现观测序列 O 的概率，应该对 N^T 种可能求和，即：

$$\begin{aligned}P(O|\lambda)&=\sum_{\forall Q}P(O|Q,\lambda)P(Q|\lambda)\\&=\sum_{q_1,q_2,\cdots,q_T}\pi_{q_1}b_{q_1}(o_1)a_{q_1q_2}b_{q_2}(o_2)\cdots a_{q_{T-1}q_T}b_{q_T}(o_T)\end{aligned}\tag{4.2.6}$$

这样直接计算概率的计算量是十分巨大的，需要 $(2T-1)N^T$ 次乘法，N^T-1 次加法，总计算量为 $2T\cdot N^T$。例如，对于 $N=5$，$T=100$，需要的总计算量为 $2\times100\times5^{100}\approx10^{72}$。所以直接计算是不实用的。所幸的是前向-后向算法

（Forward-Backward）使这个问题的计算量大大降低（仅需 N^2T 次运算）。定义前向变量 $\alpha_t(i)$ 和后向变量 $\beta_t(i)$ 如下：

$$\alpha_t(i) = P(o_1o_2\cdots o_t, q_t = S_i \mid \lambda) \tag{4.2.7}$$

$$\beta_t(i) = P(o_{t+1}o_{t+2}\cdots o_T \mid q_t = S_i, \lambda) \tag{4.2.8}$$

前向算法如下：

（1）初始化

$$\alpha_1(i) = \pi_i b_i(o_1)\text{，}\quad 1 \leqslant i \leqslant N \tag{4.2.9}$$

（2）递推

$$\alpha_{t+1}(j) = \left[\sum_{i=1}^{N} \alpha_t(i) a_{ij}\right] b_j(o_{t+1})\text{，}\quad 1 \leqslant t \leqslant T-1\text{，}\quad 1 \leqslant j \leqslant N \tag{4.2.10}$$

（3）结束

$$P(O \mid \lambda) = \sum_{i=1}^{N} \alpha_T(i) \tag{4.2.11}$$

类似地，后向算法如下：

（1）初始化

$$\beta_T(i) = 1\text{，}\quad 1 \leqslant i \leqslant N \tag{4.2.12}$$

（2）递推

$$\beta_t(i) = \sum_{j=1}^{N} a_{ij} b_j(o_{t+1}) \beta_{t+1}(j)\text{，}\quad t = T-1, T-2, \cdots, 1\text{，}\quad 1 \leqslant i \leqslant N \tag{4.2.13}$$

（3）结束

$$P(O \mid \lambda) = \sum_{i=1}^{N} \pi_i b_i(o_1) \beta_1(i) \tag{4.2.14}$$

2. Viterbi 算法

给定一个观测序列 $O = o_1, o_2, \cdots, o_T$ 和一个 HMM 的参数 λ，如何选择一个最佳的状态链 $Q^* = q_1^*, q_2^*, \cdots, q_T^*$ 来解释观测序列 O，通常采用的算法是 Viterbi 算法。定义：

$$\delta_t(i) = \max_{q_1, q_2, \cdots, q_{t-1}} P(q_1, q_2, \cdots, q_{t-1}, q_t = S_i, o_1, \cdots, o_t \mid \lambda) \tag{4.2.15}$$

表示沿着一条单路径计算前 t 个观测在 t 时刻结束于 S_i 状态的最高概率，那么可以推出关系式：

$$\delta_{t+1}(j) = \max_i \left[\delta_t(i) a_{ij}\right] b_j(o_{t+1}) \tag{4.2.16}$$

我们再用一个二维阵列 $\{\psi_t(j), 1 \leqslant t \leqslant T, 1 \leqslant j \leqslant N\}$ 来跟踪记录 $\delta_t(i)$ 在推导过程中的最佳路径。Viterbi 算法的计算步骤如下：

（1）初始化

$$\delta_t(i)=\pi_i b_i(o_1)，\quad 1\leqslant i\leqslant N \tag{4.2.17}$$

$$\psi_1(i)=0 \tag{4.2.18}$$

（2）递推

$$\delta_t(j)=\max_{1\leqslant i\leqslant N}\left[\delta_{t-1}(i)a_{ij}\right]b_j(o_t)，\quad 2\leqslant t\leqslant T，\quad 1\leqslant j\leqslant N \tag{4.2.19}$$

$$\psi_t(j)=\arg\max_{1\leqslant i\leqslant N}\left[\delta_{t-1}(i)a_{ij}\right]，\quad 2\leqslant t\leqslant T，\quad 1\leqslant j\leqslant N \tag{4.2.20}$$

（3）结束

$$P^*=\max_{1\leqslant i\leqslant N}\left[\delta_T(i)\right] \tag{4.2.21}$$

$$q_T^*=\arg\max_{1\leqslant i\leqslant N}\left[\delta_T(i)\right] \tag{4.2.22}$$

（4）路径回溯（最佳状态链的确定）

$$q_t^*=\psi_{t+1}(q_{t+1}^*)，\quad t=T-1,T-2,\cdots,1 \tag{4.2.23}$$

由式（4.2.23）可知，$\psi_t(j)$ 的意义是在 $t-1$ 时刻，哪个状态（从 $\delta_{t-1}(1),\delta_{t-1}(2),\cdots,\delta_{t-1}(N)$ 中选择）对 $\delta_t(j)$ 的生成贡献最大。此外由式（4.2.21）可知，Viterbi 算法不仅可以对观测序列 O 确定一个最佳状态链，而且可以同时求出模型 λ 最佳地产生观测序列 O 的概率 $P(O,Q^*\mid\lambda)$。

Viterbi 算法对观测序列 O 确定一个最佳状态链，这意味着确定了观测序列和各个状态最可能的对应关系。这种对应关系通常称为对观测序列的 Viterbi 分割。

3. Baum-Welch 算法

HMM 参数的优化问题，也就是如何调整模型参数 $\lambda=(A,B,\Pi)$，使 $P(O\mid\lambda)$ 最大。事实上，给定有限长的观测序列作为训练数据，都不可能得到最优的参数估计。通常情况下，我们可以使用 Baum-Welch 算法得到局部最优解。

定义 $\gamma_t(i)$ 为给定模型和观测序列在 t 时刻处于状态 S_i 的概率：

$$\gamma_t(i)=P(q_t=S_i\mid O,\lambda)=\frac{\alpha_t(i)\beta_t(i)}{\sum_{i=1}^{N}\alpha_t(i)\beta_t(i)} \tag{4.2.24}$$

且满足条件：

$$\sum_{i=1}^{N}\gamma_t(i)=1 \tag{4.2.25}$$

定义 $\xi_t(i,j)$ 为在 t 时刻处于状态 S_i，在 $t+1$ 时刻处于状态 S_j 的概率：

$$\xi_t(i,j)=P(q_t=S_i,q_{t+1}=S_j\mid O,\lambda) \tag{4.2.26}$$

用前、后向变量表示为：

$$\xi_t(i,j)=\frac{P(q_t=S_i,q_{t+1}=S_j,O\mid\lambda)}{P(O\mid\lambda)}=\frac{\alpha_t(i)a_{ij}b_j(o_{t+1})\beta_{t+1}(j)}{\sum_{i=1}^{N}\sum_{j=1}^{N}\alpha_t(i)a_{ij}b_j(o_{t+1})\beta_{t+1}(j)} \tag{4.2.27}$$

显然，$\gamma_t(i)$ 和 $\xi_t(i,j)$ 满足：

$$\gamma_t(i)=\sum_{j=1}^{N}\xi_t(i,j) \tag{4.2.28}$$

如果将 $\gamma_t(i)$ 对某个时间段 t 求和，可以得到在某个时间段内访问状态 S_i 的平均次数，或者等价地，从状态 S_i 转出的期望次数；类似地，将 $\xi_t(i,j)$ 对某个时间段 t 求和，可以得到从状态 S_i 转移到状态 S_j 的期望次数，即：

$$\sum_{t=1}^{T-1}\gamma_t(i)=\text{从状态 }S_i\text{ 转移到任何其他状态的平均次数} \tag{4.2.29}$$

$$\sum_{t=1}^{T-1}\xi_t(i,j)=\text{从状态 }S_i\text{ 转移到状态 }S_j\text{ 的期望次数} \tag{4.2.30}$$

利用以上公式和定义，我们可以给出 HMM 参数的一组估计公式：

$$\pi_i^{\text{new}}=\gamma_1(i)\quad \text{在 }t=1\text{ 时刻，处于状态 }S_i\text{ 的概率} \tag{4.2.31}$$

$$a_{ij}^{\text{new}}=\frac{\sum_{t=1}^{T-1}\xi_t(i,j)}{\sum_{t=1}^{T-1}\gamma_t(i)}=\frac{\text{从状态}S_i\text{转移到状态}S_j\text{的平均次数}}{\text{从状态}S_i\text{转移到任何其他状态的平均次数}} \tag{4.2.32}$$

$$b_j^{new}(o_t)=\frac{\sum_{t=1,\text{满足}o_t=v_k}^{T}\gamma_t(j)}{\sum_{t=1}^{T}\gamma_t(j)}=\frac{\text{在状态}j\text{观测到符号}v_k\text{的平均次数}}{\text{处于状态}j\text{的平均次数}} \tag{4.2.33}$$

我们定义当前的模型为 $\lambda=(A,B,\Pi)$，并用它来计算式（4.2.31）～式（4.2.33），我们定义重估公式为 $\lambda'=(A',B',\Pi')$。若 $P(O\mid\lambda')>P(O\mid\lambda)$，则模型 λ' 比模型 λ 更优，也就是说，找到一个新模型，它产生观测序列 O 的概率更大。如果在重估计算中重复使用 λ' 代替 λ，我们就能够提高模型产生观测序列 O 的概率，直到满足某种限制。这一重估过程的最终结果称为 HMM 的最大似然估计。

Baum 定义了一个辅助函数：

$$Q(\lambda,\lambda')=\sum_{q\in Q}\log P(O,q\mid\lambda)P(O,q\mid\lambda') \tag{4.2.34}$$

式（4.2.31）～式（4.2.33）可以由式（4.2.34）通过对 λ' 求极大值得到。Baum 等人证明了最大化 $Q(\lambda,\lambda')$ 导致似然概率的增大，即：

$$\max_{\lambda}[Q(\lambda,\lambda')] \Rightarrow P(O|\lambda') \geqslant P(O|\lambda) \tag{4.2.35}$$

通过若干次迭代后，似然函数收敛到一个极值点。

重估公式可以认为是 EM 算法的实现。其中，E 步是辅助函数 $Q(\lambda,\lambda')$ 的计算，M 步是对 λ' 求最大值。因此在这个特殊问题上，Baum-Welch 算法等价于 EM 算法[10]。

4.2.3　隐马尔可夫模型算法实现中的问题

本节首先讨论用混合高斯概率密度对 HMM 建模的参数估计问题，然后讨论多个观测值训练时的参数估计问题，最后讨论 HMM 计算中的下溢问题。

1．混合高斯概率密度的参数估计

如果观测符号的概率分布 $b_j(o_t)=P(o_t|q_t=S_j)$ 是混合高斯分布，这时需要利用 EM 算法求出其均值、协方差矩阵及混合系数。我们定义在 t 时刻观测的向量来自第 i 个状态中的第 l 个组成成分（$q_t=S_i, m_{q_t=i,t}=l$）的概率为

$$\gamma_t(i,l)=\gamma_t(i)\frac{c_{il}b_{il}(o_t)}{b_i(o_t)}=P(q_t=S_i, m_{q_t=S_i,t}=l|O,\lambda) \tag{4.2.36}$$

式中，$b_{il}(o_t)=N(o_t|\mu_{il},\Sigma_{il})$ 为第 i 个状态第 l 个分量的高斯概率密度函数，且均值向量为 μ_{il}，协方差矩阵为 Σ_{il}；c_{il} 为混合系数。$\gamma_t(i,l)$ 与 $\gamma_t(i)$ 满足：

$$\gamma_t(i)=\sum_{l=1}^{M}\gamma_t(i,l) \tag{4.2.37}$$

利用 EM 算法求出的混合高斯密度参数如下：

$$c_{il}^{\text{new}}=\frac{\sum_{t=1}^{T}\gamma_t(i,l)}{\sum_{t=1}^{T}\gamma_t(i)}=\frac{\sum_{t=1}^{T}P(q_t=S_i, m_{q_t=S_i,t}=l|O,\lambda)}{\sum_{t=1}^{T}\sum_{l=1}^{M}P(q_t=S_i, m_{q_t=S_i,t}=l|O,\lambda)} \tag{4.2.38}$$

$$\mu_{il}^{\text{new}}=\frac{\sum_{t=1}^{T}\gamma_t(i,l)o_t}{\sum_{t=1}^{T}\gamma_t(i,l)}=\frac{\sum_{t=1}^{T}P(q_t=S_i, m_{q_t=S_i,t}=l|O,\lambda)o_t}{\sum_{t=1}^{T}P(q_t=S_i, m_{q_t=S_i,t}=l|O,\lambda)} \quad 4.2.39）$$

$$\Sigma_{il}^{\text{new}}=\frac{\sum_{t=1}^{T}\gamma_t(i,l)(o_t-\mu_{il}^{\text{new}})(o_t-\mu_{il}^{\text{new}})^T}{\sum_{t=1}^{T}\gamma_t(i,l)}$$

$$=\frac{\sum_{t=1}^{T}P(q_t=S_i,m_{q_t=S_i,t}=l\mid O,\lambda)(o_t-\mu_{il}^{\text{new}})(o_t-\mu_{il}^{\text{new}})^T}{\sum_{t=1}^{T}P(q_t=S_i,m_{q_t=S_i,t}=l\mid O,\lambda)} \tag{4.2.40}$$

2．多个观测序列进行训练

实际中，经常用多个观测序列来训练出一个 HMM。例如，同一个人有 E 张不同姿态和表情的照片，为了训练出符合这个人的 HMM，就需要把 E 张照片都利用起来对 HMM 进行训练。设第 e 个观测序列为 O^e，$e=1,2,\cdots,E$，其中 $O^e=o_1^e,o_2^e,\cdots,o_T^e$，$O=\{O^1,O^2,\cdots,O^E\}$。这里假定每个观测序列的长度是相等的，因为对于人脸识别来说所用图像的大小是相同的。

假定各个观测序列独立，则

$$P(O\mid\lambda)=\prod_{e=1}^{E}P(O^e\mid\lambda) \tag{4.2.41}$$

利用式（4.2.24）和式（4.2.36）得出：

$$\gamma_t^e(i)=\frac{\alpha_t^e(i)\beta_t^e(i)}{\sum_{i=1}^{N}\alpha_t^e(i)\beta_t^e(i)} \tag{4.2.42}$$

$$\gamma_t^e(i,l)=\gamma_t^e(i)\frac{c_{il}b_{il}(o_t^e)}{b_i(o_t^e)} \tag{4.2.43}$$

由式（4.2.27）得：

$$\xi_t^e(i,j)=\frac{\alpha_t^e(i)a_{ij}b_j(o_{t+1}^e)\beta_{t+1}^e(j)}{\sum_{i=1}^{N}\sum_{j=1}^{N}\alpha_t^e(i)a_{ij}b_j(o_{t+1}^e)\beta_{t+1}^e(j)} \tag{4.2.44}$$

利用 EM 算法（即 Baum-Welch 算法）得出多个观测序列的参数估计公式如下：

$$\pi_i^{\text{new}}=\frac{\sum_{e=1}^{E}\gamma_1^e(i)}{E} \tag{4.2.45}$$

$$a_{ij}^{\text{new}}=\frac{\sum_{e=1}^{E}\sum_{t=1}^{T_e-1}\xi_t^e(i,j)}{\sum_{e=1}^{E}\sum_{t=1}^{T_e-1}\gamma_t^e(i)}=\frac{\sum_{e=1}^{E}\sum_{t=1}^{T_e-1}\xi_t^e(i,j)}{\sum_{j=1}^{N}\sum_{e=1}^{E}\sum_{t=1}^{T_e-1}\xi_t^e(i,j)} \tag{4.2.46}$$

$$c_{il}^{\text{new}}=\frac{\sum_{e=1}^{E}\sum_{t=1}^{T_e}\gamma_t^e(i,l)}{\sum_{e=1}^{E}\sum_{t=1}^{T_e}\gamma_t^e(i)}=\frac{\sum_{e=1}^{E}\sum_{t=1}^{T_e}\gamma_t^e(i,l)}{\sum_{l=1}^{M}\sum_{e=1}^{E}\sum_{t=1}^{T_e}\gamma_t^e(i,l)} \tag{4.2.47}$$

$$\mu_{il}^{\text{new}}=\frac{\sum_{e=1}^{E}\sum_{t=1}^{T_e}\gamma_t^e(i,l)o_t^e}{\sum_{e=1}^{E}\sum_{t=1}^{T_e}\gamma_t^e(i,l)} \tag{4.2.48}$$

$$\begin{aligned}\Sigma_{il}^{\text{new}}&=\frac{\sum_{e=1}^{E}\sum_{t=1}^{T_e}\gamma_t^e(i,l)(o_t^e-\mu_{il}^{\text{new}})(o_t^e-\mu_{il}^{\text{new}})^T}{\sum_{e=1}^{E}\sum_{t=1}^{T_e}\gamma_t^e(i,l)}\\&=\frac{\sum_{e=1}^{E}\sum_{t=1}^{T_e}\gamma_t^e(i,l)o_t^e o_t^{e\,T}}{\sum_{e=1}^{E}\sum_{t=1}^{T_e}\gamma_t^e(i,l)}-\mu_{il}^{\text{new}}\mu_{il}^{\text{new}\,T}\end{aligned} \tag{4.2.49}$$

3. 下溢问题

（1）伸缩因子

在前向-后向算法和 Baum-Welch 算法中，都需要使用前、后向变量 $\alpha_t(i)$ 和 $\beta_t(i)$。为了计算 $\alpha_t(i)$，可把式（4.2.10）代入式（4.2.7），得到 $\alpha_t(i)$ 由许多项的和构成，每项可表示为[11]：

$$\prod_{s=1}^{t-1}a_{q_s,q_{s+1}}\prod_{s=1}^{t}b_{q_s}(o_s) \tag{4.2.50}$$

由于这些乘积的每项都小于 1，会使结果迅速趋向于零，最终 $\alpha_t(i)$ 的动态范围将超出计算机所能表示的精度范围，从而产生溢出，使计算无法继续进行。同理，计算 $\beta_t(i)$ 也会产生此类问题。为了解决这种下溢问题，需要对 $\alpha_t(i)$ 和 $\beta_t(i)$ 增加伸缩因子，对计算进行补偿，但不改变最后的计算结果。

用 $\alpha_t(i)$ 表示未伸缩时的值，$\hat{\alpha}_t(i)$ 表示伸缩后的值，$\hat{\hat{\alpha}}_t(i)$ 是一个中间量，表示用 $\hat{\alpha}_{t-1}(i)$ 计算的结果，首先进行初始化：

$$\hat{\hat{\alpha}}_1(i)=\alpha_1(i) \tag{4.2.51}$$

$$c_1=\frac{1}{\sum_{i=1}^{N}\alpha_1(i)} \tag{4.2.52}$$

$$\hat{\alpha}_1(i)=c_1\alpha_1(i) \tag{4.2.53}$$

并设

$$\hat{\hat{\alpha}}_t(i)=\sum_{j=1}^{N}\hat{\alpha}_{t-1}(j)a_{ji}b_i(o_t)\text{，}\quad 2\leqslant t\leqslant T \tag{4.2.54}$$

给定

$$\hat{\alpha}_t(i)=c_t\hat{\hat{\alpha}}_t(i)$$

则伸缩系数 c_t 为

$$c_t=\frac{1}{\sum_{i=1}^{N}\hat{\hat{\alpha}}_t(i)} \tag{4.2.55}$$

由式（4.2.54）和式（4.2.55）得：

$$\hat{\alpha}_t(i)=\frac{\sum_{j=1}^{N}\hat{\alpha}_{t-1}(j)a_{ji}b_i(o_t)}{\sum_{i=1}^{N}\sum_{j=1}^{N}\hat{\alpha}_{t-1}(j)a_{ji}b_i(o_t)} \tag{4.2.56}$$

通过对式（4.2.54）和式（4.2.55）递推可以得到：

$$\hat{\alpha}_{t-1}(j)=\left(\prod_{r=1}^{t-1}c_r\right)\alpha_{t-1}(j) \tag{4.2.57}$$

把式（4.2.57）代入式（4.2.56）得到：

$$\hat{\alpha}_t(i)=\frac{\sum_{j=1}^{N}\hat{\alpha}_{t-1}(j)a_{ji}b_i(o_t)}{\sum_{i=1}^{N}\sum_{j=1}^{N}\hat{\alpha}_{t-1}(j)a_{ji}b_i(o_t)}=\frac{\sum_{j=1}^{N}\alpha_{t-1}(j)\left(\prod_{r=1}^{t-1}c_r\right)a_{ji}b_i(o_t)}{\sum_{i=1}^{N}\sum_{j=1}^{N}\alpha_{t-1}(j)\left(\prod_{r=1}^{t-1}c_r\right)a_{ji}b_i(o_t)}=\frac{\alpha_t(i)}{\sum_{i=1}^{N}\alpha_t(i)} \tag{4.2.58}$$

由式（4.2.58）可看出，$\hat{\alpha}_t(i)$ 对 $\alpha_t(i)$ 进行了有效的伸缩。

此外由式（4.2.57）得到：

$$\hat{\alpha}_T(i)=\left(\prod_{t=1}^{T}c_t\right)\alpha_T(i) \tag{4.2.59}$$

所以

$$\sum_{i=1}^{N}\hat{\alpha}_T(i)=\prod_{t=1}^{T}c_t\sum_{i=1}^{N}\alpha_T(i)=1 \tag{4.2.60}$$

由式（4.2.11）和式（4.2.60）可推出：

$$\prod_{t=1}^{T} c_t P(O|\lambda) = 1$$

所以

$$\log P(O|\lambda) = -\sum_{t=1}^{T} \log c_t \tag{4.2.61}$$

可见在实际计算时，通过计算伸缩因子，可以得到对数评估值 $\log P(O|\lambda)$。

对于 $\beta_t(i)$ 的伸缩，也可采用如下方法。

初始化：

$$\hat{\beta}_T(i) = \hat{\hat{\beta}}_T(i) = \beta_T(i) = 1\text{，}\quad s_T = 1 \tag{4.2.62}$$

并设

$$\hat{\hat{\beta}}_t(i) = \sum_{j=1}^{N} a_{ij} b_j(o_{t+1}) \hat{\beta}_{t+1}(j)\text{，}\quad t = T-1, T-2, \cdots, 1 \tag{4.2.63}$$

给定

$$\hat{\beta}_t(i) = s_t \hat{\hat{\beta}}_t(i)\text{，}\quad t = T-1, T-2, \cdots, 1 \tag{4.2.64}$$

则伸缩系数为

$$s_t = \frac{1}{\sum_{i=1}^{N} \hat{\hat{\beta}}_t(i)} \tag{4.2.65}$$

由式（4.2.62）～式（4.2.64）得：

$$\hat{\beta}_t(i) = \left(\prod_{k=t}^{T} s_k\right) \beta_t(i) \tag{4.2.66}$$

对于 HMM 参数估计问题，要想使伸缩后的参数估计保持不变，根据式（4.2.45）～式（4.2.49），必须使伸缩后的 $\gamma_t(i)$、$\xi_t(i,j)$ 和 $\gamma_t(i,l)$ 保持不变，假设伸缩后它们变为 $\hat{\gamma}_t(i)$、$\hat{\xi}_t(i,j)$ 和 $\hat{\gamma}_t(i,l)$，则

$$\begin{aligned}\hat{\gamma}_t(i) &= \frac{\hat{\alpha}_t(i)\hat{\beta}_t(i)}{\sum_{i=1}^{N} \hat{\alpha}_t(i)\hat{\beta}_t(i)} = \frac{\left(\prod_{k=1}^{t} c_k\right)\alpha_t(i)\left(\prod_{k=t}^{T} s_k\right)\beta_t(i)}{\sum_{i=1}^{N}\left(\prod_{k=1}^{t} c_k\right)\alpha_t(i)\left(\prod_{k=t}^{T} s_k\right)\beta_t(i)} \\ &= \frac{\alpha_t(i)\beta_t(i)}{\sum_{i=1}^{N} \alpha_t(i)\beta_t(i)}\text{，}\quad t = T-1, T-2, \cdots, 1\end{aligned} \tag{4.2.67}$$

对于 $t = T$，直接把 $\hat{\beta}_T(i) = \beta_T(i) = 1$ 代入即可，所以最后得到：

$$\hat{\gamma}_t(i)=\gamma_t(i)\,,\quad t=T,T-1,\cdots,1 \tag{4.2.68}$$

而对于 $\hat{\xi}_t(i,j)$ 有：

$$\begin{aligned}\hat{\xi}_t(i,j)&=\frac{\hat{\alpha}_t(i)a_{ij}b_j(o_{t+1})\hat{\beta}_{t+1}(j)}{\sum_{i=1}^{N}\sum_{j=1}^{N}\hat{\alpha}_t(i)a_{ij}b_j(o_{t+1})\hat{\beta}_{t+1}(j)}=\frac{\left(\prod_{k=1}^{t}c_k\right)\alpha_t(i)a_{ij}b_j(o_{t+1})\left(\prod_{k=t}^{T}s_k\right)\beta_t(i)}{\sum_{i=1}^{N}\sum_{j=1}^{N}\left(\prod_{k=1}^{t}c_k\right)\alpha_t(i)a_{ij}b_j(o_{t+1})\left(\prod_{k=t}^{T}s_k\right)\beta_t(i)}\\&=\frac{\alpha_t(i)a_{ij}b_j(o_{t+1})\beta_{t+1}(j)}{\sum_{i=1}^{N}\sum_{j=1}^{N}\alpha_t(i)a_{ij}b_j(o_{t+1})\beta_{t+1}(j)}\,,\quad t=T-1,T-2,\cdots,1\end{aligned} \tag{4.2.69}$$

对于 $t=T$，直接把 $\hat{\beta}_T(i)=\beta_T(i)=1$ 代入即可，最后得到：

$$\hat{\xi}_t(i,j)=\xi_t(i,j)\,,\quad t=T,T-1,\cdots,1 \tag{4.2.70}$$

同理

$$\begin{aligned}\hat{\gamma}_t(i,l)&=\hat{\gamma}_t(i)\frac{c_{il}b_{il}(o_t)}{b_i(o_t)}\\&=\gamma_t(i)\frac{c_{il}b_{il}(o_t)}{b_i(o_t)}=\gamma_t(i,l)\end{aligned} \tag{4.2.71}$$

综上所述，由于伸缩后 $\hat{\gamma}_t(i)=\gamma_t(i)$，$\hat{\xi}_t(i,j)=\xi_t(i,j)$，$\hat{\gamma}_t(i,l)=\gamma_t(i,l)$，所以伸缩不影响参数估计的求解。

（2）对数求解

在 Viterbi 算法中，也存在类似的溢出问题。解决这个问题的一种方法是仍采用伸缩因子，但是比较麻烦。我们观察到在 Viterbi 算法中都是乘法，没有加法，因此可以利用对数把乘法变为加法，从而解决溢出问题。对数求解的具体步骤如下[11]。

① 预处理。

$$\hat{\pi}_i=\log(\pi_i)\,,\quad 1\leqslant i\leqslant N$$

$$\hat{b}_i(o_t)=\log(b_i(o_t))\,,\quad 1\leqslant i\leqslant N\,,\quad 1\leqslant t\leqslant T$$

$$\hat{a}_{ij}=\log(a_{ij})\,,\quad 1\leqslant i,j\leqslant N$$

② 初始化。

$$\hat{\delta}_t(i)=\log(\delta_t(i))=\hat{\pi}_i+\hat{b}_i(o_1)\,,\quad 1\leqslant i\leqslant N$$

$$\psi_1(i)=0\,,\quad 1\leqslant i\leqslant N$$

③ 递推。

$$\hat{\delta}_t(j)=\log(\delta_t(j))=\max_{1\leqslant i\leqslant N}\left[\hat{\delta}_{t-1}(i)+\hat{a}_{ij}\right]+\hat{b}_j(o_t)\,,\quad 2\leqslant t\leqslant T\,,\quad 1\leqslant j\leqslant N$$

$$\psi_t(j)=\arg\max_{1\leqslant i\leqslant N}\left[\hat{\delta}_{t-1}(i)+\hat{a}_{ij}\right],\quad 2\leqslant t\leqslant T,\quad 1\leqslant j\leqslant N$$

④ 结束。

$$P^*=\max_{1\leqslant i\leqslant N}\left[\hat{\delta}_T(i)\right] \tag{4.2.72}$$

$$q_T^*=\arg\max_{1\leqslant i\leqslant N}\left[\hat{\delta}_T(i)\right]$$

⑤ 路径回溯（最佳状态链的确定）。

$$q_t^*=\psi_{t+1}(q_{t+1}^*),\quad t=T-1,T-2,\cdots,1$$

由式（4.2.72）可知，采用对数 Viterbi 算法，最后可求出模型的对数评估值：

$$P^*=\log P(O,Q^*\mid\lambda)$$

4.3 基于 Gabor 脸和 HMM 的人脸识别方法

本节提出了一种基于 Gabor 小波变换和隐马尔可夫模型的人脸识别算法。该算法利用 Gabor 小波在不同方向和尺度的伸缩特性，在图像上放置一组网格结点，采用主元分析法对每个结点进行去相关、降维，最后形成 Gabor 脸。把 Gabor 脸的每个特征结作为观测向量，对隐马尔可夫模型进行训练，并把优化的模型参数用于人脸识别。实验结果表明，该方法识别率高，复杂度较低，对部分遮挡的图像具有较大的容忍度。

4.3.1 研究背景

特征提取在人脸识别中的作用至关重要，如何根据人的视觉机制提取有效的特征一直是模式识别领域的研究热点。早期的研究中有人用 Gabor 小波对大脑皮层的视觉感知细胞的性态进行建模[12~14]，即可以把每个视觉细胞看成一个具有一定方向和尺度的 Gabor 滤波器。当外界刺激（如图像信号）输入视觉细胞时，视觉细胞的输出响应就是图像与 Gabor 滤波器的卷积，而这个输出信号经大脑的进一步处理后形成最后的认知映像。由于这种模型能较好地解释人的视觉对图像尺度的伸缩和方向变化的容忍度，因此它被广泛地应用到人脸识别中。1992 年以前，Gabor 小波主要应用在纹理描述、图像分割等领域。1993 年以后，相关研究人员开始把它应用到图像识别领域。目前 Gabor 小波应用到图像识别领域主要有以下两个研究方向。

1．基于结点的动态连接结构

在人脸图像上放置一组网格结点，每个结点的特征用该结点处的多尺度 Gabor 幅度特征描述，从而在每个结点处形成一个特征矢量。Lades 首先通过动态连接机制把 Gabor 小波应用到人脸识别中[1]。在这种方法中，各结点之间的连接关系用几何距离表示，从而形成了基于二维拓扑图的人脸描述，根据两个图像中各结点和连接之间的相似性可以进行人脸识别。Wiskott 对动态连接结构进行了改进，提出了弹性图匹配法[15]，该方法将人脸特征上的一些点作为基准点，强调了人脸关键特征点的重要性，并且在识别时有效地利用了 Gabor 小波的相位信息。该技术在 FERET 测试中[16]若干指标名列前茅，其缺点是时间复杂度高，实现复杂。Duc[17]把简化的弹性图应用到人脸鉴别上，取得了很好的效果。Kruger[18]对弹性图进行了推广，把 Gabor 小波和径向基函数神经网络结合起来，提出了小波神经网络，并把它应用到人脸的姿态估计。总之，上述方法都是在图像上放置一些结点，并利用 Gabor 小波的特性在每个结点处形成一个特征矢量。

2．利用 Gabor 小波变换后的整体特征

Donato[19]首先把 Gabor 小波的整体特征应用到人脸表情的识别。这种方法首先把每个人脸图像与 40 个不同方向和不同尺度的 Gabor 滤波器进行卷积，然后把每个滤波图像按照行或列的顺序串接成一个列向量，最后把 40 个滤波图像串接成一个更大的列向量，这个列向量有效地表示了这张人脸的特征。由于这个列向量的维数很高，可以先对它进行抽样，接着归一化，然后利用 PCA 等方法进行降维。与此类似，还可以把核 PCA[20]、增强的 Fisher 线性判决准则[21]同 Gabor 的整体特征结合起来，同样产生了很好的识别效果。

本节在第一阶段特征提取时主要采用上述第一种方案，但也借鉴了第二种方案中降维的思想，采用 PCA 方法对每个结点形成的特征矢量进行去相关、降维。众所周知，一种人脸识别方法的效果如何，取决于它在多大程度上利用了图像的原始信息，于是可以利用一组数值特征来描述人脸的各个器官，并且利用这组数值特征对人脸进行识别。但是简单地利用一组数值特征不能满意地解决人脸识别问题。视觉识别人脸的机制是十分微妙的，人们对此的认识还非常肤浅。事实上，人脸应当作为一个整体来描述，不仅仅包括各个器官的数值特征，还应当包括各个器官的不同表象和相互关联。弹性图匹配为人脸各个器官的连接提供了一个良

好的机制，但是这种连接机制的复杂度较高。而用于语音识别的隐马尔可夫模型[9]则为我们提供了解决这一问题的另外机制，按照这种模型，观测到的特征被看成是另外不可观测 “状态” 产生的一系列实现。因而可以将不同的人用不同的 HMM 参数来表征，而同一个人由于姿态和表情变化产生的多个观测序列可以通过同一个 HMM 来表征，这在理论上有了很大的进步。

利用 HMM 对人脸进行描述和识别，就不是孤立地利用各个器官的数值特征，而是把这些特征和一个状态转移模型联系起来。Samaria[22]最早提出了关于人脸的 HMM，他用一个矩形窗从上到下对人脸图像进行采样，将窗内的像素点排列成向量，用灰度值作为观测向量。Nefian[3]发展了 Samaria 的方法，提出了基于 2D-DCT 特征提取的方法，他用 39 个 2D-DCT 系数作为观测向量，代替 Samaria 的灰度值序列，这在一定程度上解决了 Samaria 的大存储量的缺陷。Nefian 还提出了嵌入式隐马尔可夫模型（Embedded Hidden Markov Model，EHMM），这是一种伪二维模型[3]，有效地提高了识别率，但是计算量增大。Othman[23]则在一定假设的前提下，提出了低复杂度的 2D-HMM 模型，更好地描述了人脸各个器官之间的关联，具有很高的识别率。与完整的二维 HMM 模型相比，Othman 所构建的模型确实降低了计算复杂度，但是同 1D-HMM 相比，其计算复杂度提高很多。

自从 Nefian[3]采用在矩形抽样窗口进行 2D-DCT 来提取 HMM 所需要的观测向量以来，大部分学者在利用 HMM 进行人脸识别时，都采用在矩形窗口进行某种变换来提取特征，常见的变换有 2D-DCT、KLT、小波变换、奇异值分解等。当 1D-HMM 识别率不高时，就采用更复杂的 EHMM 或 2D-HMM，研究的热点主要是如何简化这些复杂的模型，而忽略了对有效特征抽取的研究。本节借鉴了弹性图匹配中特征抽取的思想，在人脸图像上放置一组网格结点，每个结点的特征用该结点处的多尺度 Gabor 幅度特征描述，从而在每个结点处形成一个特征矢量，并把这个特征矢量作为 HMM 的观测向量，然后用 1D-HMM 来描述这些结点之间的关联。实验结果表明，与 EHMM 相比，本节所述的方法与其识别率相当，但由于仅采用了 1D-HMM，因此计算复杂度低。

4.3.2 Gabor 小波概述

由于 Gabor 小波与大脑皮层的视觉感知细胞相关，因此 Gabor 小波被应用到图像分析和人脸识别中。本节采用多分辨率的 Gabor 小波来提取特征，这是因为 Gabor 小波具有如下优点：

① 就最小化空间域和频率域的联合二维不确定性来讲，Gabor 小波是最优的。Gabor 小波表示了这样一种直观概念，当纹理较细致时，空间域采样范围应较小，频率域采样范围应较大；当纹理比较粗糙时，空间域采样范围应较大，频率域采样范围应较小。

② Gabor 小波的方向和尺度可调。

Gabor 小波的核函数定义如下[1]：

$$\psi_{\nu,\mu}(\vec{z})=\frac{\left\|\vec{k}_{\nu,\mu}\right\|^2}{\sigma^2}\mathrm{e}^{-\frac{\left\|\vec{k}_{\nu,\mu}\right\|^2\|\vec{z}\|^2}{2\sigma^2}}\left(\mathrm{e}^{\mathrm{i}\vec{k}_{\nu,\mu}\vec{z}},-\mathrm{e}^{-\sigma^2/2}\right) \tag{4.3.1}$$

$$\vec{k}_{\nu,\mu}=\left(k_\nu\cos\varphi_\mu,k_\nu\sin\varphi_\mu\right) \tag{4.3.2}$$

式中，φ_μ 和 k_ν 分别定义了波向量 $\vec{k}_{\nu,\mu}$ 的方向和尺度，$\vec{z}=(x,y)$，$\|g\|$ 定义了向量范数。在式（4.3.2）中，$k_\nu=k_{\max}/f^\nu$，$\varphi_\mu=\pi\mu/8$。f 为频率域中的采样步长，通常取 $f=\sqrt{2}$。$k_{\max}$ 对应最大的采样频率，取 $k_{\max}=\pi/2$。参数 σ 决定了高斯窗的宽度与波向量长度的比率，在本节中取 $\sigma=2\pi$。图 4.2 显示了 Gabor 核函数的实部和虚部波形，结合式（4.3.1）可以看出 Gabor 核函数是一个被复正弦函数调制的高斯窗函数。

各种不同尺度和方向的 Gabor 核函数是自相似的，因为它们都可以通过对母函数中的波向量 $\vec{k}_{\nu,\mu}$ 进行幅度和方向的变化得到。式（4.3.1）的第一部分决定了核函数的振荡波形；第二部分用来补偿直流分量的影响，当参数 σ 很大时，$\mathrm{e}^{-\sigma^2/2}\approx 0$，此时就可以忽略直流分量的影响。在人脸识别中，通常取 5 种不同的尺度和 8 种不同的方向，即 $\nu\in\{0,\cdots,4\}$，$\mu\in\{0,\cdots,7\}$。图 4.3 显示了在 5 种尺度和 8 种方向下，取上述参数时，Gabor 小波的实部和幅度示意图。由图中可看出 Gabor 小波在空间的方向选择性，以及局部幅度的可伸缩性。例如，从图 4.3（a）中的某行可看出每个 Gabor 小波的方向是不同的；从图 4.3（b）可看出空间高斯采样窗口由小到大，相应的采样频率由大到小。此外，图 4.3 也显示了 Gabor 小波在空间域的自相似性。

若对式（4.3.1）做傅里叶变换，可以求出 Gabor 函数的频域表达式：

$$F_\psi(\vec{w})=2\pi\mathrm{e}^{-\frac{\sigma^2}{2}}\mathrm{e}^{-\frac{\sigma^2\|\vec{w}\|^2}{2\left\|\vec{k}_{\nu,\mu}\right\|^2}}\left(\mathrm{e}^{\frac{\sigma^2\vec{k}_{\nu,\mu}\vec{w}}{\left\|\vec{k}_{\nu,\mu}\right\|^2}}-1\right) \tag{4.3.3}$$

$$\vec{w}=(w_x,w_y) \tag{4.3.4}$$

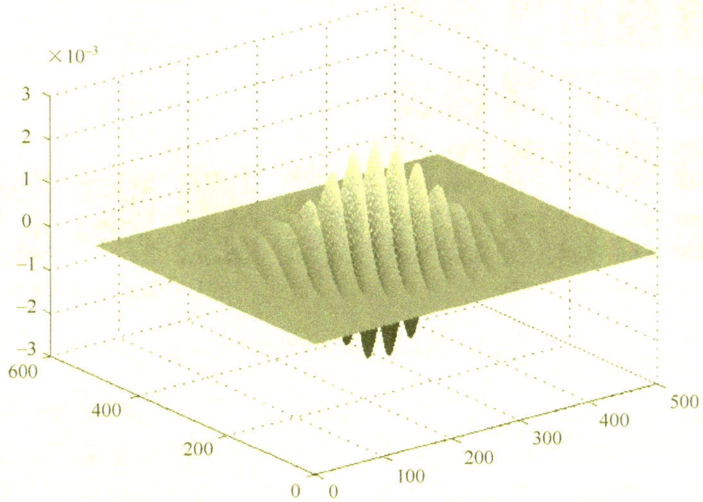

（a）Gabor核函数实部波形

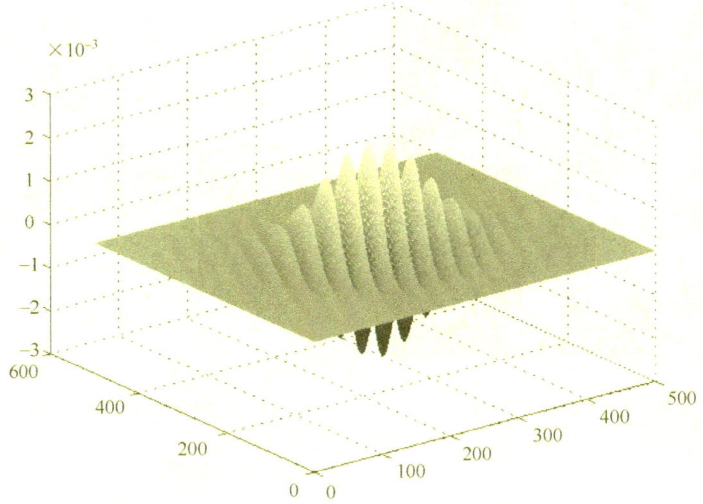

（b）Gabor核函数虚部波形

图 4.2　$k_v = 0.7854$，$\varphi_\mu = 45^\circ$ 时 Gabor 核函数波形

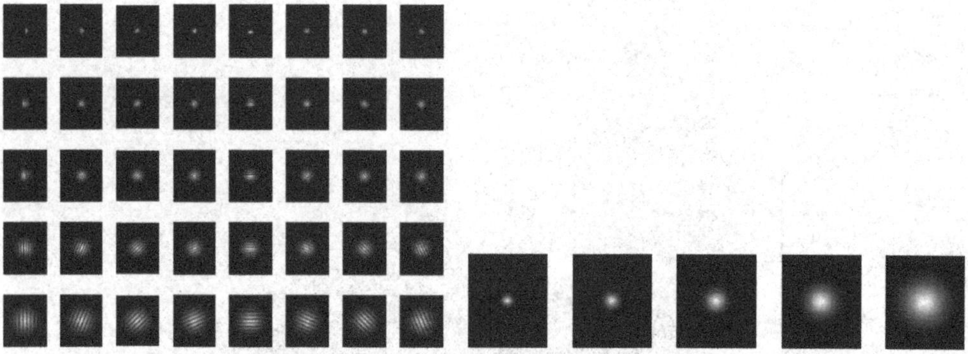

（a）Gabor 小波的实部　　（b）Gabor 小波的幅度

图 4.3　Gabor 小波在空间域的表现

图 4.4 显示了根据式（4.3.3）画出的 Gabor 小波在频率域的表现。其中，图 4.4（a）表示了不同尺度和方向的 Gabor 小波在频率域的覆盖，可见 Gabor 小波能够近似遍布全频域；而图 4.4（b）显示了每个小波的 3dB 带宽。图 4.4 也显示了 Gabor 小波在频率域中的自相似性。

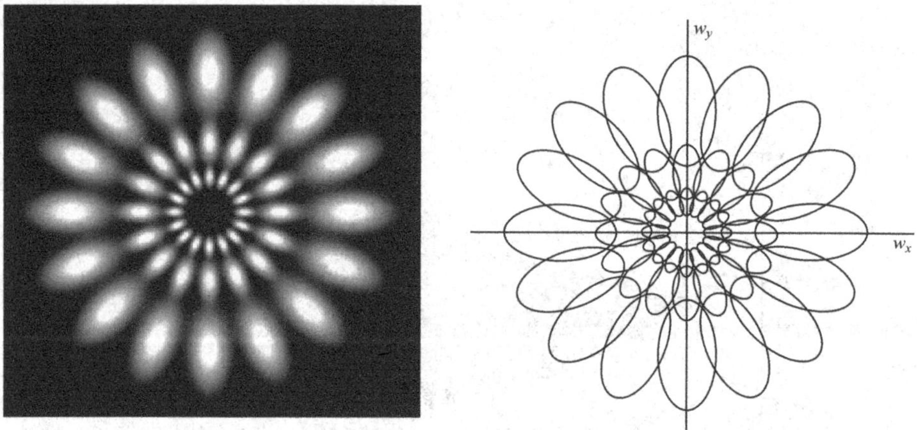

（a）Gabor小波在频率域的覆盖　　（b）每个椭圆显示了Gabor小波的3dB带宽

图 4.4　Gabor 小波在频率域的表现

4.3.3　利用 Gabor 小波进行特征提取

用 $I(\vec{z})=I(x,y)$ 表示图像的灰度分布，则图像 I 与 Gabor 小波 $\psi_{\mu,\nu}$ 的卷积为：

$$O_{\nu,\mu}(\vec{z})=I(\vec{z})\oplus\psi_{\nu,\mu}(\vec{z}) \tag{4.3.5}$$

式中，符号 $\oplus$ 表示二维卷积。一幅图像经过 40 个 Gabor 小波滤波后的输出形成的集合为：

$$S=\{O_{\nu,\mu}(\vec{z}):\nu\in\{0,\cdots,4\},\mu\in\{0,\cdots,7\}\}$$

应用卷积定理，能够通过快速傅里叶变换计算 $O_{\nu,\mu}(\vec{z})$：

$$\Im\{O_{\nu,\mu}(\vec{z})\}=\Im\{I(\vec{z})\}\Im\{\psi_{\nu,\mu}(\vec{z})\} \tag{4.3.6}$$

$$O_{\nu,\mu}(\vec{z})=\Im^{-1}\{\Im\{I(\vec{z})\}\Im\{\psi_{\nu,\mu}(\vec{z})\}\} \tag{4.3.7}$$

式中，符号 $\Im$ 和 $\Im^{-1}$ 分别定义了 FFT 和 IFFT。

图 4.5 显示了某幅图像经过 40 个 Gabor 小波滤波后取幅度值所形成的图像。图 4.5 和图 4.3 中的小波核函数是一一对应的，从直观来看，图 4.5（b）中第一行的图像分辨率最高，以后各行的图像分辨率逐行递减。这是因为第一行的图像尺度标称 $\nu=0$，相应的 k_ν 最大，所以 Gabor 核函数的高斯采样窗小，采样频率大，对应滤波图像的分辨率最高；而最后一行的 $\nu=4$，高斯采样窗大，对应的滤波图像分辨率最低。

（a）原始图像

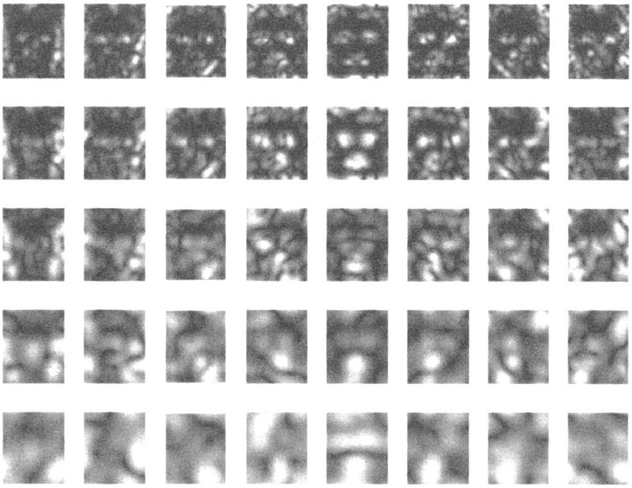

（b）Gabor 滤波图像的幅度值

图 4.5　Gabor 小波变换示意图

由式（4.3.5）和图 4.5 可知，一幅图像经过 40 个不同幅度和方向的 Gabor 小波滤波后，形成 40 个尺寸相同的滤波图像，对于原始图像上任意一点 $\vec{z}_i=(x_i,y_i)$，把滤波图像上相同位置的点的幅度值串接起来，形成一个 40 维的列向量，我们把这个列向量定义为“结”，用 $J(\vec{z}_i)$ 表示，即：

$$J(\vec{z}_i)=\{J_{v,\mu}(\vec{z}_i)=\left|O_{v,\mu}(\vec{z})\right|_{\vec{z}=\vec{z}_i}\quad v\in\{0,\cdots,4\},\mu\in\{0,\cdots,7\}\}\tag{4.3.8}$$

在文献[1]中利用弹性图来表示这些结之间的关联。本节在进行特征提取后，将使用 HMM 表示这些结之间的关联，并使用图 4.6 所示的方法对图像进行均匀采样。假设人脸图像的宽度为 W，高度为 H，用宽度为 L_x、高度为 L_y 的滑动采样窗（$L_x\times L_y$）对图像从上到下、从左到右进行采样，采样窗水平方向的重叠为 P_x，垂直方向的重叠为 P_y。采样时只把采样窗口的中心点作为人脸图像的“结”，忽略窗口内的其他点，也就是说，一个采样窗对应一个“结”。采样个数由下式给出：

$$T_0=\left\lfloor\frac{H-L_y}{L_y-P_y}\right\rfloor+1\tag{4.3.9}$$

$$T_1=\left\lfloor\frac{W-L_x}{L_x-P_x}\right\rfloor+1\tag{4.3.10}$$

式中，T_0 表示垂直方向采样点的个数，T_1 表示水平方向采样点的个数，符号 $\lfloor\ \rfloor$ 表示向下取整（如 $\lfloor 5.6\rfloor=5$）。本节中采样窗口的大小为 7×7、9×9、11×11。重叠为 $P_x=0$，$P_y=0$。

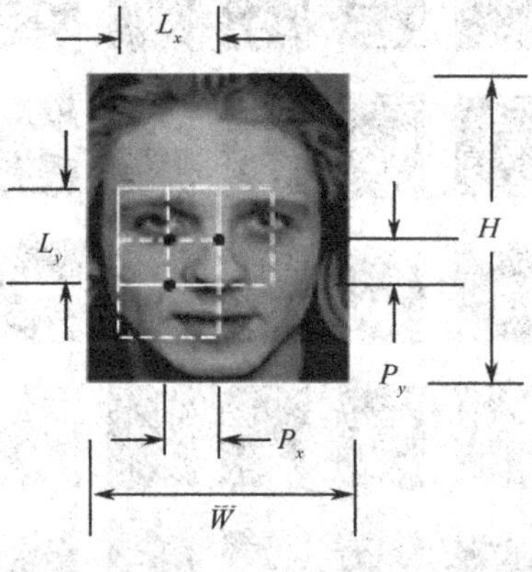

（a）滑动窗口示意图

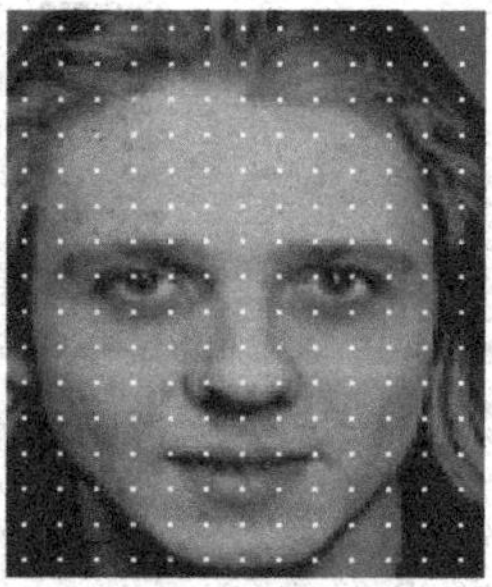

（b）均匀采样示意图

图 4.6 均匀采样方案

需要说明的是以 Nefian 为代表的学者，在利用 HMM 进行人脸识别时，通常也采用上述方案进行特征提取，但是他们是对大小为 $L_x\times L_y$ 的采样窗口进行 2D-DCT，所以重叠 P_x 和 P_y 的取值影响了采样窗口的个数，进而对识别率产生影响。而本节仅利用采样窗口的中心点，只有相邻两点之间的距离 L_x 和 L_y 影响采样点的个数，重叠 P_x 和 P_y 对采样个数没有影响，之所以使用它们是便于和 Nefian 等人的方法进行比较。

4.3.4 主元分析降维

由式（4.3.8）可知，$J(\vec{z}_i)\in R^D$，其中 $D=40$。文献[24]指出人脑总是在低维空间中完成诸如相似性判别的感知任务，因此低维对于机器学习同样非常重要。此外，维数的降低也减少了下一步使用 HMM 对人脸图像进行训练的计算量。每个结之间存在相关性，这将影响系统的识别性能。主元分析（Principal Component Analysis，PCA）法是一种良好的去相关方法[25]，是在最小均方差准则下把高维数据投影到低维空间的最优方法。假设共有 R 个训练图像，则所有结点的均值为：

$$\mu_J=\frac{1}{RT_0T_1}\sum_{r=1}^{R}\sum_{i=1}^{T_0T_1}J^{(r)}(\vec{z}_i) \tag{4.3.11}$$

对每个结进行中心化得：

$$\tilde{J}(\vec{z}_i)=J(\vec{z}_i)-\mu_J \tag{4.3.12}$$

由式（4.3.12）可以得出 $\sum_{r=1}^{R}\sum_{i=1}^{T_0T_1}\tilde{J}^{(r)}(\vec{z}_i)=0$。向量 $\tilde{J}(\vec{z}_i)$ 的协方差为：

$$\Sigma_J=\frac{1}{RT_0T_1}\sum_{r=1}^{R}\sum_{i=1}^{T_0T_1}\tilde{J}^{(r)}(\vec{z}_i)\left(\tilde{J}^{(r)}(\vec{z}_i)\right)^{\mathrm{T}} \tag{4.3.13}$$

式中，符号 T 表示向量或矩阵的转置，$\Sigma_J\in R^{D\times D}$。由线性代数理论可知协方差矩阵 Σ_J 可分解为：

$$\begin{aligned}&\Sigma_J=\Phi\Lambda\Phi^{\mathrm{T}}\\&\Phi=(\phi_1,\phi_2,\cdots,\phi_D)\\&\Lambda=\mathrm{diag}(\lambda_1,\lambda_2,\cdots,\lambda_D)\end{aligned} \tag{4.3.14}$$

式中，$\Phi\in R^{D\times D}$ 是 Σ_J 的特征向量所形成的矩阵，$\phi_i\in R^D$ 是 Σ_J 的特征向量。$\Lambda\in R^{D\times D}$ 是对角矩阵，主对角线元素是 Σ_J 的特征值，与特征向量一一对应，且 $\lambda_1\geqslant\lambda_2\geqslant\cdots\geqslant\lambda_D$。

在最小均方差准则下，PCA 可以使用部分主元最佳地重建信号，这样既可以对信号进行降维，又可以达到去相关的目的。设 $\Upsilon=(\phi_1,\phi_2,\cdots,\phi_d)$，$d\leqslant D$，则 $\Upsilon\in R^{D\times d}$。降维表达式为：

$$J_{\Upsilon}(\vec{z}_i)=\Upsilon^{\mathrm{T}}\tilde{J}(\vec{z}_i) \tag{4.3.15}$$

低维向量 $J_{\Upsilon}(\vec{z}_i)\in R^d$ 表达了原始向量 $\tilde{J}(\vec{z}_i)$ 的本质属性，我们把经过变换后的结 $J_{\Upsilon}(\vec{z}_i)$ 定义为“特征结”，并把它作为下一步 HMM 的观测向量。把包含“特征结”的人脸图像定义为“Gabor 特征脸”，简称“Gabor 脸”。

4.3.5 HMM 人脸识别

Samaria[22]在最初提出人脸的 HMM 时是基于这样一种考虑的：人脸图像包含头发、额头、眼睛、鼻子和嘴巴 5 个显著的特征区域，即使头部有一些偏转或倾斜，它们的次序从上到下保持不变，可以认为这 5 个显著区域隐含 5 个状态。事实上，在求 HMM 的初始参数时，我们可以进行类似的均匀分割，但是最终求得的状态是不受这些区域限制的，而且也不一定非要把人脸分成 5 个状态。因而，可以更进一步理解，我们观测到的序列是由若干个状态产生的，这些状态是抽象的，不具有具体的意义，只能通过观测序列对它进行估计。

笔者认为 HMM 的本质是基于统计分布一致性的聚类分析，每个隐含的状态就是一个聚类，对 HMM 进行训练的过程就是寻找每个聚类之间统计关联的过程。转移矩阵 A 表示了聚类之间的关联，而每个聚类的性质由概率分布矩阵 B 来决定，并通过观测序列 O 来表现。因此，可以利用 HMM 来表示“特征结”之间的相互关联，并把它用于人脸识别。本书采用如图 4.1 所示的左右型 HMM 是基于如下事实：对于人脸图像的某一部分，与其统计关联较强的是其邻域部分，而与其物理位置较远的部分统计关联弱，左右模型可以近似表达上述思想。

HMM 训练就是要为每个类别确定一组经过优化的 HMM 参数，每个模型可以用单幅或多幅图像进行训练，训练步骤如下。

① 对人脸进行 Gabor 变换，求出特征结，并将其作为观测向量，即 $o_i=J_{\Upsilon}(\vec{z}_i)$。

② 建立一个通用的模型 $\lambda=(A,B,\Pi)$，确定模型的状态数、允许的状态转移和高斯混合概率成分的个数。

③ 将训练数据均匀分割，与 N 个状态对应，计算模型的初始参数。对于状态转移矩阵 $A=\{a_{ij}\}$，可以使 $a_{ij}=0$（$j<i$ 或 $j>i+1$）。对于初始概率分布 $\Pi=\{\pi_i\}$，可以使 $\pi_1=0$，$\pi_i=0(i\neq 1)$，即 HMM 从第一个状态开始。

概率分布矩阵 $B=\{b_j(o_i)\}$ 可依据下面的公式计算：

$$b_j(o_i)=\sum_{k=1}^{M}c_{jk}(2\pi)^{-d/2}\left|\Xi_{jk}\right|^{-1/2}\exp[-(o_i-\hat{\mu}_{jk})^T\,\Xi_{jk}^{-1}(o_i-\hat{\mu}_{jk})/2] \tag{4.3.16}$$

式中，c_{jk} 为混合成分的比例因子，即用高斯混合模型对概率分布矩阵 B 建模。$\hat{\mu}_{jk}$ 和 Ξ_{jk} 分别为高斯混合模型的均值和协方差矩阵：

$$\hat{\mu}_{jk} = (\sum_{i=1}^{E_{j,k}} o_i^{(j,k)}) / E_{j,k} \tag{4.3.17}$$

$$\Xi_{jk} = [\sum_{i=1}^{E_{j,k}} (o_i^{(j,k)} - \hat{\mu}_{jk})(o_i^{(j,k)} - \hat{\mu}_{jk})^T] / E_{j,k} \tag{4.3.18}$$

式中，$E_{j,k}$ 是均匀分割后，状态 j 的第 k 个混合成分对应的序列长度；$o_i^{(j,k)}$ 为相应的观测向量。

④ 用 Viterbi 分割取代均匀分割，并利用分段 K 均值聚类方法[26]求出高斯混合模型的参数，迭代调整初始模型参数。

⑤ 采用 Baum-Welch 算法对参数进行重新估计，并用最后得到的模型优化参数表示人脸数据库中的某个类别。

Viterbi 分割与 Baum-Welch 参数估计都需要迭代求解，本书利用对数评估值设定收敛条件。对于 Viterbi 分割的对数评估值为 $\Theta = \log P(O, Q^* | \lambda)$，参数估计的对数评估值为 $\Theta = \log P(O | \lambda)$，当

$$\frac{|\Theta - \Theta'|}{(\Theta + |\Theta'|)/2} < \varepsilon \tag{4.3.19}$$

时，则认为收敛，其中 Θ' 为前一次迭代的对数评估值，$\varepsilon = 10^{-4}$。图 4.7 显示了迭代次数与对数评估值之间的关系。从图中可以看出，对于 Viterbi 分割，当迭代次数大于 10 次时，基本收敛；对于参数估计，当迭代次数大于 20 次时，基本收敛。所以我们在实验中利用式（4.3.19）或最大迭代次数来判定是否收敛，只要满足其中之一，就认为已经收敛，停止迭代。图 4.8 给出了 HMM 训练流程图。

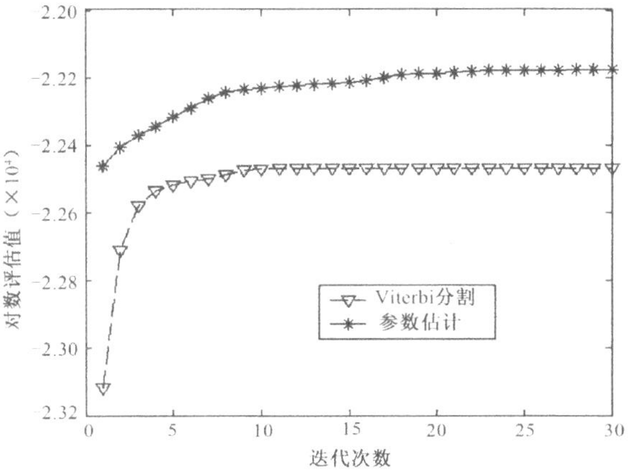

图 4.7　迭代次数与对数评估值之间的关系

在人脸识别阶段，首先要对待识别的人脸图像k进行Gabor变换，计算它的特征结，形成观测序列$O^{(k)}$，然后使用前向-后向算法计算每个训练模型λ_i产生该序列的概率$P(O^{(k)}\mid\lambda_i)$，最大值所对应的模型就是待识别人脸图像所属的类别，可以用公式表达为：

$$\lambda_n = \arg\max_i P(O^{(k)}\mid\lambda_i) \tag{4.3.20}$$

即如果第n个模型λ_n产生序列$O^{(k)}$的概率最大，则将图像k归入第n类。图 4.9 给出了 HMM 人脸识别流程图。

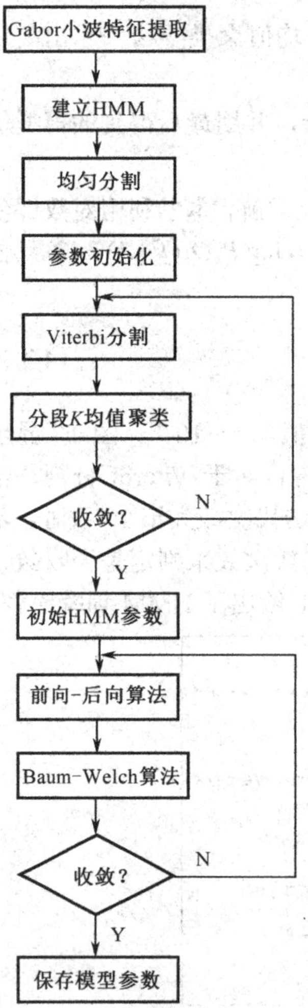

图 4.8　HMM 训练流程图

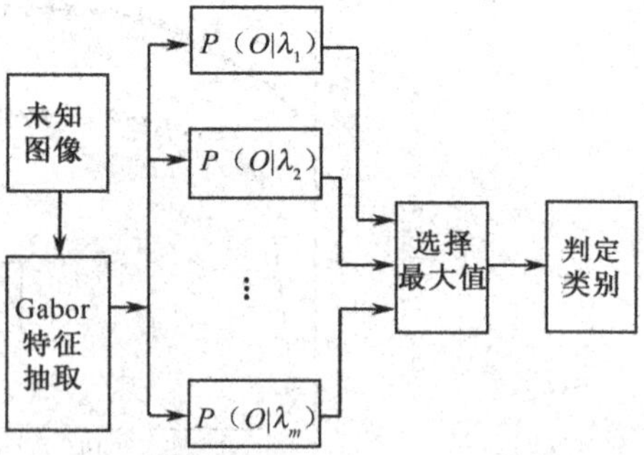

图 4.9　HMM 人脸识别流程图

4.3.6 算法复杂度分析

HMM 算法的复杂度一般指计算隐含层中 $P(O|\lambda)$ 所需的乘法和加法的总和，为了便于与 Nefian 等人的方法进行比较，全面衡量整个系统的复杂度，本书主要分析观测层和 Gabor 特征抽取的计算时间复杂度。由于乘法运算所需时间更长，所以本书只分析这两个过程所需的乘法数量。

1. 观测层复杂度

这主要指计算式（4.3.16）指数部分 $(o_i-\hat{\mu}_{jk})^T \Xi_{jk}^{-1}(o_i-\hat{\mu}_{jk})$ 所需的计算量，向量的维数为 d，混合成分的个数为 M，所以复杂度为：

$$C_{\mathrm{OL}} \approx d^2 NMT_1T_0 \tag{4.3.21}$$

2. 特征提取复杂度

特征提取复杂度为 Gabor 变换的计算量和 PCA 的计算量之和。对于 Gabor 变换，由式（4.3.5）实现，涉及计算二维 FFT[27]。其复杂度为：

$$C_{\mathrm{G}} = DWH(\log_2 WH) + DWH + WH(\log_2 WH)/2$$

式中，D 为 Gabor 小波的个数，由于 $D \gg 1$，$\log_2 WH \gg 1$，所以

$$C_{\mathrm{G}} \approx DWH(\log_2 WH) \tag{4.3.22}$$

对于 PCA[27]，主要涉及式（4.3.13）～式（4.3.15）的计算，其复杂度为：

$$C_{\mathrm{P}} \approx T_1T_0D^2 + D^3/m + T_1T_0Dd$$

式中，m 为训练图像的总数，由于 $T_1T_0 \gg 1$，$D \gg d$，所以

$$C_{\mathrm{P}} \approx T_1T_0D^2 \tag{4.3.23}$$

由式（4.3.21）和式（4.3.22）可知，特征提取所需的复杂度为：

$$C_{\mathrm{F}} \approx DWH(\log_2 WH) + T_1T_0D^2 \tag{4.3.24}$$

由文献[9]可知 1D-HMM 隐含层的计算复杂度为

$$C_{\mathrm{HL}} = N^2T_1T_0 \tag{4.3.25}$$

假设使用 FFT[28]计算 2D-DCT，则对于 Nefian 等使用 2D-DCT 进行特征提取所需的复杂度为：

$$C_{\mathrm{F}} \approx 3L_xL_y(\log_2 L_xL_y)T_1T_0/8 \tag{4.3.26}$$

表 4.1 汇总了与复杂度相关的符号含义。表 4.2 给出了相关方法的复杂度对比。表 4.3 给出了在 ORL 人脸数据上相关算法复杂度的具体比较。其中，N_0 和 N_1 是伪 2D-HMM 中垂直和水平状态的个数。从表中可以看出，由于 Samaria 直接取图像亮度作为观测向量，所以特征提取的复杂度几乎为 0，但是由于观测向

量的维数高，观测向量的个数多，所以观测层和隐含层的计算量都很大，识别率也不高。Nefian 采用 2D-DCT 系数作为观测向量，其特征提取的复杂度低，对于 1D-HMM，其观测层和隐含层的复杂度也较低，但是识别率仅为 86%；对于 EHMM，尽管它的识别率很高，但是采用的是伪 2D-HMM，观测向量的个数多，状态总数多，所以观测层和隐含层的复杂度也较高。本书的方法在特征提取上所需的计算量较大，但观测向量的个数较少，状态数也少，所以观测层和隐含层的复杂度低，而且仅使用 1D-HMM 识别率达到 99%，因此整体性能较其他方法好。

表 4.1　汇总了与复杂度相关的符号含义

符号	含　义	符号	含　义
d	观测向量维数	N	状态总数
D	Gabor 小波个数	L_x	窗口宽度
M	混合成分的个数	L_y	窗口高度
T_0	垂直方向观测向量个数	P_x	窗口水平重叠
T_1	水平方向观测向量个数	P_y	窗口垂直重叠
N_0	垂直方向状态个数	W	图像宽度
N_1	水平方向状态个数	L	图像高度
C_{OL}	观测层复杂度	C_{HL}	隐含层复杂度
C_{F}	特征提取复杂度	m	图像类别总数
×	未使用某项指标	R	训练图像总数

表 4.2　相关方法的复杂度对比

方　法	识别率（%）	特征提取复杂度	观测层复杂度	隐含层复杂度
1D_HMM_Lum[2]	84.0	≈ 0	$d^2N_0MT_1T_0$	$N_0^2T_0$
1D_HMM_DCT[3]	86.0	$3L_xL_y(\log_2 L_xL_y)T_1T_0/8$	$d^2N_0MT_1T_0$	$N_0^2T_0$
2D_PHMM_Lum[2]	94.5	≈ 0	$d^2NMT_1T_0$	$(\sum_{k=1}^{N_0} N_1^k)^2T_1T_0$
2D_EHMM_DCT[3]	99.0	$3L_xL_y(\log_2 L_xL_y)T_1T_0/8$	$d^2NMT_1T_0$	$(\sum_{k=1}^{N_0}(N_1^k)^2)T_1T_0+N_0^2T_0$
本书方法	99.0	$DWH(\log_2 WH)+T_1T_0D^2$	$d^2NMT_1T_0$	$N^2T_1T_0$

表 4.3　ORL 人脸数据上相关算法复杂度的具体比较

方 法	1D_HMM_Lum	1D_HMM_DCT	2D_PHMM_Lum	2D_EHMM_DCT	本书方法
识别率	84.0	86.0	94.5	99.0	99.0
N_0	5	5	5	5	×
N_1	1	1	3，6，6，6，3	3，6，6，6，3	×
N	5	5	24	24	5
L_x	92	92	8	8	7
L_y	10	10	10	10	7
P_x	×	×	6	6	0
P_y	9	8	8	8	0
T_0	103	52	52	52	16
T_1	1	1	43	43	13
$T_1\ T_0$	103	52	2236	2236	208
d	920	39	80	6	6
M	1	1	1	3	3
C_F	0	176628	0	424075	5827271
C_{OL}	435896000	395460	343449600	5795712	112320
C_{HL}	2575	1300	1287936	283036	5200

4.3.7　实验结果及分析

本书使用 ORL 人脸数据库，该数据库包含 40 个人，每人 10 幅图像，共 400 幅图像，每个图像大小为$W=92$，$L=112$。实验中每人取 5 幅图像，共 200 幅图像进行训练，用另外 200 幅进行识别。第一种实验是对待识别图像直接进行识别；第二种实验是先对待识别图像手工进行部分遮挡，然后再进行识别。

1．非遮挡图像的识别性能

为了考察 Gabor 脸的分类性能，我们首先单独使用它进行人脸识别，在判决中使用与统计模型相关的 Mahalanobis 距离，采用最近邻法进行判决：

$$n=\arg\min_{j}\sum_{i=1}^{T_1T_0}\Big((J_Y^{(k)}(\vec{z}_i)-J_Y^{(j)}(\vec{z}_i))^T\Sigma_J^{-1}(J_Y^{(k)}(\vec{z}_i)-J_Y^{(j)}(\vec{z}_i))\Big) \tag{4.3.27}$$

式中，$\Sigma_J \in R^{D\times D}$ 为所有训练图像特征结的协方差矩阵，即如果待识别图像 k 与第 n 个训练图像的距离最小，则将待识别图像 k 归入第 n 个训练图像所属于的类别。图 4.10 显示了 Gabor 脸与单独使用 DCT 在相同的窗口下识别性能的对比。Gabor 特征脸的识别性能最好，最高识别率为 95.5%；其次是单独使用 Gabor 小波；而 DCT 的分类性能最差，最高识别率只有 75%。可见图像经过 Gabor 小波处理后，包含了更多的判决信息。此外，单独使用 Gabor 小波识别性能也不高，但是经过 PCA 处理后，识别率明显增高，说明经过 Gabor 变换后，再进行 PCA 处理是十分必要的，PCA 有效去除了向量之间的相关性。

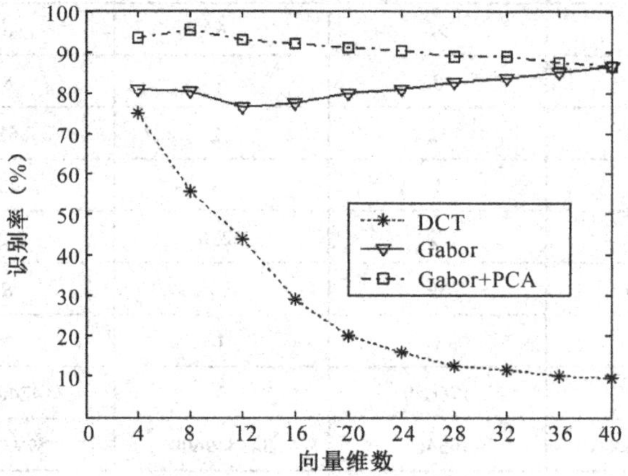

图 4.10　Gabor 脸的识别性能

图 4.11 显示了 Gabor 脸与 HMM 相结合的识别性能。从图中可见，当观测向量维数较小时，利用 $J_Y(\bar{z}_i)$ 作为 HMM 的观测向量（对应 Gabor+PCA+HMM）的识别性能最好，识别率达到 99%。而直接用 $J(\bar{z}_i)$ 作为 HMM 的观测向量（对应 Gabor+HMM）的识别性能较差，这又一次说明利用 PCA 进行去相关和降维是非常必要的。当维数 $d \in \{6,\cdots,12\}$ 时，Gabor 小波的尺度小，高斯窗采样频率大，识别率较高；在此范围外，识别率递减。这说明相对较小尺度的 Gabor 变换包含较多的人脸特征，观测向量之间的相关性较弱，对识别率的改善作用较大。但是这并不等于大尺度的 Gabor 变换没有用处，实际上高频信息描述了图像的局部细节，低频信息描述了图像的全局特征，而 PCA 的作用是把两种信息进行有效的融合，去除相关性，提高识别率。

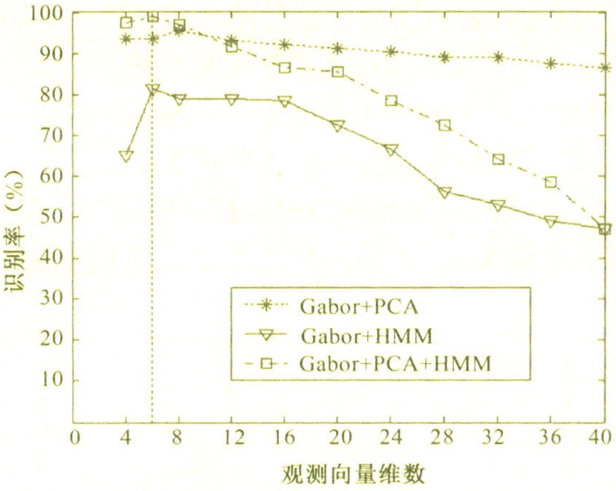

图 4.11　Gabor 脸与 HMM 相结合的识别性能

图 4.12 显示了 7×7 窗口下观测向量维数与识别率的关系。图中的图例表示 HMM 状态数和高斯概率混合成分个数。例如，5×3 表示本条曲线是在状态数 $N=5$，混合成分个数 $M=3$ 的条件下绘制的。从图中可见，当观测向量维数 $d\in\{6,\cdots,12\}$ 时，识别率很高，而且在 $d=6$ 附近识别率最高。当 $d>12$ 时，随着维数的增高，识别率递减；当 $d<6$ 时，随着维数的增高，识别率递增。这是因为维数太低，包含的人脸特征也少，所以识别率降低。而维数过高，一方面由于 PCA 只利用了图像的二阶统计信息，不可能完全去相关，所以随着维数的增加，观测向量之间的相关性增大，干扰了 HMM 训练图像的能力，因此识别率降低；另一方面，图像的本质特征总是包含在低维空间中[8]，所以观测向量的维数越高，识别率越低。

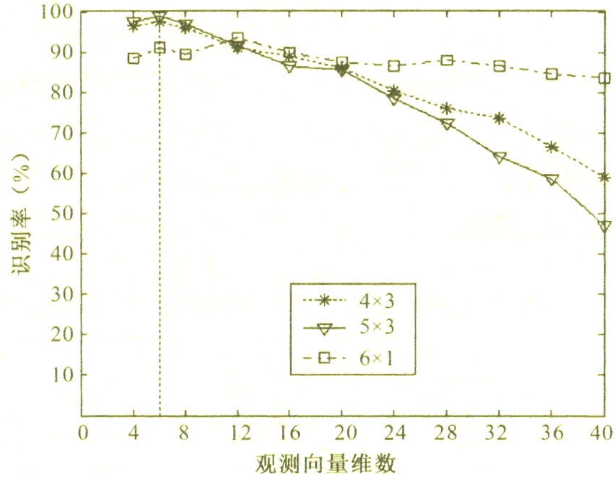

图 4.12　7×7 窗口下观测向量维数与识别率的关系

图 4.13 显示了不同采样窗口下的识别性能比较。图例中的第一部分表示采样窗口的大小，第二部分表示状态数和高斯概率混合成分个数。由于采样滑动窗口越小，观测序列的长度越大，HMM 将拥有更多的训练数据，所以整体识别率增高。例如，7×7 窗口下的整体识别率最高，但是窗口越小，观测序列的长度越大，训练 HMM 的时间越长，因此窗口的选择也要适当。在 $d=6$ 附近，不同采样窗口的识别率都达到最大值，这又一次说明图像的本质特征总是包含在低维空间中。

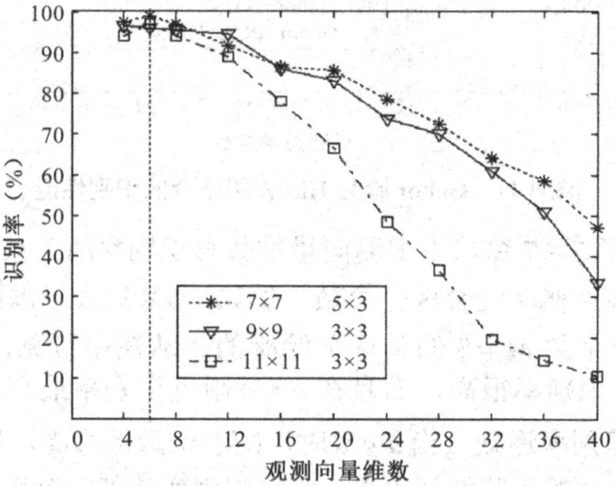

图 4.13　不同采样窗口下的识别性能比较

表 4.4 显示了在 7×7 窗口下，观测向量维数 $d=6$ 时，状态个数 N 和高斯概率混合成分个数 M 对识别率的影响。从表中可见，随着 M 增大，识别性能得到改善，但当 M 增大到一定量时，此时若再增大 M，则识别率降低。由于用高斯混合模型描述概率分布矩阵 B，而矩阵 B 描述了每个状态的概率统计属性，适当增大 M 可以增加高斯混合模型的自由度，因此可以更好地表现每个状态的统计属性，进而识别率增高。但是如果 M 增大过量，就使高斯混合模型过分依赖训练数据，对当前训练数据的描述过于精确，以至于测试数据与训练数据稍有不同时，就无法识别出测试数据，这实际上是过学习的结果。

表 4.4　状态个数和高斯概率混合成分个数对识别率的影响

状态个数	高斯概率混合成分个数					
	1	3	5	7	9	11
3	83.5	95.0	96.5	95.0	94.5	94.0
4	85.5	97.5	95.5	95.0	93.0	93.0
5	90.0	99.0	97.5	96.5	93.5	91.5

续表

状态个数	高斯概率混合成分个数					
	1	3	5	7	9	11
6	91.0	97.5	96.5	93.0	90.5	89.5
7	91.5	96.5	95.5	93.0	91.0	86.0
8	93.5	96.5	93.5	90.5	85.0	84.0
9	94.5	98.0	94.0	90.5	85.0	73.5
10	94.5	96.0	91.0	86.0	78.0	71.5

从表 4.4 中还可看出，为了达到更好的识别效果，当 N 较大时，为了避免过学习，使模型不过分依赖训练数据，就要使 M 稍小，如 $N=5$ ，$M=3$；当 N 较小时，为了更充分地描述模型，就要使 M 稍大，如 $N=3$ ，$M=5$ 。同理，在其他窗口中也有此规律。从聚类分析的角度看，若把每个状态看成一个聚类，在观测数据一定的条件下，聚类数 N 小，每个聚类包含的数据就多，就需要使用更多的参数来描述这个聚类，所以相应的 M 大；若聚类数 N 大，每个聚类包含的数据就少，相应的 M 小。因此可以把 HMM 看成是基于统计分布一致性的聚类分析，每个隐含的状态就是一个聚类，对 HMM 进行训练的过程就是寻找每个聚类之间统计关联的过程。转移矩阵 A 表示了聚类之间的关联，而每个聚类的性质由概率分布矩阵 B 来决定，并通过观测序列 O 来表现。

2. 部分遮挡图像的识别性能

若手工对 200 幅待识别的测试图像进行部分遮挡，本书方法仍能保持较高的识别率。表 4.5 对相关方法遮挡前后的识别率进行了对比。表 4.3 显示了相关方法所用的具体参数。

表 4.5 相关方法遮挡前后的识别率对比

方　法	R_1（%）	R_2（%）	R_1-R_2（%）
2D_EHMM_DCT[3]	99.0	76.0	23.0
DCT	75.0	69.5	9.5
1D_HMM_DCT[3]	86.0	55.5	30.5
Gabor	86.5	83.0	3.5
Gabor+PCA	95.5	94.5	1.0
本书方法	99.0	98.5	0.5

注：R_1 指遮挡前识别率，R_2 指遮挡后识别率。

从表 4.5 可以看出，与 Gabor 相关的方法，遮挡前后识别率的变化较小；而采用 DCT 的方法，遮挡前后的识别率变化大。对这个结果的合理性解释如下。

（1）在特征提取时，本书把每个人脸图像与 40 个不同方向和不同尺度的 Gabor 滤波器进行卷积，然后在图像上放置一组网格结点，每个结点用该结点处的多尺度 Gabor 幅度特征描述，经过 PCA 变换后，形成特征结。可见每个特征结浓缩了不同方向和不同尺度的多分辨率信息，而且由于采用卷积操作，每个特征结的信息都是与图像的整体相关联的，当对图像进行部分遮挡时，部分特征结的信息损失了，但是其他特征结仍然包含图像的整体信息，对判决仍然具有贡献，所以识别性能较好。此外，小波变换的系数具有冗余度[29]，可以使用部分小波系数对图像进行重建，这种特性对图像识别的判决是非常有利的。而与 DCT 相关的方法是对每个采样窗进行 DCT 变换，形成观测向量，尽管采样窗之间有重叠，但是每个采样窗所关联的信息是局部信息，与图像整体信息的关联弱，当对图像进行部分遮挡时，被遮挡部分的局部信息丢失了，而从图像的其他部分几乎得不到遮挡部分的信息，因此遮挡后，识别率明显降低。尽管 EHMM 算法的观测序列的长度为 2236（对应采样窗的个数），本书算法观测序列的长度只有 208，但是由于本书采用 Gabor 脸进行特征提取，所以对图像的部分遮挡具有更大的容忍度，系统的整体性能更佳。

（2）在最小均方差准则下，PCA 可以使用部分主元最佳地重建信号。文献[30]指出，利用这种技术可以对部分遮挡的图像进行重建。本书在特征提取时也使用了 PCA，所以这在一定程度上增强了系统的识别性能。表 4.5 显示了单独使用 Gabor+PCA 的方法，识别性能也较佳，且遮挡前后识别率变化仅为 1%。

（3）HMM 可以有效地把每个特征结关联起来，这就使该算法对图像的部分遮挡具有更大的容忍度，有效改善了分类器的识别性能。

图 4.14 显示了人脸图像部分遮挡后，使用 EHMM 算法和本书算法进行识别的结果。从图 4.14 中可见，本书算法具有更好的识别性能。图 4.15 显示了部分遮挡的示意图，×表示误识。

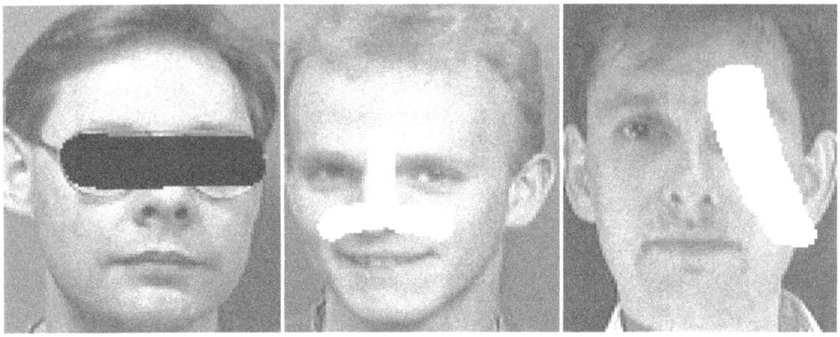

（a）待识别图像

（b）EHMM 算法的识别结果

（c）本书算法的识别结果

图 4.14 图像遮挡后 EHMM 算法和本书算法进行识别的结果

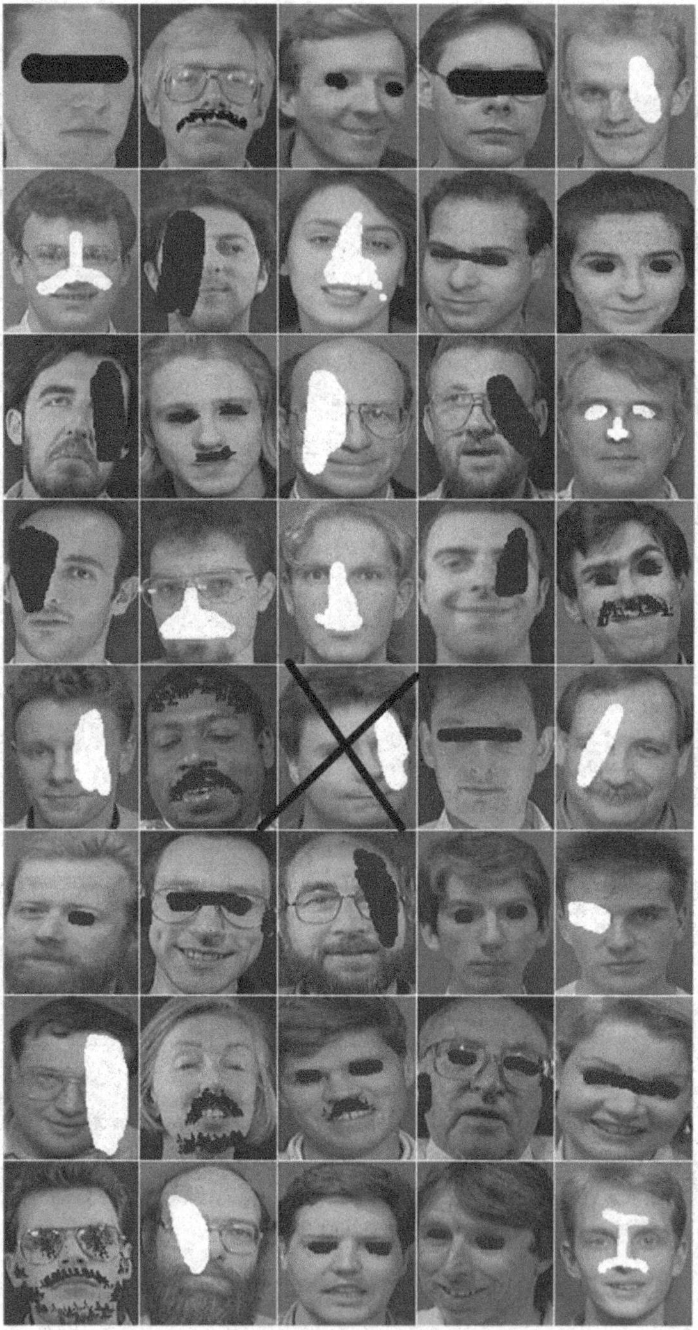

图 4.15　部分遮挡的示意图

4.3.8 结论

本节提出了一种基于 Gabor 变换和 1D-HMM 的人脸识别方法，对算法复杂度进行了分析，并同 Samaria 和 Nefian 的方法进行了比较。实验结果表明，本书方法识别率高，复杂度较低，对图像的部分遮挡具有更大的容忍度。此外，本节还分析了观测向量维数与识别率的关系，以及状态个数和高斯概率混合成分个数对识别率的影响，定性描述了 HMM 的本质属性。

基于 HMM 的人脸识别方法具有以下优点：第一，允许人脸有表情变化和较大的头部转动；第二，有较高的识别率；第三，对部分遮挡的图像具有较大的容忍度。另外，训练模型可在建立数据库时完成，计算时间也是可以接受的，因此基于 HMM 的人脸识别方法具有较好的发展前景。

本书算法在特征提取上所需的计算量较大，在今后的研究中，可采用快速算法降低复杂度，使本书算法更有利于工程应用。

4.4 基于 Gabor 小波、ICA 和 HMM 的人脸识别方法

前面我们采用主元分析法对经过 Gabor 小波变换所形成的每个结点进行去相关、降维，取得了较好的识别结果。本节我们使用独立元分析法对每个结点进行去相关，也能获得较好的结果。

4.4.1 独立元分析降维

独立元分析[31]（Independent Component Analysis，ICA）法是一种良好的去相关方法，它利用数据的高阶统计量，获取数据的独立成分，从而提取随机数据集的本质特征。ICA 是在最小化随机数据集各成分之间统计相关性的基础上，寻找一个线性变换 F，并利用此变换把高维数据投影到低维空间，进而达到去相关和降维的目的。

首先根据前面所述的方法，对人脸图像进行多分辨率的 Gabor 小波变换，然后在图像上放置一组网格结点，接着采用独立元分析法对每个结点进行去相关、降维。为了方便起见，我们把式（4.3.8）所定义的 $J(\vec{z}_i)$ 看成一个随机向量，则 $J(\vec{z}_i)$

的协方差矩阵为：

$$\Sigma_{\mathfrak{Z}} = E((J(\vec{z}_i) - E(J(\vec{z}_i)))(J(\vec{z}_i) - E(J(\vec{z}_i)))^{\mathrm{T}}) \tag{4.4.1}$$

式中，$E(\cdot)$表示求随机向量的期望，T 表示向量或矩阵的转置，$\Sigma_{\mathfrak{Z}} \in R^{D\times D}$。利用 ICA，可把协方差矩阵分解为：

$$\Sigma_{\mathfrak{Z}} = F\Delta F^{\mathrm{T}} \tag{4.4.2}$$

式中，$\Delta \in R^{d\times d}$，是一个对角矩阵，主对角线上的元素为正实数；$F \in R^{D\times d}$。可把原始随机向量$J(\vec{z}_i)$变换成低维向量$J_F(\vec{z}_i) \in R^d$：

$$J(\vec{z}_i) = FJ_F(\vec{z}_i) \tag{4.4.3}$$

新的低维向量$J_F(\vec{z}_i)$各分量之间是相互独立的，可见解决问题的关键是求出变换矩阵F。

设$p_F(\vec{u})$为随机向量$J_F(\vec{z}_i)$的概率密度函数，向量$J_F(\vec{z}_i)$各分量之间相互独立的充要条件是：联合概率密度等于边缘概率密度的积，即

$$p_F(\vec{u}) = \prod_{i=1}^{d} p_{F_i}(u_i) \tag{4.4.4}$$

为了求出变换矩阵F，Comon[32]提出了一种用于度量随机向量各分量之间独立性的优化准则，即最小化互信息准则。这个准则首先需要计算式（4.4.4）中两个概率密度函数之间的互信息：

$$I(p_F) = \int p_F(\vec{u}) \log \frac{p_F(\vec{u})}{\prod p_{F_i}(u_i)} \mathrm{d}\vec{u} \tag{4.4.5}$$

式（4.4.5）确定了向量$J_F(\vec{z}_i)$的平均互信息。式（4.4.4）和式（4.4.5）表明，向量$J_F(\vec{z}_i)$各分量之间相互独立的充要条件是互信息为 0。

由文献[32]可知，式（4.4.5）可写成如下形式：

$$I(p_F) = J(p_F) - \sum J(p_{F_i}) + \frac{1}{2}\log\frac{\Pi V_{ii}}{|V|} \tag{4.4.6}$$

式中，V为向量$J_F(\vec{z}_i)$的协方差矩阵。$J(p_F)$为负熵，用于度量$p_F(\vec{u})$与高斯联合概率密度函数$\phi_F(\vec{u})$之间的相似性：

$$J(p_F) = -\int p_F(\vec{u}) \log \frac{\phi_F(\vec{u})}{p_F(\vec{u})} \mathrm{d}\vec{u} \tag{4.4.7}$$

式（4.4.6）和式（4.4.7）提供了一种近似计算互信息的方法，根据上面的公式，文献[32]采用了一种最小化互信息的优化准则，从而求出变换矩阵F，主要步骤如下：

① 首先对随机向量$J(\vec{z}_i)$进行白化变换，去除各分量之间的相关性，并使协方差矩阵$\Sigma_{\mathfrak{Z}}$为单位矩阵。

② 利用高阶累积量（κ-statistics）对白化后的数据进行一系列旋转变换，最小化式（4.4.6）右边的第二项，同时保持其他项不变，从而求出初始的变换矩阵 $\tilde{F}$。

③ 对初始的变换矩阵 $\tilde{F}$ 中的每列进行标准化，最后求出变换矩阵 F。

关于 ICA 的详细计算步骤，参见文献[32]。低维向量 $J_F(\vec{z}_i)\in R^d$ 表达了原始向量 $J(\vec{z}_i)$ 的本质属性，把经过变换后的结 $J_F(\vec{z}_i)$ 定义为“特征结”，并把它作为下一步 HMM 的观测向量。

在 HMM 训练阶段，首先对人脸进行 Gabor 变换，结合 ICA 求出特征结，并将其作为观测向量，即 $o_i = J_F(\vec{z}_i)$。接下来的步骤与 4.3.5 节所述的内容基本相同，这里就不赘述了。

4.4.2 实验结果及分析

这里仍使用 ORL 人脸数据库，实验中每人取 5 幅图像，共 200 幅图像进行训练，用另外 200 幅进行识别。

为了考察 Gabor 小波的分类性能，首先单独使用它进行人脸识别，在判决中使用与统计模型相关的 Mahalanobis 距离，采用最近邻法进行判决：

$$n = \arg\min_j \sum_{i=1}^{T_1T_0}\left((J_F^{(k)}(\vec{z}_i)-J_F^{(j)}(\vec{z}_i))^T V^{-1}(J_F^{(k)}(\vec{z}_i)-J_F^{(j)}(\vec{z}_i))\right) \tag{4.4.8}$$

式中，V 为所有训练图像特征结的协方差矩阵。如果待识别图像 k 与第 n 个训练图像的距离最小，则将待识别图像 k 归入第 n 个训练图像所属于的类别。图 4.16 显示了 Gabor 小波与单独使用二维离散余弦变换[3]（2D-DCT）在相同的窗口下识别性能的对比。可以看出，Gabor 小波与 ICA 结合形成特征结后的（对应 Gabor+ICA）识别性能最好，最高识别率为 92%；其次是单独使用 Gabor 小波；而 DCT 的分类性能最差，最高识别率只有 75%。所以使用 Gabor 小波提取特征要优于文献[3]所述的利用 DCT 提取特征，即图像经过 Gabor 小波处理后，包含了更多的判决信息。此外，单独使用 Gabor 小波识别性能也不高，但是经过 ICA 处理后，识别率明显增高，说明经过 Gabor 变换后，再进行 ICA 处理是十分必要的，ICA 有效去除了向量之间的相关性。

图 4.17 显示了 Gabor 特征结与 HMM 结合的识别性能。从图中可见，当观测向量维数较小（$d<16$）时，利用 $J_F(\vec{z}_i)$ 作为 HMM 的观测向量（对应 Gabor+ICA+HMM）的识别性能最好，最高识别率达到 99%。而直接用 $J(\vec{z}_i)$ 作为 HMM 的观测向量（对应 Gabor+HMM）的识别性能较差，这又一次说明利用

ICA 进行去相关和降维是非常必要的。对于 Gabor+HMM，当维数 $d\in\{4,\cdots,12\}$ 时，Gabor 小波的尺度小，高斯窗采样频率大，识别率较高；在此范围外，识别率递减。这说明相对较小尺度的 Gabor 变换包含较多的人脸特征，观测向量之间的相关性较弱，对识别率的改善作用较大。但是这并不等于大尺度的 Gabor 变换没有用处，实际上高频信息描述了图像的局部细节，低频信息描述了图像的全局特征，而 ICA 的作用是把两种信息进行有效的融合，去除相关性，提高识别率。

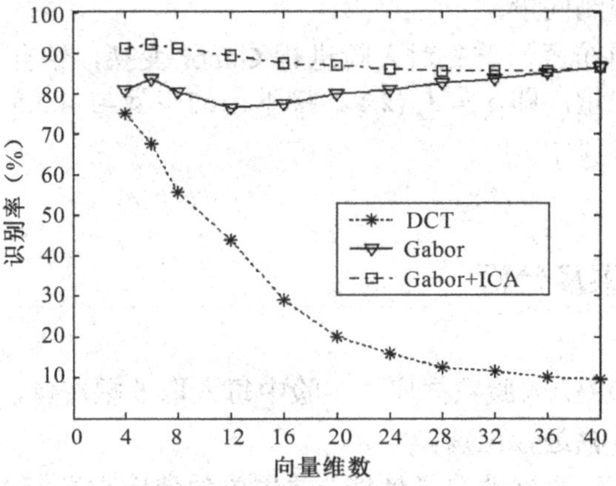

图 4.16 Gabor 小波的识别性能

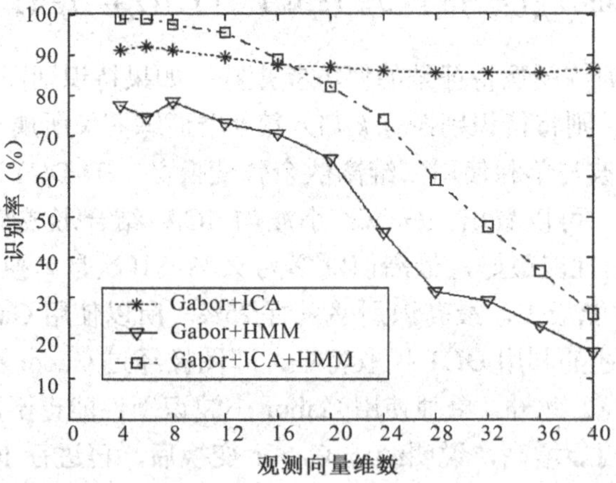

图 4.17 Gabor 特征结与 HMM 结合的识别性能

图 4.18 显示了 7×7 窗口下观测向量维数与识别率的关系。图中的图例表示 HMM 状态数和高斯概率混合成分个数。例如，5×3 表示本条曲线是在状态数 $N=5$，混合成分个数 $M=3$ 的条件下绘制的。从图中可见，当观测向量维数在

$d=8$ 附近时，识别率较高。当 $d>16$ 时，随着维数的增高，识别率递减；当 $d<6$ 时，随着维数的增高，识别率递增。这是因为维数太低，包含的人脸特征也少，所以识别率降低。而维数过高，一方面 ICA 所起的作用减弱，观测向量之间的相关性增强，干扰了 HMM 训练图像的能力，因此识别率降低；另一方面，图像的本质特征总是包含在低维空间中[24]，所以观测向量的维数越高，识别率越低。

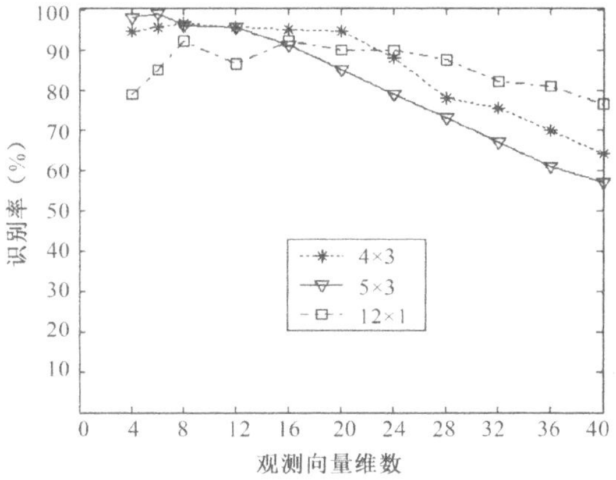

图 4.18 7×7 窗口下观测向量维数与识别率的关系

图 4.19 显示了不同采样窗口下的识别性能比较。图例中的第一部分表示采样窗口的大小，第二部分表示状态数和高斯概率混合成分个数。由于采样滑动窗口越小，观测序列的长度越大，HMM 将拥有更多的训练数据，所以整体识别率增高。例如，7×7 窗口下的整体识别率最高，但是窗口越小，观测序列的长度越大，训练 HMM 的时间越长，因此窗口的选择也要适当。在 $d=6$ 附近，不同采样窗口的识别率都较高，这又一次说明图像的本质特征总是包含在低维空间中。

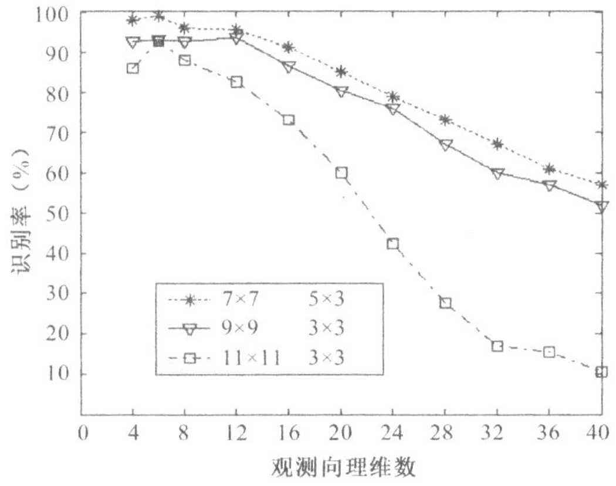

图 4.19 不同采样窗口下的识别性能比较

图 4.20 显示了在 7×7 窗口下，观测向量维数 $d=6$ 时，状态个数 N 和高斯概率混合成分个数 M 对识别率的影响。图中每条曲线都是在某个状态个数下绘制的。从图中可见，保持状态个数不变，随着 M 增大，识别性能得到改善；但当 M 增大到一定量时，此时若再增大 M，则识别率降低。由于用高斯混合模型描述概率分布矩阵 B，而矩阵 B 描述了每个状态的概率统计属性，适当地增大 M 可以增加高斯混合模型的自由度，因此可以更好地表现每个状态的统计属性，进而识别率增高。但是如果 M 增大过量，就使高斯混合模型过分依赖训练数据，对当前训练数据的描述过于精确，以至于测试数据与训练数据稍有不同，就无法识别出测试数据，这实际上是过学习的结果。

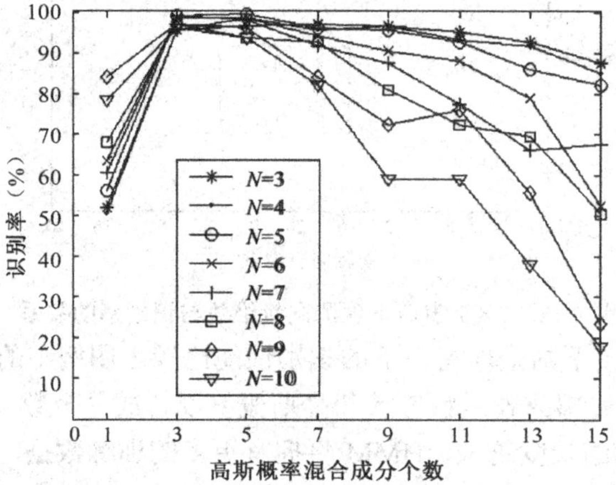

图 4.20　状态个数 N 和高斯概率混合成分个数 M 对识别率的影响

从图 4.20 中还可看出，为了达到更好的识别效果，当 N 较大时，为了避免过学习，使模型不过分依赖训练数据，就要使 M 稍小，如 $N=7$、$M=3$ 时，识别率为 99%；当 N 较小时，为了更充分地描述模型，就要使 M 稍大，如 $N=3$、$M=7$ 时，识别率为 97%。同理，在其他采样窗口中也有此规律。从聚类分析的角度看，若把每个状态看成一个聚类，在观测数据一定的条件下，聚类数 N 小，每个聚类包含的数据就多，就需要使用更多的参数来描述这个聚类，所以相应的 M 大；若聚类数 N 大，每个聚类包含的数据就少，相应的 M 小。因此可以把 HMM 看成是基于统计分布一致性的聚类分析，每个隐含的状态就是一个聚类，对 HMM 进行训练的过程就是寻找每个聚类之间统计关联的过程。转移矩阵 A 表示了聚类之间的关联，而每个聚类的性质由概率分布矩阵 B 来决定，并通过观测序列 O 来表现。

表 4.6 给出了在 ORL 人脸数据上相关算法识别率对比，其中的相关符号说

明见表 4.1。从表 4.6 中可以看出 Samaria[2]直接取图像亮度作为观测向量，观测向量的维数高，采用一维 HMM 识别率只有 84%。即使采用伪二维模型 PHMM，识别率也只有 94.5%，而且观测向量的维数高，观测向量的个数多。Nefian[3] 采用 2D-DCT 系数作为观测向量，降低了观测向量的维数，并取得了与 Samaria 相当的识别效果，识别率为 86%。尽管 Nefian 采用的 EHMM 具有较高的识别率，但是它实际上是伪 2D-HMM，观测向量的个数多，状态总数多，所以对模型进行训练所需的时间较长。本书方法的识别率达到 99%，而且仅采用 1D-HMM，所以观测向量的个数较少，状态数也少，因此整体性能较其他方法好。

表 4.6 ORL 人脸数据上相关算法识别率对比

方 法	1D_HMM_Lum	1D_HMM_DCT	2D_PHMM_Lum	2D_EHMM_DCT	本书方法
识别率	84.0	86.0	94.5	99.0	99.0
N_0	5	5	5	5	×
N_1	1	1	3，6，6，6，3	3，6，6，6，3	×
N	5	5	24	24	7
L_x	92	92	8	8	7
L_y	10	10	10	10	7
P_x	×	×	6	6	0
P_y	9	8	8	8	0
T_0	103	52	52	52	16
T_1	1	1	43	43	13
$T_1 T_0$	103	52	2236	2236	208
d	920	39	80	6	4
M	1	1	1	3	3

注：×表示未使用某项指标。

4.4.3 结论

在 4.3 节中，我们使用 PCA 方法进行去相关和降低维数，取得了较高的识别率；在本节中，我们用 ICA 方法同样取得了良好的识别效果。那么这两种方法有什么异同呢？

PCA 仅考虑了信号的二阶统计特性，也就是说，它仅利用了包含在协方差矩阵中的信息，在最小均方差准则下，PCA 可以使用部分主元最佳地重建信号。因为高斯概率分布的所有三阶以上的累积量都是零[33]，所以当随机特征的概率分布呈高斯分布时，采用 PCA 进行特征抽取是比较合适的。ICA 充分利用了信号的高阶统计特性，能更好地减少信号之间的统计相关性，当随机特征的概率分布呈非高斯分布时，采用 ICA 进行特征抽取是比较合适的。人脸信息呈何种概率分布，目前尚无定论，对于本章所采用的具体算法来说，我们用混合高斯概率分布对 HMM 的概率分布矩阵 B 进行建模，因此用 PCA 进行去相关、降维看起来更适合于基于 HMM 的人脸识别算法。当把图 4.15 所示的遮挡图像作为测试图像时，用基于 ICA 的 HMM 人脸识别算法（以下简称 GICAH）进行识别，识别率为 81.5%，尽管比基于 EHMM 的算法识别率高（76%，见表 4.5），但要低于基于 PCA 的 HMM 人脸识别算法(以下简称 GPCAH)，可见基于 PCA 的 HMM 人脸识别算法对部分遮挡图像具有更大的容忍度[34]。

经大量实验，我们发现 GICAH 和 GPCAH 算法在以下条件下识别性能较好：一种是状态个数 $N=5$，高斯概率混合成分个数 $M=3$；另一种是 $N=7$，$M=3$。表 4.7 显示了具体的数据。我们发现当观测向量维数 d 较低时，如 $d\in\{4,6,8\}$，GICAH 和 GPCAH 的识别率都很高，而且差别不大（见表 4.7 中 K3 的数据），这说明在低维情况下，两者都可以较好地对人脸进行建模。随着观测向量维数的增高（$d\geqslant 12$），两者的识别率都迅速下降，所以高维的观测向量不适合应用到人脸识别上。尽管如此，随着观测向量维数的增高，和 GPCAH 相比，GICAH 的识别率相对较高(见表 4.7 中 K8 的数据)，这说明在对维数的适应性上，GICAH 要略好于 GPCAH。把表 4.7 中的数据绘成曲线得到图 4.21，从图中可以更方便地看出上述规律。

表 4.7　GICAH 和 GPCAH 的识别性能对比

方法	观测向量维数											均　值		
	4	6	8	12	16	20	24	28	32	36	40	K3	K8	K
ICA5	98.0	99.0	96.0	95.5	91.0	85.0	79.0	73.0	67.0	61.0	57.0	97.7	76.1	82.0
PCA5	97.5	99.0	97.0	91.5	86.5	85.5	78.5	72.5	64.0	58.5	47.0	97.8	73.0	79.8
ICA7	99.0	99.0	97.5	95.5	89.0	82.0	74.0	59.0	47.5	36.5	26.0	98.5	63.7	73.2
PCA7	98.0	96.5	95.5	89.5	81.5	77.0	64.0	52.0	38.5	29.5	16.5	96.7	56.1	67.1

注：① ICA5 表示用 Gabor+ICA+HMM 方法，状态个数为 5，4 种方法的高斯概率混合成分个数均为 3，其他类推。

② K3 表示对不同向量维数所对应的识别率的前 3 项（即 4～8）求均值，K8 表示对后 8 项（即 12～40）求均值，K 表示对所有的 11 项（即 4～40）求均值。

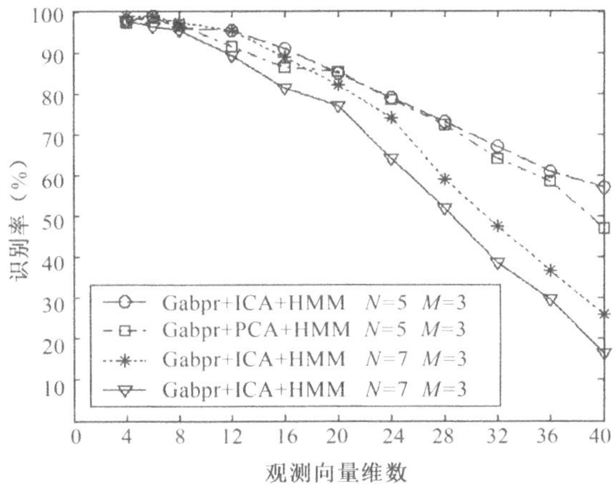

图 4.21　GICAH 与 GPCAH 的识别性能对比

4.5　本章小结

本章综述了人脸识别理论的概念和研究现状，讨论了其中的关键技术和难点以及应用和发展前景，并对人脸识别研究中应注意的问题提出了一些看法。由前面几节的介绍可以看到，人脸识别技术不断发展的过程，也就是对人脸的描述方式不断发展的过程。一方面，从最初的基于几何特征的人脸描述，到基于代数特征的整脸描述，到基于连接机制的弹性图描述，对人脸描述方式不断从低层次的图像特征向高层次的面部特征推进；另一方面，从代数特征把人脸仅仅作为普通图像来处理，到用 HMM 表示人脸面部特征的关联，再到用 3D 重建技术把人脸视为 3D 对象在 2D 平面上的投影，人脸形状、变化的先验知识被不断地加入到识别系统中。上述两个线索贯穿于人脸识别技术发展的始终，由于人脸识别任务的复杂性，使得任何单一方法都难以达到 100%的正确识别率。未来的系统在沿着上述两条线索发展的同时，还需要综合多种技术和方法形成组合系统。此外，由于每种生物特征鉴别系统各有优缺点，将不同种类的生物鉴别系统进行结合也越来越引起人们的重视，例如把人脸识别与指纹识别结合，或者与语音识别结合等。

虽然人类可以毫无困难地通过人脸而识别出某个人，但要建立一个能够完全自动进行人脸识别的人工智能系统却非常困难。困难的原因在于人类对视觉认知机理的了解还很肤浅，还不知道如何用数学来准确描述认知现象。使用图像处理技术来进行人脸识别时，困难表现在：人脸光照模式的不确定性，人脸表情的多样性和人脸姿态的随意性。到目前为止，已经取得的研究成果离这一问题的彻底解决还有很大的距离。作者认为隐马尔可夫模型是描述复杂现象的有力工具，有希望帮助我们处理人脸识别问题。在本章中着重思考的问题是：寻找一组描述人脸特征的更合适的特征量，并把它作为隐马尔可夫模型的观测序列。这组特征量选取是否恰当，最终体现在识别算法是否能容忍光照变化、表情和姿态的变化，以及图像的部分遮挡等情况。同时，特征量的数目要适当，以保证识别的有效性和适度的计算价格。有人将 Gabor 小波用于对大脑皮层的视觉感知细胞的性态进行建模，表现了一定的合理性，它能较好地解释人的视觉对图像尺度的伸缩和方向变化的容忍度，所以可把它应用到人脸识别中。此外小波变换的多分辨率分析思想也近似符合人的视觉认知规律，因此也可以把它用于人脸表征。沿着上述思路，本章主要内容概述如下。

（1）提出了一种基于 Gabor 变换和隐马尔可夫模型的人脸识别方法。该算法先对人脸图像进行多分辨率的 Gabor 小波变换，然后在图像上放置一组网格结点，采用主元分析法对每个结点进行去相关、降维，最后形成 Gabor 脸。把 Gabor 脸的每个特征结作为观测向量，对隐马尔可夫模型进行训练，并把优化的模型参数用于人脸识别。分析了观测向量维数与识别率的关系，以及状态个数和高斯概率混合成分的个数对识别率的影响，测试了待识别图像经过部分遮挡后，算法的识别性能。对算法复杂度进行了分析，并同其他四种相关方法进行了比较。实验结果表明，本文方法识别率高，复杂度较低，对部分遮挡的图像具有较大的容忍度。

（2）提出了一种基于 Gabor 小波变换，独立元分析和隐马尔可夫模型的人脸识别方法。独立元分析法可以降低信号统计相关性，它的目标是寻找一个线性变换，把一系列随机变量表达成若干个统计独立的源信号的线性组合。该统计模型用高阶累积量来表示信号的互信息，并通过最小化互信息来确定所需的线性变换。由于独立元分析充分利用了信号的高阶统计量，在减少信号统计相关性的同时，降低了信号的维数，所以它可以更好地表达信号的本质特征。该方法仍先对人脸图像进行多分辨率的 Gabor 小波变换，采用独立元分析法对每个 Gabor 特征网格结点进行去相关、降维，最后形成特征结。然后把每个特征结作为观测向量，对隐马尔可夫模型进行训练，并把优化的模型参数用于人脸识别。实验结果表明，与其他相关方法相比，该方法识别率高，工程上易于应用。

本章参考文献

[1] Lades M, Vorbruggen J C, Buhmann J. Distortion invariant object recognition in the dynamic link architecture[J]. IEEE Transactions on computers, 1993, 42(3).

[2] Samaria F. Face recognition using hidden Markov model[D]. Cambridge: University of Cambridge, 1994.

[3] Nefian A. A hidden Markov model-based approach for face detection and recognition[D]. Georgia: Georgia Institute of Technology, 1999.

[4] Moghaddam B, Pentland A. Probabilistic visual learning for object representation[J]. IEEE Transactions on Pattern Analysis and Machine Intelligence, 1997, 19(7).

[5] Moghaddam B, Pentland A. Beyond eigenfaces: probabilistic matching for face recognition[A]. In: Proceedings of the International Conference on Automatic Face and Gesture Recognition [C], Nara, 1998.

[6] Tenenbaum J, Silva V, Langford J. A global geometric framework for nonlinear dimensionality reduction[J]. Science, 2000, 290(5500).

[7] Roweis T, Saul K. Nonlinear dimensionality reduction by locally linear embedding[J]. Science, 2000, 290(5500).

[8] Helmuth L. Objection recognition: where thc brain tells a face from a place[J]. Science, 2001, 292(5515).

[9] Rabiner L. A tutorial on hidden Markov models and selected application in speech recognition[J]. Proceedings of the IEEE, 1989, 77(2).

[10] Dempster A P, Rubin D B. Maximum likelihood from incomplete data via the EM algorithm[J]. Journal of Royal Statistical Society, 1977, 39(1).

[11] Rabiner L, Juang B. Fundamentals of Speech Recognition[M]. Englewood Cliffs: Prentice Hall, 1993.

[12] Field D. Relations between the statistics of natural images and the response properties of cortical cells[J]. Journal of the Optical Society of America A: Optics, Image Science, and Vision. 1987, 4(12).

[13] Daugman J. Complete discrete 2D Gabor transforms by neural networks for image analysis and compression[J]. IEEE Transactions on Acoustics, Speech, and Signal Processing, 1988, 36(7).

[14] Jones J, Palmer L. An evaluation of the two-dimensional Gabor filter model of simple receptive fields in cat striate cortex[J]. Journal of neurophysiology, 1987, 58(12).

[15] Wiskott L, Fellous J, Kruger N. Face recognition by elastic bunch graph matching[J]. IEEE Transactions on Pattern Analysis and Machine Intelligence, 1997, 19(7).

[16] Phillips J, Moon H, Rizvi S. The FERET evaluation methodology for face-recognition algorithms[J]. IEEE Transactions on Pattern Analysis and Machine Intelligence, 2000, 22(10).

[17] Duc B, Bigun J. Face authentication with Gabor information on deformable graphs[J]. IEEE Transactions on Image Processing, 1999, 8(4).

[18] Kruger V, Sommer G. Wavelet networks for face processing[J]. Journal of the Optical Society of American A：Optics, Image Science, and Vision, 2002, 19(6).

[19] Donato G, Bartlett M, Sejnowski T. Classifying facial actions[J]. IEEE Transactions on Pattern Analysis and Machine Intelligence, 1999, 21(10).

[20] Liu C J. Gabor-based kernel PCA with fractional power polynomial models for face recognition[J]. IEEE Transactions on Pattern Analysis and Machine Intelligence, 2004, 26(5).

[21] Liu C J, Wechsler H. Gabor feature based classification using the enhanced Fisher linear discriminant model for face recognition[J]. IEEE Transactions on Image Processing, 2002, 11(4).

[22] Samaria F, Young S. HMM based architecture for face recognition[J]. Image and Computer Vision, 1994, 12(8).

[23] Othman H, Aboulnasr T. A separable low complexity 2D HMM with application to face recognition[J]. IEEE Transactions on Pattern Analysis and Machine Intelligence, 2003, 25(10).

[24] Helmuth L. Objection recognition：where the brain tells a face from a place[J]. Science, 2001, 292(5515).

[25] Duda R, Hart P, Stork D. Pattern classification, second edition[M]. New York：Wiley-Interscience, 2000.

[26] Juang B, Rabiner L. The segmental k-means algorithm for estimating the parameters of hidden Markov models[J]. IEEE Transactions on Acoustics, Speech, and Signal Processing, 1990, 38(9).

[27] William H, William T, Brian P. Numerical recipes in C：the art of scientific computing [M]. New York：Cambridge University Press, 1986.

[28] Haque M. A two-dimensional fast cosine transform[J]. IEEE Transactions on Acoustics, Speech, and Signal Processing, 1985, 33(6).

[29] Lee T. Image representation using 2D Gabor wavelets[J]. IEEE Transactions on Pattern Analysis and Machine Intelligence, 1996, 18(10).

[30] Turk M, Pentland A. Eigenfaces for recognition[J]. Journal of Cognitive Neuroscience, 1991, 3(1).

[31] Karhunen J, Oja E. A class of neural networks for independent component analysis[J]. IEEE Transactions on Neural Networks, 1997, 8(3).

[32] Comon P. Independent component analysis, a new concept[J]. Signal Processing, 1994, 36(3).

[33] 邹谋炎. 反卷积和信号复原[M]. 北京：国防工业出版社, 2001.

[34] 曹林. 隐马尔可夫模型在人脸识别中的应用技术研究[D]. 北京：中国科学院电子学研究所, 2005.

第 5 章

人脸图像超分辨率重建

人脸超分辨率重建问题又称为虚幻脸（Face Hallucination）问题，是图像超分辨率重建技术中特殊的一类，人脸图像处理是数字图像处理中很典型的问题。在人脸超分辨率重建问题中，人脸的结构先验信息在重建策略中显得很重要，由于人脸具有高度规则的流形结构和高度相似性[1]，所以人脸图像的先验知识可以为人脸超分辨率重建技术提供丰富的指导信息。通常情况下，适用于一般图像的超分辨率重建算法不能很好地用于人脸超分辨率重建中，主要的原因在于一般图像不具有人脸的结构信息，不能利用人脸图像的一些固有特征信息去重建。目前用于人脸超分辨率重建的技术主要集中在基于学习的这类算法上，因为从人脸图像本身具有的固定特征来看，基于学习的超分辨率重建方法在这方面有着先天的优势，是研究的主流方向。基于学习的人脸超分辨率重建算法，即研究如何由输入的低分辨率人脸图像通过训练集重建出高分辨率人脸图像的过程[2]。

本章详细介绍了在人脸图像超分辨率重建中应用较广的基于学习的超分辨率算法的原理及优缺点，主要包括主元分析法、两步重建法等。并重点介绍所提出的基于分块 PCA 的单帧人脸图像超分辨率重建算法。对算法的思路和流程进行详细的阐述，该算法通过构建高低分辨率图像块训练集，学习训练集之间的映射关系，重建高分辨率人脸图像块，最后合成高分辨率人脸图像。

5.1　基于 PCA 的人脸超分辨率重建

基于 PCA（Principle Component Analysis，主元分析）的人脸超分辨率重建主要是构建高低分辨率人脸训练库，利用主元分析法来学习低分辨率人脸训练图像库和高分辨率人脸训练图像库之间的映射关系，利用映射关系得到重建的高分辨率人脸图像[3]。

5.1.1　PCA 算法原理

PCA（主元分析）是一种简单有效的方法，在降低数据的维数的同时，还能保留主要的数据信息，在模式识别领域被广泛使用。人脸具有结构上的相似性，一幅人脸可以通过一系列的样本人脸图像线性组合而成，因此可以利用 PCA 变换对人脸图像进行超分辨率重建[4]。

5.1.2　算法流程

基于 PCA 的人脸图像超分辨率重建算法的流程图如图 5.1 所示。

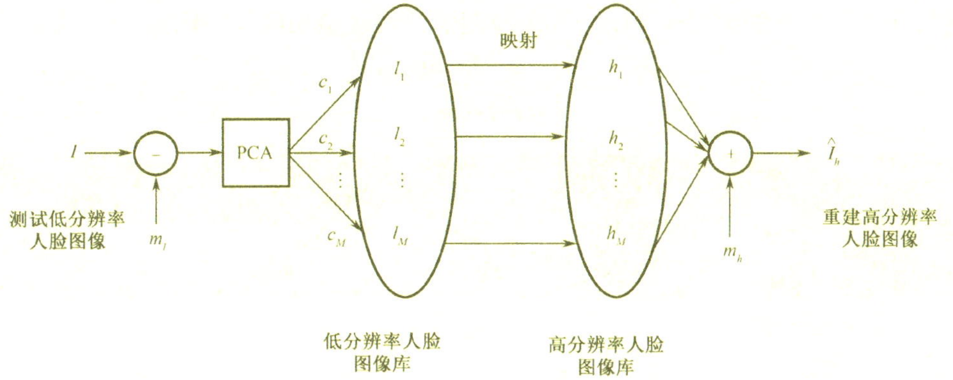

图 5.1　基于 PCA 的人脸超分辨率重建算法流程图

首先建立一个 $N\times M$ 的人脸训练库矩阵，$l=\{l_i\}_{i=1}^{M}$ 代表低分辨率图库，$h=\{h_i\}_{i=1}^{M}$ 代表高分辨率图库，N 是单幅图像的像素总和，M 是图像的个数（$N>>M$）。

计算平均脸的公式如下：

$$m_l=\frac{1}{M}\sum_{i=1}^{M}l_i \tag{5.1.1}$$

每张图片减去平均脸得到向量 L：

$$L=\left[l_1-m_l,\cdots,l_m-m_l\right] \tag{5.1.2}$$

计算协方差矩阵 C：

$$C=\sum_{i=1}^{M}(l_i-m_l)(l_i-m_l)^{\mathrm{T}}=LL^{\mathrm{T}} \tag{5.1.3}$$

因为协方差矩阵 C 的维数 $N\times N$ 是非常大的，通常情况下求 C 的特征值和特征向量是非常困难的，需要的内存大，计算速度会很慢。可以通过计算协方差矩阵的转置矩阵 $R=L^TL$ 的特征值 Λ 和特征向量 V 来解决此问题。

$$(L^{\mathrm{T}}L)V=V\Lambda \tag{5.1.4}$$

其中特征向量 V 是 R 协方差转置矩阵的特征向量，特征值 Λ 是 R 的特征值。将上式两边同乘以 L，可得到：

$$L(L^TL)V=LV\Lambda \tag{5.1.5}$$

C 的正交特征向量计算如下：

$$E=LV\Lambda^{\frac{-1}{2}} \tag{5.1.6}$$

对于一张人脸图像 I 来说，可以将其投影到特征向量空间中，并用 K 个特征向量（特征脸）的加权线性组合来重建图像，特征脸如图 5.2 所示。

$$w=E^{\mathrm{T}}(I-m_l) \tag{5.1.7}$$

$$\hat{I}=Ew+m_l \tag{5.1.8}$$

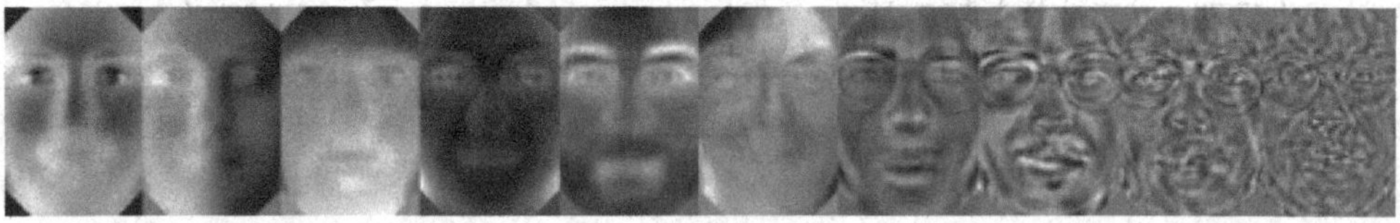

图 5.2 特征脸

其中 w 是权值系数向量，$\hat{I}$ 是基于 PCA 重建的低分辨率人脸图像，特征向量的个数越多，重建效果越好，如图 5.3 所示。

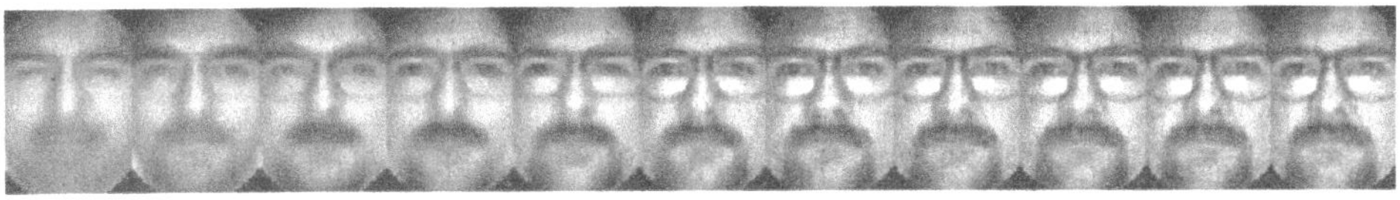

图 5.3　特征脸个数对重建效果的影响

对上式可以进行等价变化。

$$\hat{I} = LV\Lambda^{\frac{-1}{2}}w + m_l = Lc + m_l = \sum_{i=1}^{M} c_i l_i + m_l \tag{5.1.9}$$

$$c = V\Lambda^{\frac{-1}{2}}w = [c_1, c_2, \cdots, c_M] \tag{5.1.10}$$

其中，c 代表了训练库人脸的权重系数，与测试人脸图像越相似性，则权重系数越大。而图像 $\hat{I}$ 则可以看成是训练库中所有样本的最优线性组合。因此，结合权重系数，并将低分辨率图像替换成一一对应的高分辨率训练人脸图像，得到最后重建的高分辨的人脸图像。

$$\hat{I}_H = \sum_{i=1}^{M} c_i h_i + m_h \tag{5.1.11}$$

其中 $h = \{h_i\}_{i=1}^{M}$ 是高分辨率人脸训练库，m_h 是高分辨率人脸图像的平均脸，而 $\hat{I}_H$ 是重建的高分辨率人脸图像。

基于 PCA 的人脸图像超分辨率重建算法的优点是原理简单，计算速度快，易于实现，但重建的高分辨率人脸图像的质量并不好，对人脸中心感兴趣的区域重建图像的效果较好，但是边缘较模糊，人脸图像细节损失较严重，图像轮廓周围出现" ghosting effect"。重建图像效果不好的原因，一是由于 PCA 算法本身具有的局限性，二是训练人脸图像库的数量和质量不是很好 [3]。

5.2　全局重建和残差补偿结合的人脸超分辨率重建

5.2.1　人脸超分辨率重建的约束条件

Liu[5]在他的文章中，首先提出了一个成功的人脸超分辨率算法需要服从的三个约束[6]。这些约束可以说是其全局模型与局部模型相结合的算法的根源。

（1）一致性约束：经过算法处理，得到的超分辨率结果在依据观测模型进行平滑和下采样之后必须非常地接近于原始输入。

（2）全局约束：人脸图像超分辨率重建的结果，即重建的高分辨率人脸图像必须拥有人脸的常见特征，如眼睛、嘴巴、鼻子、对称性等。

（3）局部约束：人脸图像超分辨率重建的结果，必须包含属于这张人脸图像的真实的局部细节特征。

这些约束看起来很平常且十分合理，但由于基于学习的超分辨率重建方法具有的不确定性，使得重建图像的结果不是很令人满意。第一个约束是比较容易满足的，通过对结果在处理中使用一个线性的限制就可以了。但相对而言，第二和第三个约束就显得比较难满足了。要同时满足三个约束要求，使得重建高分辨率人脸图像质量较高，这是非常重要的。因为如果没有对脸部细节特征的这些要求，可能得到的只是一个平滑的、接近均值脸的结果而已；如果没有对于全局的人脸这些限制，重建结果可能是充满噪声，甚至是错误的结果[3]。本章对文献[2]，马祥提出的全局重建和残差补偿法进行介绍，此方法也是在基于两步法框架的基础上提出的。

5.2.2 全局人脸重建

首先重建一幅全局人脸高分辨率图像，将二维人脸图像用一维向量来表示，设低分辨率人脸图像训练集为$[I_1,I_2,\cdots,I_n]$，对应的高分辨率人脸图像训练集为$[h_1,h_2,\cdots,h_n]$，其中 n 为训练集样本个数，I 为输入的低分辨率人脸图像。由于人脸结构的相似性，人脸图像可以由训练集图像线性组合进行逼近，即

$$I=\sum_{i=1}^{n}w_iI_i+e \tag{5.2.1}$$

式中，e 为逼近误差向量；w_i 为重建权值。这种线性组合关系是由人脸的结构相似性来决定的。重建权值向量 w 中的每个元素 w_i 体现了 I_i 对重建 I 所做的贡献，所有的权值 w_i 相加之和为 1，即

$$\sum_{i=1}^{n}w_i=1 \tag{5.2.2}$$

使用欧式距离来度量重建误差，根据式（5.2.1），设 ε 为重建误差建立下式：

$$\varepsilon=\left\|I-\sum_{i=1}^{n}w_iI_i\right\|^2 \tag{5.2.3}$$

假设ε越小，重建就越成功，为求出w_i，结合式（5.2.2），建立一个成本函数：

$$w = \arg_{w_i} \min \varepsilon \tag{5.2.4}$$

这是一个在式（5.2.2）约束下的最小二乘问题。由于人脸结构的相似性，可以将I_i视为I的n个邻域向量，这样就将问题转化为求取I的n个邻域点权值的问题，使用 LLE 算法中求取重建权值的方法，有

$$\varepsilon = \left\| I - \sum_{i=1}^{n} w_i I_i \right\|^2 = \left\| \sum_{i=1}^{n} w_i (I - I_i) \right\|^2 = \sum_{i=1}^{n} \sum_{k=1}^{n} w_i w_k C_{ik} \tag{5.2.5}$$

构造一个局部协方差矩阵C，C中元素$C_{ik} = (I - I_i)^{\mathrm{T}}(I - I_k)$，使用托格朗日乘法，在保证所有的$w_i$相加和为1的约束下可得到

$$w_i = \sum_{k=1}^{n} C_{ik}{}^{-1} / \sum_{l=1}^{n} \sum_{m=1}^{n} C_{lm}{}^{-1} \tag{5.2.6}$$

式中，l、m均为正整数；$C_{ik}{}^{-1}$表示逆矩阵C^{-1}中第i行第k列元素。在实际运算中，C可能是一个奇异矩阵，此时必须正则化 C 在实际的算法中常采用一个更快捷的方法，即求线性系统方程$Cw = 1$，最后令解得的权值满足相加和为 1。

利用权值，可以得到输入图像I的重建图像

$$\tilde{I} = \sum_{i=1}^{n} w_i I_i + e \tag{5.2.7}$$

由式（5.2.3）可知，重建的效果依赖于

$$\varepsilon = \left\| I - \tilde{I} \right\|^2 \tag{5.2.8}$$

将式（5.2.7）中低分辨率训练集图像I_i，置换为高分辨率训练集图像h_i，结果为

$$H = \sum_{i=1}^{n} w_i h_i \tag{5.2.9}$$

H即为初步的全局重建结果，此时重建的图像质量很差，细节信息不足，图像较模糊。因此需要采用残差补偿的方法进行细节信息补偿。

5.2.3　残差补偿

残差补偿的步骤如下。

首先计算残差补偿的输入图像，即用低分辨率图像减去全局重建的高分辨率

人脸图像的下采样 $S = I - D(H)$。并且生成高分辨率残差训练人脸图像库 $H_m = h_m - H$ 和低分辨率残差训练人脸图像库 $L_m = I_m - D(H)$。

然后将图像分成具有重叠像素的固定大小的图像块 $\{L_m(i,j)\}_p$ 和 $\{H_m(i,j)\}_p$，对于每个残差图像块，利用 PCA 的方法求权重系数，方法在上一小节中讲过，合成高分辨率残差重建图像块。

接下来将高分辨率残差图像块按照在人脸中的位置，拼接成人脸残差图像 $\tilde{R}$。

最后将全局重建的人脸图像 H 和残差图像 $\tilde{R}$ 相加，即高分辨率重建人脸图像。

如果得到的高分辨率图像效果仍然不好，需要对上述过程进行不断的迭代，直到取得较满意的效果。这种方法可以对图像的细节信息进行不断的修改，比基于 PCA 重建的人脸图像的效果更好，人脸细节变得清晰。

总之，基于全局和局部的两步法重建算法，重建图像的效果较好，但是计算量很大，需要不断的迭代，直到重建图像效果较好为止。

5.3 基于分块 PCA 的单帧人脸图像超分辨率重建

根据上面两节提出的两种算法的优缺点，提出本节的算法，即基于分块 PCA 的人脸图像超分辨率重建算法，是针对单帧人脸图像的重建。此算法的思想是，首先构建高低分辨率人脸图像库，然后将测试人脸图像和高低分辨率人脸图像分块，利用 PCA（主元分析法）学习训练人脸图像块库之间的映射关系，利用此关系来指导得到重建的高分辨率图像块，最后合成得到一幅高分辨率人脸图像。

5.3.1 图像分块策略

假定一幅高分辨率人脸图像 I_H 的像素为 $M_1 \times N_1$，一幅低分辨率图像 I_L 的像素为 $m_1 \times n_1$，下采样因子是 p，则 $m_1 = M_1/p$，$n_1 = N_1/p$。

对 I_H 和 I_L 采用固定大小的有重叠像素的分块方式，上下左右相邻图像块之间有重叠的像素。为了说明一般的情况，我们假设图像分块的长和宽是不相等的，高分辨率图像中每个块的大小为 $M \times N$，相邻块之间水平重叠像素为 T 和垂直方向重叠像素为 $\overline{T}$。低分辨率图像中每个块的大小为 $m \times n$，相邻块之间水平方向重叠像素为 t 和垂直方向重叠像素为 $\overline{t}$（$t = T/p$，$\overline{t} = \overline{T}/p$）。最后得到的高分辨率图像块和低分辨率图像块分别用 I_{H}^{P} 和 I_{L}^{P} 表示，如图 5.4 所示。

一个高分辨率图像分块可表示为：

$$I_{\mathrm{H}}^{P}[i,j], i=1,2,\cdots,I;\ j=1,2,\cdots,J \tag{5.3.1}$$

一个低分辨率图像分块可表示为：

$$I_{\mathrm{L}}^{P}[i,j], i=1,2,\cdots,I,\ j=1,2,\cdots,J \tag{5.3.2}$$

其中 i 和 j 分别表示图像块在整幅图像中的横坐标和纵坐标。I 和 J 是一幅图像在水平和垂直方向分完块的个数，计算公式分别如下：

$$I=1+\frac{M_1-M}{M-T}=1+\frac{m_1-m}{m-t} \tag{5.3.3}$$

$$J=1+\frac{M_1-M}{M-T}=1+\frac{m_1-m}{m-t} \tag{5.3.4}$$

其中 $I_{\mathrm{H}}^{P}[i,j]$ 表示高分辨率图像 I_{H} 中第 i 行第 j 列的图像块。

一幅图像经过重叠分块后总的分块个数等于 I 和 J 相乘。

图 5.4、图 5.5 表示出了高分辨率人脸图像和低分辨率人脸图像分块之间的关系。

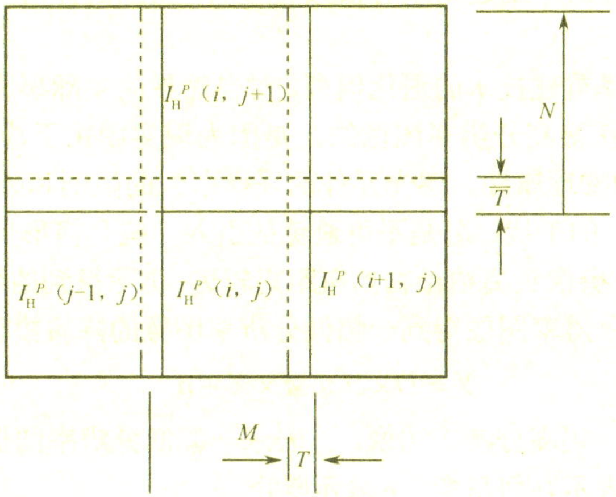

图 5.4　图像分块

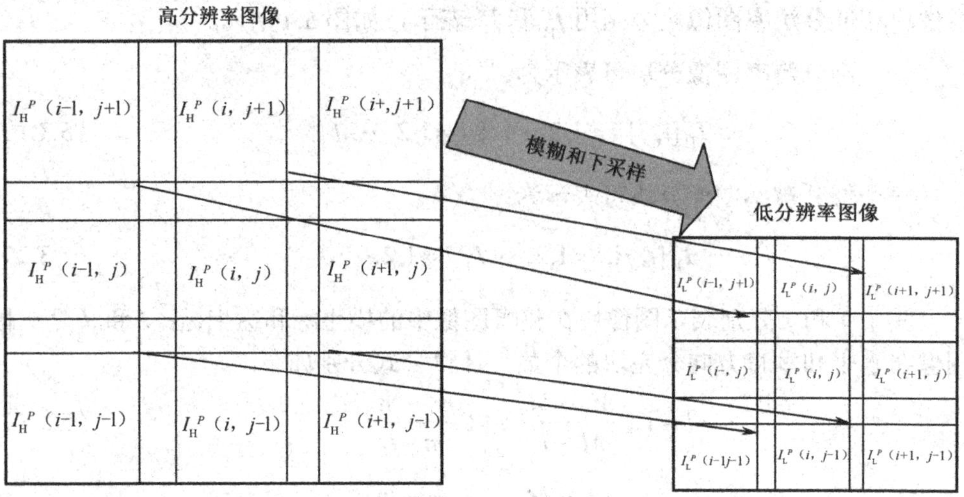

图 5.5　高低分辨率图像分块之间的关系

5.3.2　训练库生成策略

训练库包括很多对高低分辨率人脸图像，训练库人脸图像的质量，种类和训练库的大小对超分辨率重建结果有很大的影响，如果选择恰当，最后重建图像的质量就越好[1,7]。

图像超分辨率重建技术的退化模型，对自然界的实际事物，人们是不可能用理想的成像设备获得高分辨率图像的，是因为现实中由于成像系统的内在条件（系统本身固有的物理属性、感光元件的采样率）的限制和外部环境因素（如运动模糊、噪声等）的干扰，总是不可避免的引入一些几何形变、模糊、噪声等干扰因素，加上有时摄像头离拍摄物拍摄距离较远，实际得到的图像是低分辨率的。

通过一幅高分辨率图像得到一幅低分辨率图像的降质模型为：

$$Y = D \times H \times M \times X + n \tag{5.3.5}$$

其中 Y 表示一幅高分辨率图像，X 表示一幅低分辨率图像，D 表示下采样，H 表示模糊，M 表示几何形变，n 表示噪声。

在本章方法中将高分辨率人脸训练图像通过下采样、高斯模糊得到一一对应的低分辨率人脸训练图像，这里不考虑形变和噪声的问题。得到的高低分辨率人脸训练图库如图 5.6 和图 5.7 所示。

图 5.6　高分辨率人脸图像训练库

图 5.7　对应的低分辨率人脸图像训练库

5.3.3　算法流程

本算法是基于分块的思想，如图 5.8 所示，即为待重建的低分辨率人脸图像的每个图像块，在低分辨率训练集中求得映射权重系数，利用这些样本在高分辨率训练集中对应的高分辨率样本来重建当前图像块，最后完成整个人脸图像的重建。本算法的流程图如图 5.9 所示。

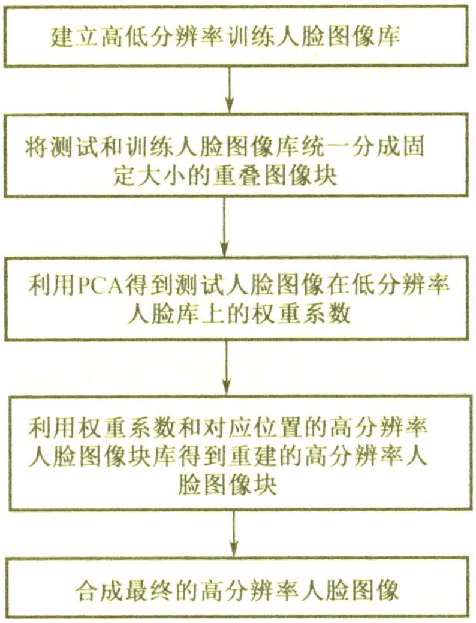

图 5.8　分块 PCA 算法思想

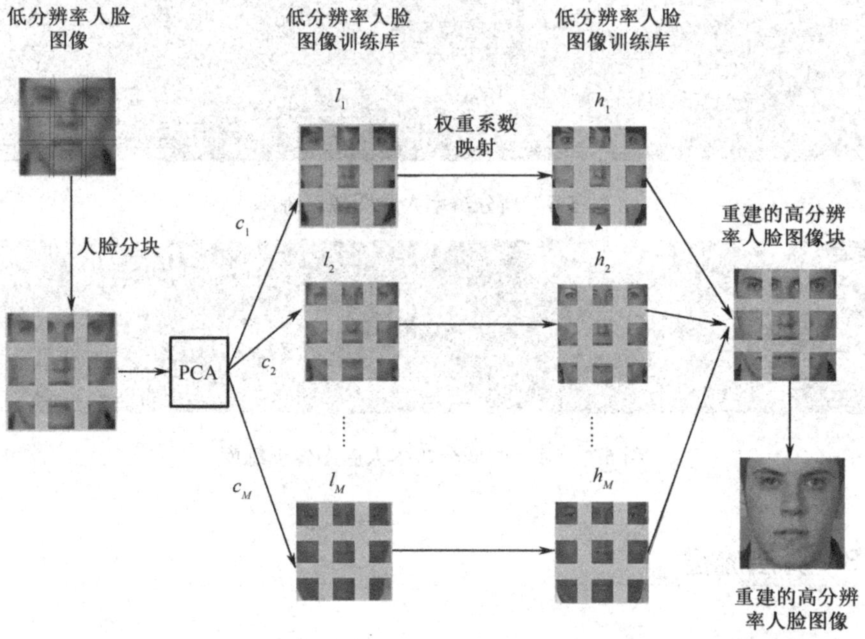

图 5.9　基于分块 PCA 的人脸图像超分辨率重建算法流程

基于分块 PCA 的人脸图像超分辨率重建算法主要包括下面几个步骤。

1. 构建人脸样本库

5.3.2 节中具体介绍过如何构建训练样本库，这里就不再介绍了。最后得到低分辨率训练人脸图像库 $l=\{l_i\}_{i=1}^{M}$ 和高分辨率训练人脸库 $h=\{h_i\}_{i=1}^{M}$，M 是训练库样本的个数。

2. 图像分块

按照 5.3.1 节介绍的图像分块策略，将测试低分辨率人脸图像和高低分辨率训练图像分成固定大小的重叠的人脸图像块，得到高低分辨率训练人脸图像块库分别表示成 $\{l_{ij}\}_{j=1}^{k}$ 和 $\{h_{ij}\}_{j=1}^{k}$，k 表示一幅图像中图像块的个数。

3. PCA 求权重系数

由于人脸图像具有结构上的相似性，因此一幅人脸图像可以通过一系列的样本人脸图像线性组合而成[4]，故基于 PCA 的人脸超分辨率重建的步骤如下所示：

首先求第 j 个低分辨率训练图像块库的平均值 m_j

$$\mathrm{m}_j = \frac{1}{M}\sum_{i=1}^{M} I_{ij} \tag{5.3.6}$$

每个图像块减去平均值：

$$L_j = [l_{1j} - m_j, \cdots, l_{mj} - m_j] = [l'_{1j}, \cdots, l'_{mj}] \tag{5.3.7}$$

然后求协方差矩阵：

$$C_j = \sum_{i=1}^{M} (l_{ij} - m_j)(l_{ij} - m_j)^{\mathrm{T}} = L_j L_j^{\mathrm{T}} \tag{5.3.8}$$

计算协方差矩阵 C_j 的特征值 Λ_j 和特征向量 V_j。

根据公式

$$V_j V_j^T = I_j, j = 1, 2, \cdots, k \tag{5.3.9}$$

$$R_j V_j = V_j \Lambda_j \tag{5.3.10}$$

其中 I_j 单位矩阵，将特征值进行降序排序，Λ_j 是前面较大的特征值，特征值 Λ_j 对应的特征向量 V_j。较大的特征值对应的特征脸表示的是图像的轮廓信息，特征值小的特征值代表图像的细节信息。

接下来求在该低分辨空间下的特征向量矩阵：

$$E_j = L_j V_j \Lambda_j^{\frac{-1}{2}} \tag{5.3.11}$$

对于测试人脸图像的第 j 个图像块 x_j，将其投影到特征向量矩阵上，可以得到投影系数：

$$w_j = E_j^{\mathrm{T}} (x_j - m_j) \tag{5.3.12}$$

第 j 个测试低分辨率人脸图像块经 PCA 重建得到的人脸图像块：

$$r_j = E_j w_j + m_j = L_j V_j \Lambda_j^{\frac{-1}{2}} w_j + m_j = L_j S_j + m_j \tag{5.3.13}$$

其中

$$S_j = V_j \Lambda_j^{\frac{-1}{2}} w_j = [S_{j1}, \cdots, S_{jM}] \tag{5.3.14}$$

式（5.3.14）可以重新定义为

$$r_j = L_j S_j + m_j = \sum_{i=1}^{M} S_{ji} l_{ij}' + m_j \tag{5.3.15}$$

高分辨率人脸图像重建块可以由 M 个训练人脸图像块库进行加权得到。S_j 是权重系数，如果训练人脸图像和测试人脸图像越相似，权重系数就越大，相反，如果越不相似，权重系数就越小，如图 5.10 所示。

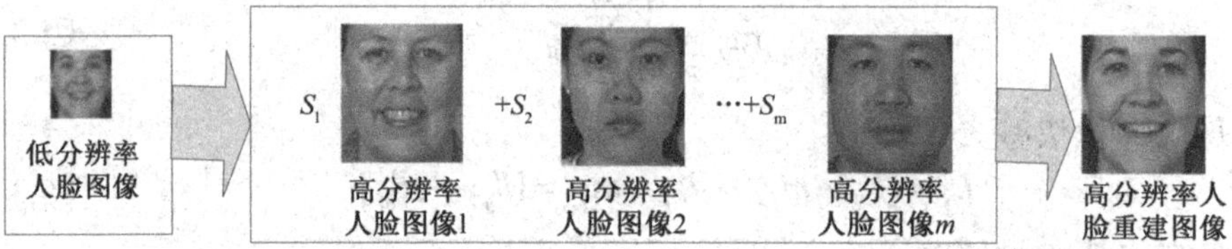

图 5.10　人脸图像可以由训练人脸图像库加权线性合成

4．重建高分辨率人脸图像

由 PCA 重构特性，可以重构出对应的高辨率人脸图像块。用相同位置的高分辨率训练图像块 h_{ij} 代替低分辨率训练图像块 l_{ij}，和用高分辨率训练人脸图像块库的平均值 M_j 代替低分辨率训练人脸图像块库的平均值 m_j。

结果是

$$R_j = \sum_{i=1}^{M} S_{ji} h_{ij} + M_j \tag{5.3.16}$$

式中，R_j 是重建的第 j 个高分辨率人脸图像块。

对测试人脸的所有图像块重复进行上述过程的计算，直到求出所有位置的高分辨率图像块为止。

将重建的高分辨率图像块按照原来在人脸中的位置合成对应的高分辨率重建图像，重叠过程中如果遇到重叠像素，则取各个高分辨率图像块在该像素点的灰度值的均值来作为重叠像素最终的灰度值。

5.4　本章小结

本章介绍了基于学习的人脸超分辨率方法的两种代表性的算法，两种算法各有优缺点。PCA 重建算法对人脸中心感兴趣区域超分辨率重建的效果较好，但是其他部位尤其脸部边缘很模糊，脸部细节损失得较严重；全局和局部相结合的方法重建人脸图像效果较好，但是计算速度慢，需要不断的迭代。基于这两种算法的优缺点，接着提出了一种基于分块 PCA 的单帧人脸超分辨率算法。此算法用人脸图像块位置信息表征人脸图像的全局结构，图像块内容表征人脸图像的细节。利用 PCA（主元分析法）提取训练人脸库的特征，构建权重系数，重建高分辨率图像。这种方法继承了基于学习的人脸超分辨率重建方法的优点，克服了邻域嵌入法对邻近值 K 的依赖，比两步法重建算法计算速度更快。

本章参考文献

[1] 刘良辰. 基于整体到局部的分离式人脸超分辨率重建方法研究[D]. 重庆：重庆大学，2010.

[2] 马祥，齐春. 全局重建和位置块残差补偿的人脸图像超分辨率算法[J]. 西安交通大学学报, 2010, 44（4）: 9-12.

[3] 沈华. 基于插值和主元素分析的人脸超分辨率算法研究[D]. 湖南:湖南大学,2010.

[4] 马祥，刘军辉. 基于 PCA 与残差补偿的人脸超分辨率算法[J]. 计算机工程, 2012, 38（13）: 196-198.

[5] C Liu, H Y Shun, C H Zhang. A two-step approach to hallucinating faces: Global parametric model and local nonparametric model[J]. IEEE Computer Society Conference on Computer Vision and Pattern Recognition,2001, 1: 192-198.

[6] 卓力，王素玉，李晓光.图像/视频的超分辨率复原[M]. 北京：人民邮电出版社, 2011, 1.

[7] 邱一雯. 基于学习的视频超分辨率重建算法研究与实现[D]. 南京:南京邮电大学,2012.

第 6 章

Kinect 人体动作识别

人体动作识别在虚拟现实、人机交互领域也是一个重要的课题。随着虚拟现实（Virtual Reality，VR）时代的来临，自然人机交互（Natural User Interface，NUI）应运而生，而正是在这种虚拟与现实世界重叠的背景下，微软公司的 Kinect 深度传感器大放异彩。虚拟现实[1]（又译作灵境、幻真）是随着计算机性能发展到一定程度产生的，通过计算机以及相关学科技术模拟出一个数字的三维虚拟世界，用户采用一些特定的人机交互设备与虚拟环境中的对象进行交互，从而通过视觉、触觉和听觉等产生置身于相应的真实环境中的虚幻感、沉浸感以及真实感。在虚拟现实的环境中进行人体行为的识别，是计算机视觉领域研究的一个热点问题。

人体行为的复杂性不言而喻，相比于其他模式识别的研究更具挑战性。因此，行为的表述即特征提取显得尤为重要，以往研究大多关注边缘、形状、姿态、轨迹等静态特征以及光流[2]、运动能量等动态特征，但是在比较复杂场景及遮挡、噪声等干扰下鲁棒性面临挑战。

本章将介绍通过引入 Kinect 深度传感器提取人体动作的骨骼特征，并结合机器学习的方法进行样本训练以及动作识别。同时，也介绍了人体行为的三维时空直方图特征以及二维轮廓特征的行为描述方法。本章在二维视频数据中引入了空间的概念，即第三维是时间数据，然后探索时空中梯度方向以及空间角度来描述人体行为。

6.1　基于 Kinect 骨骼空间几何角度的动作识别

本小节提出了一种基于深度传感器提取人体骨骼空间角度信息的动作识别方法，研究了人体骨骼结构、骨骼关节点位置信息以及人体动作所具有的骨骼空间几何角度等特征。

与传统的彩色摄像头不同，Kinect 深度传感器能够提供第三维深度数据。它能克服彩色摄像头易受光线等外界干扰的缺点，准确追踪到视野范围内的人体[3]。当人做出不同动作时，相应的关节与骨骼具有不同的位置和角度信息。因此，追踪关节点的坐标和探索骨骼的空间几何角度信息将提供非常可靠和直接的方法来实现人体动作识别。

6.1.1　人体骨骼信息获取

Kinect 深度传感器能够同时提供彩色图像数据、深度图像数据和骨骼数据，并且能够检测出人体 20 个骨骼关节点[4]。因此我们可以获取到人体骨骼数据，然后形成骨骼拓扑结构。

开启 Kinect 骨骼数据流后，当有人出现在 Kinect 有效视野范围内时，Kinect 将迅速检测出人体并实时跟踪人体骨骼。其步骤如下：

（1）Kinect 获取人体 20 个关节点相对于 Kinect 骨骼坐标系的三维坐标数据；

（2）根据坐标变换将骨骼三维坐标系变换到屏幕二维坐标系；

（3）根据人体骨骼拓扑结构构建人体骨架，并使其可视化。

图 6.1（a）为 Kinect 主动追踪的视野范围内的人体骨骼图，图 6.1（b）为场景的彩色视频图像。

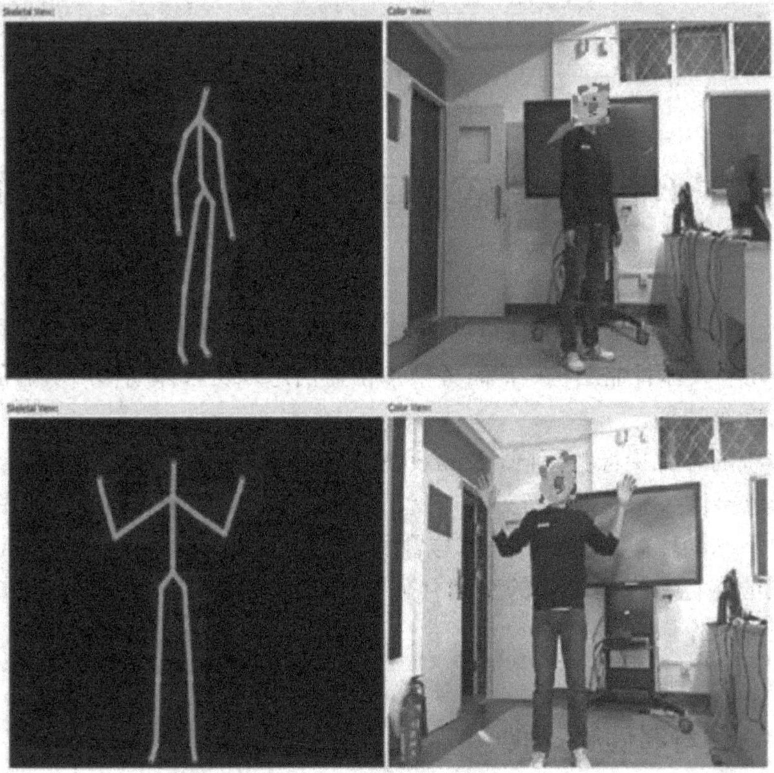

（a）人体骨骼拓扑结构　　（b）彩色视频图像

图 6.1　Kinect 主动追踪人体骨骼图

6.1.2　骨骼空间角度特征提取

1．提取感兴趣的关节点

通过对人体运动时骨骼旋转特性以及人体骨骼拓扑结构的研究，我们将 Kinect 传感器检测出的人体 20 个关节点进行分层：

第一层：身体躯干关节点。支撑起整个人体的第一层骨骼关节点构成人体的躯干，该层主要包括头、左右肩、脊椎等 8 个关节点（如图 6.2 中用数字 1 标记的关节点）。人体某些动作所需的特征信息部分来自于这层关节点。

第二层：四肢关节点。人体的大多数动作（如挥手、出拳、踢腿等）主要都是靠人的四肢来表达的，它们包含了大量人体运动和姿势的特征信息。因此我们将四肢分为第二层，包括左右肘、腕，左右膝、踝 8 个关节点（如图 6.2 中用数字 2 标记的关节点）。

第三层：手与脚。剩余的左右手、脚这 4 个关节点，我们将其归为第三层（如图 6.2 中用数字 3 标记的关节点）。手掌和脚在我们所研究的人体动作中所起的作用非常微小，对识别所提供的特征信息可以忽略。

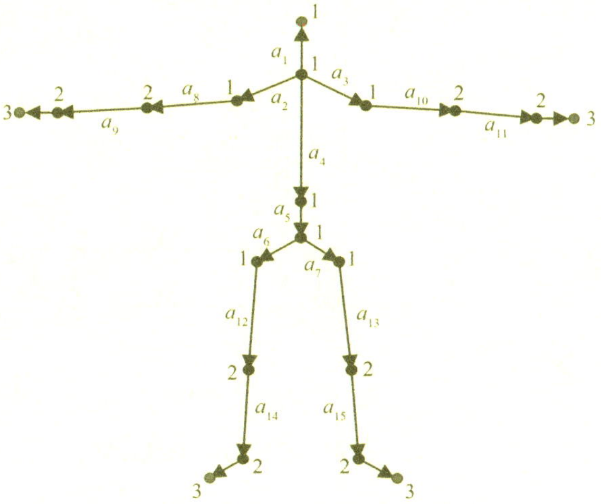

图 6.2 分层关节点与定义骨骼向量

为了降低特征数据维数和提高计算效率，因此进一步提取识别动作所感兴趣的关节点，对于信息量很少的关节点予以去除。通过以上的分层分析，我们只提取第一层和第二层这 16 个重要的关节点进行下一步工作。

2. 定义骨骼向量

从前面所提取得到的 16 个关节点中，根据人体结构学原理，将每两个关节点连接组成一段骨骼，并将其定义为一个向量。将第一层关节点连接组成人体躯干，共有 7 个骨骼向量，分别将这 7 个向量标记为$\{a_1, a_2,\cdots, a_7\}$；第二层关节点连接组成四肢，共有 8 个骨骼向量，分别标记为$\{a_8 , a_9 ,\cdots, a_{15}\}$。如图 6.2 所示，15 个骨骼向量分别对应于图中所给出的标记。

3. 骨骼向量方向余弦特征提取

当人做出不同的动作时，对于人体的每一段骨骼而言，都具有不同的位置和角度信息。因此，可以利用定义的 15 个骨骼向量的方向余弦特征来表征某一类动作。

现取出右手的肩关节到肘关节这个骨骼向量（即标号为 a_8 的向量）进行详细算法分析：

设 Kinect 获取肩关节的三维坐标为(x_1,y_1,z_1)，肘关节的三维坐标为(x_2,y_2,z_2)，如图 6.3 所示。由此，该骨骼向量可表示为

$$a_8 = \{x_2 - x_1, y_2 - y_1, z_2 - z_1\} \tag{6.1.1}$$

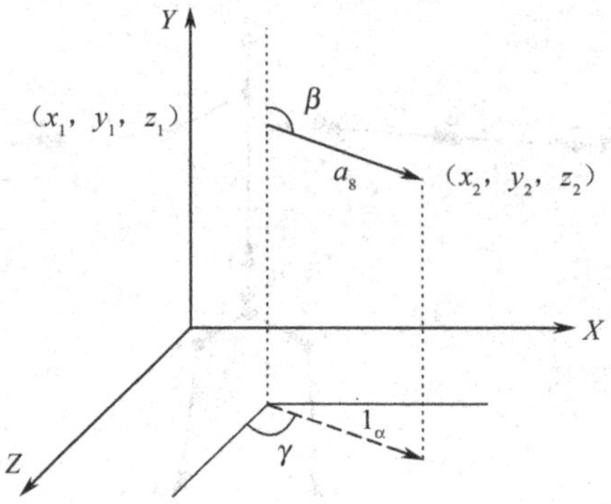

图 6.3　骨骼向量的方向余弦计算

设向量 a_8 与 Kinect 坐标系的三个方向角分别为α、β、γ，如图 6.3 所示。由此，我们可以得到该骨骼向量的三个方向余弦值，公式如下：

$$\cos\alpha = \frac{x_2 - x_1}{\sqrt{(x_2 - x_1) + (y_2 - y_1) + (z_2 - z_1)^2}} \tag{6.1.2}$$

$$\cos\beta = \frac{y_2 - y_1}{\sqrt{(x_2 - x_1) + (y_2 - y_1) + (z_2 - z_1)^2}} \tag{6.1.3}$$

$$\cos\gamma = \frac{z_2 - z_1}{\sqrt{(x_2 - x_1) + (y_2 - y_1) + (z_2 - z_1)^2}} \tag{6.1.4}$$

其中

$$\sqrt{(x_2 - x_1)^2 + (y_2 - y_1)^2 + (z_2 - z_1)^2} \neq 0 \tag{6.1.5}$$

通过上述算法，依次将已定义的 15 个骨骼向量的方向余弦值作为特征进行提取。

4. 骨骼夹角余弦特征提取

另一方面，对于人体不同的动作而言，通过某一个关节点连接的两段骨骼之间有着不同的空间夹角关系。因此，还可以通过提取定义的 15 个骨骼向量之间

的夹角余弦特征来描述人体行为。如图 6.4 所示，图中两实线所成的夹角θ_1、θ_2、θ_3即为两骨骼之间的空间夹角。

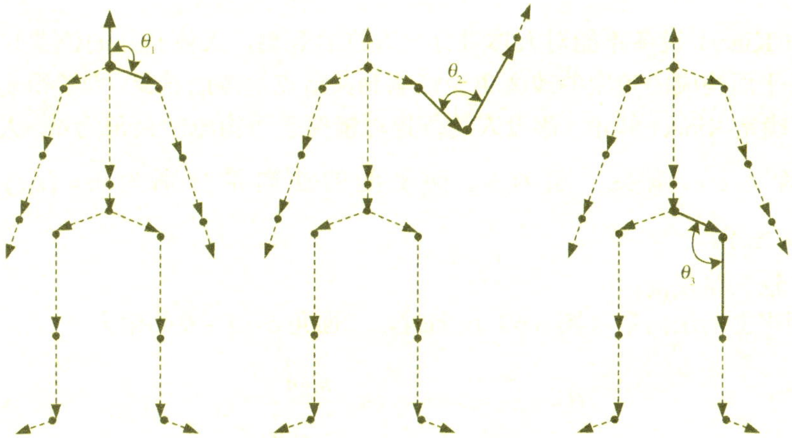

图 6.4 两骨骼之间的夹角

以某两段骨骼向量为例计算它们空间夹角的余弦值。在空间中，设骨骼向量a_1用坐标表示为(l_1,m_1,n_1)，骨骼向量a_2用坐标表示为(l_2,m_2,n_2)，如图 6.5 所示，于是可得到空间中这两骨骼的夹角余弦，公式如下：

$$\cos\theta = \frac{l_1 l_2 + m_1 m_2 + n_1 n_2}{\sqrt{l_1^2 + m_1^2 + n_1^2}\sqrt{l_2^2 + m_2^2 + n_2^2}} \tag{6.1.6}$$

其中

$$\sqrt{l_1^2 + m_1^2 + n_1^2} \neq 0 \text{ 且 } \sqrt{l_2^2 + m_2^2 + n_2^2} \neq 0 \tag{6.1.7}$$

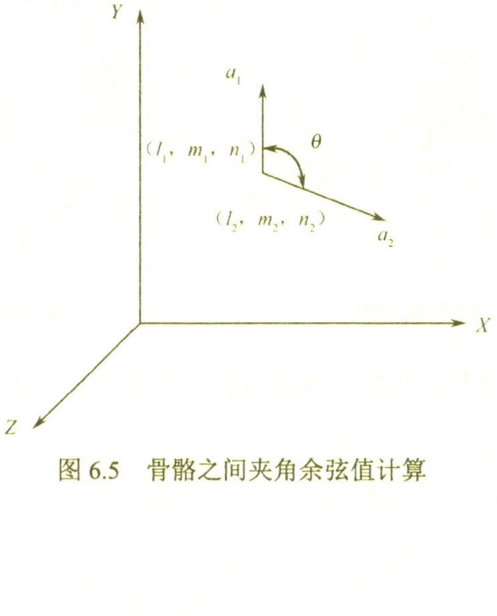

图 6.5 骨骼之间夹角余弦值计算

根据上述算法，依次计算每两段骨骼之间的夹角余弦值作为特征进行提取。

5．Kinect 俯仰角的调节

单个 Kinect 设备不能对人体进行全方位的观测，人体站立的位置与 Kinect 设备镜头平面构成的角度的改变也会影响到关节点检测的结果。为了得到合适阈值，需要确定 Kinect 仰角。假设人的位置与镜头平面构成的夹角为θ，人所在位置的平面为α，镜头平面为β，两平面的法向量分别为$\vec{m}=(x_1,y_1,z_1)$，$\vec{n}=(x_2,y_2,z_2)$。

（1）法向量反向时

当两平面的法向量（图 6.6）反向时，二面角$\alpha-l-\beta$的值为

$$\theta=<\vec{m},\vec{n}>=\arccos\frac{\vec{m}\cdot\vec{n}}{|\vec{m}|\cdot|\vec{n}|} \tag{6.1.8}$$

（2）法向量同向时

当两平面的法向量（图 6.7）同向时，二面角$\alpha-l-\beta$的值为

$$\theta=<\vec{m},\vec{n}>=\pi-\arccos\frac{\vec{m}\cdot\vec{n}}{|\vec{m}|\cdot|\vec{n}|} \tag{6.1.9}$$

其中，$\vec{m}\cdot\vec{n}=x_1x_2+y_1y_2+z_1z_2$，$|\vec{m}|=\sqrt{x_1^{\ 2}+y_1^{\ 2}+z_1^{\ 2}}$，$|\vec{n}|=\sqrt{x_2^{\ 2}+y_2^{\ 2}+z_2^{\ 2}}$。

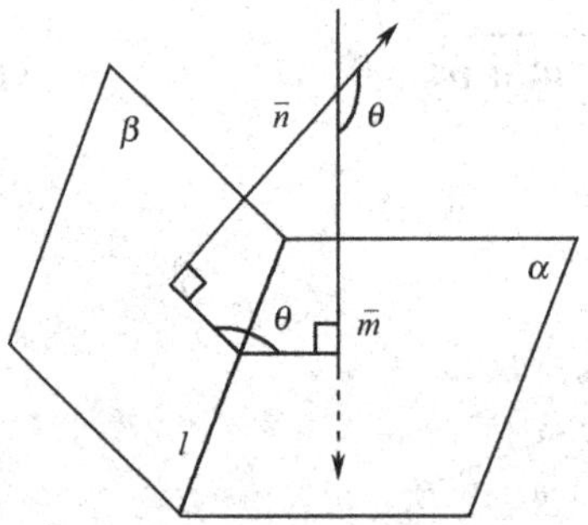

图 6.6　法向量反向时

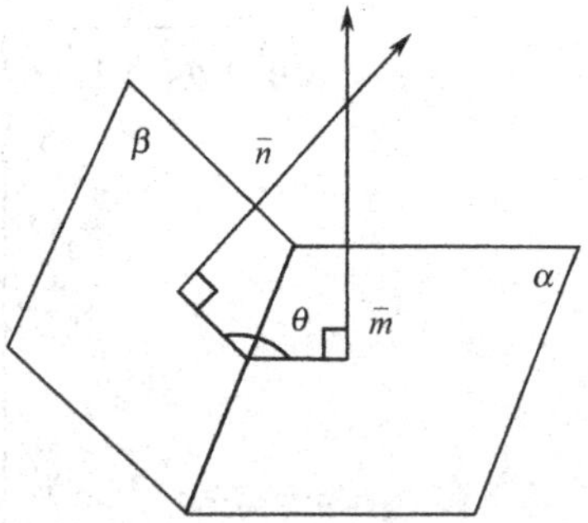

图 6.7　法向量同向时

对于其中空间平面的法向量可以使用向量外积法求解，如图 6.8 所示。

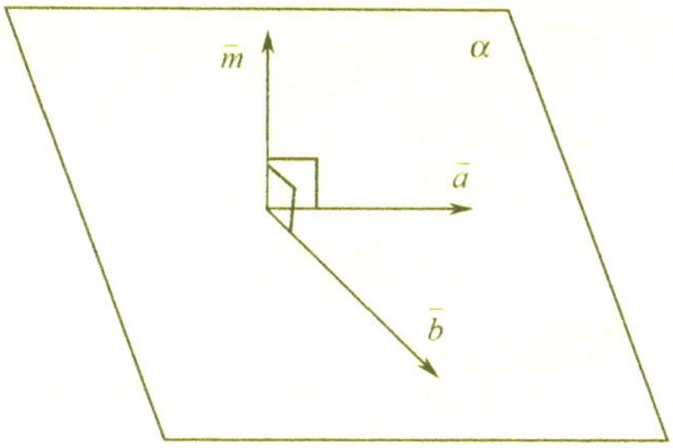

图 6.8 求解平面法向量

平面 α 的法向量为 $\vec{m}$，假设向量 $\vec{a}=(x_1,y_1,z_1)$ 和 $\vec{b}=(x_2,y_2,z_2)$ 时平面上不平行的任意非零向量，则

$$\vec{m}=\vec{a}\times\vec{b} \tag{6.1.10}$$

其中

$$\vec{a}\times\vec{b}=\begin{vmatrix} i & j & k \\ x_1 & y_1 & z_1 \\ x_2 & y_2 & z_2 \end{vmatrix}=\left(\begin{vmatrix} y_1 & z_1 \\ y_2 & z_2 \end{vmatrix},-\begin{vmatrix} x_1 & z_1 \\ x_2 & z_2 \end{vmatrix},\begin{vmatrix} x_1 & y_1 \\ x_2 & y_2 \end{vmatrix}\right) \tag{6.1.11}$$

其中，法向量的方向可由右手准则确定。

根据上面的理论基础，观测映射到图像中的关节点的变化可知，Kinect 镜头观测平面夹角为 0～60° 时可以取得较好的观测效果。

6.1.3 多分类支持向量机

1. 支持向量机

支持向量机[5]（Support Vector Machines，SVM）由 Vapnik 首先提出，是一种两类分类模型。它的主要思想是建立一个分类超平面作为决策曲面，使得两类之间的隔离边缘被最大化。它基于统计学习的理论，确切地说，支持向量机是结构风险最小化的近似实现。

常见的二分类支持向量机模型如下：

已知训练集

$$T=\{(x_1,y_1),\cdots,(x_l,y_l)\}\in(X\times Y)^l \tag{6.1.12}$$

其中，$x_i\in X=R^n$，$y_i\in Y=\{1,-1\}(i=1,2,\cdots,l)$，$x_i$ 为特征向量。

（1）对于线性分类问题，即当训练集线性可分时，此时构造并求解约束最优化问题：

$$\min_{w,b}\frac{1}{2}\|w\|^2 \tag{6.1.13}$$

$$\text{s.t.}\ \ y_i(w\cdot x_i+b)-1\geqslant 0, i=1,2,\cdots,l \tag{6.1.14}$$

求得最优解 w^*,b^*

由此得到分离超平面为

$$w^*\cdot x+b^*=0 \tag{6.1.15}$$

分类决策函数为：

$$f(x)=\text{sign}(w^*\cdot x+b^*) \tag{6.1.16}$$

（2）对于非线性分类问题，即当训练集线性不可分时，我们的做法是首先定义一个核函数 $K(x_i,x_j)$ 和适当的参数 C，然后构造并求解最优化问题：

$$\min_{\alpha}\frac{1}{2}\sum_{i=1}^{j}\sum_{j=1}^{l}y_iy_j\alpha_i\alpha_jK(x_i,x_j)-\sum_{j=1}^{l}\alpha_j \tag{6.1.17}$$

$$\text{s.t.}\ \sum_{i=1}^{l}y_i\alpha_i=0 \tag{6.1.18}$$

其中，$0\leqslant\alpha_i\leqslant C, i=1,2,\cdots,l$，由此，得到最优解：$\alpha^*=(\alpha_1^*,\cdots,\alpha_l^*)^{\mathrm{T}}$。

选取 α^* 的一个正分量 $0<\alpha_j^*<C$，并据此计算阈值

$$b^*=y_j-\sum_{i=1}^{l}y_i\alpha_i^*K(x_i-x_j) \tag{6.1.19}$$

因此分类决策函数为

$$f(x)=\text{sign}\left[\sum_{i=1}^{l}\alpha_i^*y_iK(x,x_i)+b^*\right] \tag{6.1.20}$$

2. 常用核函数

对于不同的研究内容及训练集而言，采用不同的核函数进行训练，会有不同的识别分类效果。常见的几种核函数如下。

（1）多项式核函数：

$$K_{\text{poly}}(x,x_i)=(\gamma x^{\mathrm{T}}x_i+r)^p \tag{6.1.21}$$

（2）径向基核函数（RBF 核函数）：

$$K_{\text{rbf}}(x,x_i)=\exp(-\gamma\|x-x_i\|^2) \tag{6.1.22}$$

（3）两层感知机核函数（Sigmoid 核函数）：

$$K_{\text{sigmoid}}(x,x_i)=\tanh(\gamma x^{\mathrm{T}}x_i+r) \tag{6.1.23}$$

3. 多分类支持向量机

SVM 算法最初是为解决两类分类问题，而本章的目标是需要处理多类问题，因此我们必须采用多分类支持向量机（Multi-class SVM）算法。主要思想是通过组合多个二分类器来构造多分类器的模型，常用的构造方法有一对多、一对一、层次支持向量机和有向无环图等。

一对一（one-versus-one）算法原理：对于有 k 个类别的分类问题，依次选出任意两类样本组成一个二分类问题，并设计一个 SVM 模型。因此，该 k 个类别的分类问题总共需要设计 $k(k-1)/2$ 个 SVM 模型。当输入一个未知样本进行预测分类时，由之前设计的每个分类器对它进行预测，最后得票最多的类别即为该未知样本的类别。

6.1.4　训练与识别结果分析

1. 数据采集

定义五种不同的人体动作进行研究：行走、挥手、拍手、弯腰、踢腿，如图 6.9 所示。

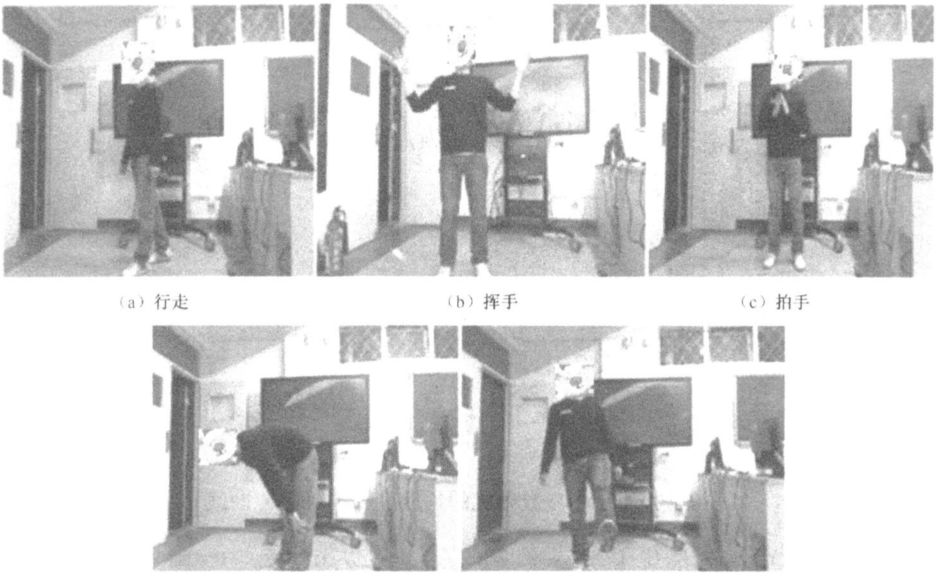

（a）行走　（b）挥手　（c）拍手

（d）弯腰　（e）踢腿

图 6.9　五种不同人体动作示例

为了使训练数据有效，分别采集了多个人的动作骨骼数据，并区分男、女及高、矮不同差异的人。每个人每种动作分别做三次实验：正面距 Kinect 1.5m、侧身距 Kinect 1.5m、正面距 Kinect 3m。采集到的样本部分用于模型训练，剩余样本用于识别测试。由此，建立了本章的训练数据集和测试集，如表 6.1 所示。例如，行走动作，训练集总共有 1400 帧骨骼数据，每一帧骨骼数据包含以下内容：一个动作的 15 个骨骼向量，每个骨骼向量有三个方向余弦值；以及 18 个骨骼之间的夹角余弦值。

表 6.1　训练数据集和测试集

人体动作	行走	挥手	拍手	弯腰	踢腿
训练集/帧	1400	1320	1270	1250	1240
测试集/帧	900	1000	900	800	850

2．SVM 参数寻优

取每种动作 200 帧数据，则五种动作总共 1000 帧数据作为测试集，首先采用遗传算法（GA）对该测试集进行 SVM 最佳参数寻优，图 6.10 是惩罚参数 c（cost）与核函数参数 g（gamma）的参数寻优结果。

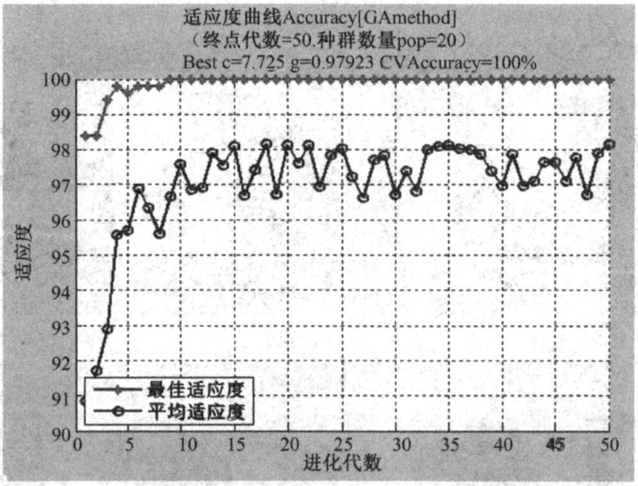

图 6.10　SVM 参数寻优的适应度（准确率）曲线

从图 6.10 中得到最优参数结果是：c=7.73；g=0.98。

在 6.1.3 节中已经介绍了不同核函数的几种 SVM 算法，接下来将对这 1000 帧测试集分别利用这几种核函数和得到的最优参数进行模型训练和测试集预测分类。表 6.2 中给出了它们分类准确率的对比。

表 6.2 SVM 不同核函数性能对比

采用不同核函数	多项式核函数	RBF 核函数	Sigmoid 核函数
分类准确率（%）	95.87	89.48	27.03

由表 6.2 中的数据看出，多项式核函数得到的测试集分类准确率最高。故我们采用多项式核函数作为 SVM 核函数进行训练与动作识别。

3. 训练与动作识别

下面将定义的五种人体动作分别人工标记为行走（1）、挥手（2）、拍手（3）、弯腰（4）、踢腿（5）。针对每一类动作，将提取得到的特征向量矩阵输入至多项式核函数的 SVM 中进行训练与识别分类，输出结果与分类准确率如表 6.3 所示。例如，将标记为 1 的行走动作的测试集输入到已训练好的模型中，其输出为 1 的有 873 帧，即正确识别；输出为 2,3,⋯,5 即为错误识别。

表 6.3 人体动作识别结果

人体动作	输出 1	输出 2	输出 3	输出 4	输出 5	准确率（%）
行走（1）	873	7	8	7	46	93.0
挥手（2）	13	985	6	0	4	98.5
拍手（3）	35	8	886	30	4	98.4
弯腰（4）	6	0	0	763	1	95.4
踢腿（5）	9	0	0	0	795	93.5

从表 6.3 中的结果可以看出，五种动作的识别准确率均在 90%以上，表明该算法具有很高的识别准确率，效果显著。其中，行走与踢腿动作区别性较小，因此准确率相对较低。

4. 算法比较与分析

将本章算法与下述两种算法进行比较。

（1）算法一：基于 Kinect 直接调用骨骼节点位置信息，通过设定某一阈值判定相应动作。例如，当手掌节点位置在垂直方向上高于肩关节点位置则判定为挥手。

（2）算法二：基于运动人体轮廓特征的方法。Wang 等人的研究中提出了一种将运动人体轮廓线按照逆时针方向依次求出轮廓上的点到轮廓中心的距离形成距离向量作为特征，将该特征同样采用本章的 SVM 算法分别对本章所定义的五种动作进行训练和识别。

图 6.11 给出这两种算法与本章算法的识别率混淆矩阵（Confusion Matrix）的对比。

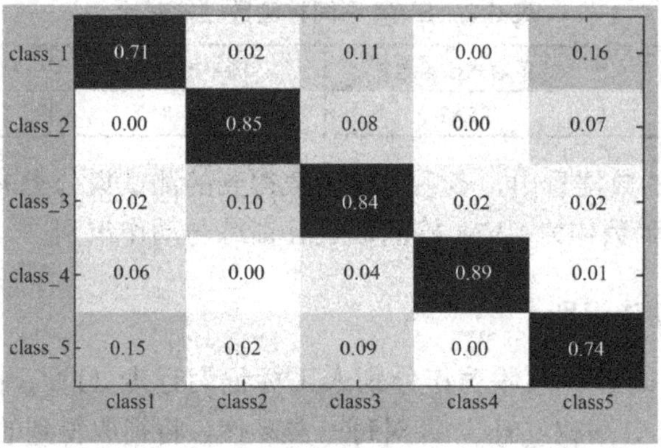

（a）算法一的混淆矩阵

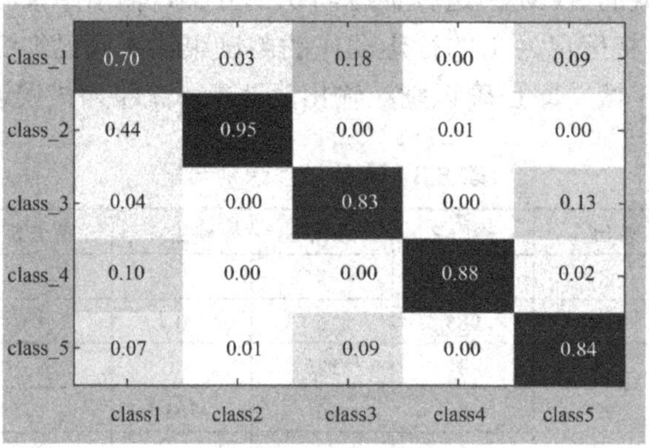

（b）算法二的混淆矩阵

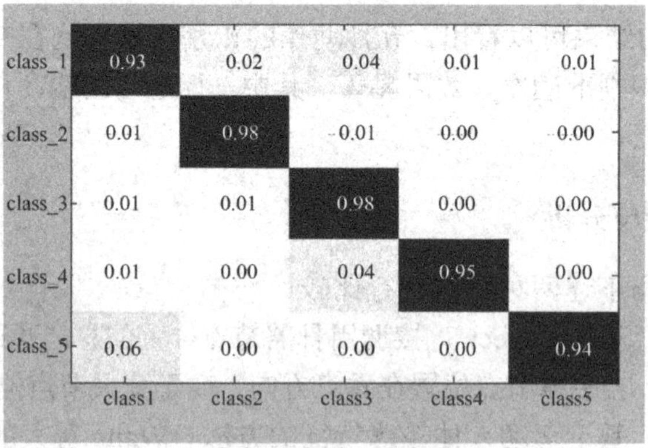

（c）本章算法的混淆矩阵

图 6.11　三种算法的混淆矩阵的对比

从图 6.11 的结果可以看出：

（1）算法一的平均识别准确率为 80.6%，其中行走（class1）与踢腿（class5）相似性大，导致识别率只有 70%左右，由于算法一仅通过调用 Kinect 骨骼节点的位置信息判定动作，缺少空间角度变化信息以及对数据的学习过程，这会造成待识别的动作必须要非常符合标准，否则误差很大，另一方面，对于区别性小的动作，其合理的阈值也难以确定。

（2）算法二的平均识别率为 84%，传统的提取人体轮廓特征的方法对于区别性小的、较复杂的动作识别准确率较低，轮廓特征易受噪声的干扰，而且对于动作的空间位置和角度变化而言，可靠性不高。例如，行走（class1）的识别率仅为 70%，拍手（class3）和踢腿（class5）的识别率只有 80%左右。

（3）而本章算法采用骨骼向量方向余弦这一空间角度特征，并对大量数据采用 SVM 进行训练，实现人体动作识别不受位置和空间角度变化，对于噪声干扰鲁棒性强，能够克服上述算法的缺点，其平均识别准确率达到 95.6%，实现了较为理想的动作识别结果。

6.2　基于三维时空特征的人体行为识别

本节提出了一种基于三维时空特征的人体行为识别算法。时空中梯度方向及空间角度是该算法的研究核心，首先通过引入时间维度构建三维时空概念，然后探索时空中梯度方向和空间角度信息，由梯度方向经过空间中不同的区域形成时空直方图特征来描述人体行为。

在 6.1 节中，研究了虚拟现实领域中的人体动作识别，对于人机交互系统的应用具有现实意义，它的特点是 Kinect 传感器视野是三维的，能够提供第三维深度数据，这与目前监控系统中的普通彩色视频数据不同。目前人们日常生活中，智能视频监控系统采用的都是通过普通彩色摄像头来采集数据[6-9]，因此，本节将重点对监控系统中二维视频数据的人体行为识别进行研究。

6.2.1　时空直方图特征提取

利用视频序列三维空间信息来提取有效的特征进行行为识别的研究，如今越来越受关注。这方面已有的研究例如 Laptev[10]采用 3D-Harris 的时空兴趣点提取不同行为的时空特征；Klaser[11]的 3D-HOG 算法，它不需要进行特征点检测，而是对视频序列进行稠密采样以此提取不同行为的特征。而本章提出了一种基于三维时空特征的行为识别算法，以时空梯度方向和空间角度为研究核心。具体算法过程如下。

1．提取时空样本

我们采用的行为视频数据库是 KTH 数据库，在第 1 章介绍过，该视频数据库共有 6 种人体行为，其中每个视频数据都是同一个人在某一场景下的同一种行为，每帧图像数据的规格是（160×120）/帧。

设每个视频数据共有 a 帧图像，从中提取一段连续的 F 帧图像作为一个时空样本，为获得多个时空样本，每间隔 b 帧提取下一个时空样本。例如，第 1 个样本为第 1 帧到第 F 帧；第 2 个样本为第 $1+b$ 帧到第 $F+b$ 帧，以此类推，如图 6.12 所示。由此每个视频数据可以得到的时空样本数为

$$\frac{a-F}{b}+1 \tag{6.2.1}$$

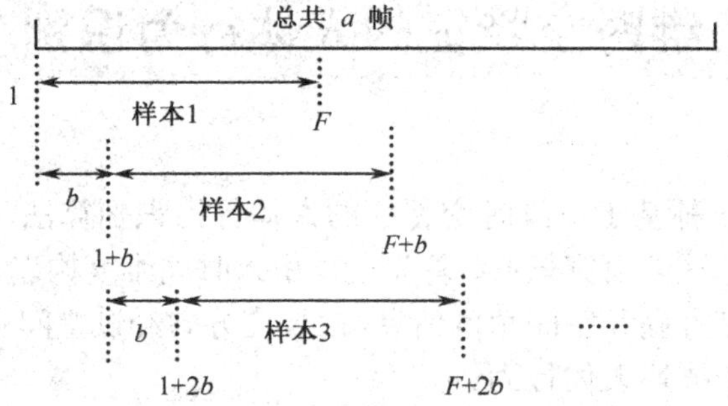

图 6.12　每个视频数据提取时空样本的方法

2．提取时空样本的时空特征矩阵

设 F=300，则每个时空样本的规格为 300 帧×（160×120）/帧。每个时空样本分别执行以下操作获取该样本的时空特征矩阵。

（1）利用采样函数对每个时空样本随机采样 p 个兴趣点，相应坐标为 (x,y,t)。

（2）针对某一个兴趣点，提取该点的特征描述符，步骤如下。

① 以某一兴趣点为中心，抽取半径为 4 像素大小的立方体。

② 将该立方体划分为固定的 8 个子立方体。

③ 每个子立方体中包含有 64 个单位立方体，每个单位立方体代表该兴趣点

领域所在尺度空间的一个像素，如图 6.13 所示。

④ 计算每个单位立方体（即一个像素点）的时空梯度方向。

⑤ 采用一个多面球体来统计每个子立方体（包含 64 个单位立方体）的时空梯度直方图。该多面球体的构造过程如下。

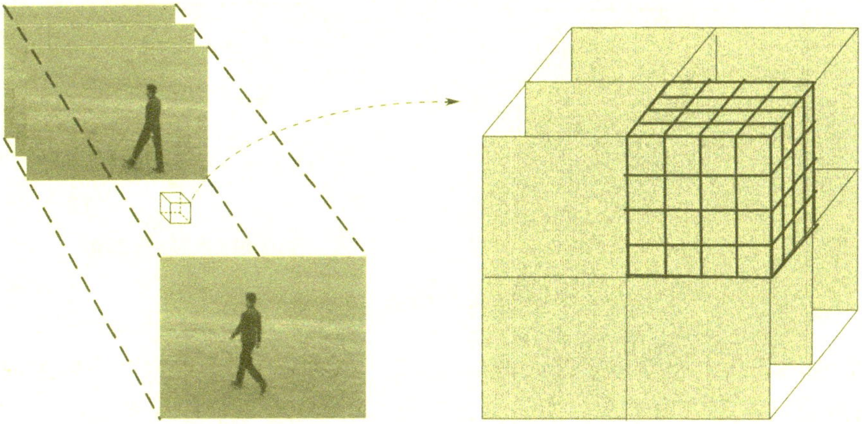

图 6.13　提取时空样本

（a）主要方法是采用“柏拉图立体”作为初始，然后进一步细化，逐渐近似球体。

（b）我们采用的是“柏拉图立体”中的“正二十面体”（它由 20 个正三角形面组成）作为初始，然后继续细化。将初始“正二十面体”的每个正三角面分成 4 个小正三角形面，如图 6.14 所示，如将面（A,B,C）划分为（A,a,c），（B,b,a），（C,c,b），（a,b,c）4 个小三角形面。

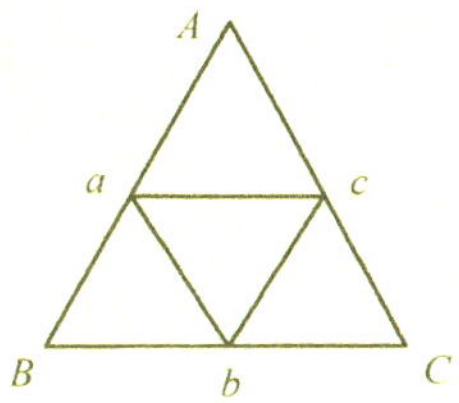

图 6.14　将初始二十面体的每个面划分为四个小三角形面

（c）由此细化后，该近似球体共有 20×4=80（个面），构成一个八十面的多面球体，如图 6.15 所示。

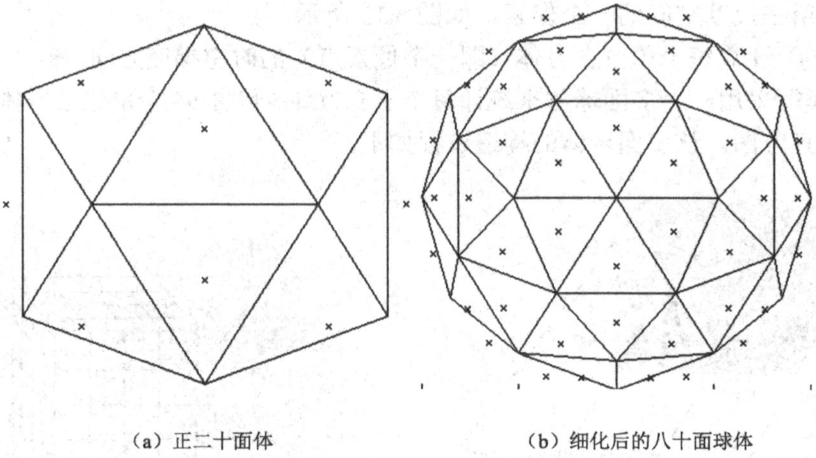

图 6.15　多面球体

⑥ 利用该八十面球体来统计每个子立方体（即由 64 个单位立方体组成）的时空梯度方向，形成直方图。即该直方图有 80 个柱，每个柱代表正八十面体中对应的一个面区域（理由是：这样可以使得每个柱代表的时空区域大小一致），如图 6.16 所示。

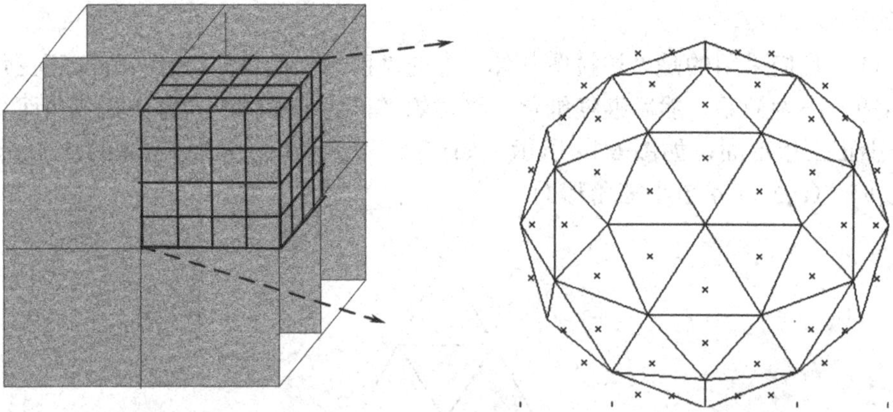

图 6.16　统计每个子立方体的时空梯度穿过多面球体相应面形成直方图

统计方法为：当某一个单位立方体的时空梯度方向穿过正八十面体中的某一个面区域时，则该面所对应的直方图的柱累加 1，由此得到一个维数为 80 的直方图。

⑦ 一共有 $2\times2\times2=8$ 个子立方体，每个子立方体得到一个维数为 80 的梯度直方图，于是该兴趣点的特征描述符的维数是 $2\times2\times2\times80=640$ 维。

（3）判定该兴趣点是否具有空间特征描述性，若没有则舍去该兴趣点，判定方法如下：

① 以兴趣点坐标为中心，抽取半径为 2 像素大小的立方体（包含 64 个单位立方体），如图 6.17 所示。

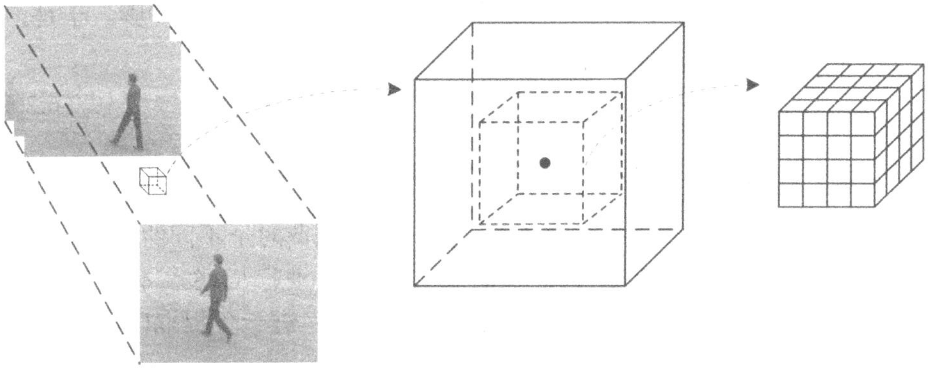

图 6.17 以兴趣点为中心抽取半径为 2 像素的立方体

② 然后依次计算每个单位立方体的梯度方向，同样按照步骤（2）中的⑥方法统计该立方体的梯度直方图，直方图维数是 80。

③ 取出该直方图中峰值 1、峰值 2 与峰值 3 的柱所对应正八十面体的相应面。

④ 计算峰值 1 所对应面的中心点 $\boldsymbol{a}$ 与峰值 2 所对应面的中心点 $\boldsymbol{b}$ 的内积，以及计算峰值 1 所对应面的中心点 $\boldsymbol{a}$ 与峰值 3 所对应面的中心点 $\boldsymbol{c}$ 的内积。公式为

$$\boldsymbol{a}\cdot\boldsymbol{b}=|\boldsymbol{a}||\boldsymbol{b}|\cos\theta_1 \tag{6.2.2}$$

$$\boldsymbol{a}\cdot\boldsymbol{c}=|\boldsymbol{a}||\boldsymbol{c}|\cos\theta_2 \tag{6.2.3}$$

因此

$$\cos\theta_1=\frac{\boldsymbol{a}\cdot\boldsymbol{b}}{|\boldsymbol{a}||\boldsymbol{b}|},\theta_1\in(0,\pi) \tag{6.2.4}$$

$$\cos\theta_2=\frac{\boldsymbol{a}\cdot\boldsymbol{c}}{|\boldsymbol{a}||\boldsymbol{c}|},\theta_2\in(0,\pi) \tag{6.2.5}$$

⑤ 设定一个合理的阈值 T_h，当 $\cos\theta_1$ 与 $\cos\theta_2$ 同时大于该阈值 T_h 时，则去除

该兴趣点，否则保留该兴趣点。

原理：若$\cos\theta_1$、$\cos\theta_2$值越大，则θ_1、θ_2角度越小，表明峰值 1 与峰值 2 落到空间区域的夹角以及峰值 1 与峰值 3 落到空间区域的夹角很小。因此，该兴趣点所在的立方体中，大多数像素点的梯度方向都穿过空间中同一小块区域，表明该兴趣点的特征区分性很小，提供的特征价值不大，所以将其去除。

（4）针对每个时空样本，经过第（2）、（3）步，去除无用的兴趣点，保留有价值的兴趣点。保留的每个兴趣点代表一个特征描述符，每个特征描述符的维数是 640 维。直至得到了 m 个特征描述符（$m<p$），则结束上述步骤。于是，我们得到了每个时空样本的时空特征矩阵为

$$X \in \Re^{m\times 640} \tag{6.2.6}$$

3．基于 K-means 的时空直方图特征提取

由于人体行为的复杂性以及外界因素的干扰，因此对于不同的人，其同种行为之间存在差异。为了能够更有效地对人体行为进行描述，本章通过采用 K-means[12]算法进一步处理所得到的时空特征矩阵，进一步提取时空直方图特征。具体做法如下。

（1）提取人体行为时空样本的时空特征矩阵。

设本章共有 M 种待识别的人体行为，其中每种行为提取 N 个时空样本，由此可以得到 MN 个时空特征矩阵，记为 $\boldsymbol{X}_j$：

$$\boldsymbol{X}_j^T = [\boldsymbol{x}_1, \boldsymbol{x}_2, \cdots, \boldsymbol{x}_m] \tag{6.2.7}$$

式中，$\boldsymbol{X}_j \in \Re^{m\times n}$，$n$=640，即为式（6.2.6）所述的时空特征矩阵。

（2）将上述 MN 个时空特征矩阵 $\boldsymbol{X}_j$ 用 K-means 算法聚成 K 个聚类，并求出聚类中心。

K-means 输入样本为

$$\{x_1^{(1)}, x_2^{(1)}, \cdots, x_m^{(1)}, x_1^{(2)}, x_2^{(2)}, \cdots, x_m^{(2)}, \cdots, x_1^{(MN)}, x_2^{(MN)}, \cdots, x_m^{(MN)}\} \tag{6.2.8}$$

式中，$x_i^{(j)} \in \Re^n; i \in (1,m), j \in (1, MN)$ 是一个时空特征描述符，作为一个 K-means 样本。

在 K-means 算法中，随机选取 K 个初始聚类中心，然后进行相关迭代运算，得到 K 个聚类中心，记为 $z_1, z_2, \cdots, z_k$。

（3）将 $\boldsymbol{X}_j$ 中的每个时空特征描述符 $\boldsymbol{x}_i^{(j)}$ 按上述的聚类中心进行聚类，并对 $\boldsymbol{x}_i^{(j)}$ 进行类别标记，得到 $\boldsymbol{X}_j$ 的时空特征描述聚类标记列向量 $\boldsymbol{C}_j \in \Re^m$，对 $\boldsymbol{C}_j$ 做直方图，最后得到 $\boldsymbol{X}_j$ 的时空直方图特征 $\boldsymbol{y}_j \in \Re^K$。

图 6.18 描述了上述步骤（1）～（3）的过程。

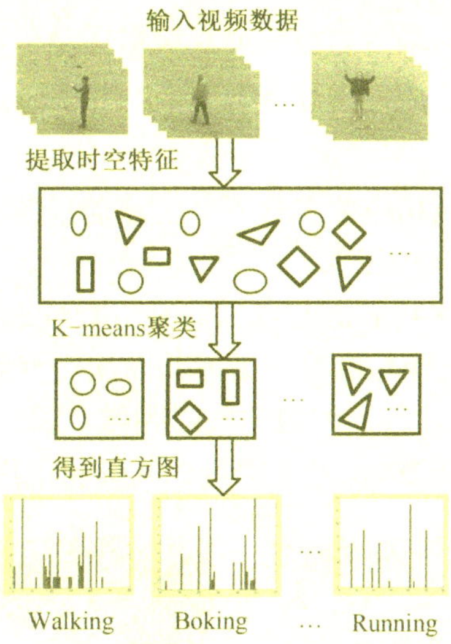

图 6.18 提取时空直方图特征步骤

（4）未知行为数据同样采用上述步骤（1）提取时空特征矩阵，然后分别求出每个时空特征描述符到 K 个聚类中心的欧式距离，距离 K 个中心中最近的则属于该类，做好标记。

（5）最后重复步骤（3），统计出每一个行为的时空直方图特征，作为测试的数据。

6.2.2 基于图像显著性的轮廓特征提取

1. 人体轮廓提取

对以往的研究可知，当人体运动时，去除背景及外界因素后，其人体轮廓蕴涵丰富的信息，从得到的轮廓中也能提取很多有用的、更高层次的特征，对进一步丰富行为描述、提高人体行为识别具有一定意义。

在前面章节中已经介绍过常用的人体轮廓提取方法。并在第 3 章中提出了一种基于图像显著性检测与背景减法线性结合的轮廓提取方法，对于某些场景下，其轮廓提取效果理想。

接下来我们通过该算法来提取人体行为数据中的人体轮廓。具体步骤如下：

（1）首先采用显著性检测算法求出输入图像的显著性值。

（2）归一化图像每个像素点的显著性值。

（3）定义一个合适的阈值。

（4）比较图像中每个像素点的显著性值与阈值的大小：大于或等于阈值的点将其值置为 1；而小于阈值的点将其值置为 0，由此初步得到一幅输入图像的前景图。

（5）采用背景减法得到相应的前景图与上述前景图线性结合，设定合适的线性参数，最后得到最佳的前景图像。

（6）对得到的前景图采用膨胀与腐蚀算法进行形态学处理。

（7）最后采用 sobel 边缘检测算法处理前景图，得到最终的人体轮廓图。

图 6.19（a）为某一人体行为的原始数据图像，图 6.19（b）为采用本章的方法得到的图像前景图，图 6.19（c）为得到的人体轮廓图。

（a）原始图像

（b）前景图

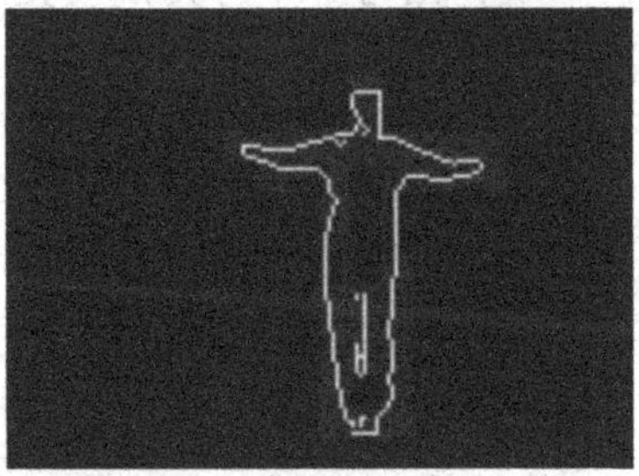

（c）轮廓图

图 6.19　提取人体行为轮廓图

2. 轮廓特征提取

根据前面所得到的人体轮廓图，进一步提取其中能够描述人体运动的多种特征。为保持与 6.2.1 节算法思想一致，同样将视频数据中连续的 F 帧作为一个样本，然后分别提取该样本中每帧图像的特征，最后求出 F 帧图像的平均值作为最后的二维特征。

本章所提取的二维轮廓特征表述如下：

（1）提取每帧图像人体轮廓的最小外接矩形的高（H）与宽（W）之比，如图 6.20 所示，最后求出每个样本连续 F 帧图像的平均值：

$$\alpha=\frac{1}{F}\sum_{i=1}^{F}H/W \tag{6.2.9}$$

图 6.20　人体轮廓的最小外接矩形高与宽

（2）计算运动人体的姿态变化率：即前一帧的 α_{n-1} 值与当前帧的 α_n 值之比，其中 α_n 表示当前帧。最后求出每个样本连续 F 帧图像的平均值：

$$\beta=\frac{1}{F}\sum_{i=1}^{F}\alpha_{n-1}/\alpha_n \tag{6.2.10}$$

（3）提取每个样本中每帧图像的人体轮廓中心点(x,y)，然后求连续 F 帧图像的 x 与 y 的坐标值和的平均：

$$\gamma=\frac{1}{F}\sum_{i=1}^{F}(x+y) \tag{6.2.11}$$

（4）计算每帧图像中轮廓点到轮廓中心的平均距离 S，最后求每个样本 F 帧图像的平均值：

$$\delta=\frac{1}{F}\sum_{i=1}^{F}S \tag{6.2.12}$$

通过上述过程，每个样本依次可得到 4 种二维轮廓特征，定义为 $\boldsymbol{\pi}_j=[\alpha,\beta,\gamma,\delta]^{\mathrm{T}}$，把这些特征与时空直方图特征 $\boldsymbol{y}_j$ 串接起来，形成时空混合特征 $\boldsymbol{q}_j$：

$$\boldsymbol{q}_j=[\boldsymbol{y}_j^{\mathrm{T}},\boldsymbol{\pi}_j^{\mathrm{T}}]^{\mathrm{T}} \tag{6.2.13}$$

其中，$\boldsymbol{q}_j \in \Re^{K+4}$。

6.2.3 基于 SVM 的人体行为识别

前两节中，分别得到了每个时空样本的时空直方图特征以及二维轮廓特征，并形成了时空混合特征 $\boldsymbol{q}_j$。

我们采用的数据库共有 M 种人体行为，其中每种行为提取 N 个时空样本。因此，将这 MN 个时空样本的时空混合特征 $\boldsymbol{q}_j$ 作为 SVM 训练的输入特征矩阵：

$$\boldsymbol{Q} \in \Re^{MN\times(K+4)} \tag{6.2.14}$$

矩阵 $\boldsymbol{Q}$ 的形式如图 6.21 所示。

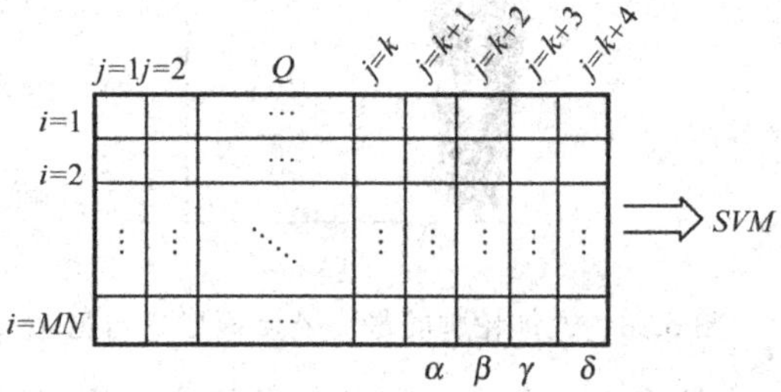

图 6.21　输入 SVM 训练的特征矩阵 $\boldsymbol{Q}$

6.2.4 行为识别结果及分析

1. 训练与测试数据库

采用 KTH 行为数据库[13]用作本章算法的训练与测试。在前面章节已经介绍了，KTH 数据库是由 25 个不同性别、不同体型的人，分别进行 6 种行为（walking、boxing、hand waving、hand clapping、jogging、running），并且每个人每种行为分别在四种场景（户外、户外镜头变焦、户外不同着装、室内）下依次采集，图 6.22 所示为部分示例。

（a）walking　　（b）boking　　（c）hand waving

（d）hand clapping　　（e）jogging　　（f）running

图 6.22　KTH 行为数据库示例

2．识别结果分析

（1）本实验采用每隔 10 帧提取连续的 300 帧作为一个时空样本，即 b=10，F=300 提取每个视频数据中的时空样本。得到的时空特征矩阵 X_j 的维数为：m=50，n=640。

（2）待识别的行为类数为 M=6，分别人工标记为：walking（1）、boxing（2）、hand waving（3）、handc lapping（4）、jogging（5）、running（6）。每种行为提取时空样本数为 N=300，采用 K-means 聚类数为 K=150。

（3）我们采用每种行为的测试样本数为 100，6 种行为的测试样本数总计为 600 个。

图 6.23 为上述参数所得到的六种行为的识别率混淆矩阵：

从图 6.23 中的结果可以看出，这六种行为的识别准确率均在 90%以上，表明本章算法效果显著。其中 walking、jogging、running 这三种行为区别性较小，因此准确率相对较低。

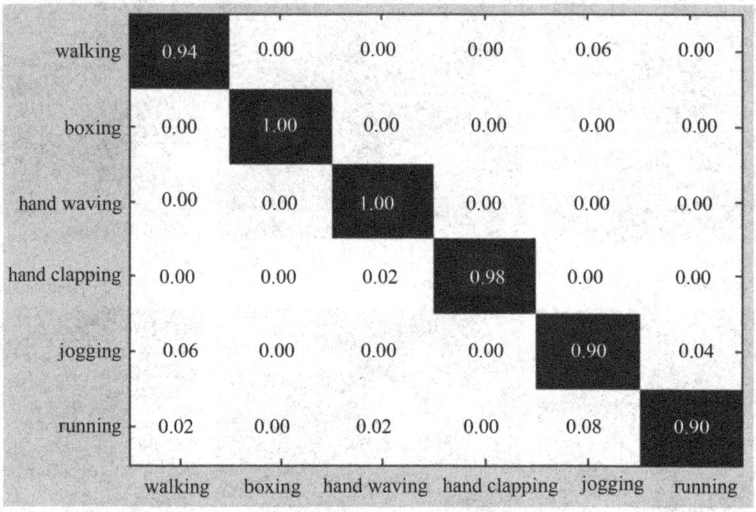

图 6.23　K=150、N=300 时的识别混淆矩阵

3．不同参数值选取对识别率的影响

当 K-means 聚类数 K 取不同值，以及输入 SVM 每种行为的时空样本数 N 取不同值时（图中两条曲线分别代表六种行为的总时空样本为 1800 和 1200），其平均识别准确率的变化曲线如图 6.24 所示。

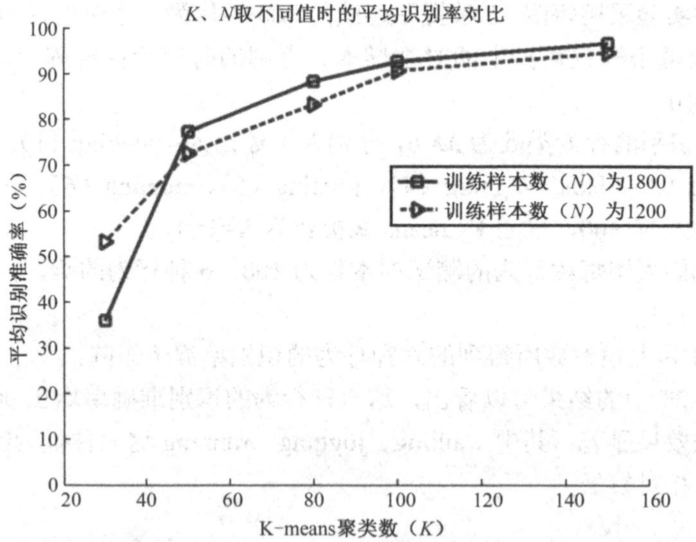

图 6.24　K、N 取不同值时的平均识别率曲线

从图 6.24 中可以看出：①当 K-means 聚类数低于 50 时，识别效果很差，而且此时增加时空样本数也无法提高识别率；②而随着聚类数 K 和时空样本数 N 的增加，平均识别率显著提高，当 K=100 时，准确率能达到 90%左右；③但是当聚类数和时空样本数达到一定值时，识别率曲线趋于平缓，此时很难再提高准确率，反而当 K 与 N 的值过高时，将会大大增加算法的时间成本，因此需要在耗费时间与追求准确率之间寻找适合的平衡点。

4. 不同算法的识别率对比

为了反映本章算法的有效性，将本章算法与其他算法对 KTH 行为数据库的识别准确率进行对比，如表 6.4 所示。

表 6.4 不同算法对 KTH 行为数据库的识别率对比

算　法	识别准确率（%）
算法一：仅采用二维轮廓特征	85.76
算法二：3D Space-Time Interest Points[14]	93.17
算法三：Dense Trajectories[15]	94.20
本章算法	95.33

注：表中算法一采用的是 6.2.2 节中所述的二维轮廓特征 π_j 。

从表中的数据可以看出本章算法有很高的识别准确率。

算法一：仅采用二维轮廓特征，其识别率不高，因为传统的提取人体轮廓特征的方法对于较复杂的行为而言，易受噪声的干扰，而且对于行为的空间位置和角度变化而言，可靠性不高。

算法二：Bregonzio 等人[14]采用 3D 时空兴趣点检测算法，其识别率达到 93.17%。

算法三：Wang 等人[15]通过采样图像稠密点并追踪其轨迹，以此形成稠密点特征轨迹来识别人体动作，其识别率达到 94.20%，这两种算法都实现了较好的识别效果。而本章算法从两个角度出发，同时利用三维时空特征和二维轮廓特征来描述人体行为，实现了较为理想的识别结果。

6.3 本章小结

本章提出了一种基于空间几何角度算法来实现人体动作的识别。该研究着眼于虚拟现实、人机交互中的人体动作识别，通过采用 Kinect 深度传感器获取人体 20 个骨骼关节点。然后进一步提取人体相应动作的骨骼空间几何角度特征：一类是骨骼空间方向余弦特征，一类是关节点连接相邻的两骨骼之间的空间夹角特征。

与传统人体动作识别的方法不同，本章的方法不受光线、位置等外界因素的影响，另一方面，传统的方法需要采用复杂的数学算法，造成实现困难以及运行效率不高，而本章以简单直观的方法，直接研究人体骨骼在空间中的几何角度信息，在较大样本的训练下对人体不同动作的识别准确率均达到 90%以上，实验结果表明该方法具有很好的有效性和鲁棒性。

同时，也重点提出了一种时空直方图的特征提取方法，以时空梯度方向和空间角度信息为研究核心。该研究焦点是对监控系统中普通视频数据的人体行为识别研究，与以往提取人体行为二维静态特征算法不同，本章算法的核心是引入了第三维时间数据，并探索时空中梯度方向以及空间角度来描述人体行为。

二维轮廓特征对于复杂的行为而言，有效性不高，考虑到时空中蕴含着丰富的能够描述行为关键位置以及空间角度的信息，因此将两者结合能够实现更为丰富和完整的描述人体行为。在 6.2.1 节中重点研究了提取时空直方图特征的过程，6.2.2 节探索多种二维轮廓特征的描述，6.2.3 节中结合以上所获特征通过支持向量机进行训练与识别，6.2.4 节从多个角度以及算法对比方面分析了本章方案的识别效率。

本章参考文献

[1] 赵沁平. 虚拟现实综述[J]. 中国科学, 2009, 39(1): 2-46.

[2] Mueller M, Karasev P, Kolesov I, et al.. Optical Flow Estimation for Flame Detection in Videos[J]. IEEE Transactions on Image Processing, 2013, 22(7): 2786-2797.

[3] Han J, Shao L, Xu D, et al.. Enhanced Computer Vision with Microsoft Kinect Sensor: A Review[J]. IEEE Transactions on Cybernetics, 2013, 43(5): 1318-1334.

[4] Raptis M, Kirovski D, Hoppe H. Real-time classification of dance gestures from skeleton animation[J]. ACM SIGGRAPH/Eurographics Symp. Comput. Animation, 2011: 147-156.

[5] Cortes C, Vapnik V. Support-vector networks[J]. Machine Learning, 1995.09, 20(3): 273-297.

[6] Zhou Feng, Torre F D, Hodgins J K. Hierarchical Aligned Cluster Analysis for Temporal Clustering of Human Motion[J]. IEEE Transactions on PAMI, 2013, 35(3): 582-596.

[7] Ramanathan M, Yau Wei-yun, Teoh E K. Human Action Recognition With Video Data: Research and Evaluation Challenges[J]. IEEE Transactions on Human-Machine Systems, 2014, 44(5): 650-663.

[8] Everts I, Gemert J C, Gevers T. Evaluation of Color Spatio-Temporal Interest Points for Human Action Recognition[J]. IEEE Transactions on Image Processing, 2014, 23(4): 1569-1580.

[9] Popoola O P, Kejun Wang. Video-Based Abnormal Human Behavior Recognition—A Review[J]. IEEE Transactions on Systems, Man, and Cybernetics, 2012, 42(6): 865-878.

[10] Laptev I, Lindeberg T. Space-time Interest Points. Ninth IEEE International Conference on Computer Vision[C]. France: IEEE, 2003, 13-16.

[11] Klaser A, Marszalek M, Schmid C, et al.. A Spatio-Temporal Descriptor Based on 3D-Gradients[C]. 19th British Conference on Machine Vision, British, 2008: 1-10.

[12] Krishna K, Murty M N. Genetic K-means Algorithm[J]. IEEE Transactions on Systems, Man, and Cybernetics, Part B: Cybernetics. 1999, 29(3): 433-439.

[13] Schuldt C, Laptev I, Caputo B. Recognizing human action: a local SVM approach. Proceedings of the 17th International Conference on Pattern Recognition [C]. Sweden: IEEE, 2004:32-36.

[14] Bregonzio M, Gong Shao-gang, Xiang Tao. Recognising Action as Clouds of Space-Time Interest Points. IEEE Conference on CVPR[C]. Miami, FL: IEEE, 2009, 1948-1955.

[15] Heng Wang, Klaser A, Schmid C, et al.. Action Recognition by Dense Trajectories. IEEE Conference on CVPR[C]. Providence RI: IEEE, 2011, 3169-3176.

第 7 章

Kinect 应用示例

通过上一章的介绍，我们对 Kinect 深度传感器有了较为深入的了解。鉴于 Kinect 深度传感器应用的日益广泛，本章将通过两个应用案例进一步地介绍它的应用。

7.1 基于深度信息的手势识别的实现

本章针对复杂环境下的手势识别问题，提出了一种基于深度图像的静态手势识别系统。目标是该系统可以识别出预先设定的数字手势，即“1”、“2”、“3”、“4”、“5”五种手势。预先设定的手势如图 7.1 所示，该系统的功能框图如图 7.2 所示。

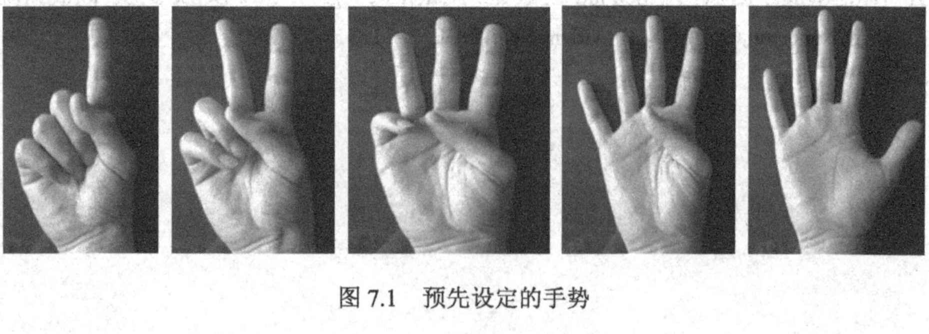

图 7.1　预先设定的手势

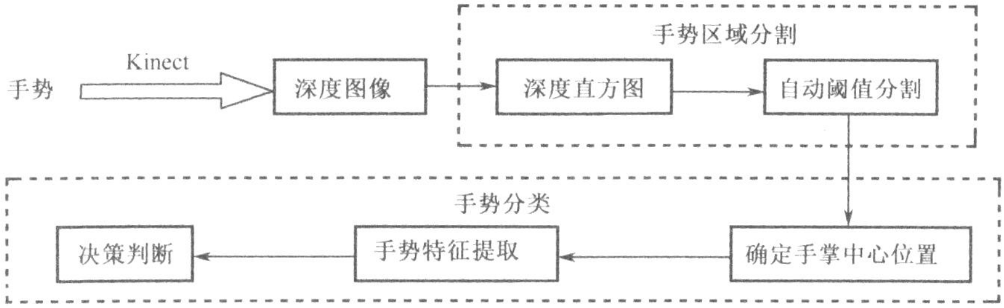

图 7.2　基于深度图像的手势识别系统框图

系统工作流程简述：

（1）该系统首先通过 Kinect 的深度摄像头获取到场景的深度图像。

（2）手势区域分割。

场景中除了手部以外还有许多冗余的干扰信息，所以下一步是把要用于手势识别的手掌部分分离出来，这称为手势区域分割[1]。在进行手势区域分割时，首先生成关于场景深度图像的深度统计直方图。深度直方图记录了深度图像在各个距离区间上的像素点数，根据直方图的统计特性，可以找到一个阈值并且分离出手势区域。这个阈值又与每个场景中手掌到摄像头的距离有关，所以每次可能各不相同。为此，本章设计了一种自动阈值技术来取得每个场景下的最优阈值。深度图像中满足阈值条件的像素点的集合就是手势区域（又称为“前景”），同时将深度图像二值化，前景像素点的数值设为“1”，其他的设为“0”。

（3）手势分类。把手势区域分离出来之后，就可以进行手势分类了。本章定义的 5 种手势的区别就是每种手势伸出的手指数量不一样，所以手势识别模块的最终目的就是计算出手指的数量，来判断手势。设计的算法的核心思想可以简单归结为：以手掌为圆心，绘制多个半径不同的同心圆，分析计算得出每个同心圆上有几根手指，之后再判断出一共伸出了几根手指，这样就能识别出对应的手势。为此，第一步就是要在分离出的手势区域中找到手掌的中心。在这里使用了数学形态学的图像腐蚀技术找到中心。对于手势特征的提取，设计并实现了一种可称为“画圈圈，数手指”的方法。使用该方法，可以找出伸出的手指的数量。最后，通过手指的数量来判断是哪个手势。

7.1.1　基于 Kinect 的深度信息的获取

微软的 SDK 中提供了获取深度图像的 API。在初始化设置之后，就可以从深度数据流中读取深度信息。获取的深度图像的大小是宽 640 像素×高 480 像素。

Kinect 获取的深度图像的每个像素点由 2 个字节组成，共 16 位。其中，高十三位代表从红外摄像头到物体的距离，以毫米为单位。低三位为被跟踪的用户索引号，如果检测到用户身体，就会自动分配一个编号。

高十三位表示的距离区间为 0 到 4096mm。因为该算法不需要很高的精度，仅仅把 13 位的距离信息转换为 8 位数据存储。转换时使用等比例缩放，丢弃高精度信息，得到深度图像。然后使用 OpenCV 的 IplImage 结构来存储该图像。图 7.3 和图 7.4 为所得到的彩色图像和深度图像。

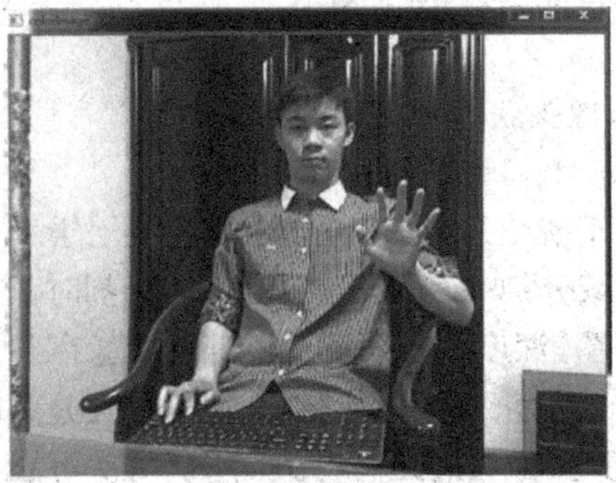

图 7.3　彩色图像

图 7.4　深度图像

【编程简析】

实现从 Kinect 深度数据流中得到深度图像的函数为：

void getDepthImage(HANDLE &depthEvent, HANDLE &depthStreamHandle, IplImage *depthImage)

参数：depthEvent，depthStreamHandle 为 Kinect 深度数据流的事件监听器，depthImage 为得到的深度图像。

```
……
int data = (bufferRun[j]&0xfff8) >> 3;  //读取出深度数据流的高 13 位
ptr[j] = (uchar)(256*data/0x0fff);       //将 13 位数据转换为 8 位
……
```

7.1.2　手部区域分割

基于深度信息的手势识别与传统的基于光学信息的手势识别的最大区别就是手部区域的分割。相比而言，基于深度信息的区域分割更加方便。获取到深度图像之后，下一步就是把手掌区域从环境中分离出来，为手势识别做准备。本章提出的手部区域分割是建立在一个前提假设之上的：手掌区域是距离摄像头最近的区域。人与人交流时，如果要有手势的交流，通常情况下都会把手伸到身体的前方做手势。那么，在人机交互的时候，使用者会很自然地将手伸到身体前方做手势。这时，手掌区域一般会是距离摄像头最近的区域。所以，这个假设是合理的。有了这个假设之后，分离出手掌区域就变成了一件比较简单的工作，即找到距离最近的像素点的集合。为了完成该目的，使用深度直方图[2]。通过它的统计特性，就可以自适应地确定分割图像所需的阈值。

1．深度直方图

直方图（Histogram）是一种二维统计图表，它的两个坐标分别是统计样本和该样本对应的某个属性的度量。它广泛应用于很多计算机视觉应用中。在这里我们关心的是深度图像中深度值在距离区间上的分布。直方图能够直观地反映给定数据集中数据的分布状况。从直方图中，我们能够看出深度值出现的频率以及聚集分组。通过这些信息，我们能够确定阈值以及其他能够用来对图像进行过滤的指标，使得能够最大化地揭示深度影像图中的深度信息[3]。

这里，使用的直方图横坐标为距离区间，纵坐标为该距离区间上的像素点的数量。图 7.6 为图 7.5 所对应的深度直方图。

图 7.5　深度图像

图 7.6　深度直方图

【编程简析】

实现从深度图像中计算得到深度直方图的函数为：

void processDepthHistogram(IplImage *src,IplImage* dst)

参数：src 为输入的深度图像，dst 为输出的深度直方图。

……

```
//直方图初始化
for (i=0;i<HN;i++) hist[i] = 0;
```

```
//遍历图像，计算直方图
for(i=0;i<height;i++)     //行
{
    for(int j=0;j<width;j++)  //列
    {
    hInterval = data[i*step+j]/hStep;   //计算该点距离属于的距离区间号
    hist[hInterval]++;                  //对应距离区间点数增加
     }
}
……
```

2．自动阈值分割

观察图 7.6 可以发现，深度图像的像素点主要集中在三个距离区间上，称为出现了三个聚簇。大部分的像素点是在最右边的聚簇上，这些像素点对应的是场景中距离最远的背景环境。这部分对于手势识别没有帮助，需要舍弃。中间聚簇的像素点主要是人体躯干对应的位置区间，这也是需要舍弃的。而最左侧的聚簇对应的像素点就是我们感兴趣的距离最近的手掌区域。我们的目标就是把这部分像素点分割出来。也就是说，我们可以通过找到这个聚簇与旁边聚簇的分割点来确定该聚簇的距离范围，而这个分割点就是阈值。通过实验发现，当手掌未伸出或者手掌很贴近身体躯干时，三个聚簇会变为两个，如图 7.7 与图 7.8 所示。此时，无法分割手部区域。正常情况下，我们假定手部区域在身体的前方。接下来就是要确定分割阈值。图 7.6 中，左侧聚簇右端有几个距离区间的数值为零。一开始，尝试通过找到这个中零区间来确定阈值，但实验发现，这种方法不能很好地实现手部分割。图 7.9 中的直方图也满足了我们的假设，但是就没有中零区间。

图 7.7　手掌未前伸的深度图像

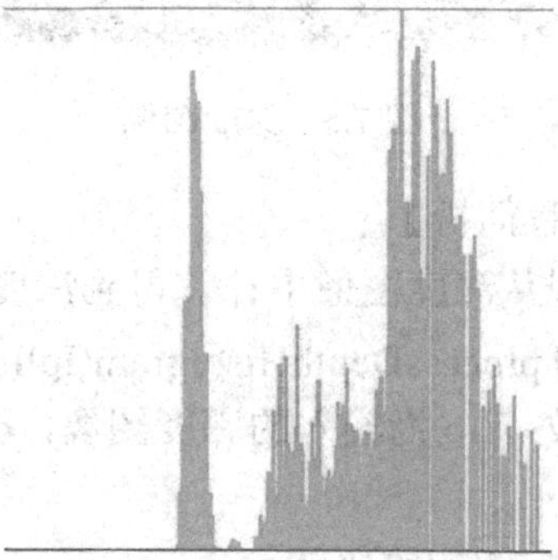

图 7.8　手掌未前伸的深度直方图

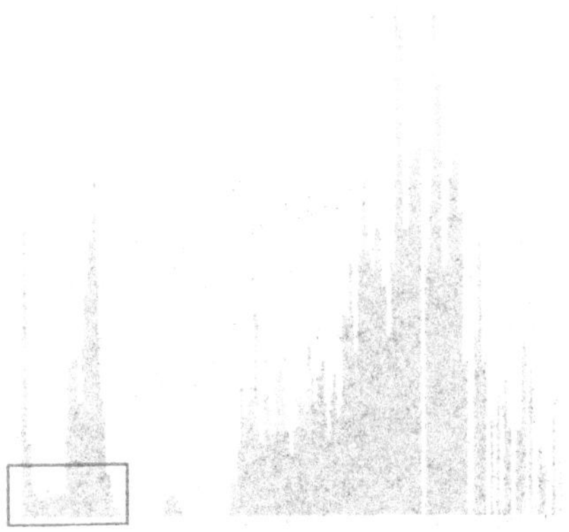

图 7.9　没有中零区间的深度直方图

图 7.10　有中零区间的深度直方图

通过实验发现，深度直方图中“中零区间”的有无与使用者胳膊的位置有关。如果手掌与胳臂垂直并且在深度摄像头的视角上遮挡了胳膊，则直方图中就会出现中零区间，如图 7.10 所示。反之，手掌并未遮挡住胳膊时，则不会出现中零区间。通过多次试验观察发现：只要满足了我们的前提假设，无论手掌是否遮挡住了胳膊，都会出现一个峰值（对应手掌区域），并且在峰值的右侧都会出现一个高度小于峰值的一半的区间。而右侧最近的小于半峰值的距离区间对应的就是手腕与胳膊的接合处。实验证明，该区间的起始位置是分割手掌区域的最优阈值，如图 7.11 所示。

图 7.11　深度直方图中的最优阈值（红色标记的区间）

找到阈值之后，下一步是手掌区域的分割。深度图像中，距离小于阈值的所有的像素点判定为手掌区域的像素点，并且将这些像素点的数值改为“1”；大于阈值的像素点则被舍弃，将数值改为“0”。并且记录下手掌区域的边界位置。这样，就从深度图像中分离出了手掌区域，并且完成了图像的二值化。图 7.13 为从图 7.12 中分割出的手掌。

然而，通过实验发现当手臂与手掌在同一距离平面上时，分割出的手部区域会带有手臂。为了增加算法鲁棒性，为前景区域增加了一个高度限制——前景区域的高度不能超过深度图像高度的 3/10。如此，算法很好地避免了手掌未充分前伸时手势分类错误的发生。

图 7.12　场景深度图像

图 7.13　分割出的前景手掌图像

【编程简析】

实现从深度直方图自动确定阈值并且分割图像的函数为：

bool extractForeground(IplImage *depthImage,IplImage* forground)

参数：depthImage 为输入的深度图像，forground 为分割完成的前景图像。

……

```
//确定前后阈值
    for(i=0;i<HN;i++)
    {
        if(hist[i] == 0) nearThreshold = i*hStep;
    //最小深度阈值为第一个非零距离区间的起始深度
    if((i>4)&&(hist[i]<hist[i-1]/2)&&(hist[i]<hist[i-2]/2)&&(hist[i]<hist[i-3]/2)))
        {
    //自动阈值技术决定最大深度阈值，条件为当前距离区间的点数小于前几个区间的点数
            farThreshold = i*hStep;
            break;
        }
    }
```

……

7.1.3 手势分类

手势区域分割实现了从复杂的背景中分离出了需要识别的手掌区域，下一步就可以进行手势分类了。预先定义的 5 种数字手势的区别是伸出的手指数量不一样，通过这个区别就可以判定所对应的手势。这里使用的算法的核心思想可以简单归结为：以手掌为圆心，绘制多个半径不同的同心圆，分析计算得出每个同心圆上有几根手指，之后再判断出一共伸出了几根手指，这样就能识别出对应的手势。为此，第一步就是要在分离出的手势区域中找到手掌的中心。之后，进行手势特征的提取。设计并实现了一种名为“画圈圈，数手指”的方法。使用该方法，可以找出伸出的手指头的数量。最后，通过手指的数量来判断是哪个手势。

1. 手掌中心定位

分割出的前景如图 7.15 所示，除了手掌以外还可能有几个伸出的手指。所以前景区域的中心位置不一定是手掌的中心位置。为了找到手掌的中心位置，使用图像形态学中的图像腐蚀技术来找到手掌的中心。图像腐蚀处理可以表示为用结构元素对图像进行探测，找出可以放下该结构元素的区域。如图 7.14 所示，左侧为原始图像，X 为原始图像中为“1”的像素点的集合。中间的 B 为腐蚀使用的结构元，B 的圆心为结构元素的中心。右侧中阴影区域为腐蚀的结果。腐蚀的工作流程为：将结构元素 B 在 X 所在的整个图片中移动。当 B 的所有的点都包含在 X 中时，记录下 B 的中心点。所有满足该条件的中心点的集合就是腐蚀的结果，如图 7.14（c）的阴影区域。

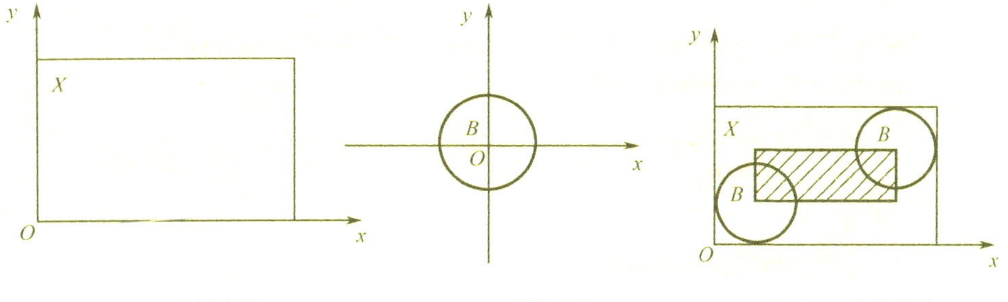

（a）原始图像　　（b）结构元素　　（c）腐蚀结果

图 7.14　图像腐蚀

通过实验发现，对于带有手指的前景图片，使用正方形当做图像腐蚀的结构元素是效果最好的。并且通过实验确定了结构元素的最优尺寸。图 7.16 为图 7.15 的图像腐蚀结果。通过找到图 7.16 中白色区域的中心位置，就确定了前景手掌的中心位置。

图 7.15　手部前景图像

图 7.16　图像腐蚀结果

【编程简析】

实现将二值化前景图像进行腐蚀得到手掌中心的函数为：

bool erosionAndFindCenter(IplImage *src,IplImage *dst)

参数：src 为输入的前景图片，dst 为输出的腐蚀结果。

```
……
IplConvKernel *element = cvCreateStructuringElementEx(an*2+1,
                                   an*2+1,an,an,CV_SHAPE_RECT,0);//创建腐蚀结构元
cvErode(src,dst,element,1);//腐蚀图像
for (int i=0; i<dHeight; i++)
    {
        uchar *ptr     = (uchar*)(dst->imageData+i*dst->widthStep);
        for (int j=0; j<dWidth; j++)
        {
            if(ptr[j] != 0)
            {
            //找到腐蚀结果边界
                if(upY>i)      upY=i;
                if(downY<i)    downY=i;
                if(leftX>j)          leftX=j;
                if(rightX<j)   rightX=j;
```

```
            }
        }
    }
//手掌中心为腐蚀结果边界的中心
palmCenter.x  =(leftX+rightX)/2;
palmCenter.y  =(upY+downY)/2;
……
```

2. 手势特征提取与决策

事先设定的五种手势的区别就是伸出的手指的数量，所以手势的特征就是手指的数量。对于特征提取，使用“画圈圈数手指”法。如图 7.17 所示，该方法的工作流程如下：

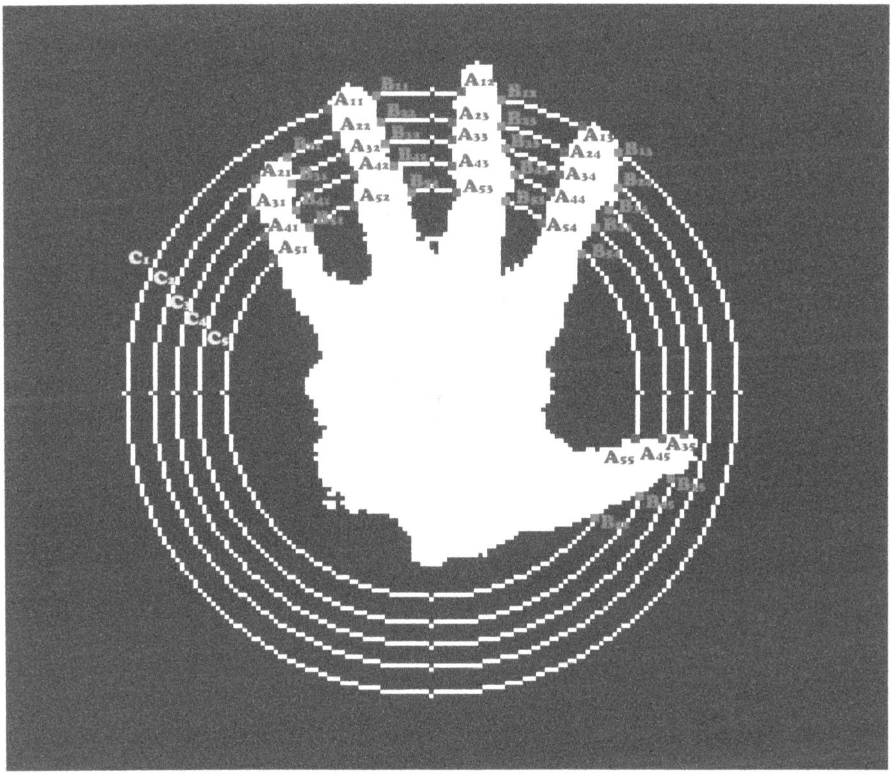

图 7.17 画圈数手指

（1）通过之前获得的手掌中心 C0 和前景区域坐标，计算出 C0 距离前景区

域边界的最大距离 L。

（2）以 C0 为圆心，$r=i\times L/N$ 为半径绘制多个同心圆。N 为定值，i 取（$N-1, N-2, N-3, \cdots, N/2$）。图 7.17 中的 C1、C2、C3、C4、C5 为按此方法绘制出的同心圆。

（3）按顺时针方向遍历同心圆上的所有的插值像素点，判断是否与上一个像素点的数值有变化。如果上一个像素点为“0”（图 7.15 中的黑颜色像素点），而当前像素点为“1”（白颜色像素点），则当前像素点为 A 点。若上一个像素点为“1”，而当前像素点为“0”，则当前像素点为 B 点。记录同心圆上的 A 点与 B 点的数量，并编号。如上图 C1 同心圆上，从手掌左侧开始遍历，首先出现了一个 A 点，该点为“1”且上一点为“0”，则将其编号为 A11。下标的第一位代表同心圆的编号，第二位代表 A 点的出现次序。继续遍历，出现了一个从“1”变为“0”的 B 点，编号为 B11。同理，得到该圆上的 A12、A13、B12、B13。按照同样的方法处理剩下的同心圆，则可得到图 7.17 中的 A 点和 B 点。

（4）对于每一根伸出的手指，如果出现了一个 A 点，则必然出现一个 B 点，即 A 与 B 是成对出现的。如果出现单独的 A 点或者 B 点，则对应的位置不是一根完整的手指，对结果有不好的影响。所以，为了鲁棒性，丢弃单独出现的 A 点或者 B 点。

（5）统计每个同心圆上 A 点与 B 点的对数。所有同心圆中，最大的对数就是该手势伸出手指的数量，也就是该手势的特征。如图 7.15 中，C1 对数为 3，C2 对数为 4，C3 对数为 5，C4 对数为 5，C5 对数为 5。最大的对数为 5，所以该手势的特征值为 5，即伸出了 5 根手指。

（6）将手势的特征值对应为手势。特征值为 1，则为 1 号手势。特征值为 2，则为 2 号手势。以此类推。

【编程简析】

实现手势分类的函数为：

int countingFingers(IplImage* forground)

参数：forground 为输入的前景二值化图像。

```
……
//中心到左上角距离
maxDistance  = sqrt(float((palmCenter.x - foreROI.x)*(palmCenter.x - foreROI.x)
                    + (palmCenter.y - foreROI.y)*(palmCenter.y - foreROI.y)));
//中心到右下角距离
tempDistance  = sqrt(float((foreROI.x + foreROI.width - palmCenter.x)*(foreROI.x +
foreROI.width - palmCenter.x)+ (foreROI.y + foreROI.height -
```

```
palmCenter.y)*(foreROI.y + foreROI.height - palmCenter.y)));
//边界距离为到左上角或右下角中较远的距离
if(tempDistance>maxDistance)     maxDistance = tempDistance;
data =(uchar *)forground->imageData;
numOfFingers = 0;
    //按不同的半径绘制圆圈
    for(i=circleN-ignoreOuterCN;i>ignoreInerCN;i--)
    {
        //(lX,lY)为上一个像素点;(cX,cY)为当前像素点
        cRadius = (i+1)*maxDistance/circleN;        //当前圆圈的半径
        lX = int(C0x + maxDistance);
        lY = C0y;
        //遍历某个圆圈上的所有插值像素点
        for (j=0;j<numPointOnCircle;j++)
        {
            phase       = j*2*PI/numPointOnCircle;
            cX          = int(C0x + cRadius* cos(phase));
            cY          = int(C0y + cRadius* sin(phase));
            if(cX==lX && cY==lY)continue;
            lData       = data[lY* forground->widthStep +lX];
            cData       = data[cY* forground->widthStep +cX];
            //如当前像素点的数据与上一个像素点数据有变化，则出现变化奇点
            if(lData != cData)
            {
                if(cData == 0) numCPwhite2black[i]++;     //白变黑点
                else numCPblack2white[i]++;               //黑变白点
            }

            lX          = cX;
            lY          = cY;

        }
        numCP[i] = (numCPwhite2black[i] < numCPblack2white[i]) ?
numCPwhite2black[i] :   numCPblack2white[i]; //舍去单独的白变黑点或黑变白点
```

```
        //手指数量为所有圈中最大的颜色变化奇点数量
        if(numCP[i] > numOfFingers)   numOfFingers = numCP[i];
        cvCircle(forground,cvPoint(C0x,C0y),cRadius,cvScalar(255));
    }
……
```

7.1.4 实验结果

实验软件环境：Microsoft Visual Studio 2010 旗舰版，Microsoft Kinect Windows SDK v1.7，OpenCV 2.4.5。

硬件环境：Kinect for Xbox 360, 2010 年款 15 寸 Macbook Pro（CPU，Intel M620 双核四线程 2.66GHz；内存，8GB）。

编程实现该算法后，经过测试，证明该算法可以成功地实现预定的目标，即以每秒 30 帧的速率检测出场景中使用者的手势。即使当使用者的手掌以不同的角度旋转时，仍可以成功地完成手势识别。并且本系统能够在各种光照条件下正常工作。

1. 正常使用条件下的实验结果

正常使用条件是指使用环境的光照条件为自然光，使用者前伸手掌，手掌平面与传感器平面平行，手指方向为向上。实验结果如图 7.18～图 7.22 所示。

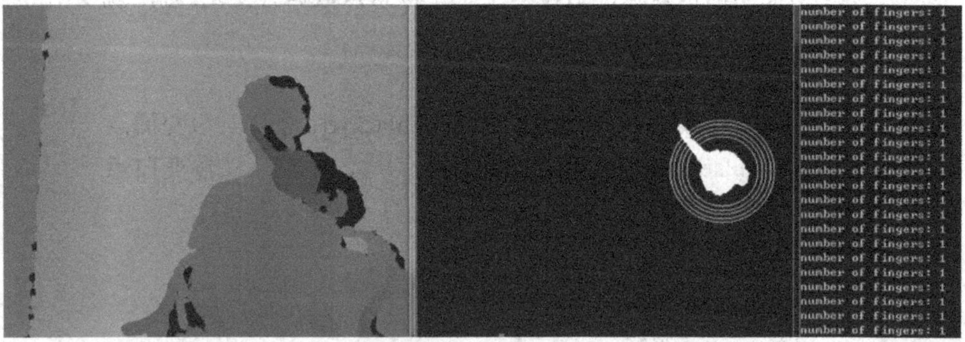

图 7.18　成功识别 1 号手势

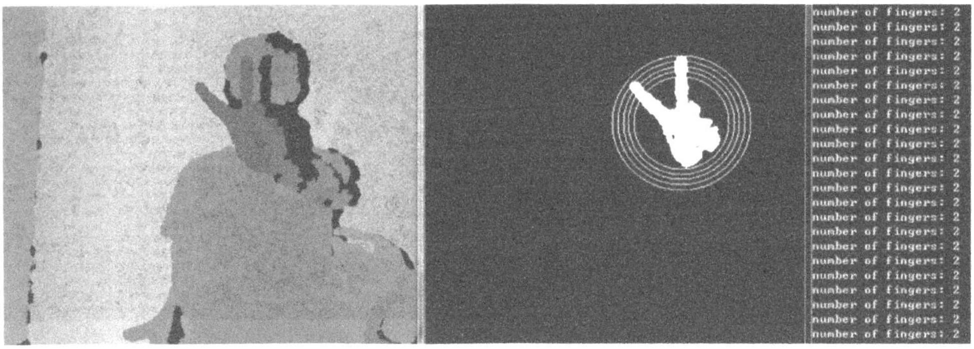

图 7.19　成功识别 2 号手势

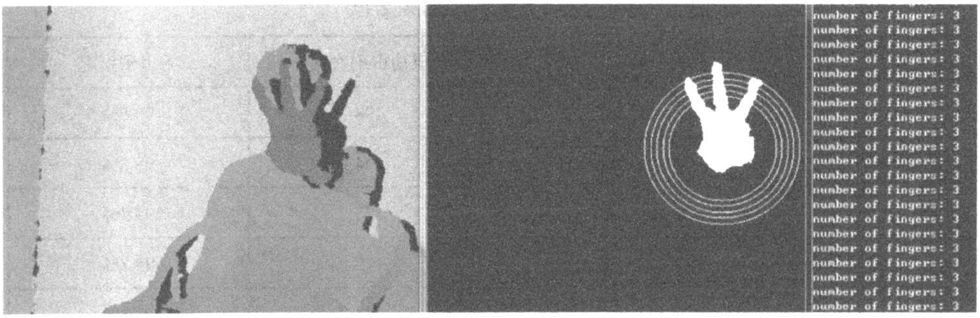

图 7.20　成功识别 3 号

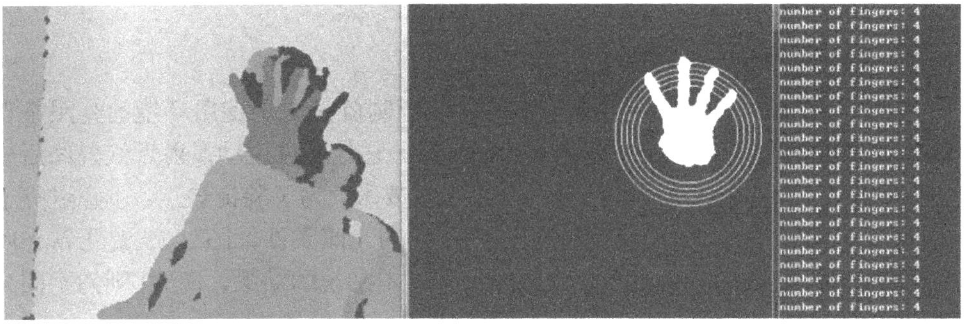

图 7.21　成功识别 4 号手势

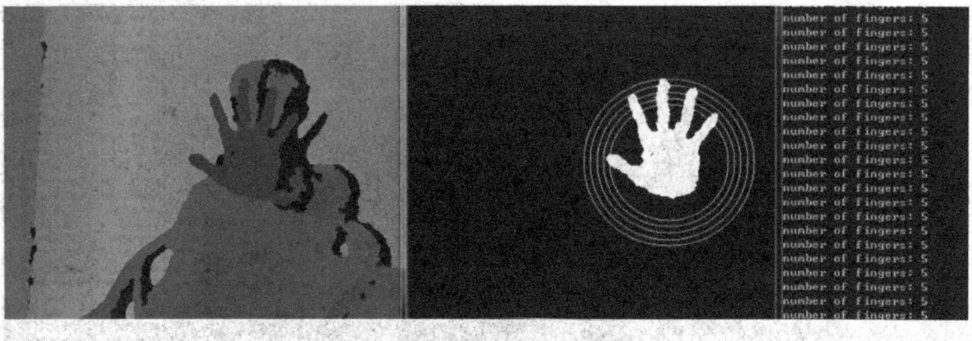

图 7.22　成功识别 5 号手势

正常使用条件下测试数据如表 7.1 所示。

表 7.1　算法测试结果数据

手势编号	测试次数	成功识别次数	手势识别率
5	500	498	99.6%
4	500	494	98.8%
3	500	496	99.2%
2	500	479	95.8%
1	500	488	97.6%

可以看出，在正常使用条件下本系统有很高的成功识别率。即使是识别效果最差的数字手势“2”也有高达 95.8%的识别率。

2. 同光照条件对实验结果的影响

传统的基于光学信息的手势识别的最大限制就是对于使用环境的光照条件有很苛刻的要求。而本系统采用的是深度图像，它是通过主动投射近红外线后成像而来的。所以本系统对于光照条件基本没有要求。为了验证该点，本章进行了相关测试。实验结果证明本系统可以适应变化的光照条件。图 7.23 是正常光照条件下本系统的结果，图 7.24 是低光照条件下本系统的结果，表 7.2 则为不同光照条件下对于手势 4 的识别结果。

表 7.2　不同光照条件下的实验结果

光照条件	测试次数	成功识别次数	手势识别率
全黑暗条件	200	197	98.5%
低光照（光源只有电脑屏幕）	200	195	97.5%
正常光照（自然光）	200	196	98.0%
正常光照（白炽灯）	200	198	99.0%
强光照（自然光加白炽灯）	200	194	97.0%

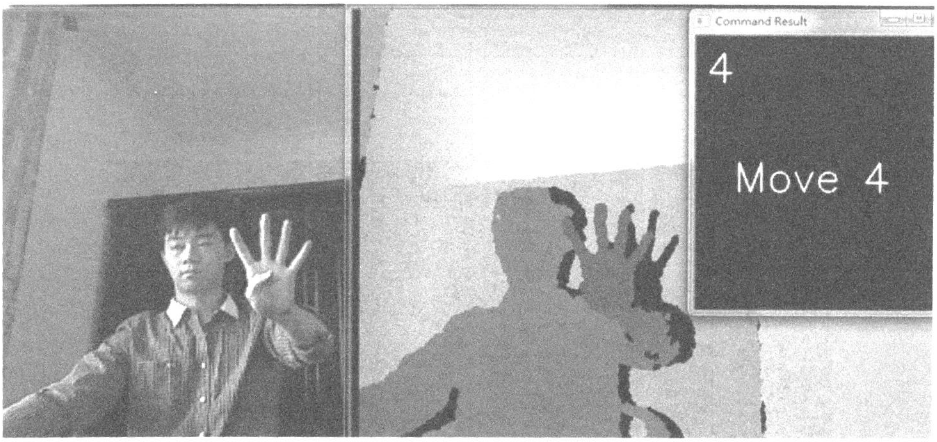

图 7.23　正常光照条件下成功识别手势 4

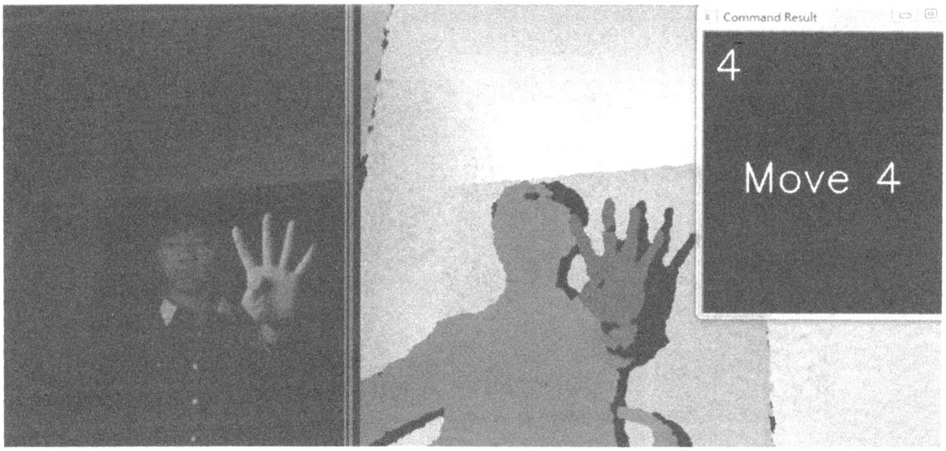

图 7.24　低光照条件下成功识别手势 4

3. 手掌旋转对实验结果的影响

正常使用条件下，手心正对传感器，手指方向为正上方。手掌旋转是指手指方向与正上方呈一定夹角。因为本系统是靠手指的数量进行分类，所以手掌的旋转对于实验结果基本没有影响。同理。手掌的翻转也对结果没有影响。表 7.3 为手势 4 旋转后的测试结果，图 7.25 和图 7.26 为旋转后的软件截图。

表 7.3 手势 4 旋转后的测试结果

旋转角度	测试次数	成功识别次数	手势识别率
顺时针旋转 90°	200	197	98.5%
顺时针旋转 180°	200	196	98.0%
顺时针旋转 270°	200	196	98.0%

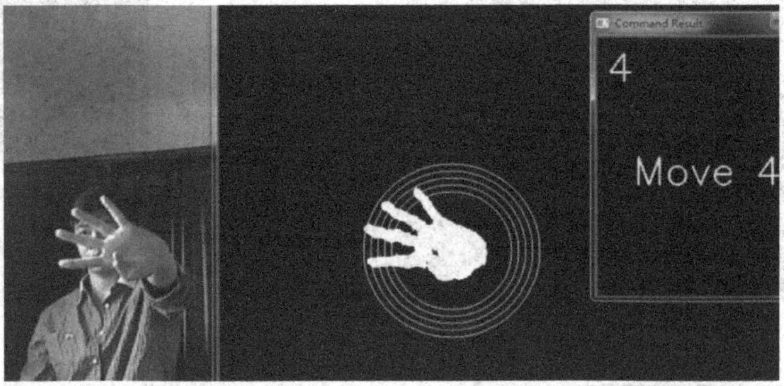

图 7.25 手掌逆时针旋转 90° 后仍能正确识别

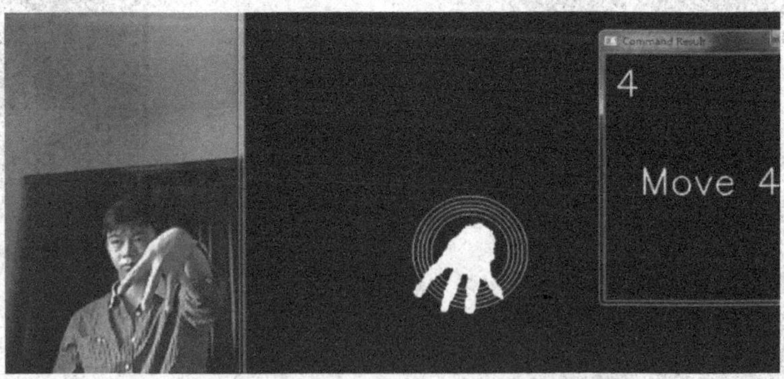

图 7.26 手掌逆时针旋转 180° 并翻转后仍能正确识别

4. 手掌倾斜对实验结果的影响

通过对于本系统的测试发现，手掌的倾斜对于手势识别准确率的影响是最大的。倾斜是指手掌平面与传感器平面不平行而成一夹角，如图 7.27 和图 7.28 所示。

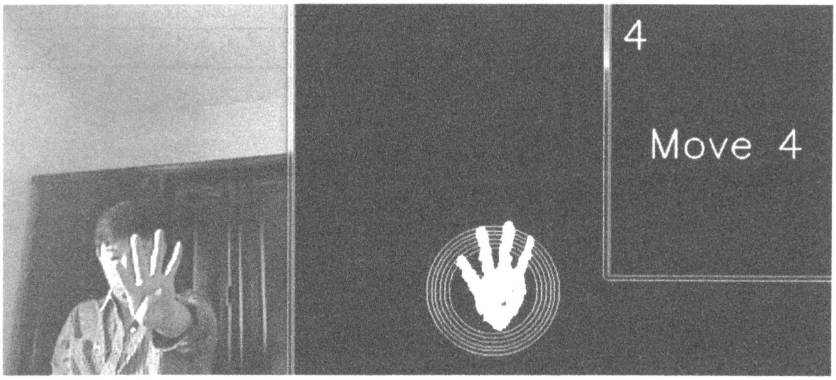

图 7.27 手掌倾斜 30° 后仍正确识别手势

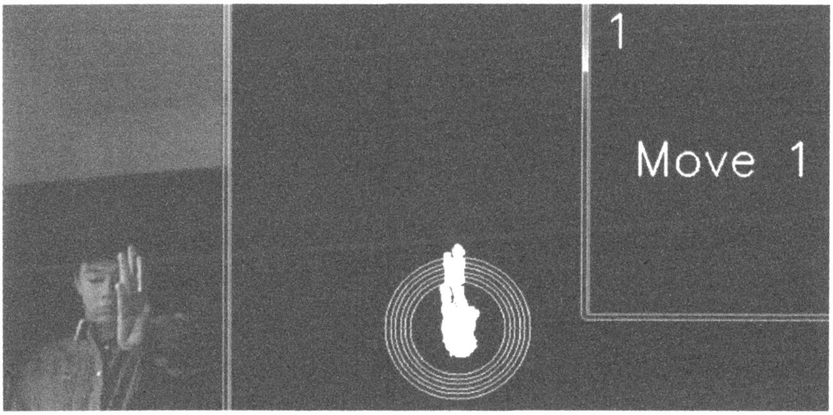

图 7.28 手掌倾斜 80° 后手势识别错误

当手掌倾斜角度过大时，本系统并不能正确识别出手势。实验发现，存在一个临界角，当倾斜角度小于临界角时，识别率正常；当倾斜角大于临界角时，识别率大幅下降。临界角大约为 60° 。主要的原因是：当倾斜角度大于临界角时，在归一化的前景图像中，多个手指会重叠在一起，使识别结果出错。具体的测试数据如表 7.4 所示。

表 7.4 不同倾斜角下手势 4 的识别结果

倾斜角度	测试次数	成功识别次数	手势识别率
30°	200	195	97.5%
45°	200	196	98.0%
60°	200	23	11.5%
80°	200	0	0%

7.2 智能小车的设计与实现

本系统将识别出的手势转化为相应的控制信息[4]，然后通过无线模块将控制指令发送给智能小车，智能小车完成相应的动作。本章将介绍使用的硬件及实现方法。

7.2.1 模块介绍

1. 控制模块

小车的控制模块负责处理与 PC 端的通信，以及控制电机的转动。本系统采用 C51 单片机最小开发板当做控制模块，实物如图 7.29 所示。

控制模块的核心是 STC89C52RC 型单片机。STC89C52RC 单片机是 Intel 公司 MCS-51 系列单片机中最基本的产品。它是采用了 Atmel 公司可靠的 CMOS 工艺制造的 8 位高性能单片机，属于标准的 MCS-51 的 HCMOS 产品。89C52 结合了 CMOS 的高速和高密度技术以及 CMOS 的低功耗特征。它使用标准的 MCS-51 单片机体系结构和指令系统，是 89C51 型单片机的增强版本。89C52 单片机集成了时钟输出和计数器等更多的功能，适用于电机控制等应用。89C52 内置 8 位中央处理单元、256B 片内数据存储器（RAM）、8KB 片内程序存储器（ROM）、32 个双向输入/输出（I/O）口、3 个 16 位定时/计数器、5 个两级中断结构，一个全双工串行通信口和片内时钟振荡电路。此外，89C52 还可工作于低功耗模式，可通过软件选择空闲和掉电工作模式。在空闲模式下，冻结 CPU 但 RAM 定时器、串行口和中断系统维持工作。掉电模式下，89C52 单片机保存 RAM

数据，停止时钟振荡，同时停止芯片内其他功能。89C52 有 PDIP（40pin）和 PLCC（44pin）两种封装形式。

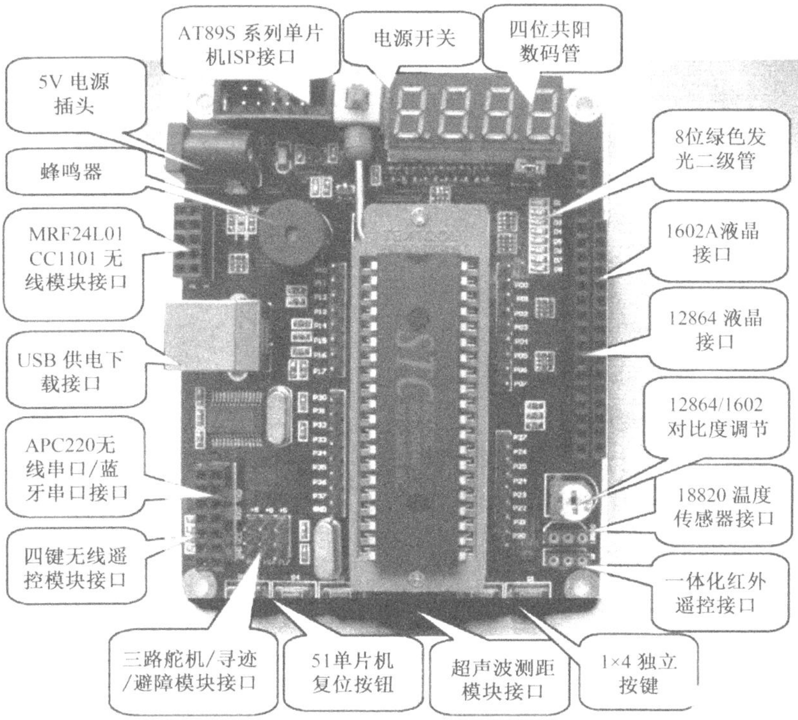

图 7.29　控制模块

2. 无线模块

无线模块负责小车与 PC 端的通信。本系统采用的是 APC220 多通道微功率嵌入式无线数据传输模块，实物如图 7.30 所示。APC220 模块是半双工高度集成微功率无线数据传输模块。它嵌入了高速单片机和高性能射频芯片。它创新地采用了高效的循环交织纠检错编码技术。因此，它的抗干扰和灵敏度都大大提高。APC220 模块最大可以纠 24 位的连续突发错误，该点达到了业内领先水平。同时 APC220 模块提供了多个频道的选择，可方便地在线修改发射功率、串口速率、射频速率等各种参数。APC220 模块能够透明传输任何大小的数据，同时体积小、运行电压宽、传输距离较远，并且具有便捷的软件编程设置功能，使之能够有非常广泛的应用。

图 7.30　APC220 无线通信模块

APC220 特点：

- 最大传输距离 1000m（2400bps）。
- 工作频率 418M～455MHz（1kHz 步进）。
- 使用 GFSK 调制方式。
- 高效的循环交织纠错编码。
- UART 接口，RS232/RS485 可定制。
- 超大的 256B 数据缓冲区。
- 内置看门狗功能，可保证长期可靠运行。

APC220 模块的使用相当灵活，可以根据用户的需求设置不同的选项。可选的设置参数如表 7.5 所示。

表 7.5　APC220 模块可选设置参数

设　置	选　相	默　认
串口速率（Series Rate）	1200、2400、4800、9600、19200、38400、57600bps	9600bps
串口效验（Series Parity）	Disable, Even Parity（偶效验），0dd Parity（奇效验）	Disable
收发频率（RF Frequency）	418M～455MHz（1kHz 步进）	434MHz
空中速率（Series Rate）	2400、4800、9600、19200bps	9600bps
输出功率（RF Power）	0～9（9 为 20mW）	9（2mW）

第一次使用之前，需将一对或多个 APC220 模块进行参数设置。参数设置十分方便，只需使用自带的 RF-Magic 设置软件就可以完成设置，如图 7.31 所示。

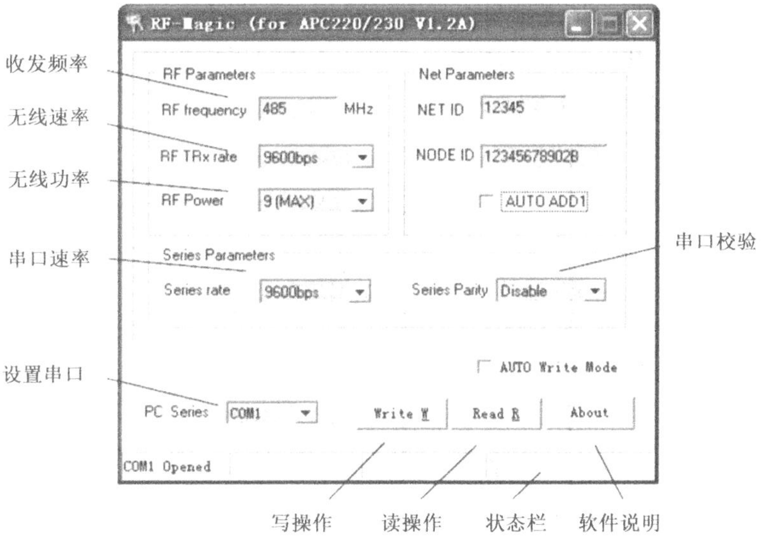

图 7.31　RF-Magic 设置软件

3. 电机驱动模块

因为单片机的 GPIO 负载能力不强，不能够直接驱动电机，所以引入了电机驱动模块来驱动电机。本系统使用的是 L298N 电机驱动模块，实物如图 7.32 所示。

图 7.32　L298N 电机驱动模块

恒压恒流桥式 2A 驱动芯片 L298N 是 SGS 公司推出的产品，比较常见的是 15 脚 Multiwatt 封装的 L298N。它内部包含 4 通道逻辑驱动电路，可以驱动两个直流电机，或一个两相步进电机。L298N 输出电压最高可达 50V，可以直接通过电源来调节输出电压；可以直接用单片机的 I/O 口提供信号；而且电路简单，使用比较方便。其引脚如图 7.33 所示。

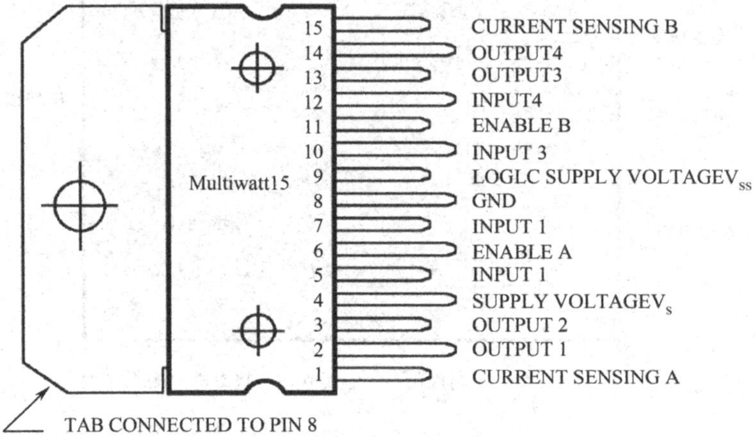

图 7.33　L298N 芯片引脚图

7.2.2　PC 端控制程序

PC 端控制程序完成了三个功能：进行手势识别[5]；将识别出的手势转化为相应的控制信息并在图形化界面上显示当前的手势识别结果与控制信息；通过串口将指令传输到 PC 端的无线模块。界面如图 7.34 所示。手势识别功能已经在第 3 章中介绍，本节就不再赘述。

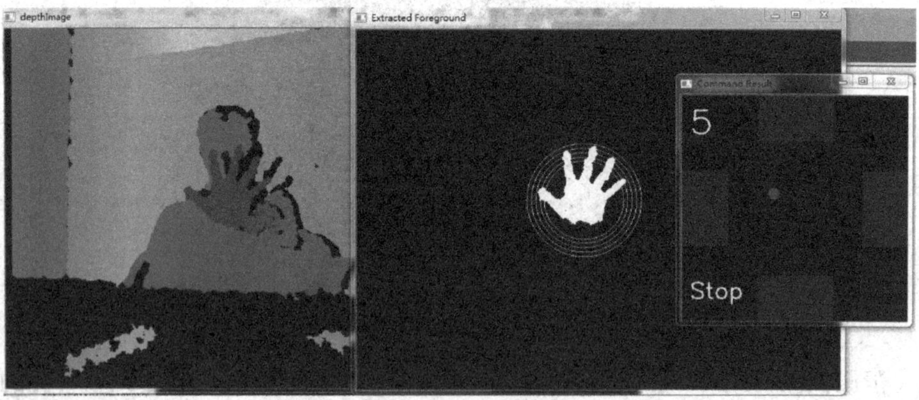

图 7.34　PC 端控制程序界面

本系统共有两类控制信息：自动运动和手动运动[5]。自动运动是让小车完成预先设定的运动步骤，如“向前移动一米，原地掉头，再移动一米回到初始位置”。共有 4 套预设的自动运动动作，分别对应预设的“1”、“2”、“3”、“4”这四种手势。手动运动是让使用者实时通过手势控制小车的前后左右移动。当用户做出手势“5”时，将手掌的位置转化为相应的小车移动方向：手掌位置偏上，则小车向前移动；偏下则向后移动；偏左则左转；偏右则右转；位置为中间则停车。PC 端的图形化界面通过 OpenCV 的 HighGUI 来实现，如图 7.35 和图 7.36 所示。

图 7.35　手势“3”对应的自动运动界面

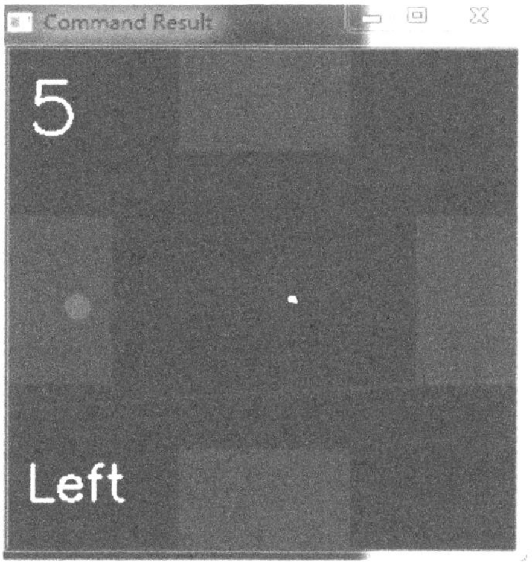

图 7.36　手势“5”对应的手动运动界面

PC 端程序中的 SerialPort 类完成了串口读写控制命令的功能。PC 通过串口与一个 APC220 模块相连。程序每次运行都需要初始化串口：打开串口，设置参数（波特率设为 9600bps、数据位为 8 位、停止位为 1 位），创建串口监听线程来实时监听接收的串口数据。发送控制指令时，只需要直接向串口写入数据即可。为了保证控制的可靠性，PC 与小车采用双向“握手”式通信。PC 通过无线模块发送一条指令之后，小车会在接收到指令并且执行完毕后回传一条确认指令[6]。只有当 PC 收到当前指令的确认指令之后，才会传输下一条控制指令。

7.2.3　智能小车制作与控制

小车的组装步骤：①将各部件使用螺丝固定在车架上；②用导线将各个部件相连。连线方法：APC220 模块直接插在 C51 开发板的串口插槽上；单片机的

P1.1～P1.4 口连接 L298N 的 IN1～4 口；L298N 的 OUT1、2 连接一个直流电机的两端，OUT3、4 连接另一个直流电机的两端；电池先与开关相连接，再连接到 L298N 模块上的 7805 稳压管输入端，稳压管的输出端连接到 C51 开发板的电源接口，如图 7.37 所示。

（a）

（b）

图 7.37　小车原件和组装后的小车

小车的控制是通过 C51 单片机编程实现的，其程序流程图如图 7.38 所示。

程序开始运行后，首先设定定时器 1，使之产生 9600bps 的波特率。然后打开串口，设定为串行工作模式，并禁用中断。然后程序进入主循环，循环检测串口是否收到了 APC220 发来的数据。如果接收到了指令，则控制小车完成相应的动作。完成动作之后，通过串口向 APC220 写入动作完成指令。最基本的控制指令有五种，前后左右停，指令编号为 1～5。前进动作是由两个驱动轮都向前旋转实现的。此时，控制电机正相输入端的 P1.1 和 P1.3 为高电平，控制反相输入端的 P1.2 和 P1.4 为低电平。同样，后退时两个轮子都向后旋转，P1.2 和 P1.4 为高电平，P1.1 和 P1.3 为低电平。转弯时，一个轮子向前旋转，另一个轮子向后旋转。除了五种基本运动动作以外，还有四种特殊动作。特殊动作的指令编号为 6～9，它是由多个基本动

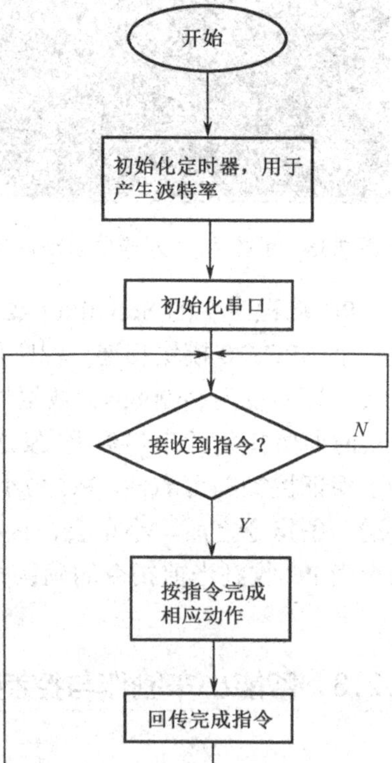

图 7.38　小车控制程序程序流程图

作组合而成的，如特殊动作 1：小车前进 3000ms，左转 1500 ms，停止 4000 ms，右转 2500 ms，后退 4000 ms。

7.3 本章小结

该系统使用 Kinect 获取场景深度图像，然后使用基于深度直方图的自动阈值技术进行手部区域分割，最后使用一个简单而又高效的手势特征分类器进行手势识别。该分类器首先使用数学形态学的图像腐蚀算法找到手掌中心，然后使用“画圈数手指”的方法确定手势的手指数目（特征提取），最后根据特征的不同进行分类。识别出手势之后，将手势转化为相应的控制指令，通过无线模块发送给智能小车。智能小车按照收到的指令来进行相应的移动。

本章参考文献

[1] 陈子豪. 基于深度信息的手势检测与跟踪[D]. 广东：华南理工大学, 2012.

[2] 张毅, 张烁. 基于 Kinect 深度图像信息的手势轨迹识别及应用[J]. 2012， 29（9）：3547-3550.

[3] Jesus Suarez and Robin R. Murphy. “Hand Gesture Recognition with Depth Images: A Review” [C] //The 21st IEEE International Symposium on Robot and Human Interactive Communication.

[4] 吴国斌, 李斌. Kinect 人机交互开发实践[M]. 北京：人民邮电出版社, 2012.

[5] 杨景旭. 利用 Kinect 估计人体头部姿态[D]. 江苏：南京理工大学, 2012.

[6] K. K. Biswas and S. K. Basu, “Gesture recognition using Microsoft Kinect”[J]. Automation, Robotics and Applications (ICARA), pp. 100-103, 2011.

反侵权盗版声明

GONGLU GUIHUA YU SHEJI JISHU YANJIU

公路规划与设计技术研究

程 勇 颜 鑫 程 坤 ■ 主编

文化发展出版社
Cultural Development Press

图书在版编目（CIP）数据

公路规划与设计技术研究 / 程勇，颜鑫，程坤主编．—北京：文化发展出版社，2020. 7

ISBN 978-7-5142-3025-3

Ⅰ．①公… Ⅱ．①程… ②颜… ③程… Ⅲ．①公路规划②道路工程－设计 Ⅳ．① U412

中国版本图书馆 CIP 数据核字（2020）第 109038 号

公路规划与设计技术研究

主　　编：程　勇　颜　鑫　程　坤

责任编辑：张　琪　　　　责任校对：岳智勇

责任印制：邓辉明　　　　责任设计：侯　铮

出版发行：文化发展出版社有限公司（北京市翠微路 2 号 邮编：100036）

网　　址：www. wenhuafazhan. com　www. printhome. com　www. keyin. cn

经　　销：各地新华书店

印　　刷：阳谷毕升印务有限公司

开　　本：787mm×1092mm　1/16

字　　数：298 千字

印　　张：15.75

印　　次：2020 年 9 月第 1 版　2021 年 2 月第 2 次印刷

定　　价：58. 00 元

I S B N：978-7-5142-3025-3

◆ 如发现任何质量问题请与我社发行部联系。发行部电话：010-88275710

编委会

作 者	署名位置	工作单位
程 勇	第一主编	济宁市鸿翔公路勘察设计研究院有限公司
颜 鑫	第二主编	重庆交建工程勘察设计有限公司
程 坤	第三主编	广东省交通规划设计研究院股份有限公司
查 杰	副 主 编	玉田县交通运输局
任 凌	副 主 编	安阳市自然资源和规划局

前 言

PREFACE

公路是车辆和行人出行的基础设施，公路的发展对于经济的发展有着重要的影响。城市道路是城市发展的主动脉，城市道路交通的规划对于城市的发展有着重要的影响。随着我国城市化进程加快，城市经济迅速发展的同时城市人口也与日俱增，城市道路交通难以满足实际的发展需求，直接导致城市交通的拥堵现象严重。

道路设计对于城市道路的建设及城市的经济发展而言都十分重要，如果没有合理的设计，那么建设出来的道路就不可能有效实现自身的交通功能，无法为人们的出行提供方便。我国各大城市的交通问题与日俱增，所以相关的部门一定要重视道路的设计和建设，按照相应的设计准则及方法进行科学合理的设计，从而有效缓解城市交通问题，美化城市环境，提升市民的生活质量。

为了满足广大公路规划和设计研究和工作人员的实际要求，作者翻阅大量公路规划和公路设计的相关文献，并结合自己多年的实践经验编写了此书。

本书在编写过程中参考了大量的国内、外专家和学者的专著、报刊文献、网络资料，以及公路规划与公路设计的有关内容，借鉴了部门国内、外专家、学者的研究成果，在此对相关专家、学者表示衷心的感谢。

《公路规划与设计技术研究》编委会

目　录

CONCENTS

第一章　公路规划基础

第一节　公路网在城镇体系中的布置

一、公路网络布置原则

（1）公路网的布局、主要线路的走向、公路的等级应和城镇的规模等级结构、职能结构和空间组织结构形成的交通流量流向相一致，使公路发挥最佳的运输效益。

（2）区域运输体系是由公路网、铁路网、航运网、航空网等各种运输方式组成的，各种运输系统之间应相互协调、相互配合。公路网布局与铁路网、航空网、航运网等的布置应协调一致，共同完成区域的运输任务，发挥各种运输方式的长处。同时，公路与铁路等在线路布置上也应尽减少相互的干扰，避免过多的交叉。

（3）公路网要与区域外部的公路网络相衔接，使之能协调一致，避免出现断头路及设计车速的急剧变化。

（4）公路网布局规划应分层次，并由上到下进行，局部服从整体，省道网应以国道网为基础，地方道路网应服从国道网、省道网的需要，三者协调，逐步完善。地形、地质、河流会影响到公路的造价，也会影响到公路的运输效益。因此，应尽量选择地形、地质状况较好的走向，并尽量减少与河流，特别是与大江河的交叉。

公路网规划分别按国家、省（自治区、直辖市）、地（市）、县行政区划，由各级交通主管部门负责组织编制。国道主干线、国道网规划由交通部负责组织编制；省道规划由各省（自治区、直辖市）交通厅（局）负责编制；县道规划由地（市）交通部门负责组织编制；乡道规划由县交通部门负责组织编制；部门专用公路规划（包括农场、牧场、林场、矿山、油田及国边防公路）由专用部门负责组织编制，纳人各省和全国公路网规划中。

公路网络规划一般分近期、中期、远期三个阶段。

（1）近期以距基准年 1 ~ 5 年为宜，最长不超过 10 年；

（2）中期以距基准年 5 ~ 15 年为宜，最长不超过 20 年；

（3）远期以距基准年 15 ~ 30 年为宜，最长不超过 50 年。

二、公路网络布局典型模式

城镇体系中的公路网络布局图式是以区域内产生交通量的城镇或独立大型工矿企业点为节点，节点间的公路为边线，由节点和表示边线基本走向的线条组成的图形。从功能上分析，公路网络布局图式一般由辐射公路、环形公路、绕行公路、并行公路及联络公路组成（见表 1–1）。

表 1–1 公路网络布局图式

名称	主要内容
辐射公路	在公路网中，自某一中心向外呈辐射状伸展的公路
绕行公路	为使行驶车辆避开城镇或交通障碍路段而修建的分流公路
环形公路	在公路网中，围绕某一中心呈环状的公路
联络公路	在公路网中，联系两条主要公路间的连线公路，又称联络线
并行公路	在公路网中，与某条公路呈平行状伸展的公路，又称并行线

一般来说，在平原和微丘地区，路网模式中的三角形（星形）、棋盘形（方格形）和放射形（射线形）较为普遍；而重丘和山区，由于受到山脉和河川的限制，路网模式往往形成为并列形、树杈形或条形。当区域内的主要运输点偏于区域边缘时，有可能产生扇形或树杈形；条形有可能在狭长地带的区域公路网中出现。

第二节 公路的布置与城市的关系

一、公路与城市连接的方式

在进行城市规划时，对于公路交通与城市的关系有以下两种情况：

（1）以城市为目的地的到达交通，要求线路直通市区，并与城市干道直接衔接；

（2）同城市关系不大的过境交通，或者是通过城市但不进入市区，或者是上、下少量客货做暂时停留（或过夜）的车辆，一般尽量由城市边缘绕行通过。

采用哪种布置方式，要根据公路的等级、城市的性质和规模等因素来决定，也与过境交通或入境交通的流量有很大关系。现举几种公路与城市连接的基本方式如下（图 1–1）：

（1）这是一种改造旧有城镇道路与一般公路合用的常用方式，它将过境交通引至城市外围通过，避免进入市区产生干扰，而将车站设在城市边缘的入口处，使入境的交通终止于此，不再进入市区。

（2）一般来说，公路的等级越高，经过的城镇规模越小，则在通过该城镇的车流中入境的比重越小。因而公路以离开城区为宜，其与城镇的联结采用入城道路引入。

（3）一般大城市往往是公路终点，入境的交通较多。虽然长途汽车站可设于城市边缘，但其他车辆仍要进入城市；或因城市规模较大，车站设于城市边缘旅客不便，希望引入市区。因此，采取城市部分交通干道与公路对外交通联结的方式。但应避免与城市交通密集的地区干扰，宜与城市交通密集地区相切而过，不宜深入区内。

（4）在更大规模的城市内，设有城市环路环绕于城市中心区外围。环路是交通性干道，公路的过境交通可利用它通过城市，而不必穿越市中心。

（5）以公路组成城市的外环道路，兼作城市近郊工业区之间联系的交通性干道。为减少外环公路的交叉点，还可在外环内再设一环路（类似上例的内环），通过较少的交叉点引入内环，再进入城市道路系统。

（6）公路与城市道路各自自成系统，互不干扰。公路从城市功能分区之间通过，与城市不直接接触，而在一定的入口处与城市道路联结。

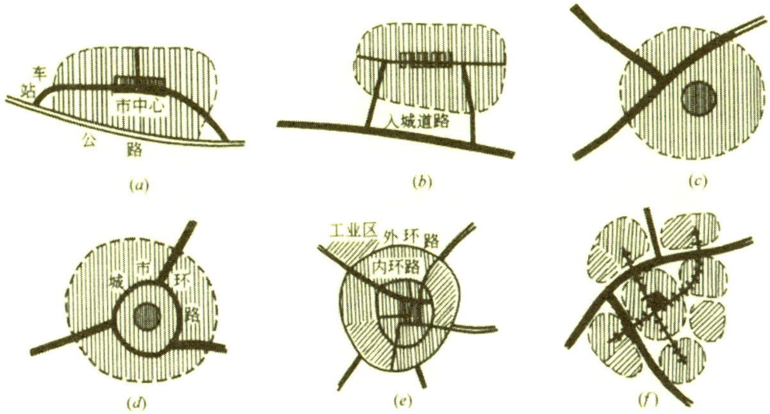

图 1–1　公路与城市连接的基本方式

二、高速公路与城市的连接

高速公路最突出的优点是速度高，通过能力大；而缺点则是工程量大，造价高。所以，在进行城市对外交通总体布局时，要充分考虑高速公路与城市的关系，使高速公路的优势得到充分发挥。

高速公路与城市道路的衔接及其在城市范围内的布置，应遵循“近城不进城，进城不扰民”的布置原则。具体来讲，高速公路的定线布置根据城市的性质和规模、行驶中车流与城市的关系，可分为环形绕行式、切线绕行式、分离式和穿越式四种布置方法（见表 1–2）。

表 1–2　高速公路的定线布置方法

方法	主要内容
切线绕行式	当有两、三条高速公路进入城市时，采用切线绕行式可减轻过境交通对城市的干扰，如无锡
环形绕行式	该形式适用于主枢纽的特大城市。当有多条高速公路进入城市时，采用环线可拦截、疏解过境交通，如上海、广州
穿越式	高速公路从城市组团间穿过，高速公路全封闭，或高架或地下或高填土穿过城市，过境交通与城市交通基本无干扰，如常州、苏州
分离式	在高速公路上行驶的多数车流如果与城市无关，则最好远离城市布线，用联络线接入城市，如昆山、镇江

此外，还应特别注意高速公路与其他道路和其他设施的关系，合理选择高速道路的出入口及专用连接线，布置交

叉点及决定交叉口形式等问题。高速公路在与其他公路干线相交时，必须采用互通式立体交叉，与铁路相交亦必须采用立体交叉。同时还要严格控制高速公路上的出入口，两个出入口间距一般为 15km 或更长。

高速公路通过城市建成区时，在用地受到限制或有大量地下工程管线的地段，常需修建高架公路和隧道。高速公路经过居民区、医院和学校时，一般在路旁修建隔声墙，以防止噪声扰民。

经过大城市的高速公路的布置要与城市快速道路网结合考虑，并与之相衔接，亦可成为市域公路环线的组成部分。

经过小城市的高速公路应远离城市中心，要考虑城市未来的发展，采用互通式立体交叉连接专用的入城道路与城市连接。

在高速公路出入口与城市连接的部分应设公路客运枢纽，连接公共汽车、无轨电车车站或地铁车站，设置停车场、停车库、加油站、旅馆等其他服务设施，方便人们短暂停留和换乘其他交通工具到市中心区。

高速公路与城市道路的联系一般要求采用高等级的专用连接线（出入口干道）过渡。城市出入口干道数量受城市的区位、规模、性质、布局形态、地形地貌、交通量大小等因素影响。

三、公路快速干线网与城市发展的关系

1. 公路快速干线网的布置

公路快速干线网主要是指一级公路和高速公路组成的快速干道网。它是连接周边城镇、城市新开发区与中心城区的通道，是与城市的客货运场站设施或枢纽一同构成城市与周边地区联系的重要纽带，也是与铁路、航空港、港口等对外交通配套的基础设施。随着社会经济的发展和人民生活水平的提高，小汽车在人们的出行方式占据的比重会越来越大。郊区化在一些经济较发达的城市或区域已初现端倪，许多新开发的大型居住区、大型购物中心或专业市场沿国道省道公路干线相继建成，公路快速干线诱导着城市的各项功能用地向城市外围或郊区迁移，它的布置深刻地影响着城市的用地发展方向和布局。因此，公路快速干线在城市郊区的布置要有利于城市与市域内各乡、镇之间的联系，也要有利于城市未来的扩展和综合防灾紧急状态下的安全畅通，每个城市的发展方向应设置有不少于两条的干线公路。

2. 在市域各城镇经济发展起步期，其连接应以一级公路和普通公路的修建为主要选择

因为这种情况下，各城镇的发展对交通的要求是“可通达”，而并非“快速”，出入口不控制的一级公路能较好的满足这一要求。反之，若是计划有重点、有目的的发展个别城镇，就应该以提高这些城镇的“快速通达性”为主要政策。这有可能是以牺牲另外一些城镇经济发展的转移为代价，集中资金和劳动力重点发展这些城镇。此时，以建设高速公路直达重点发展城镇的决策为好。

一级公路可以看作高速公路建设的先行方式，在时序上合理安排资金的投放，利用“交通一经济一交通”的相互促进循环发展方式促进区域发展，最终发展为高速公路。当然，并非所有的一级公路最终都会发展为高速公路。因为一级公路造就了带状发展区域，沿线发展极核呈紧密分布，此时控制出入口的高速公路对这样的区域的适用性不大（例如上海的沪青平公路沿线），出入口的间距不易控制，反而不能发挥高速公路的作用。一级公路建设时要考虑到旁侧一定距离外其他平行快速干线通道的预留，以满足今后城市扩展的需要。

3. 公路快速干线网的负面作用

公路建设有利于改善交通，促进经济和城市的发展，但是其负面作用往往被忽视。公路快速干线的建设，特别是高速公路的建设的负面作用主要表现为社会影响、大气和噪声污染、能源消耗、生态影响、地质水文影响、交通事故等。

（1）社区阻隔。高速公路是全封闭的道路，干线公路的封闭性也较强，公路的建设造成空间分隔，阻碍社会交往，使周围居民的生活、文化、教育及经济上的联系受到阻隔。曾发生多起郊县老百姓自发拆除快速道路隔离栏的事件，说明阻隔对

当地居民是不利的。

（2）环境公害。噪声是一种感觉性公害，噪声的影响区域主要是学校、住宅和医院等敏感地区。其影响程度直接与汽车类型、汽车行驶状态及交通量密切相关。汽车尾气主要有一氧化碳、氮氧化物、碳氢化合物、醛及含铅颗粒物等污染物，造成严重了大气污染。

（3）生态破坏。公路建设对生态造成的影响主要通过三条途径：一是施工活动对自然环境造成非污染性破坏，是环境发生物理变化而对生物产生影响；二是由于排放的污染物通过大气、水体、土壤等环境介质，进入生物体产生危害；三是隔断了公路两旁动植物及水体、土壤的天然联系，破坏原生态环境。

第三节　公路汽车场站在城市中的布置

一、公路客运站

客运站在城市中地位很重要，客运站的位置与城镇规模大小有密切关系，其站址选择是否合理，对城市的总体规划、道路网的布置、发挥客运站的作用以及投资大小等都有显著影响。因此，在确定站址时，要对影响站址选择的各种因素，进行仔细分析比较，择优而定，以其建成后产生良好的社会效益、经济效益和环境效益。

客运站的规模应由客运量决定，以建成使用后十年的客运量作为设计年度规模。客运站的规模要适中。若规模过小，时隔不久，客运站就不适用，并且由于原站址扩建有困难，或原址已不适应城市发展规划要求，而必须迁址重建，投入资金反而更大。与此相反，客运站规模若定得过大且单一，离城市中心太远，则会带来下列问题：

（1）客流车流高度集中，不但旅客乘车不便，而且对周边城市交通造成很大影响；

（2）站务管理复杂，服务质量下降；客运站建筑庞大，在非高峰时利用率很低；客运站用地很大，征地拆迁困难。

客运站规模过大或过小都不好，因此，客运站的规模，宜以日客运量 1 万人次为最大极限，正常日发车量控制在 200 班左右。若日客运量超过这个最大极限时，应按不同流向分站设置。

确定客运站规模的指标很多，如日客运量、设计年度旅客日发送折算量、旅客最高聚集人数、发车位数及驻站车辆数等。在客运站建筑设计时，通常以日客运量、设计年度旅客日发送折算量及旅客最高聚集人数为主要依据。

（1）当客运站按旅客日发送折算量分级时，要考虑该站所在地的政治、经济、文化等因素。公路客运站的等级一般划分为：一级站、二级站，三级站、四级站。具体划分标准如下：

1）具备下列条件之一者为一级站：

①旅客日发送折算量在 7000 ~ 10000 人次的客运量；

②人口稀少地区以及少数民族地区日客运量在 5000 人次及 5000 人次以上的客运站；

③省、自治区、直辖市人民政府所在地的其中之一的主要客运站。

2）具备下列条件之一者为二级站：

①旅客日发送折算量在 3000 ~ 6999 人次的客运站；

②省（自治区）辖市、自治州（盟）及地区行署所在地的其中之一的主要客运站；

③国家规定的重点旅游地区的客运站。

3）具备下列条件之一者为三级站：

①旅客日发送折算量在 500 ~ 2999 人次的客运站；

②地辖市及县级站；

③一般旅游区的客运站。

4）具备下列条件之一者为四级站：

①旅客日发送折算量在 500 人次以下的客运站；

②乡级及乡级以下的客运站。

（2）因为客运站发车情况，在一定程度上能够反映出客运站的建筑规模、设施完善程度、建筑布局及建筑水平等，所以亦可按发车情况划分客运站的站级。一般按四类站分级（见表 1–3）：

表 1–3　客运站的分级

级别	主要内容
始发站	车辆大部分由本站发出，并且具备接受外站到达车辆的能力。这类客运站站内设施比较完备，辅助用房齐全，建筑规模较大，多属于一级站
中途站	车辆大部是途经本站的，本站只发出少量车辆，站内设施较简单，辅助用房较少。这类客运站多属于四级站
综合站	由本站发出的车辆数和途经本站的车辆数基本持平，站内设施完备程度及辅助用房齐全情况，虽因站不同而异，但是大都介于上面两类站之间。这类客运站一般属于二三级站
特殊站	当客运站位于边境、旅游地、纪念地时，由于外宾较多，在客运站建筑中应增加贵宾室

（3）城市客运站规模大小，决定了它与公路交通联系的方式，从而决定了客运站的位置。根据城市规模大小和城市的路网结构，客运站的位置通常有两种情况。

1）边缘布置式。小城市（含县城）道路与公路干道分开，公路运输车辆不穿插城区而又与城区联系方便，城区与公路干道的联系方式通常采用绕行式（公路干道沿城区一侧通过）。其客运站的位置一般布置在城区边缘公路干线的一侧。

2）环绕布置式。大中城市往往是交通运输的枢纽，通常有几个方向的对外公路干线。在这种情况下，城市与公路联系及确定客运站的位置原则是，既要避免公路对城市的干扰，又要使城市中心区与对外公路干道有方便联系。为此，一般在中心城区外围设一条或多条环形交通干道（如上海的内环路、中环路和外环路），把城市对外公路干道连接起来，客运站沿着环形道路布置。这种公路干道及其客运站与城市的联系方式，称为环绕布置式。这样布置的优点是，可使与城市无关的车辆在城市中心区外通行，城市中心区内车辆也可以经较短的线路进入公路干线。

二、公路货运站和技术站

公路货运站是专门办理货物运输业务的汽车站，一般设在公路货物集散点，设施相对较简单。

货运站的位置选择与货主的位置和货物的性质有关。如果货运站以供应城市居民的日常生活用品为主，那么以布置在市中心区边缘，与市内仓库有较为直接的联系的地点为宜；如果货物的性质以中转货物为主或者货物的性质对居民区有影响，则货运站应布置在仓库区；如果货物多为工业区货物，宜设在铁路货运站及货运码头附近，以便组织联运。

货运站的布置要充分利用城市中转仓库，尽量避免产生大量的重复运输和空驶里程；同时要与城市交通性干道有方便的交通联系，并且避免影响居民的生产和生活。

技术站主要包括停车场、保养场、汽修厂和加油站等。技术站或汽车保养修理厂的用地规模，取决于保养检修汽车的技术等级和汽车数量。职工生活区最好通过市场化安置为好，若远离市区无法安置，则按该站场的职工总数和有关用地指标进行计算。根据城市的具体情况也可以少设或不设置职工生活区。技术站一般用地要求较大，并且对居住区有一定干扰，因此，在特大城市和大城市中一般将它设在市区外围靠近公路线的附近。一方面，与客、货站联系方便，另一方面，与居住区有一定的距离，对居民的影响小。

在中小城市，因城市规模较小，车辆少，在考虑公路站场布置时，可以将技术站、客运站和货运站合并组织在一起。

第二章　城市道路网规划

第一节　城市道路的功能与分类

一、城市道路的功能

城市路网是由若干条道路（路段和交叉口）组成的网络体系，承载着多种功能。对这些功能的了解有助于正确把握城市路网规划的设计目标和规划原则。城市路网的功能基本可以划分为四类（见表 2–1）：

表 2–1　城市路网的功能

类别	主要内容
一	是城市路网的本体功能，即交通运输功能，是为各类交通主体的交通活动和行为提供空间载体
二	属于派生功能，如地下管线埋设、通风、日照等空间条件的提供，视觉观赏路径、场所的提供等
三	依托与引导功能，如道路作为城市发展与建设的骨架、建筑与各类活动空间的依托，对城市发展起到的引导作用
四	应急功能，如防灾、避难。交通运输功能是任何道路均具有的功能，而其他功能未必是城市某条或某段道路的必备功能，如高架路一般不具有埋设管线的功能，交通性道路不具有商贸场所功能，地下道路不具有提供城市通风、采光空间功能等

1. 交通运输功能

交通行为包括两大部分，即行和停。行包括迅速通过（通的功能）、进入与离开城市地块（达的功能）、慢速行进中寻找目的地（寻的功能）。这三类行的功能对速度的要求不同，处理不当就会造成运输效率下降。停的功能基本包括两类。如出租车、公交停站供乘客上下的交通行为就属于止；如车辆进入停车场地停放，就属于泊。在不同道路上对于车辆止和泊的要求也有所不同。

道路交通运输功能的服务对象，即服务的交通主体包括车和人两类；车包括机动车、非机动车。机动车又可以分为公共交通车辆和个体交通车辆；非机动车包括自行车、三轮车、人力车等。人则分男女老幼或者健全、残疾。这些人、这些车辆对城市交通的要求不同，有些还存在相互矛盾。因此，使之各得其所、尽量减少彼此冲突是搞好路网规划、道路设计的基本要求。

道路是为人和物的有效空间转移服务的，对于一定占地、一定投资基础上建设而成的路网，如果在一定安全条件下完成更多的货运周转量，在安全、舒适、愉悦的条件下完成更多的客运周转量，那么其运输效率越高。在这个体系中应当满足人们必要的、符合基本条件的出行需求，这是市民生活在城市里的基本条件之一，是对社会公平的一种体现；在这个体系中，车辆是完成任务的工具，但人与物的有效运输才是根本目的。

城市道路承担的交通需求是多变的，如每日的交通需求变化（早高峰、晚高峰）、年度的需求变化（节日、旅游旺季）、应急性临时变化（如重大比赛）等；道路的功能也可能发生变化，比如交通性道路转变为生活性道路或商业街。这就要求规划设计人员必须考虑交通问题的动态性。

综上所述，道路的交通运输功能是多样的、具体的、复杂的、动态的、具有内部联系的，认识到这一点是搞好路网规划、道路设计的前提。

2．道路提供地下工程管线埋设的空间的功能

城市道路下面一般需要埋设各类工程管线，以满足城市的排水、供水、供电、通讯、供暖、燃气等的供应要求。这些基本需求是城市用地开发的必要条件。大多数城市道路具有提供地下管线埋设空间的功能，因此道路的宽度、断面要满足管线敷设的要求，道路的性质要与这些管线维修、维护频率相协调，减少管线维护、维修期间给城市交通带来的影响，尽量减少或避免道路、管线改造之间的冲突问题。

3．道路作为城市骨架，建筑与活动场所依托的功能

人的活动依赖交通运输，活动的目的地是各类建筑或活动场所。离开道路，这些场所可能会完全失去可达性，离开这些场所路网也就失去服务对象。这种相互依赖的关系使城市道路成为城市发展的骨架，成为建筑与城市活动场所的依托。有些道路还成为商贸活动场所，如某些集市、商业街，交通功能演变为次属功能。在路网规划中，人们通常认为道路的主要功能是交通功能。但在早期，城市的街道主要作为城市的公共活动空间，人们在那里聊天、买卖，是车辆的发明与运用改变了这种局面。但人们并非不希冀这种以人为本的空间的出现，不少城市步行化空间的出现即是一种表达。在提供交通空间的同时，合理考虑活动空间是路网规划需要兼顾的问题。

道路与用地的依托关系使城市路网具有引导城市发展的作用，合理超前的路网

规划、合理的路网建设时序会为城市宏观层面的布局结构、微观层面的用地布置起到积极的引导作用。合理引导而不是仅仅依赖城市用地，是实现城市交通和城市用地开发相互协调的有效手段，是路网规划深层次的考虑内容。

4．反映城市风貌、历史文化、精神文明的场所

城市道路是展现城市风貌、历史文化、精神文明的场所。无论在快速行进的车辆中，还是在慢速的步行中，街道成为人们欣赏、感受、品位城市的必要和重要场所。街道是城市展示的重要场所。一个合理的路网规划、道路设计需要满足人们的观瞻要求。满足这种要求需要规划人员掌握必要的美学原理和设计方法。

5．防灾、避难的场所

城市可能遭受的灾害很多，如地震、水灾、火灾、风灾、瓦斯泄漏和其他突发事故造成的灾害。城市的防灾能力除考虑加强建筑本身防灾能力外，还需要考虑救灾和减少次生灾害问题。城市道路是防灾与救援的必要通道，对防灾、救灾起到了巨大的作用，也可以成为避难的场所。如果将城市主干管线埋在城市快速路和主干路下面，若在灾害过后需要抢修，则会阻断交通，会对救援工作造成不利影响；如果高架桥在灾害中坠落，一时难以清除，也会不利于及时救援。对于地震设防城市，需要结合具体情况考虑道路的宽度与两侧建筑高度的关系，防止建筑坍塌后将道路全部阻塞。某些道路，特别是属于城市道路用地的广场，在灾害中还可以起到避难场所的所用。

6．新鲜空气流通、城市通风、日照的需求

城市道路上空的空间可以提供城市空气流通通道，可以实现导风或防风的作用；还可以为日照提供充裕的间距要求。城市道路的这些功能有利于城市提供良好环境和空气质量，在设计中需要给予足够的重视。

二、城市道路的分类

1．城市道路分类与城市规模

（1）国内城市道路分类

城市道路分为快速路、主干路、次干路、支路四大类（见表 2–2）。

（2）城市道路分类与城市规模的关系

城市居民与货运平均出行距离与城市规模的关系较大，一般城市规模越大，平均出行距离越大。大中小城市规模差别很大，小城市用地规模介于 5 ~ 20km^2，相当于大城市的一个区，甚至是一个居住区。小城市套用大城市的规划指标与道路分类明显不合适，因此考虑小城市的发展需要和现有规模，规范把小城市的城市道路分为干路与支路两级。此外，把中等城市的城市道路分为主干路、次干路、支路三级。

表 2–2 城市道路的分类

类别	主要内容
快速路	快速路应为城市中大量、长距离、快速交通服务，并与其他干路构成系统，且应与城市高速公路有便捷的联系。快速路应当设中央分隔带；在无信号管制的交叉口，中央分隔带不应断开；并且机动车道两侧不应设置非机动车道。与快速路交汇的道路数量应严格控制，快速路与快速路或主干路相交应设置立交；快速路两侧不设置公共建筑出入口，并严格控制路侧带缘石断口；快速路机动车道不应占道停车，两侧应考虑港湾式公交停靠站。一般情况下，规划人口超过 200 万以上的大城市和长度超过 30km 的带形城市应设置快速路。为避免快速路对城市用地的穿越，快速路经常呈“井”字形或“廿”字形切入城市，将市区各主要组团，与郊区的卫星城镇、机场、工业仓储区和物流中心等快速联系起来，缩短城市的时空距离。对人口在 50 ~ 200 万的大城市，可根据城市的用地形状和交通需求确定是否建设快速路。快速路可呈“十”字形在城市中心区的外围切过
主干路	主干路是城市道路系统的骨架网络，主要用于城市分区之间的联系，承担中远距离的交通出行任务。主干路上的机动车与非机动车应当分道行驶，交叉口的机动车与非机动车分隔带应连续；主干路两侧不应设置公共建筑出入口，并严格控制路侧带缘石断口；主干路横断面形式应贯彻机、非分流思想，将非机动车逐步引出主干路，实现主干路主要为机动车交通服务的功能；主干路机动车道不应占道停车，机动车道两侧应考虑港湾式公交停靠站
次干路	次干路兼有“通”和“达”的功能，以承担城市分区内的集散交通为主。次干路两侧可设置大量的公共服务设施，并可设置机动车和非机动车停车场；次干路上有较多的公交线路，机动车道两侧应考虑港湾式公交停靠站和出租车服务站
支路	支路与次干路和居住区、工业区、市中心区、市政公用设施用地、交通设施用地等内部道路连接；支路不能与快速路机动车道直接连接。在快速路两侧的支路需要连接时，应采用分离式立体交叉跨过或下穿快速路；支路应当满足公交线路行驶要求。城市支路主要承担近距离出行、非机动车出行的交通任务，还承担着联系集散道路、作为城市用地临街活动面的作用；部分支路还承担着设置公交线路的作用，应满足公共交通线路行驶的要求

2. 城市道路交叉口形式选择

城市道路交叉口是城市道路网的重要节点，对于路网的整体运行效率具有十分重要的作用。除了由于跨河桥梁净空高或山城地形所形成的立体交叉口外，城市道路交叉口应根据相交道路的等级、分向流量、公交站点设置、交叉口周围用地的性质，确定交叉口的形式及其用地范围。大中城市和小城市的各级道路交叉口的形式分别见表 2–3 和表 2–4。

表 2-3　大、中城市道路交叉口的形式

相交道路	快速路	主干路	次干路	支路
快速路	A	A	A、B	—
主干路		A、B	B,C	B,D
次干路			C,D	C、D
支路				E

注：A 为立体交叉口；B 为展宽式信号灯管理平面交叉口；C 为平面环形交叉口；D 为信号灯管理平面交叉口；E 为不设信号灯的平面交叉口。

表 2-4　小城市道路交叉口的形式

规划人口	相交道路	干路	支路
大于 5 万人	干路	C、D、E	D、E
	支路		E
1 ~ 5 万人	干路	C、D、E	E
	支路		E
小于 1 万人	干路	D、E	E
	支路		E

注：C 为平面环形交叉口；D 为信号灯管理平面交叉口；E 为不设信号灯的平面交叉口。

对于道路交叉口形式的选择这一问题，要明确认识城市道路上的立体交叉不是现代化交通的标志，更不是城市中的点缀品，不能按照城市的规模来确定立体交叉口的数量。立体交叉口是一座耗资多、体量大的工程结构物，建成后不大容易改造或拆除，要慎重研究。城市中造成交叉口交通堵塞的原因很多，不一定非建立体交叉口不可，一定要做认真地分析，从全局观点调整和完善道路网来缓解交叉口交通，所取得效果比建一个大立体交叉口好得多。

立体交叉口形式力求简单，既可降低造价，也易于辨认行驶方向。过于复杂的形式，容易使陌路驾车者产生迷惑和滞留，违反交通规则。立体交叉口还应考虑公交设站、方便乘客换乘。国内建造的立体交叉口往往将公交站放在交叉口起坡点以外，乘客换乘需步行 1km 左右，很不方便，这与“公交优先”的政策相悖。国外在建立体交叉口时都专门考虑公交设站的位置，在立交桥上、下直接换乘。我国立体交叉口的规划设计在这方面应该学习和改进。

三、路网的基本模式及其优缺点分析

1. 路网基本模式划分

路网给人的视觉印象是由线组成的网状图案，将路网分类有助于归纳、总结不同路网形式的交通特性。通常采用的路网分类方法包括图形分类（图案）法、交通组织（范式）分类法。

（1）路网图形模式分类

M.C. 费舍里松对路网进行了最为全面的图形分类，基本分为：棋盘式、放射式环式、方格网加放射、三角式、六角形式、自由式、综合式。J. 麦克卢斯基对城市路网形式也进行了分析，该分析主要针对城市内部道路，分为串联式、放射式、蛛网式、树枝式、棋盘式。

从城市干路体系和交通可达性的角度来看，不同类型的路网形式具有各自的特点：

1）放射式 + 环式

放射式道路网能够保证城市边缘各区与市中心的方便联系，但是靠近市中心的各区之间联系困难，不可避免地造成市中心交通超载。适于客流量不大的城市。大城市往往采用放射加环式，这既有利于市中心与边缘各区的联系，也有利于边缘各区之间的相互联系。但其处理不当容易将外围交通引入中心区，并形成许多不规则的街坊。因此，环线道路应该与放射线道路相互配合，必须确保环线道路的功能，起到保护中心区不被过境交通穿越的作用。

2）棋盘式

该模式没有明显的市中心交通枢纽，在纵横两个方向上均有多条平行道路。大多数交通出行者都有较多的可选路径，有助于将交通分布在各条道路上，整个系统的通行能力较大。缺点是对角线方向没有便利的联系，而且完全方格路网的大城市，如果不配合交通管制，也容易形成不必要的穿越中心区的交通。

3）方格网 + 放射式

这类方式又可称为棋盘加对角线式。它兼具棋盘式和放射式的优点，但也有可能带来交叉口交通组织的复杂性。该路网模式也可以将中心区的路处理为方格网，外围为环状加放射，成为综合式道路网。

4）三角式

三角式路网在欧洲一些国家比较常见，干道的交角往往为锐角，建筑布局和交通组织均不便。

5）六角形式

六角形路网的交叉口为三岔口，线型曲折迂回，可以降低车速，主要用于居住区、疗养区道路，见图 2-1。

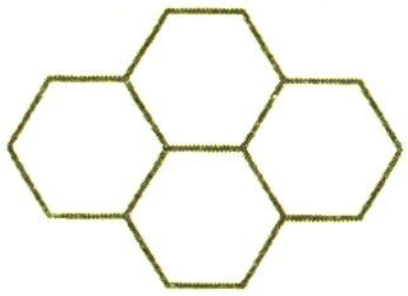

图 2-1　六角形路网示意图

6）自由式

自由式路网通常结合地形布置，比如青岛老城区。自由式路网的特点是没有一定的格式，变化较多，但受地形条件的制约，可能会出现较多的不规则街坊。如果充分利用地形，精心规划，不仅同样可以建成高效的道路系统，而且可以形成丰富的城市景观。

7）综合式

综合式路网是由多种路网形式组合而成的，即在同一个城市同时存在几种类型的道路网。目前采用比较普遍，其特点是扬长避短，充分发挥各种形式路网的优点。北京、上海等城市的路网基本为这种模式。但这种路网的基本特性并不表明这种路网模式在任何条件下都适用。

（2）路网交通组织模式分类

1）按交通分流与混合进行划分

前面对城市路网所进行的分类，其分类依据为图形模式。但是在路网的运行使用过程中，包含着对多种交通方式的组织，可以将这些交通方式组织在同一条道路的不同断面上，也可以组织在不同的道路上。因此，可以根据交通分流的程度，划分不同的交通组织模式。总体而言，城市路网可以分为局部分流、全部分流两类。

分流对应的概念就是交通混合。交通混合是指：一条路上行驶着不同类型的机动车，机动车的大小、快慢，性能差异较大；一条路上行驶着机动车和非机动车；机动车、非机动车与行人的混合，或者机动车、非机动车和行人三者混合。如果一条道路上分布的交通方式各行其道，将其称为断面分流。如果一条道路上只行驶一种交通方式，则称为路网分流。

不同出行距离的人们对出行速度要求不同，如果给同一种交通方式提供较高等级的道路，将远距离与近距离出行进行分离，也可以称为交通分流。由于这种分流模式已经归结到道路网等级结构中，因此一般所提到的交通分流不再包括同种交通方式的快慢分流。

2）按道路行驶方向进行划分

从人流或车流行进方向的角度划分，道路可以分为单向行驶和双向行驶两类。根据这种分类，城市道路网又可以划分为局部单行、全部单行两类。由于单向交通可以减少交叉口的冲突点，提高道路运行效率，因此，路网密度较高市中心地区，可以利用平行道路组织单向交通。

2. 城市环路和放射路

（1）环路

目前，环形放射式的城市骨架道路系统基本成为我国大城市最常采用的道路网络布局形式。其中，城市环路主要用以减少直冲交通的汇集，放射路用以联系外围的远距离交通。但在具体城市的路网规划中，不应片面追求路网的形式，特别是环路的设置应根据交通流量流向特征和地形，可以采用全环，也可以采用半环或者切线形式，不一定成环。环路可以根据城市发展时序进行分段建设，比如伦敦的 M25 直到 30 年以后才真正成环。

环路的基本作用表现为：

穿越截流：即将起点终点均不在环线以内的交通吸引到环线上；

进出截流：即对进出市中心的交通起到分流的作用，一方面减少这些交通对环内道路的使用，另一方面将这些交通分散到多条射路上；

内部疏解：即将环内长距离的交通吸引到环线上。

当环路车速高于环内 1.2 倍之后，环路才能明显起到进出截流的作用，而且环路车速越高，进出截流作用越大；当环路车速达到环内的 1.5 倍以上时，环路完全可以起到穿越截流的作用，并可以承担环路范围 40% 区域的进出截流。

城市环路有内环、中环和外环。它们的功能各不相同，内环保护城市内核，中环联系城市交通，外环分流过境交通。对于大城市来说，在老城区或中心区的外围，应设置保护环线；在外围建设外环路，组织过境交通绕城，并对周围县城和乡镇之间起交通联系作用；内、外环之间设多少环路，要看城市用地大小、交通流量及自然地形条件的可能。通常，城市外环路宜设置在城市用地的边界内 1 ~ 2km 处，城市两条环路之间的距离应大于 4km。由于城市内部环路的截流作用会伴随城市用地拓展逐步下降，多层环路由内而外的服务水平应逐步提高。

（2）放射路

城市放射路的作用表现在：有助于满足车辆的直达要求，减少绕行距离；加强城市与外界、中心区与郊区新城之间的联系，促进城市副中心的形成；加强城市内外环线之间的联系。对于大城市，城市放射路可以将高速公路、国道、省道在入城后与城市的快速路和主干路很好地衔接，使外来交通很快地切入城市中心区的外围

（例如用井字形道路切入），方便地进入城市各功能区内。

为了合理组织城市交通，城市放射路也应当分层次：对于干路级的放射路，直达性将伴随与城市中心区距离的缩小而趋于降低；而快速路级别的放射路，其直达性与至城市中心区的距离无关，完全取决于道路的联结方式和可达区域。

（3）环路与放射路的关系

城市环路和放射路对城市用地拓展模式具有很强的适应和引导作用。为了有效发挥城市环形放射式路网的交通功能，环路与放射路应互相补充，互为匹配，合理衔接。一般要求环路的速度应高于放射路。因此，城市环路的等级不宜低于主干路。其中，大城市的外环路应为汽车专用道路，其他车辆应在环路外的道路上行驶。当城市放射干路与外环路相交时，应规划好交叉口上的左转交通。

3．城市道路网的结构

（1）城市路网规划的目标特征

在进行城市道路网规划之前，必须明确什么是好的城市路网。路网的服务对象、服务内容、服务量度（质、量）、服务时间（远期、近期、周期）等方面的特点决定了好的城市路网必须具有成长性、高效性、层次性、适应性、引导性五个基本特征（见表 2-5）。

表 2-5　城市路网的基本特征

特征	主要内容
高效性	城市路网建设需要花费大量的费用，占用大量的用地。因此，路网提供的服务，也就是路网的产出（完成的客货运周转量）应当尽可能大，即应使用较少的道路设施（用地投入、资金投入）更大程度地满足人与物的流动需求
适应性	城市路网提供的服务是满足城市的各种客货运需求。城市的客货运需求具有明显的周期性特点。比如日周期、周周期、年周期等，要求路网具有一定的弹性。此外，城市路网还必须满足特殊情况下的交通需求，比如局部路段因故（游行集会、城市灾害等）发生阻塞时的交通需求。在城市路网与城市的成长期间，城市的居民出行方式、流量、流向也会发生较大的变化，因此路网应当具有成长过程中的适应性
成长性	一个合理的、与用地布局配套的城市道路网体系并不是一蹴而就的，而是经历若干年，甚至几十年生长而形成的。因此路网服务时间的长期性决定了路网必须与城市用地开发相匹配，具有良好的成长性，应当满足城市规模扩大、机动化水平提高带来的合理交通需求增长
引导性	城市路网与城市活动体系的基本关系决定了路网与城市布局的基本关系。路网具有培育城市交通走廊的作用，而这些交通走廊有可能发展为道路内或道路外高效运输系统，合理的路网应当具有这种引导与促进作用。从微观层面来看，路网承载的客流与两侧的用地开发密切相关，两侧用地的微观布局又与路网交通组织模式、交通方式密不可分。因此，合理的路网还应当有利于引导城市向合理的微观布局结构发展

续表

特征	主要内容
层次性	城市道路网规划所涉及的路网是作为公共物品提供的空间，具有公共资源配置的特性。路网是为全体市民服务的，他们的交通需求层次不同，其中包括对不同出行距离、舒适度和可达性的需求，路网应当满足不同需求层次的不同群体的基本交通需求，这是对社会公平的基本体现

（2）城市路网的结构

城市道路网的等级结构体系一般是按道路的车速、流量、功能划分的，是以机动车为主体的分级方式。我国将道路等级划分为快速路、主干路、次干路、支路，但城市路网的总体布局和运行组织特征无法用等级结构全面涵盖。因此，需要从路网的功能结构、等级结构、布局结构、组织结构对城市路网进行综合分析。

把路网看作一个完整的系统，路网中各条道路所承担的不同功能就是路网的功能结构，主要可以分为交通空间、公共活动空间两种功能。这两种功能又可以按交通方式进行划分。根据不同道路的交通功能重要程度又可对城市道路体系进行分级，这就是道路的等级结构。不同功能、等级的道路在城市空间上的布局就形成了路网的布局结构。而这些不同等级、不同区位、不同功能的道路在不同的时间，其功能又不一定保持不变，而且他们之间具有彼此联系和转换的基本特点。对这种联系和转换过程的安排就是道路的组织结构，包括时空利用（局部节点或路段）、建设发展过程控制两个方面。

因此，在城市道路网规划中应当妥善处理道路的功能、布局、等级、组织结构。在总体规划、综合交通规划中的道路系统规划侧重于对路网功能、布局、等级、组织结构的宏观安排；而详细规划中则深入涉及到部分节点地区的路网与交通组织。城市路网的功能、布局、等级、组织结构密不可分，在城市道路网规划中应该对它们进行统筹考虑。

第二节　影响城市道路网规划布局的因素

一、自然条件

地形、河流、岸线、地质、矿藏是影响城市布局的重要因素。比如矿业城市和山地城市多呈分散布局，滨河、滨海城市多呈带状布局，从而影响城市道路交通流的分布和城市道路网的格局。不仅如此，河流、地形等自然条件也会直接影响道路的走向和建设标准、建设形式，成为影响城市道路网布局的重要因素。

（1）水网城市道路网

水网城市在向外扩展时，城市道路网的规划和改造需要妥善处理道路与河流的关系。其中首先要考虑的是航道的等级和净空、桥梁的标高、桥梁与旧城道路的接坡及桥头的用地控制等问题；其次要考虑填河筑路的问题，特别要注意干路两侧街坊的排水系统和道路标高。

河网地区，城市道路网应符合下列规定：道路宜平行或垂直于河道布置；对跨越通航河道的桥梁，应满足桥下通航净空要求，并应与滨河路的交叉口相协调；城市桥梁的车行道和人行道宽度应与道路的车行道和人行道等宽。在有条件的地方，城市桥梁可建双层桥，将非机动车道、人行道和管线设置在桥的下层通过；客货流集散码头和渡口应与城市道路统一规划。码头附近的民船停泊、岸上农贸市场的人流集散和公共停车场车辆出入均不得干扰城市主干路的交通。

（2）山区城市道路网

山区城市由于地形复杂，地形高差较大，用地往往被江河、冲沟、丘谷分割形成若干组团。道路的线形走向受地形影响较大，道路坡度较陡，桥梁架设较多。因此，必须保证城市主干路的技术标准，使城区对外交通、内部交通顺畅便捷；而组团内的道路可以自成系统。

山区城市道路网规划应符合下列规定：道路网应平行等高线设置，并应考虑防洪要求。主干路宜设在谷地或坡面上。双向交通的道路宜分别设置在不同的标高上；地形高差特别大的地区，宜设置人、车分开的两套道路系统。当地形特别陡时，干路之间的联系也可以通过开辟隧道来解决。

二、城市规模

不同规模的城市对城市道路交通系统的需求不同，所表现出的路网布局形式也往往不同。首先是城市空间布局差异的影响。如平原地区的中小城市较少出现分散组团的布局，而是在逐步发展一定规模的城市中心；相反，规模较大的城市往往具有较高开发强度的中心区，尤其对于特大城市来讲，多组团、多中心的布局有利于缓解城市问题，特别是交通问题。其次，从居民与货物运输调查来看，城市规模越大，居民出行强度、货物运输强度也越大，运距越长，那么城市规模越大，道路用地比例应越大，同时还要求提供较多的高等级道路，以满足最小出行时耗要求。此外，从交通方式上，小城市可能会以步行和自行车、摩托车、小汽车等个体交通为主；大中城市对公共交通的需求较大。从对外交通联系上，大城市的对外通道和枢纽数量多，分布广，与城市道路的关系十分紧密和复杂；而小城市则相对简单。因此，特大城市、大城市与中小城市在路网布局、路网密度、道路面积率等方面存在较大的差异。中小城市不要盲目照搬大城市的路网模式。

三、城市用地布局和形状

城市路网与用地布局的相互依托关系，使城市布局与形状成为影响路网布局结构的关键要素。城市用地的形状是受自然条件——山川湖海和人工影响因素——铁路分隔、城墙包围、矿区塌陷等的制约而形成的。平原城市的用地布局往往呈现为团块状，城市路网也多表现为方格网，如石家庄；或方格网加环形放射，如北京。有些城市由于地形、水文原因呈带状布局，其路网布局也表现为带状布局，如洛阳。这种现象的出现并不是偶然的，因为在确定城市发展方向时，往往优选平坦、地质好的用地，而这些用地也比较适合修建道路交通设施。这样，城市用地开发与道路网的规划建设就形成一种耦合。一般而言，用地布局、形状应与路网的布局、形状相吻合。但两者之间并不能仅仅是表象上的吻合，比如城市环路的修建与“摊大饼”发展，而是需要路网与用地产生的交通流量、流向相协调，如果不问客货源的分布、流向，盲目套用某些典型用地布局和路网布局的做法是不科学的。同时，路网也并不简单地表现为对城市布局形态的一味迎合，否则难以使城市道路起到合理引导城市发展的作用。

不同类型的城市用地布局对城市路网布局的影响可以分为以下几种情况：

（1）对于平原地区，城市向四面扩展均较为容易，城市用地的形状常成为团状，进而放射状道路将其变为星状，在其间需要用环路联系。当城市用地不断扩大时，环路的数量也会增多。内环路的位置视老城的大小，一般可在老城废弃的城垣或护城河上，事先埋好地下管线或停车库。在西欧，大多用此模式。我国不少老城占地很大，因此，在其内核（中心商务区）的外面还需另辟内环，目的是使车辆能很方便地抵达内核外围，又不使车辆进入和穿行内核，以减少内核地区的交通量和停车量，使核心区内有限的用地可以用来给从事各种活动的人们提供足够的步行空间。需要指出的是，内核外的道路不一定是环路，尤其在方格道路网中可以是几条道路切过内核附近，满足交通集散的要求。城市的外环是随着城市用地的扩展而演变的，一般它将城市对外的货运站场、港口、工厂、仓库、批发市场联系在一起。

（2）某些受河流分割或受地形影响的城市，在用地向外扩展时，往往沿着道路的延伸轴向外呈风扇状发展，风扇叶片间楔入绿地，以改善城市环境。如果不加处理，这些叶片间的交通联系往往要穿越中心地区。因此，在规划道路网时要设置切线，否则会增加中心区的交通压力，如合肥。

（3）对于规模不大或功能相对独立的组团城市，交通问题相对简单，组团之间的客运交通不多，但经由组团间道路的过境交通较多。在大城市，组团布局的交通问题就比较复杂，组团间的交通和市际的交通日益增多，产生相关干扰。因此，在道路网规划时，要重视联系各组团的“藤”，使之合理承担和组织各类交通。组团城市的中心组团往往承担市级综合服务职能，是城市交通的重心，尤其在节假日时客运交通更为集中。因此，对于中心组团的道路、停车场、广场和步行商业街的规划要留有余地。

（4）对于带形城市的道路网，往往过境公路就是城市中的主干路。沿路经常开设大量批发市场和零售商业网点，吸引着大量人流和车辆在此停车装卸货物和购物，使干路可通行的车道宽度明显减少，车速下降。因此，为了保障道路的安全畅通，在规划道路网时，应归还并保护好干路的交通功能，并加强道路管理，维护路产、路权及搬迁妨碍交通的路边市场。

四、对外交通设施

城市发展和城市在区域一体化中的地位提升，都离不开城市对外交通体系的支撑，同时城市的用地布局、空间拓展和道路系统也很大程度上依托港口、河道、公路、铁路、机场等大交通的格局。因此，在城市规划建设中，必须建立和加强城市与对外交通枢纽的道路交通联系，改善城市的交通区位条件。但从另一方面来看，对外交通会造成城市发展的门槛。如铁路设施，若处理不好，就会割裂城市内部道路交通的联系，一定程度上制约城市的发展。

（1）在对外交通系统中，公路与城市道路的关系最为密切。公路不仅可以承担城市与邻近城镇的联系，而且对城市发展方向具有引导作用。很多城市早期常常沿出入城公路两侧发展，甚至有些城市因过度依赖公路而呈现为狭长的带状。公路穿越城区将导致公路性质的改变和公路交通的复杂化。因此，必须协调过境公路和出入城公路与城市内部道路的关系，既要联系方便，合理衔接，又不允许混淆不分，造成公路穿越城区。

（2）铁路线路和场站进入城市后，往往会对城市用地的发展形成障碍。因此，城市用地的划分和城市道路选线必须与铁路设施密切配合。沿铁路线平行布局成为常见的路网规划模式。但平行道路不宜过于靠近铁路，否则与跨铁路的道路需要修建立体交叉时，会造成工程技术上的困难和不经济。由于铁路旅客与货物均需要通过城市道路集散和转运，城市干路必须与铁路客、货站场有直接的联系。

（3）客货流集散码头和渡口也应与城市道路统一规划。码头附近的民船停泊、岸上的农贸市场的人流集散和公共停车场车辆出入，均不得干扰城市主干路的交通。

（4）机场是实现市际交通快速联系的枢纽，为了充分发挥航空运输快速、省时的优势，城区与机场之间应该建设城市快速路。

五、社会与人为因素

城市道路网规划在很大程度上也受到历史条件、思想观念、土地开发模式等社会因素的制约。通常，除新建城市外，城市原有道路网对城市道路系统的规划和形成有很大的影响。原有道路网是新建道路的基础，在道路网规划中必须对城市交通现状与存在问题进行分析，考虑对原有道路网的改造问题，要防止简单地将旧城道路向外延伸。

有些城市的规划、设计人员和决策人员对道路功能和路网模式缺乏科学的认识，在道路网规划时片面追求形式和景观效果，或盲目效仿其他城市，出现了套用环形放射路网模式、热衷宽马路的现象，这需要进一步提高人们对路网规划的理念、要求和方法的科学认识。

第三节 城市道路网规划的原则与要求

一、城市道路网规划的原则

1. 综合考虑道路使用者的不同要求，协调城市道路的各项功能

在道路网规划中，要充分考虑道路使用者的不同要求，协调道路的各项功能之间的关系。比如步行者要求自由自在的活动，不受机动车和非机动车行驶和停放的干扰，行人能够安全过街；骑车者要求不受机动车和行人的干扰，有方便的停车场地；乘公交者要求容易到达公交站点，换乘方便，候车时间少，行车速度快；机动车驾驶者要求有视距保证，路面粗糙平整，道路功能明确，有引导交通的标志系统，行车安全，且有停车场地；交警要求便于进行交通管理，有利于道路畅通和减少交通事故；商业经营者要求能够沿道路摆设摊点。

因此，在道路网规划中应该根据城市道路上车流、人流的时空分布特点，合理确定道路的等级和功能，满足道路空间的各种使用要求。

2. 充分加强道路网络的整体系统性，促进道路的交通集散能力

城市交通规划的基本思想是疏解，但是在规划中不能单靠道路拓宽来疏解交通，而是要从整个道路系统的网络、断面设计和交通管理来综合解决疏解问题。

通过合理的道路等级结构、道路功能组织，使道路的等级与功能相匹配，高效

地实现居民出行的“通”与“达”。如果只重视主干路的建设，而忽视支路和次干路的建设，交通量过于汇集，就会使交叉口不胜负担，影响整个道路系统的运行效率。

道路网的规划还应与城市的停车系统结合在一起考虑，城市停车场的数量、规模和分布，出入停车场的车流都会影响道路交通的通畅。停车场泊位的空与满，应由信息标志系统提示停车使用者，以免停车者在道路上漫无目标地寻找泊位，增加道路交通量和交叉口的转向交通量。

3．适应城市用地布局的特点，合理引导城市的空间拓展

城市用地布局很大程度上影响着城市交通需求的产生及其特点，道路网规划必须适应城市用地布局的特点，分析居住用地以及商业服务等公共设施、公园等休闲场所、工业、仓储、对外交通枢纽等的分布，建立便捷联系的道路网络。同时，根据城市未来发展方向，适度超前建设道路系统，促进城市新区的发展，加强新旧区之间的交通联系。道路网的规划布局应符合工业、居住或其他建筑经济合理的需要，尽量不形成狭长或畸形地段，有利于用地划分和区内路网布置。

4．结合地形、地质等自然条件，减少灾害，节约用地

在规划道路系统时，道路选线必须结合地形、地貌。自然地形起伏较大的城市，要利用地形减少筑路土方工程量。一般情况下，主要道路沿等高线布置利于减缓纵坡，并为排水创造良好条件。道路选线要注意通过地区的工程地质条件，路线应选经地层稳定、地下水位较深的地段。北方严寒地区，地下水位很高时，路基冻胀对路面结构起破坏作用，路面应与地下水保持一定的距离。道路选线还应注意少占或不占农田，充分利用荒地空地，以节省用地。

5．满足城市环境与景观的要求，改善城市环境质量

在城市道路网规划中，应引入城市设计的方法，考虑城市景观设计，使城市道路与自然环境、绿地、水体和主体建筑等组成一个整体。道路线形应结合地形，曲直变化、起伏自然，创造丰富的道路景观。在道路景观设计中，要注重街道小品，如垃圾箱、座椅、导向牌、电话亭、书报亭、公厕等的位置、色彩和形式的设计，体现城市的特色风貌。

道路作为城市的风道，应与绿地系统相结合，将绿地中的新鲜空气引入城市，大大改善城市的卫生环境。城市道路的走向要有利于通风，一般平行于夏季主导风向，如成都旧城道路网由正南北向往西偏转 29° 即出于通风的考虑。北方城市气候严寒，道路布置应尽量避免冬季冷风的正面袭击。道路走向还要为两侧的建筑布置创造良好的日照条件，同时考虑行车时避免阳光耀眼而易诱发交通事故，因此，最好与正东西向偏转一定的角度。

当进行旧城道路网改造时，在满足道路交通的情况下，应兼顾旧城的历史文化、

地方特色和原有道路网形成的历史，对有历史文化价值的街道应适当加以保护。

6．满足各种工程管线布置的要求

如何综合开发利用城市道路的上下部公共空间，是城市现代化发展过程中需要认真考虑的重要课题之一。城市市政公用管线一般沿城市道路敷设。因此，城市道路系统规划应该考虑和满足市政管线布置和埋设的要求，在道路规划设计中结合城市管线综合规划的内容，对各种管线给予合理安排。有些工业区的生产供应管线特别多，在规划的道路横断面内不能全部容纳时，往往在道路一侧或两侧布置管线走廊。管线走廊虽不是道路用地，如果紧邻道路，在道路系统规划时，必须同时予以考虑。

当前，集城市各种生命管线设施为一体的共同沟是城市道路空间、尤其是城市道路地下空间综合有效利用的重要途径之一。由于地下管线种类众多且特性各异，埋设深度与结构尺寸不同，良好的共同沟工程必须配合城市发展的需要，结合跨领域的工程专业设计才能完成。

二、城市道路网规划布局的要求

1．道路网具有生长性

规划一个能伴随城市成长的路网是一个难度很大、但至关重要的问题。城市道路网规划应能够适应城市用地扩展的需要，并有利于路网骨架向快速交通的方向发展。因此，在城市道路网的规划布局中，首先要考虑道路网能长大，即干路要能向外延伸，切忌为了建筑对景，将主干路对着火车站大楼、人民大会堂等一些重要的纪念性建筑物或构筑物，甚至有的城市主干路两端都被顶住。结果城市用地向外扩展时，道路只能避开这些建筑物才能延伸，形成不少错位的带陡坡的丁字路口，成为日后的交通卡口，造成很难改造的后果。具体而言，道路网的生长性主要表现在拓展城市发展方向、实现路网对接、实现路网加密、强化城市发展轴线等方面的未来可能性。

（1）城市发展方向的展开

城市用地的发展总是沿着交通轴进行。对城市用地发展的方向，首先要考虑城市的交通发展轴。这就要求城市骨架道路能够顺应城市空间的发展方向，突破城市的发展门槛，继续向外延伸，成为旧区和新区的重要联系纽带，有效带动城市新区的发展。由于城市发展的空间和时序存在一定的不确定性，在道路网规划中要考虑在城市多个发展方向上预留城市路网生长的通道。

（2）保证路网的对接功能

对于因阻隔而相对独立建设的两个城市功能区，随着城市的发展和规模的扩大，其间的联系也相应增多。如果在建设中忽视路网的衔接要求，造成道路错位或断头，导致两个片区之间的联系不顺畅，也会影响城市的整体发展。因此，对于分片区开发的城市，各相邻片区之间至少应有两条道路相贯通。在道路网规划中，应该对主干路的路网进行“对位”控制，待远期有条件时逐步加以连通。

（3）便于路网的加密和道路升级

为了加强城市各个片区的整体发展，以及便于实施城市交通分流，除少数城市骨架道路需要考虑相互连通外，次干路和支路也要尽量避免错位布局，为形成连贯便捷的道路系统创造条件。同时，道路网规划也要为城市道路走廊的升级预留一定的空间。

（4）强化城市轴线，形成城市的复合轴

随着城市新区或城市组团的逐步扩大，城市原有交通发展轴上的交通负荷会日益增加而不胜负担，如果不能建设分流道路，交通发展轴的功能将被大大弱化。为此，在道路网规划中，对于城市空间拓展的主导方向，应合理增加城市轴向上的平行道路，形成城市的复合发展轴。

2. 实现快慢交通分流，提高路网通达性

混合交通是车辆与行人或机动车与非机动车在同一车行道上通行的交通状态。其突出表现是：交通秩序乱，车辆速度低，通行能力差，严重影响车辆和道路的功能作用。

为了最大限度地提高道路运行的安全和效率，世界上很多城市都通过不同的设计标准和合理的交通组织来实现道路的使用功能，按照道路的等级和性质为小汽车、公交车、货运车、自行车和行人提供相应的服务，以此鼓励不同的道路使用者使用其最适宜的道路空间。我国许多城市存在着机、非混行的问题，这不仅威胁交通参与者的安全，也影响道路运行速度，降低城市生产和生活效率。因此，在道路网规划中必须着重考虑机、非快慢分流的对策。

（1）路段分流

路段分流可以通过三幅路或四幅路的形式实现，是我国城市经常采用的快慢分流方法。在路段上，由于物理隔离，使机动车与非机动车分流，保障了交通安全，提高了行车速度。但到了交叉口，机动车与非机动车之间的矛盾就集中暴露出来，尤其是左转自行车在绿灯初期抢行，对机动车的干扰十分突出。交叉口上相交的道路条数越多，通行能力就越低；而且相交道路的横断面越宽，交通量越大，则交通问题越严重，致使在干路交叉口建设复杂的多层立体交叉来解决。

（2）路网分流

路网分流与路段分流的最大不同在于，机动车和非机动车组织在不同的道路中，而不是在同一条道路的不同断面上。如果城市中有许多畅通平行的支路，可以分担大量的自行车流，则每个交叉口所汇集的交通量就不至于到非建多层立交不可的地步。这就是路网分流。路网分流按照交通组织的不同，又可分为枝状分流和网状分流两种模式。

3. 防止干路网上出现集束交通的“蜂腰”

所谓“蜂腰”，指的是多条道路上的交通量向少数道路上汇聚的局部路网或节点区域。如同木桶短板决定了木桶可以装多少水，“蜂腰”也是路网在布局结构上的薄弱环节。这个薄弱环节决定了路网的承载能力。因此，“蜂腰”在路网布局结构中非常重要，是整个城市的“要隘”，消除道路网上的“蜂腰”是解决城市交通的重点问题之一。

城市中形成路网“蜂腰”的原因有很多，有时道路走向和数量受到自然条件的限制，如山、河、湖等地形因素的阻挡；有时也有人为因素的影响，如城墙、高速公路、铁路等的阻挡；以及城市用地布局错位或转折、道路错位产生许多丁字路口等，均会造成道路网的集束，形成“蜂腰”，使得一条道路（或桥梁、隧道）的服务面太大，容易引发交通拥堵。以下是几种常见的情况：

（1）方格路网的老城向外发展时所形成的蜂腰

新区相对于老城，其位置可基本概括为向单侧平行发展、向双侧平行发展、向单侧错位发展等几种可能，不同的位置关系对城市道路网的影响有很大的差异。

如果新区相对老城采用单侧平行发展的布局，由于主要道路均能跨过护城河或城壕向外延伸，这时交通问题比较简单，主要是处理好跨河道路上的桥梁标高和道路纵坡，以及坡脚的交叉口左转交通。

如果新区向两侧平行发展，要考虑老城用地与发展用地的规模。若老城很大，发展用地小，则处理方式同上。反之，如果老城以外的发展用地很大，则两侧新区之间的联系交通往往会穿城而过，上下班的客运交通和自行车交通难以分流，交通总是被集束在几个豁口或大桥上，尤其是老城还保留城墙或很宽的护城河时。桥头是左转交通的集中地，使道路的通行能力降得很低。这时，一方面要加强老城和新区之间的路网密度，另一方面要增加老城外的旁路，首先将货运交通和过境交通分流出城，再分流部分远程的客运交通，减少穿城交通量。

如果老城以外的发展用地受到湖泊、山丘或大型工业基地等的阻挡，新区与老城就会出现单侧错位发展的关系。两块错位搭接的方格网道路系统相接处就是一个“蜂腰”地。在这里，许多条纵横平行交叉的道路集中到一点，与另一片区进行交通联系。如果老城和新区的联系道路性质较单一，车速高，通行能力大，短期内尚可勉强承担；但是一旦将惟一通道变成了商业街，其上的交叉口间距又短，则不胜负担，后患无穷，特别是当新区的用地日益扩大，新老区之间的交通将会阻塞。这种实例在我国已经不少。因此，在新区开发的早期，就要控制道路的红线和道路的性质，将商业网点布置在干路以外的商业街或商贸广场上，预留好停车用地，及早保护好干路的交通功能。另外，在“蜂腰”地区外围还要尽一切可能预留、开辟其他道路或建造跨线桥的位置和用地，以便利用旁路分解交通。如乌鲁木齐的蜂腰地带因受山体和公园的制约，仅 800m 宽，南北向道路汇集造成交通拥堵，规划中通过建设环路来疏解“蜂腰”地区的交通。

还有一种情况是，城市用地的开发受到资金的限制，为了避开难度高、花费大的地块，新开发的地块常与现状地块错位，这样在道路网上也很容易出现交通流集束的结点，形成路网上的“蜂腰”地带。若在规划时能预见到这点，及早采取对策，就能避免日后花高昂的代价来改造路网上的“蜂腰”交通问题，这是引以为戒的。

（2）跨河发展的城市和水网城市

对于跨河两岸发展的城市，产生路网“蜂腰的”一种常见情况就是跨河的桥梁稀少，两岸所有的过河交通都须经过绕行集束到桥上通过。对这种“蜂腰”的改造要比错位发展形成的“蜂腰”容易，通过集资建桥，理顺桥头的道路交通，就能取得显著的成效。同理，打隧道穿山或穿铁路站场而过，也能解决绕越山脚或绕车站道岔口的“蜂腰”交通问题。

在江南水乡地区，“蜂腰”的产生主要是 5 ~ 7 级的通航河道引起的。河道的通航净空要求使“蜂腰地区”的道路网标高都被提高，交叉口被设置在坡道上，给左右转的交通带来了麻烦。为此，机动车与非机动车分流变得更为重要。对于已经建成的三幅路断面的城市，可以考虑在“蜂腰”地区的桥梁建双层桥，桥面行驶机动车，桥腹中行驶非机动车和行人，取其净空高度低、由三幅路进出桥腹方便、对机动车流毫无干扰的优点，以提高“蜂腰”地区的道路通行能力和速度。这种实例在欧美城市不少，在我国南昌也有实例。

4. 交叉口通行能力与路段通行能力的匹配

如果交叉口的红线、车道数与路段上完全一样，交叉口由于相交道路间的交通流要相互等待或避让，而导致通行能力大打折扣，加上交叉口机动车、非机动车和行人相互干扰，交叉口的服务水平严重下降，通行能力仅为路段的 40% ~ 60%。交叉口相交道路越多，或者道路路段上的车道越多，在交叉口汇集的交通量越大，使交叉口难以承受。交叉口交通不畅将导致路网整体运行效率降低，也会造成道路网资源的严重浪费。

因此，在道路网规划中，道路交叉口的通行能力应与路段的通行能力相协调。

（1）平面交叉口的进出口应设展宽段，并增加车道条数。实践表明，平面交叉口渠化对路网整体使用效能改善具有明显效益。在我国许多大城市的中心区，对现状道路全线拓宽已不大现实，所以必须高度重视交叉口的渠化改造，以提高交叉口的通行能力，最大限度地发挥既有道路设施的潜能。

应依据交叉口的现状调查交通量、发展趋势和交通组织方案，进行交叉口的系统设计，包括增加和合理分配进、出口车道数；交通渠化；公交车、行人与自行车交通组织等。交叉口的进、出口道数既要满足近期交通量的需求，又要与相邻道路的通行能力相匹配，使交叉口的通行能力得以充分发挥。

（2）城市中建造的道路交叉口，尤其是立体交叉口，应与相邻交叉口的通行能力和车速相协调。在原有道路网改造规划中，当交叉口的交通量达到其最大通行能力的80%时，应首先改善道路网，调低其交通量，然后再考虑在该处设置立体交叉口。此外，当城市道路网中整条道路实行联动的信号灯管理时，其间不应夹设环形交叉口。

城市道路立体交叉口形式的选择，应符合下列规定：在整个道路网中，立体交叉口的形式应力求统一，其结构形式应简单，占地面积少；交通主流方向应走捷径，少爬坡和少绕行；非机动车应行驶在地面层上或路堑内；当机动车与非机动车分开行驶时，不同的交通层面应相互套叠组合在一起，减少立体交叉口的层数和用地。

（3）道路网节点上相交道路的条数宜为4条，并不得超过5条。道路宜垂直相交，最小夹角不得小于45°。

众所周知，交叉口上对交通影响最严重的是由左转车引发的冲突点，相交道路的条数越多，冲突点也越多。在只有机动车行驶的道路上，3、4、5条路相交的交叉口，起冲突点分别为3、16、50点。

三岔路口（丁字路口）：很多的道路网车辆行驶路线曲折，左转比例又高，不利行车组织；并且在两个丁字路口之间的道路，流量是两条道路的叠加，容易发生拥堵。

四岔路口（十字路口：若交通量不大，经冲突点的车辆可以在时间上错开；若用环形交叉，可将冲突点变为同向的交织点；若交通量增加，可以用信号灯管理，将冲突点降为2点；还可以拓宽进口道的宽度，提高通行能力；但若道路两侧有非机动车行驶，则冲突点又增加到16点，其中12点是由非机动车对机动车的干扰而产生的，这也是三幅路横断面的主要缺点之一。

五岔路：用信号灯管理时相位难以配对，若在交通量300辆/h时可用环形交叉，但道路相交的角度宜相近，否则在狭小的交角处，交织段过短车辆难以顺利通过；不然就要为加大这段交织长度采用半径很大的环岛。

六岔口：在信号灯相位配对上，绿灯时间平均不到1/3周期，故其通过能力低。如果建成环形交叉，一旦环形交叉的交通量达到饱和状态，改造成用信号灯管理的平面交叉口或建立体交叉，都是十分困难的，易成为城市道路网中的瓶颈。

因此，在道路网规划中要慎重处理节点上相交道路的条数，以免造成先天不足。

（4）应避免设置错位的T字形路口。已有的错位T字形路口，在规划时应改造。

在道路网规划中，要避免错位的丁字路口。丁字路口的冲突点虽少，但当两个丁字路口错位布置时，就比一个十字交叉口的交通组织复杂得多。在两个丁字路口错位的一段内，道路上的交通量是两条道路交通量的叠加段，但道路的横断面宽度往往没有变化。因此，在错位路段上交通量突增，当接近道路容量时，就会产生交通阻滞，两个交叉口的机动车流因相互阻挡，造成严重的交通堵塞，从而造成整个路网的交通效率下降。因此，在规划道路网时，尽量少用错位的丁字路口。改善错位丁字路口交通的办法是，拓宽错位段，增加车道数，展宽和渠化路口，并采用联动的信号灯，可以取得很好的效果。

许多水网城市以前有很多丁字形的河汊，在后来的城市建设中因为填河筑路，形成了大量的丁字路口，成为当今城市交通的难点。城市中某些主干路的拥堵实质是由大量丁字形相交的次干路转嫁而来的。因此，在道路网规划中对于干路应尽量在交叉口拉通，形成接近垂直的交叉口，不能迁就一时，造成城市骨架路网的长久缺陷。

（5）对于城市的高架路，要重点处理好上下匝道与地面交叉口的关系，并考虑匝道布置是先上后下，还是先下后上。美国旧金山的高架路，车辆从高架路上行驶下来以后，进入单向行驶路网，且道路至少有三条车道，所以能够承受从高架路下来的交通量。我国有些城市高架路出入口设置太近，高架路的匝道在交叉口附近采用先下后上式的设置，如果交叉口拥堵，就会出现车辆在匝道下不来的情况，甚至顶推到高架路上堵车。过去北京的东三环拥堵严重，并不是因为交织段不够，而是车辆在高架上下不来。

如果高架路出入口是先下后上，高架路上的车辆经过交叉口后再下去，则交通组织简单了许多，也没有了机非干扰。但是出入口的距离不能太近，否则由于高架路上车辆速度快，出匝道时要减速，容易导致后面车流密度增大，发生交通拥堵。因此，在做高架路规划时，上下匝道的处理是个非常重要的问题。

5. 重视对原有城市道路和公路的改造和协调

（1）与公路的协调

公路有出入城公路、过境公路和郊区公路之分。在处理城市道路与公路衔接时，要根据公路的交通性质和功能要求与城市道路系统进行合理的匹配和衔接。特别是随着城市用地的扩展，城区段公路的性质常常转化为城市道路。因此，在道路网规划中，应充分考虑与公路的协调，处理好城市道路与公路技术标准衔接问题，在路线线形、标高、断面形式、交叉口形式和车速设计等方面进行综合分析和合理规划。

靠近城区的出入城公路可采用城市道路设计标准。

此外，从国内外经验来看，城市道路与对外公路的衔接部分和城市附近的过境公路往往是交通拥挤的路段，所以在确定技术标准时宜采用高限，并留有较大的余地。

（2）与原有城市道路的协调

在道路网规划中，要注重协调与原有城市路网的关系，对原有城市路网的改造需要特别慎重。如南京市道路网，历史上留下来的老城道路是斜向的，国民党时期来了个“正子午线”，造成许多斜交道路。随着城市发展，道路交通量显著增加，但却由于缺乏平行道路，无法组织单向交通。为此，南京市花了很大力气把进香河填成了进香河路，以组织平行交通。因此，要认识到既有的道路网已经过好多年的实践检验，在规划中不要随便改变城市干路的走向。

6. 土地开发强度与道路网容量相适应

我国许多城市的旧区以狭窄的街道或小巷居多，却是人流活动频繁的交通集散地。在城市旧城改造的过程中，土地开发强度显著提高，但对道路交通设施的考虑不够，道路用地预留不足，公交站点、停车场也缺乏街道以外的用地。一旦道路的通行能力被限死，将难以改造。因此，在城市道路网规划中，必须要保证有足够的道路面积率和路网密度，使道路网容量能够适应土地开发的要求。

从交通的角度看，交通的动静、人车活动宜分别处理，但又要能方便联系，对一个地块的交通设施通行能力，要出大于入才容易疏导交通。越是交通繁忙的地区就越要路多些，以适应交通突发事故的应变能力。如果建一条 100m 宽的道路，不如建 2 条 50m 宽的道路，或者建 1 条 50m、2 条 25m 的道路，将繁忙的交通集中在一条路上是不可取的。城市支路作为划分城市街区（坊）的基本因素，能够为各种不同性质的地块提供良好的交通可达性，为了配合城市中心区局部地块上建筑容积率的提高，支路网的密度需作相应增加，以适应高峰时间通过大量集散的车流、人流交通和临时停车的需要。稠密的支路网还可以组织单向交通，简化交叉口左转交通的干扰，有利于将机动车和非机动车分别组织在不同的道路上，实行快慢分流，也有利于组织商业步行街，实现人车分流。

在城市支路网的规划与建设中，还要考虑其布置形式。对于同样的用地面积，长方形路网较正方形密度大，由此使城市用地获得较多的沿街面；而且在同样的可达条件下，沿干路方向的交叉口数量较少，可以减少道路上的交叉口影响。长方格的支路网还适合实行单向交通。因此，支路网宜采用长宽比为 2：1 ~ 4：1 的长方格。

7. 客货运交通分流

城市客、货运交通之间存在较大的干扰和冲突，必须加以合理分流，以改善城市道路交通的环境质量和运行效率。城市货运道路是城市干路的重要组成部分，是城市货物运输的重要通道。它应满足城市内大型工业设备、产品和救灾物质和设备的运输要求，在道路标准、桥梁荷载等级、净空界限等方面均予以特殊考虑。

城市货运车辆日趋大型化，其尾气、噪声和振动对环境的危害是很大的，规定货运道路可使其不良影响缩到最小范围，也可防止过境的货运车辆在市内乱穿。

在城市主要货流集散点之间规划货运道路，可使货运距离缩短，减少货运周转量，有利于提高运输效率，改善城市环境和房地产的开发效益。

8. 符合城市抗震救灾的要求

城市可能受到的灾害种类很多，如地震、水灾、风灾、瓦斯泄漏和其他突发性事故所造成的灾害。城市的防灾能力，除了加强建筑物本身的抗灾能力外，还包括灾害一旦发生时的消灭次生灾害和抢救受灾人员两个方面。城市道路在紧急时刻能够确保交通畅通，对抢险救灾和防止次生灾害蔓延起着极大的作用，在路网规划中必须重视和贯彻城市抗震救灾方面的要求，否则将会严重制约城市的紧急救援能力。例如：维系生命线的各种主干管，如果埋设在快速路和主干路下，一旦遭到破坏需要抢修，会影响甚至中断交通，对救灾工作极为不利；此外，当道路交通量增加，需要建造下穿式立体交叉时，要搬迁干管也很困难。又如：地震区采用刚性路面，受灾后路面板块翘曲、撕裂，接缝处高差达数十厘米至 1 米多；立体交叉的高架桥下坠，会切断交通，且一时无法清除，严重影响抢救车辆的通行。

对于地震设防的城市，应保证震后城市道路和对外公路的交通畅通，并符合下列要求：干路两侧的高层建筑应由道路红线向后退 10 ~ 15m；新规划的压力主干管不宜设置在快速路和主干路的车行道下面；路面宜采用柔性路面；道路立体交叉口宜采用下穿式；道路网中宜设置小广场和空地，并应结合道路两侧的绿地，规划疏散避难用地。

城市主要出口每个方向应有不少于两条对外放射的道路，七度地震设防的每个城市的每个方向应有不少于两条对外放射的道路。

山区或湖区定期受洪水侵害的城市，应设置通向高地的防灾疏散道路，并适当增加疏散方向的道路网密度。

三、城市道路系统规划和评价方法

1. 城市道路系统规划的一般程序

城市道路系统规划是一项系统工程，涉及多学科的技术和知识，既有交通工程技术，又有规划技术，还有社会学、管理学、心理学以及环境景观的知识等。

只有综合运用各方面的知识，才能做好城市道路网的规划、建设和管理工作。

由于城市道路系统的规划布局是极其综合的，应由粗到细，逐步深入；在道路系统规划中始终要与土地开发紧密结合，使路网的密度和容量与土地开发强度相适应。道路网规划可以有多个方案，通过预测交通量与交通容量的比较，校核道路的车速、负荷度和车辆行驶的总时耗，在综合考虑工程技术水平、城市经济发展和建设财力等其他影响因素的基础上得出优选的规划方案。最后，逐项研究各类交通方式的衔接关系，以及各级道路的数量与结构和交叉口的形式。具体来说，城市道路系统规划的一般程序为：

（1）现状调查，资料准备

1）城市地形图：包括市域（或区域）范围和中心城区范围两个尺度，比例分别为1：25000 ~ 1：5000、1：10000 ~ 1：5000，一般还要有 1：1000（或 1：2000）的地形图作定线校核用。

2）城市发展社会经济资料：包括城市人口、经济和交通运输发展资料。

3）城市道路交通现状调查资料：包括城市道路系统现状（道路宽度、断面形式、交叉口等）、城市车辆统计资料，道路及交叉口机动车、非机动车、行人的交通流量分布资料和对外交通资料。

4）城市土地使用资料：包括用地现状和总体规划中的土地使用规划方案。

（2）城市道路系统初步方案

分析现状城市道路系统在路网结构和交通组织等方面的问题，根据城市总体规划的要求，进行车辆增长预测和出行产生、出行分布和道路流量预测，从“骨架”和“功能”的角度提出道路系统初步设计方案。

这就要求在规划道路网时，首先要掌握规划期内城市主要客货交通流量和流向，结合地形地物，包括山、丘、河、湖、现有的城市道路网，以及港口码头、铁路、公路、机场、高压输电线、微波铁塔、市政工程管线等各种人工构筑物，以及城市的重要建筑物和旧城保护地段，提出路网规划的初步方案。初步方案应结合各种规划构思，以寻求多种适用、经济的方案。

在进行路网规划初步方案时，可采用以下简便而实用的方法：

1）主线规划法：根据 OD 找轴线，先确定城市的道路交通走廊，再逐级细化，形成城市道路网布局方案。

2）密度——间距规划法：即将道路网的密度要求折算成道路间距，然后根据道路的功能与间距要求进行路网布局规划。

（3）道路系统方案评价和比选

对初步方案中的城市路网结构、路线走向、主要交叉口形式等进行综合分析和全面比较，包括技术、社会、经济、环境影响等方面的效益评价和工程建设费用的估算，进而优选出最适宜城市总体发展要求的道路系统规划方案，排出分期实施的序列。

（4）修改完善城市道路系统方案

对优选出的方案进行修改完善，并进一步细化研究，确定最终的道路系统方案，明确各级城市道路红线宽度、横断面形式、主要交叉口的形式和用地范围，以及广场、公共停车场、桥梁、渡口的位置和用地范围。

（5）绘制道路系统规划图

城市道路系统规划图包括平面图和横断面图。平面图要标出城市干路网的中心线、干路主要控制点的位置、坐标和高程，以及交通节点和交叉口的平面形式；比例尺为 1：10000 或 1：5000。横断面图要标出道路红线控制宽度、断面形式及标准断面尺寸，比例为 1：500 或 1：200。

（6）编写道路系统规划文字说明

对整个道路系统规划设计工作做必要的方案说明，一般应包括规划依据和规划原则、各项规划指标及参数的确定、道路系统的交通及社会经济效益评价的分析结论、道路网分期实施方案以及其他需加以说明的事项等内容。

2. 城市道路系统规划的评价

（1）城市道路网规划评价的内容

1）城市道路网规划的综合评价

道路网规划方案的综合评价主要从技术性能、经济效益和社会影响三个方面进行（见表 2–6）。

表 2–6　道路网规划方案的综合评价

项目	内容
经济效益评价	这一评价要从成本和效益两个方面进行分析，二者均包括直接和间接两部分。成本中的直接费用包括初次投资费用以及有关的交通设施、交通服务的运营和维修费用等；间接成本主要指道路交通设施给其使用者以及全社会总成的额外费用，如因防治交通公害而造成的社会费用、交通事故造成的直接和间接经济损失、能源消耗费用等。效益中的直接经济效益包括出行时间的节省、运输成本的降低、交通事故减少等；间接经济效益包括改善大气质量、减少交通公害、改善投资环境、提高生活质量等给其使用者以及全社会带来的效益
技术性能评价	从道路网系统整体出发，从城市总体规划和综合交通规划的角度分析评价道路网的整体建设水平、路网布局质量、路网总体容量等，也可以对局部道路或节点的质量性能进行评价，如某条线、某个交叉口的通行能力、服务水平等
社会环境影响评价	道路交通系统对社会环境的影响体现在正负两个方面。正面效应包括可达性提高、生产促进、市场扩大、地价提高、景观改善等；负面影响包括交通公害、交通安全、社区阻隔、对视线视觉的影响、对日照通风的影响等

2）城市道路网规划的质量评价

针对道路网络的总体交通质量评价，可从路网运行质量和建设水平两方面进行。反映交通运行质量的指标包括全网络的平均交叉口交通负荷、平均交叉口服务水平、交叉口各级服务水平的百分率，平均路段交通负荷、平均路段服务水平、路段各级服务水平的百分率，各类交叉口的平均延误，主、次干路路段平均车速、全网络平均车速、公交平均运行车速，全网络平均出行时间、平均出行距离等。

反映路网建设水平的指标主要有道路网络的几何指标和数量指标。前者包括路网密度、主干路密度、次干路密度、支路密度、公交线网密度，各类交叉口的个数与百分比，网络的可达性、通达性等；后者包括人均道路面积、道路面积率等。

（2）城市道路网规划的评价方法

一般地，城市道路网规划方案评价可采用层次分析法，分“目标、任务、指标、价值”四个层次进行。首先将制定的规划目标分解为若干独立的评价项目（即任务），对各个评价项目应从不同角度进行客观评价，设定具体的评价指标，

求出各指标的评价值，根据对各指标评价值的目标要求即可对道路网规划方案做出客观评价。

在选择评价指标时应遵循科学性、可比性和可行性的原则：

1）使其能够全面、真实、客观地描述规划方案，反映道路系统的性能及其影响，这就要求评价项目之间不应发生重叠，如从数量角度选取人均道路面积，从分布角度选取路网密度等。

2）评价指标必须定义确切，并尽量建立在定量分析基础之上，具有较强的可测性。在保证反映道路系统特征的前提下，评价指标数量应尽量减少，力求简明实用。此外，评价指标的选定应侧重于使用者效益和社会效益。

第三章　高速公路的规划与总体设计

第一节　高速公路规划

一、高速公路规划的重要性

高速公路是公路网的重要组成部分，高速公路规划的重要性可以从以下几个方面说明：

从功能上看，高速公路是沟通各主要运输点的高效快速运输通道。它上面的运输点主要是机关所在地、大型工农业基地和重要交通枢纽等，它是公路运输中的主动脉。显然，对它做好规划是公路发展建设中的重中之重。

从公路运输系统内部看，高速公路是龙头，它将决定省道路网或地方道路网的规划和建设方向，并与它们一起形成一个有机的整体；从外部看，它将促进整个交通运输网的合理构成，加速交通事业的发展，并由此加速国民经济的发展。

就公路建设资金来看，高速公路建设耗资巨大，而我国的建设资金又严重短缺，充分重视和科学规划高速公路是必然的。就规划本身来看，规划是属于公路网建设的前期工作，是确保公路建设合理布局并有秩序地协调发展，防止建设决策和布局随意性的重要手段。

从与国外比较的观点来看，不仅发达国家拥有高速公路，许多发展中国家也修建了不少高速公路。从高速公路规划理论与方法来看，对密切结合我国国情，并具有我国特色的高速公路网规划理论与方法进行系统研究已提到日程上来了。近年来，随着改革开放的深入，高速公路的建设迅速发展，其规划理论与方法的研究已受到人们的热切关注，并已取得许多可喜的成果。这些成果能为我国公路运输的现代化建设提供坚实的基础。

二、高速公路规划的基本原则和依据

1. 高速公路规划的基本原则

高速公路规划的基本原则，见表 3–1。

表 3-1　高速公路规划的基本原则

基本原则	内容
系统协调与长远发展原则	规划的制定，既要适应未来公路交通长远发展需求，充分体现规划的前瞻性，同时也要立足于高速公路发展的实际，注重规划的连续性和在一定时期内的可行性。高速公路规划与建设是一项耗资巨大、影响深远的工程，高速公路运输必须与区域内外的公路运输和其他运输方式视为相互联系的有机整体，彼此相互协调、有机配合，只有高瞻远瞩、合理布局、科学安排才能做到防止建设决策和建设布局的随意性、盲目性及重复性
工程经济原则	高速公路网的规划需要考虑多种因素，而且各种因素又有时间和空间方面的差异。但在任何情况下，贯彻经济原则，实现最佳效益目标，应该是始终不渝的。高速公路建设占地多、投资大、造价高，在制定规划时，应注意在满足发展目标、技术要求的前提下，尽量珍惜土地资源、节约建设费用，使规划方案既满足社会经济发展战略目标的要求，又具有良好的工程经济性
先行于社会经济发展原则	高速公路是国民经济的重要基础设施，在规划时要对区域的土地利用、社会经济发展、城镇布局规划等进行全面了解和预测，只有超前规划和建设，搞好战略性的长远规划，才能提高交通项目建设的连续性和系统性。因此，应按照社会经济发展的未来总体目标要求，提出高速公路规划先行于社会经济发展的战略思想，由此确定高速公路规划的总体布局
环境保护原则	高速公路规划应充分考虑施工过程中的环境保护和运营时的汽车废气、噪声污染和路面污水排放导流等问题，以减少高速公路建设与营运对环境的影响与破坏，最大限度地保护沿线区域的环境，防止生态破坏

2．高速公路规划的主要依据

（1）国家政策法规高速公路规划与建设是社会经济发展的重要组成部分，依法办事是各项事业发展的基本准绳。在高速公路规划中，必须以区域实际情况为基础，以国家政策与法律为依据，使规划真正起到指导建设安排的作用。

（2）社会经济发展与综合交通运输规划交通需求是社会经济发展的派生要求。制定高速公路规划要以区域社会经济发展规划、国土规划及综合交通运输规划为依据。

三、高速公路规划程序与主要内容

1．高速公路规划程序

高速公路网作为具有复杂系统特性的区域公路网的重要组成部分，其规划必须以系统分析原理为理论基础，通过定量分析系统诸元素之间、系统与环境因素之间的相互关系，以系统功能及综合效益为目标，运用多种数学分析方法对公路网进行系统分析与整体优化。

高速公路规划自制定规划目标开始，从区域公路交通现状分析入手，根据社会经济发展趋势和公路交通需求预测，确定合理发展规模，进行公路网设计和建设序列安排，并对规划方案进行综合评价。整个规划过程环环相扣，紧密相连。因此，在规划的全过程中，无论进行哪一阶段工作都应有全局观念。高速公路规划程序见图 3–1 所示。

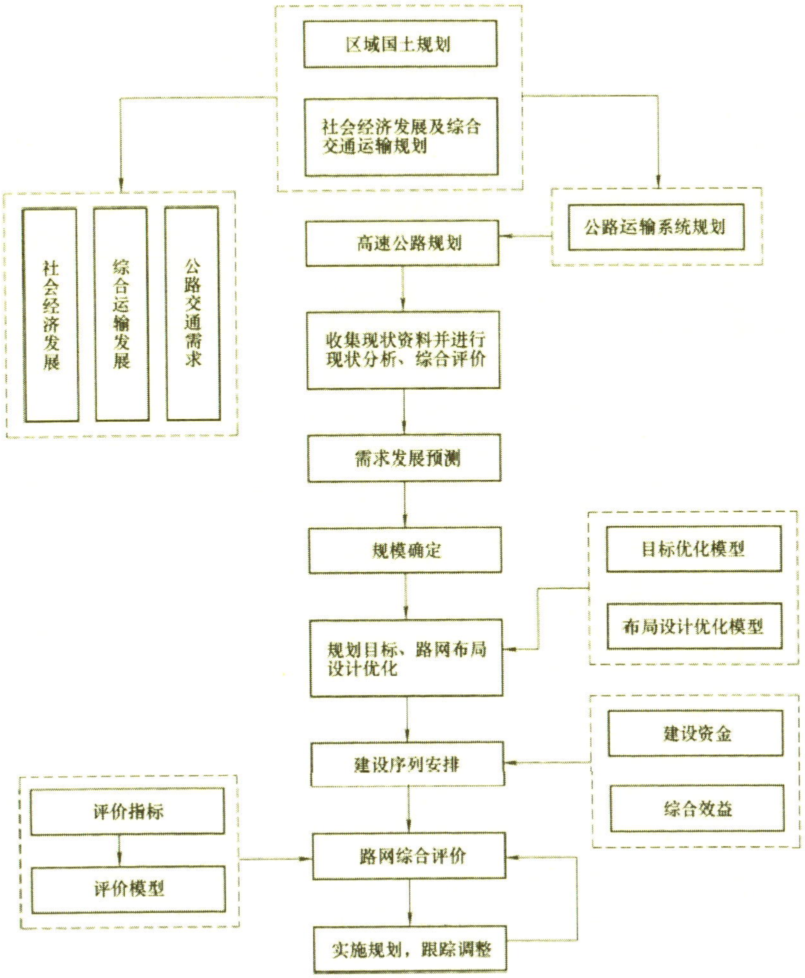

图 3–1　高速公路规划流程图

2．高速公路规划的主要内容

高速公路规划的主要内容见表 3–2：

表 3–2　高速公路规划的主要内容

项目	具体内容
社会经济发展趋势预测	通过对规划区域自然资源及生产力布局、城镇及人口分布、产业结构与经济发展水平的充分调查与综合分析，运用多种方法对社会经济发展总趋势和新特点作出科学预测，指出在规划期内公路运输将面临的新形势和客货流量状况，并明确因此而可能产生的新变化和新特点
公路网现状分析与评价	对高速公路规划涉及区域的自然地理条件和特征、社会经济发展水平、综合交通运输格局作出宏观系统分析，特别是对现状公路网的等级、交通现状、建设与管理状况，进行详细调查和剖析，并作出评价。其目的在于发现公路交通存在的主要问题和找出解决问题的有效途径，并为高速公路规划提供重要依据。从道路的地位和作用看，区域公路网建设发展的作用有两个方面：一是保证有效连通，促进区域经济发展；二是满足交通需求，提高运输效益。区域内高速公路主骨架形成后，对区域经济发展所起的巨大促进作用应特别作出评价
高速公路布局优化	根据社会经济发展，紧密结合生产力布局、城镇分布、公路网现状特点和一定的原理，对高速公路路线走向、重要控制点选择作出多种布局方案，通过比较，从中优选
公路交通量预测	在区域社会经济发展趋势分析和预测基础上，研究综合运输与社会经济发展的相互关系。依据历史资料采用多种方法建立不同的数学模型，对规划区内的综合运输量、旅客运量和流向、大宗货物流量和流向及公路运输工具等作出预测，其中尤以公路运输为重点。根据未来公路客、货流量和流向分布特点，结合公路交通量的构成情况，对规划期公路交通量按不同线路进行分配，获得未来公路网上流量的预测
实施高速公路规划的对策与措施	针对高速公路规划实施过程中面临的资金、技术、材料及其他重要问题，需要在其前期的可行性研究工作中进行详细的研究和论证。同时，对高速公路规划实施的管理体制，应提出基本对策与措施
高速公路规划的综合评价	通过高速公路规划实施可能产生的各种影响（正面或负面）的全面分析，对高速公路规划方案作出综合性的评价。主要包括技术评价、经济评价、社会发展影响评价、国防安全评价、环境影响评价等
高速公路规划分期实施	在高速公路布局优化的基础上，根据规划期内建设资金，路网交通量分布及路线地位、功能、作用等条件，对布局规划优化方案中的各条路段、线路作出建设序列安排
跟踪调整	高速公路规划实施周期长。在这期间，由于经济发展速度、生产力布局、投资结构或国家有关政策发生变化，导致运输结构和公路交通需求与预期情况不符，致使路网结构、规模及路线等级对运输需求的适用性发生变化，此时，应区别情况，对所作规划进行全网、区域、局部或个别路线、路段的调整，以便充分利用有限资源，使运输供给最大可能地满足运输需求的变化

四、高速公路规划的理论与方法

1. 公路规划的理论

目前，我国在公路交通网络规划技术的研究方面，学术上大致可分为两大体系，即四阶段模式法和总量控制法。四阶段模式法是目前采用较多的一种方法，它是以OD调查（起终点调查）为基点，在确定公路交通现状OD分布的基础上，作出未来OD分布的推算。据此将预测到的OD流通过标定的模型分配到公路网上去，最后依据路网上路线流量的大小确定技术等级，作出建设排序。

另一种体系是总量控制法，它的基本思想是从宏观整体出发，以现状公路网的道路与交通特征参数来揭示它的主要问题和基本矛盾；以区域内的公路交通总需求来控制公路网建设的总规模；以区域内的社会经济发展和生产力分布特点，并结合综合交通运输规划，来确定公路网的总格局，并作出公路网建设分期实施计划。这是一种不从OD调查着手，充分利用现有的交通调查资料，以多个总量预测为基础，路网布局合理为核心，综合评价择优为手段的规划过程。整个过程都是在理论研究与实际调查、模型建立与专家经验、定量计算与定性分析和远期规划与近期安排相结合中进行的。因而，能收到科学性与实用性相统一，总体目标与具体实施步骤相统一的效果。

2. 公路规划的方法

（1）四阶段模式法。四阶段模式法的核心思想是从微观出发，以定量分析为主，通过OD调查获得现状客货流量和流向资料，应用有关模型进行趋势外推预测未来的客货流出行分布及不同运输方式分担的比例，采用不同的流量分配方法对路段交通量进行分配预测，最后根据路段上的交通量分配值建立不同的目标函数，对高速公路的规划方案进行设计和优选，同时作出相应的建设序列安排。由于其在交通量预测中采用了出行生成、出行分布、运输方式划分及交通量分配四个步骤，因而被称为四步模式法或四阶段法。

（2）总量控制法。密切结合我国国情对公路网规划的理论与方法进行系统的研究，在以往还是个空白。近年来，公路建设迅速发展，这方面的研究日益受到人们关注。长安大学通过多年的研究和实践，首先提出了公路网规划的“总量控制法”。经国内30个省、市、县域的实践，收到了积极的成效。

总量控制法是从宏观上、整体上科学地把握规划区域内在规划期间与公路交通运输密切相关的一些总量变化趋势，将预测的交通流量较好地分解到布局合理的公路网上，并由此安排路网建设序列的一种规划方法。该方法主要解决下述问题：对现状公路网的分析和评价、现状公路网对区域未来经济发展的适应性、公路网与其他运输方式的有机结合、公路网建设的合理规模、公路网的合理布局、公路网的建设序列、公路网规划方案的综合评价、公路网建设资金的筹措。其优点是：思路清晰，理论完善，方法简便，符合国情，节省人力、物力及时间。但交通量在路线上的分配，尚需进一步完善。

同时，必须看到，由于规划设计和计算过程中，某些具体政策和经验以及一些不可确定因素，势必不能如实地被概括成数学模型，因此任何精确计算，事实上只能是相对而言。所以规划的最终方案，必须在理论计算的基础上，联系实际条件加以必要的修正和补充，并对其进行定期调整和完善。

第二节　高速公路总体设计

一、总体设计应考虑的因素

（1）根据路线在路网中的位置、功能，综合考虑路线走廊带范围的远期社会、经济发展，城市、工矿企业的现状与规划，铁路、水路、航空、管道的布局，自然资源状况等，确定本项目起讫点、主要控制点以及与之相互平行、交叉等项目的衔接关系。

（2）科学确定技术标准，合理运用技术指标，注意地区特性与差异，精心做好路线设计，必要时宜进行安全性评价，以保障行车安全。因条件受限制而采用上限（或下限）技术指标值或对线形组合设计有难度的路段，应采用运行速度进行检验，并采取相应技术对策。

（3）应在查明路线走廊带的自然环境、地形、地质等条件的基础上，认真研究路线方案或工程建设同生态环境、资源利用的关系，采取工程防护与生态防护相结合等技术措施，减少对生态的影响，加强恢复力度，最大限度地保护环境。

（4）做好同综合运输体系、农田与水利建设、城市规划等的协调与配合，充分利用线位资源，合理确定建设规模，切实保护耕地，使走廊带的自然资源得以充分利用，公路建设得以可持续发展。

（5）总体协调公路工程各专业间、相邻行业间和社会公众间的关系，其设计界面、接口等应符合相关法规、标准、规范的要求或规定，并注意听取社会公众意见。路线方案比选应对设计、施工、养护、营运、管理的各阶段，从安全、环保、可持续发展理念出发，运用全寿命周期成本分析方法进行论证，采用综合效益最佳、服务质量最好的设计方案。

二、总体设计的主要内容

高速公路总体设计是在项目工程可行性研究报告所作项目建设必要性、经济合理性、技术可行性、实施可能性和最佳综合社会经济效益发挥的可靠性等综合研究的基础上，对路线作出全面安排。包括如下几个方面。

1．路线方案

路线方案是根据指定的路线总方向（路线起终点和中间主要控制点）和设计道路的性质、任务及其在公路网中的作用，考虑了社会、经济因素和复杂的自然条件等拟定的路线走向。路线方案是否合理将直接关系公路本身的工程投资、运输效率和使用质量，还影响到其在公路网中是否起到应有作用。因此要在各种可能的方案中，通过调查、分析、比选，确定出一条最优路线方案来。

高速公路的任务主要是解决起终点间繁重的直达客货运输，不可过多偏离路线总方向，应尽量缩短运输里程，减少行程时间，降低行车费用和事故率。布线时要考虑的问题见表 3-3：

表 3-3　布线时应考虑问题

问题名称	内容
跨界公路接线点位置	目前，我国高速公路建设的管理体制是分块由省、市、自治区立项建设和运营管理。对跨省、市、自治区的公路接线点，应在符合规划路线总方向的前提下，全面考虑社会综合效益，由用路双方协商确定。并同时商定接界路段的建设规模、设计标准和建设时间，避免出现建设不一致性，从整体上影响社会综合效益的发挥
起终点的位置	高速公路一般都以重要城市、港站、码头或大型工矿基地为起讫或中间控制点，由于这些地点是公路交通量的集中生成源，上下高速公路的车辆都期望以最短行程出入。为此，高速公路起终点位置宜靠近城市出入口或连接在城市外环线上
高速公路立体交叉	一条较长的高速公路在起终点之间会有与之相交的其他道路，应根据相交公路的等级、性质、社会和自然条件等决定交叉类型和相交位置。对互通式立体交叉位置的选择，还应考虑高速公路本身立体交叉的整体布局、横向交通的便利以及相交道路的集散作用等
集散道路（辅道）路线布置	由于修建高速公路要改变原有交通路线，或为减少与高速公路相交次数而合并几条相交道路，此时，须考虑设置平行于高速公路的集散道路。另外，为了排除混合交通影响，有时需要修建辅道。这些问题都要在高速公路选线设计中作出整体考虑
经由城镇时的路线布置	高速公路是为起终点间直达快速交通运输服务的，这一性质决定了它与沿线一般城镇的关系。应结合城镇发展规划，确定其连接方式（穿越、绕行或以支线连接）、地点。一般以距城镇规划区 2 ~ 5km 为宜，最大不要超过 8km

2．线形设计

公路线形指由公路平、纵、横三个方面组成的立体形状。公路的基本形状是在选线时定下来的，从这个意义上讲，选线时就已经开始了线形设计工作。

公路线形的好坏，可以从经济性、快速性、安全性和舒适性四个方面来评判，而从公路使用者的角度来看，则又以安全性和舒适性的感受最为直接。为此，线形组合时，应注意如下基本原则：

（1）应在视觉上能自然地诱导驾驶员的视线，并保持视觉上的连续性。线形指标应大小均衡，使使用者在视觉上、心理上保持协调。

（2）在保证有足够视距的前提下，驾驶员看到前方的弯曲一般不宜超过两个，立面起伏不超过三个。选择组合得当的合成坡度，以利于路面排水和行车安全。

3．景观设计

驾驶员或乘客的舒适感和安全感是通过视觉和运动感觉得到外界信息后，在身体上和心理上的综合反应。这些信息来自两个方面：一是公路内部的线形协调，二是公路与周围环境的外部协调。前者表现为线形设计，后者属于景观设计的范围。线形和景观对驾驶员舒适性影响的程度，大约各占一半，这说明高速公路重视景观设计是十分必要的。

公路景观设计是使公路立体线形及桥梁、隧道、边坡、沿线设施等人工构造物同自然景观相协调的美学设计。为此，要求路线平、纵、横各组成部分的空间充裕，以保证必要的视距与视野；各种设施所构成的视觉系统，应使驾驶员在视觉上能预知公路前方方向和路况的变化；公路的各种构造物本身不仅造型美观，而且要同自然景观融为一体；要充分利用各种沿线设施和绿化手段，改善沿线景观，形成各具特色的建筑风格。

4．沿线设施

根据公路的功能，确定交通安全设施、交通管理设施以及停车区、服务区等的布局、配置和位置。

5．高速公路分期修建

高速公路的分期修建应根据近、远期交通量，社会经济，自然条件以及建设资金等情况确定。其目的是在有限的投资范围内，节省横断面方向的工程，以此延长公路的修建长度，使高速公路早日建成。

分期修建在经济上是否成立，要从分期修建和全部一次建成的投资方面和效益方面考虑种种条件并加以研究之后而定，难以一概而论。仅就工程费而言，如果分期修建方式折合为现时价值的工程费总额比一次建成的工程费总额少时，均可认为是经济的。用算式表示为

$$C \rangle S_1 + S_2 \frac{1}{(1+r)^n}$$

式中 C——一次建成总的工程费用；

S_1——初期工程费用；

S_2——后期工程费用；

r——利率；

n——初期到后期建成的年限。

由上式可知，为使分期修建成立，必须：

（1）初期工程的费用应尽量小一些。前期工程在后期要能充分被利用，以减少重复或拆除工程，使后期工程费用尽可能小。

（2）经技术经济论证后确定的前期与后期工程的时间间隔 n，应有适当长的年限，一般以 7 ~ 10 年为宜。

高速公路宜采用横断面方向的分期修建方式。按全部建成后规模大小的不同，可分为初期修建 2 车道、后期建成 4 车道和初期修建 4 车道、后期建成 6 车道两类。按修建顺序和初期修建车道的道路中的平面位置又可分为三种修建方式：

1）初期修建路一侧的 2 个（或 3 个）车道。

2）初期修建路中间部分的 2 个（或 4 个）车道。

3）初期修建两侧靠外的 2 个车道。

具体采用哪种方式，应从地形、经济及有利于后期施工考虑，一般情况下，以采用第一种形式的修建方式为宜。

三、总体设计要点

（1）路线起、终点应符合路网规划要求。确定起讫点位置时，应为后续项目预留一定长度的接线方案，或拟定具体实施设计方案。

（2）根据公路功能、设计交通量、沿线地形与自然条件等，论证并确定公路等级、设计速度和设计路段。恰当选择不同设计路段的衔接地点，处理好衔接处的过渡及其前后一定长度范围内的线形设计。

（3）高速公路应根据设计交通量论证并确定车道数。高速公路一般情况下宜采用整体式路基；位于丘陵、山区时，应结合地形、地质条件以及桥梁、隧道的布设等论证采用分离式路基的可行性。

（4）路线设计应合理确定路堤高度，减小对沿线生态环境的影响，并做好防护、排水、取土、弃土等设计，防止水土流失，保护环境，使公路工程建设融入自然。当出现高填、深挖时，应同架桥、建隧方案进行比选论证。

（5）由面到带（走廊带）、由带到线（沿路线）查明工程地质、水文情况，重大自然灾害、地质病害的分布、范围、状态，及其对工程的影响程度，论证并确定绕越、避让或整治病害的方案与对策。

（6）确定同作为控制点的城市、工矿企业、特大桥、特长隧道等的连接位置、连接方式。收费公路应在论证收费制式的基础上，确定收费方式、主线收费站位置及其同被交公路的交叉形式等。

（7）综合拟定互通式立体交叉、服务区、停车区、公共汽车停靠站等重要设施的位置、规模和间距，以符合功能、安全、服务所需的最小（或最大）距离。

（8）确定交通工程及沿线设施的建设规模与技术标准。拟分期修建的工程，必须在按远期规划的技术标准作出总体设计的基础上，制定分期修建方案，并作出相应的设计。

第四章　高速公路立体交叉设计

第一节　立体交叉的基本组成及作用

一、互通式立体交叉的组成

互通式立体交叉通常由跨线构造物、主线、匝道、出入口、变速车道、辅助车道、集散车道和绿化地带等组成（见表 4–1）。

表 4–1　互通式立体交叉的组成

组成名称	具体内容
跨线构造物（立体交叉桥或地道）	跨线构造物是指立体交叉实现车流空间分离的主体构造物，立体交叉分为上跨式和下穿式。上跨式是跨越被交道路的跨线桥（立体交叉桥），下穿式是穿越被交道路的地道，有的还可利用地形做成隧道
主线（正线）	主线是指两条相互交叉的公路或道路，是组成立体交叉的主体
匝道	匝道是立体交叉的重要组成部分，是指供上下相交道路的转弯车辆行驶的连接道，有时也包括匝道与主线或匝道与匝道之间的跨线桥或地道。按其作用，分为右转匝道（供右转车辆行驶）和左转匝道（供左转车辆行驶）两类。匝道与主线的连接点称为匝道的端部，包括起点和终点
出口与入口	由主线驶出进入匝道的道口称为出口，由匝道驶入主线的道口称为入口
变速车道	为适应车辆变速行驶的需要，在匝道端部附近、主线右侧出入口附近增设的附加车道称为变速车道。按其作用，分为减速车道和加速车道，出口端为减速车道、入口段为加速车道
辅助车道	在高速公路与次要道路立体交叉时，在分合流附近，为使匝道与高速公路车道数保持平衡和保持主线的基本车道数而在主线外侧增设的附加车道
集散车道	在城市附近，为减少车流进出高速公路的交织和出入口数量，而在立体交叉范围内主线的一侧或两侧设置的与其平行且分离的专用车道
绿化地带	在立体交叉范围内，由匝道与主线或匝道与匝道所围成的封闭区域，一般用来布设美化环境的绿地，也可布设排水管渠、照明杆柱等设施

立体交叉范围，一般是指各交汇道路变速车道渐变段顶点以内所包含的跨线构造物、主线、匝道和绿化地带等的全部区域。

除以上主要组成部分外，还包括立体交叉范围内的排水系统、照明设备以及交通工程设施等。对于收费立体交叉还包括收费站、收费广场和服务设施等。

二、立体交叉的作用

立体交叉的主要作用是可使各向车流在不同平面上通过，各行其道，互不干扰，从而显著提高行车速度，减少行车延误时间，提高交叉口通行能力，同时保证交通安全，改善交通环境，提高社会效益和经济效益。

1．单个立体交叉

交叉口是道路系统的重要组成部分，交汇道路上的各种车辆都需要在交叉口汇集、通过和转换方向。对于平面交叉口，由于转向车辆之间的相互干扰，使得行车速度降低、通行能力减小、交通事故多发。

修建立体交叉是解决平面交叉口交通问题最彻底的方法。它能将相互冲突的车流从空间上分离，使其互不干扰，为高速、安全的行车提供可靠保障。设置立体交叉后，行车速度和通行能力，要比相同的平面交叉口提高 2.5 ～ 3 倍。

2．作为出入口的互通式立体交叉

高速公路上的互通式立体交叉是高速公路的门户，不仅起着吞吐交通量的作用，而且还能使全部车流渠化并控制出入，为高速公路安全运营提供保障。因此，作为出入口的互通式立体交叉在高速公路上的地位十分重要。

高速公路是全封闭的，主要通过其出入口处的互通式立体交叉与沿线地区发生联系，促进沿线地区的发展。实践表明，高速公路出入口附近的地区受益最高。

第二节　立体交叉的类型、特点及选择

一、立体交叉的分类

1．按交通功能划分

（1）分离式立体交叉。仅设一座跨线桥，使相交道路空间分离，上、下道路无匝道连接的交叉方式。此种形式立体交叉占地少、构造简单，但其交通功能有限。

（2）互通式立体交叉。不仅设置跨线桥使相交道路空间分离，而且上、下道路有匝道连接，以供转弯车辆行驶的交叉方式。

互通式立体交叉根据交叉处车流轨迹线的交错方式和几何形状的不同，又可分为部分互通式、完全互通式和环形立体交叉三种类型。

1）部分互通式立体交叉：相交道路的车流轨迹线之间至少有一个平面冲突点的交叉。

2）完全互通式立体交叉：相交道路的车流轨迹线全部在空间分离的交叉，它是一种比较完善的高级形式，各转向都有专用匝道。

3）环形立体交叉：相交道路的车流轨迹线因匝道数不足而共同使用，且有交织路段的交叉。此种形式立体交叉占地多，造价高，但其交通功能完善。

2．按主线与相交道路的跨越方式划分

立体交叉按主线与相交道路的跨越方式划分，见表 4–2。

表 4–2　按主线与相交道路的跨越方式划分

类别	主要内容
半上跨半下穿式立体交叉	半上跨半下穿式立体交叉是介于上述两种方式之间的一种立体交叉方式
上跨式立体交叉	用跨线桥从相交道路上方跨过的交叉方式。上跨式立体交叉高于原地面，线形视距条件好，施工方便，工期较短，对地下管线影响小，排水容易处理。但引道较长，占地、拆迁数量较大，对环境影响较大，污染相对严重
下穿式立体交叉	用地道（或隧道）从相交道路下方穿过的交叉方式。下穿式立体交叉的主体结构在地面以下，对环境影响较小。但排水困难，需增加水泵等排水设施，且需日常维护，地道施工周期较长，对地下管线影响也较大

3．按交叉口交通流线相互关系划分

交通流在交叉口的行驶轨迹称为交通流线。按交叉口交通流线之间的关系可将立体交叉分为三类。

（1）完全立体交叉型。相交道路的所有交通流线均空间分离，无冲突点和交织段，是最理想的立体交叉形式。

（2）交织型。相交道路的交通流线之间有相互重叠，即存在交织路段的立体交叉。这类交叉虽然存在一些交织点，但却完全消除了冲突点。

（3）不完全立体交叉型。相交道路的交通流线之间至少存在一个平面冲突的立体交叉。一般能够通过立体交叉消除直行交通流线常见的冲突点，但直行流线与左转流线间至少存在一个冲突点。设计时应将冲突点安排在一般道路上或交通量较小的道路上。

4．按立体交叉的平面几何形状划分

有苜蓿叶形、喇叭形、环形、叶形、星形、涡轮形等多种形式。

5．按相交道路的条数划分

按相交道路的条数可划分为：三路立体交叉、四路立体交叉和多路立体交叉三种形式。

（1）三路立体交叉："T"形或"Y"形。

（2）四路立体交叉："+"形或"X"形。

（3）多路立体交叉：五路及五路以上交叉，除采用环形立体交叉外，一般没有标准的形式可套 . 用。

6．按立体交叉的层数划分

按立体交叉的层数可划分为：两层立体交叉、三层立体交叉和多层立体交叉三种形式。

7．按是否收费划分

按是否收费可划分为：收费立体交叉和不收费立体交叉两种形式。

二、互通式立体交叉的基本形式及特点

1．三路立体交叉

（1）喇叭形立体交叉。喇叭形立体交叉是国内外高速公路广泛采用的形式之一，如图 4–1 所示。它是用一个环圈式匝道（转向角约为 270°）和一个半定向匝道来实现车辆左转弯的完全互通式立体交叉。喇叭形立体交叉又可分为 A 式和 B 式，经环圈式左转匝道驶入主线是称为 A 式，驶出时称为 B 式。

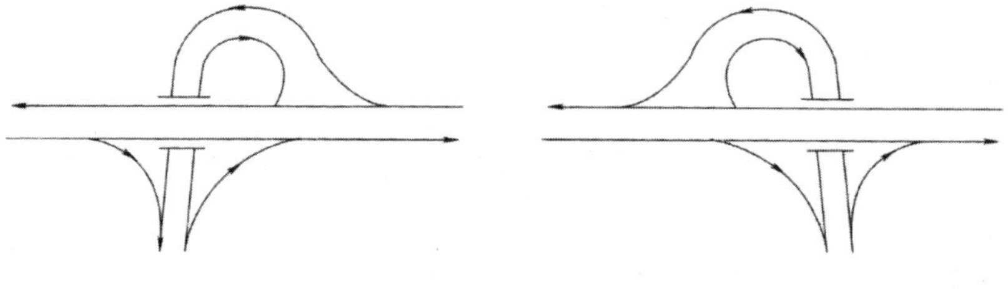

（a）A 式　　　　（b）B 式

图 4–1　喇叭形立体交叉示意图

特点：只需一座跨线构造物，投资较省；无冲突点，通行能力大，行车安全；造型美观，行车方向容易辨认。但小环道上左转车辆绕行路线长，线形差，对行车不利，占地较多。

适用条件：喇叭形立体交叉适用于高速公路与一般道路相交的 T 形立体交叉。

环圈式匝道适应的交通量不大，

设计速度以不大于50km/h为宜。布设时应将环圈式匝道设在交通量小的方向上，主线转弯交通量大时宜采用A式，反之，可采用B式。

（2）叶形立体交叉。叶形立体交叉是用两个环圈式匝道来实现车辆左转弯的T形立体交叉，如图4–2所示。

特点：各方向匝道独立设置，完全互通；只需一座跨线构造物，投资较省；匝道对称设置成叶形，造型美观。

但环圈式左转匝道线形较差，运行条件不如喇叭形好；左转弯车辆绕行距离较长；主线上存在交织运行。

适用条件：叶形立体交叉的适用性与喇叭形立体交叉相近，多用于苜蓿叶形立体交叉的前期工程。

图4–2　叶形立体交叉示意图

（3）定向式立体交叉。定向式立体交叉是左转车辆直接在定向匝道上由一个方向车道的左侧驶出，并由左侧进入另一方向车道的立体交叉方式，如图4–3所示，其中图4–3（a）所示为三处两层式跨线构造物，图4–3（b）所示为一处两层式跨线构造物。

（a）交叉形式一　　（b）交叉形式二

图4–3　定向式立体交叉示意图

特点：车辆左右转弯匝道的转向角均在90°左右，路径短捷，半径较大，利于行车；结构紧凑，用地较少，直接转向，行车方向容易识别。但跨线构造物较多，占地较大，造价较高。

适用条件：定向式立体交叉适用于各方向交通量都很大的高速公路之间的交叉，特别是主线双向为分离式断面且相距一定宽度时较适宜。另外，当主线外侧有障碍物时最为适宜。设计时主线双向行车道之间在交叉范围内所拉开的距离，必须满足左转匝道纵坡和桥下净空要求。

（4）半定向式立体交叉。半定向式立体交叉如图 4–4 所示，它是对定向式立体交叉的改进，将定向左转匝道改为半定向匝道，即左转弯车辆由行车道的右侧分离或汇入主线。

特点：对转弯车辆能提供较高速的半定向运行，通行能力较大；各方向运行流畅，方向明确，不会发生错路运行；主线外侧占用土地较少；左转弯车辆由主线右侧分离或汇入，运行安全方便，主线双向行车道之间不必分开。但匝道长度比定向式立体交叉长；跨线构造物多，占地较大，造价较高。

适用条件：半定向式立体交叉的适用性与定向式立体交叉基本相同，一般用于主线双向交通量相对较大，且双向行车道之间不必拉开或难以拉开的情况。因主线外侧相对占地较少，更适用于主线外侧有平行于路线的铁路、河流、房屋等障碍物的情况。

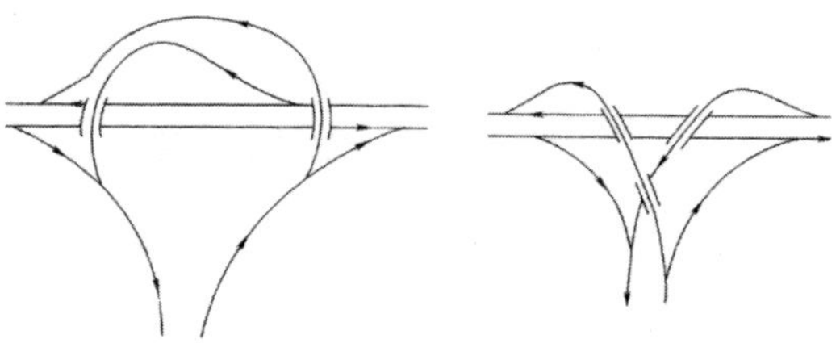

（a）立体交叉形式一　　（b）立体交叉形式二

图 4–4　半定向式立体交叉示意图

（5）环形立体交叉。三路环形立体交叉如图 4–5 所示，它是在半定向左转匝道之间通过交织的方式来实现转弯运行。其中，图 4–5（a）所示为左转车辆之间交织运行，直行车辆直通；图 4–5（b）所示为左转车辆之间交织运行，外侧直行车辆绕行。

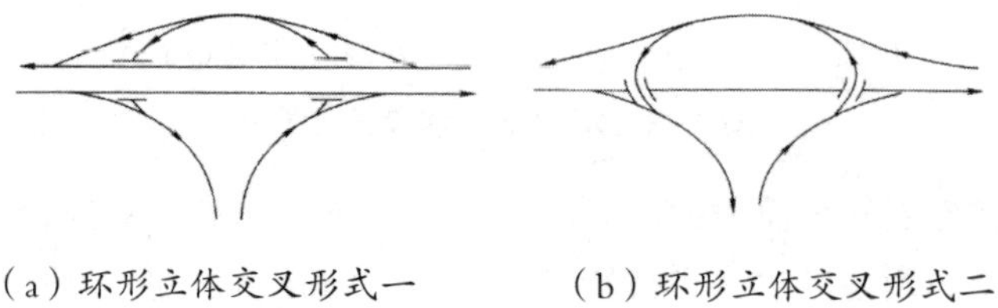

（a）环形立体交叉形式一　　（b）环形立体交叉形式二

图 4–5　环形立体交叉示意图

特点：转弯行驶方向明确，交通组织方便；除了图 4–5（b）所示的外侧直行车辆绕行外，能保证主线交通快速流畅；结构紧凑，占地较少。但存在交织运行，限制了通行能力和行车速度；左转绕行距离较长；需设置两座跨线构造物，造价较高。

适用条件：环形立体交叉适用于高速公路与次要道路相交叉的中等交通量情况。布设时应让高速公路直通，并将交织路段设在地面一层。高速公路采用上跨式还是下穿式，应根据地形、地质、排水等条件综合考虑而定。

2. 四路立体交叉

（1）全苜蓿叶形立体交叉。全苜蓿叶形立体交叉是最常用的立体交叉形式之一，它是平面像苜蓿叶形状的一种完全互通式立体交叉，通过四个对称的环圈式左转匝道实现各方向左转车辆的运行，如图 4–6 所示。

特点：外形简单对称，造型美观，行车视距条件好；交通运行连续自然；仅需一座跨越构造物，造价较省；无冲突点；可由部分苜蓿叶形立体交叉经分期修建而成。但左转绕行距离较长，占地较大；环圈式左转匝道线性差，行车速度低；上、下线左转匝道出入口之间存在交织运行，限制了通行能力；主线上为双重出口，其中左转匝道出口在跨越构造物之后，使标志设置复杂。

适用条件：全苜蓿叶形立体交叉多用于高速公路与一般道路或等级较高道路之间的相互交叉。环圈式匝道可采用单曲线、多心复曲线、方形或压扁形等，布设时视具体条件而定。为了消除主线上的交织，避免双重出口而使标志简化，提高通行能力和行车安全，常在主线的外侧加设集散车道，成为带集散车道的苜蓿叶形立体交叉。

（a）形式一

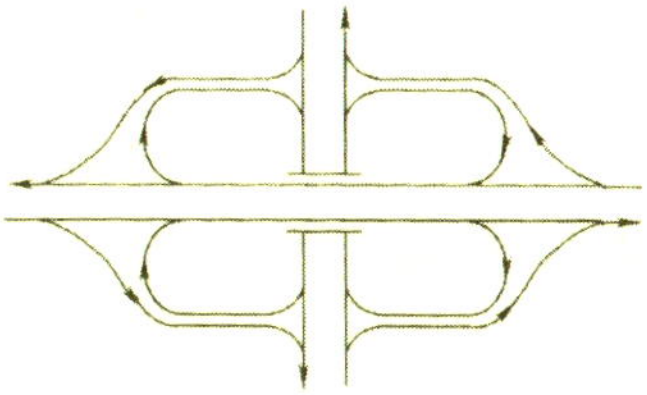

（b）形式二

图 4–6　全苜蓿叶形立体交叉示意图

（2）部分苜蓿叶形立体交叉。部分苜蓿叶形立体交叉是全苜蓿叶形立体交叉的一种变形，在部分左转弯方向设环圈式左转匝道，而在次要道路上以平面交叉的方式实现左转弯运行，如图 4–7 所示，可根据转弯交通量的大小或场地的限制，采用图 4–7 所示中任一种形式或其他变形形式。

特点：可保证主要道路直行车辆快速通畅；单一的驶出方式简化了主要道路上的交通标志；仅需一座跨线构造物，用地和工程费用较少；便于分期修建，远期可扩建为全苜蓿叶形立体交叉。但次要道路上存在平面冲突点，影响通行能力和行车安全；次要道路上可能有停车等待和错路运行现象；有时次要道路平面交叉口需设信号控制，当出口匝道储存能力不足时，往往会影响主要道路的交通。

适用条件：当主要道路与次要道路相交时可采用部分苜蓿叶形立体交叉。布设时使转弯车辆的出入尽可能少地妨碍主要道路的交通，平面交叉口布设在次要道路上，必要时次要道路上组织渠化交通或设置信号控制。当跨线构造物前后有两个连续出口或入口时，宜在主要道路外侧设集散车道以简化出入口。

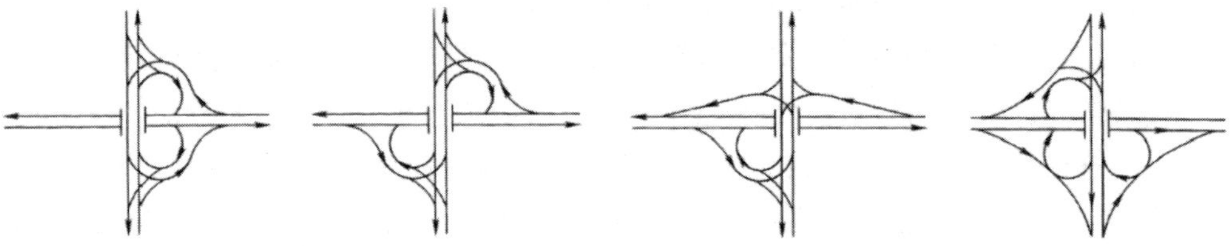

（a）形式一　（b）形式二　（c）形式三　（d）形式四

图 4–7　部分苜蓿叶形立体交叉示意图

（3）定向式立体交叉。定向式立体交叉是由定向左转匝道组成的一种高级的完全互通式立体交叉。

特点：匝道转弯半径大，行车方向明确，路径短捷；能为转弯车辆提供高速的定向运行，通行能力大；无交织，无冲突点，行车安全。但此种形式存在左侧分离和左侧汇入的困难；主线双向行车道之间必须拉开足够距离，直线车辆略有绕行；跨越构造物多，占地面积大，造价高。

适用条件：定向式立体交叉适用于高速公路之间相互交叉的情况。由于存在左出和左进的问题，只有在交通量大，车速高的情况下可考虑采用。布设时，在满足桥下最小净空要求的情况下，合理利用空间高差变化。主线双向行车道之间拉开的距离，应满足纵坡和跨越对向行车道净空要求，同时应保持主线和匝道平面线形的连续性。

（4）菱形立体交叉。菱形立体交叉只设右转和左转公用的匝道，在跨线构造物两侧的次要道路上存在平面交叉。菱形立体交叉如图 4–8 所示，其中图 4–8（a）所示为常用形式。

特点：形式简单，仅需要一座跨线构造物，用地和工程费用小；左转匝道直捷，车辆绕行短，速度较高。但由于匝道数不足，存在平面交叉，有冲突点和交织段，影响行车速度和通行能力。

适用条件：菱形立体交叉多用于高速公路与次要道路相交用地困难的情况，布设时应将平面交叉设在次要道路上。

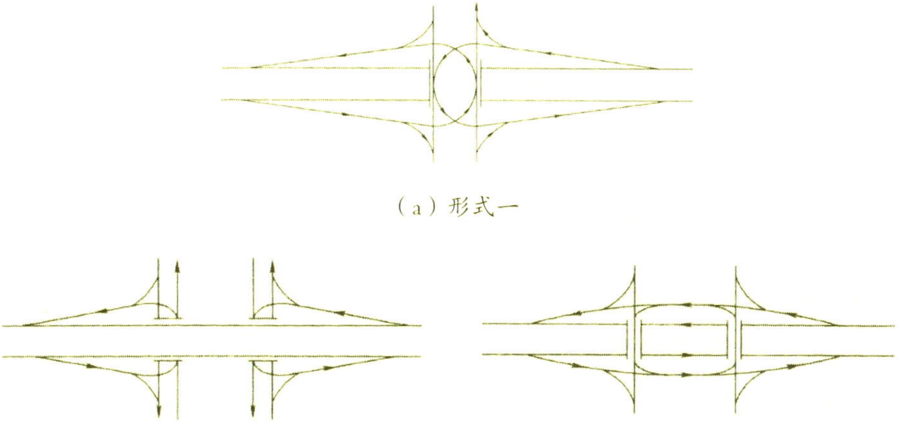

（a）形式一

（b）形式二　　（c）形式三

图 4–8　菱形立体交叉示意图

（5）环形立体交叉。环形立体交叉是由平面环形交叉发展而来的，它是利用环形匝道来实现各方向转弯的立体交叉方式。

特点：能保证主要道路快速通畅，转弯行驶方向明确；无冲突点，行车较安全，交通组织方便；结构紧凑，占地较少。但此种方式存在交织运行，通行能力受到环道交织能力的限制；车速受中心岛半径影响，速度较低；构造物较多，工程费用较多；左转弯车辆绕行较长。

环形立体交叉多用于城市道路，而公路上由于收费的影响一般不采用。环形立体交叉形式多样，环形匝道可设计成椭圆形或圆形，立体交叉层数可设置成两层、三层或四层。

适用条件：两层式立体交叉适用于高速公路与次要道路相交的情况；三层式立体交叉适用于高速公路之间相交的情况；四层式立体交叉适用于城市道路非机动车与机动车分离行驶的情况。

对于五路及五路以上的复式交叉采用环形立体交叉最为适宜。当高速公路与其他多条次要道路相交时，可使高速公路直行车流采用上跨或下穿的方式通过，转弯车流和次要道路上的车流绕环道运行。

（6）组合式立体交叉。组合式立体交叉是根据交通量要求，结合地形环境限制条件，将各种类型立体交叉有机结合所形成的立体交叉。

第三节　立体交叉的规划布局及形式的选择

一、立体交叉规划设计所需资料

1．道路资料

（1）相交道路在公路网中的作用、现状和规划等级、车道数等。

（2）相交道路的几何线形设计标准。

2．交通条件

（1）相交道路的现状与未来交通量资料。

（2）相交道路的交通组成情况。

3．自然条件和社会经济条件

（1）沿线的地带类型、周围环境、文化古迹等。

（2）沿线社会经济状况，包括人口、国民生产总值、工农业生产值、汽车保有量、消费支出等指标。

（3）沿线建筑材料、施工条件、地质、水文、气象、地震等条件；用地、地物、环境等条件。

二、立体交叉规划的一般原则和设置条件

1．立体交叉规划的一般原则

立体交叉规划的一般原则，见表 4–3。

表 4–3　立体交叉规划的一般原则

原则	内容
满足交通发展的需求	立体交叉不仅造价高，而且由其产生的运营费用也很高。因此，高速公路与其他道路相交时，立体交叉是否设置、何时设置、设置成何种形式和规模，都应从交通需求的角度进行论证
以公路网规划为依据	立体交叉的设置应符合公路网规划的要求，保证高速公路交通的畅通。立体交叉的设置不仅要考虑每一个立体交叉的位置、形式和规模，更要综合考虑整个公路网上立体交叉系统的协调与一致性，以便提高整个公路网的效率
用地上可行	立体交叉占地一般较大，因此在规划时应充分考虑用地的可能性，尽量降低因拆迁、征用土地而支付的大笔建设费用。在条件允许的情况下，尽量减少其用地规模，通过相邻的立体交叉来完善其交通功能

续表

原则	内容
技术上可行	立体交叉的规划设计在技术上应具有合理性，包括立体交叉的方案、交通组织方式、立体交叉的结构形式与周围环境的配合及分期修建方案等方面都应全面论证
经济上有效益	立体交叉的规划设计应具有经济可行性，即应在满足交通需求的前提下尽可能提高其经济效益，据分析，收费高速公路的总收益随互通立体交叉数目的增加而增加，当其数量增加到某一值后，反而有减少的趋势

2．立体交叉的设置条件

立体交叉的设置应根据相交道路的性质、等级、社会条件、自然条件及交通管理方式等因素确定，根据相应的规定，高速公路同其他各级公路、铁路及乡村道路交叉时，必须采用立体交叉。交叉类型除在控制出入的地点设置互通式立体交叉外，均采用分离式立体交叉。

下列情况高速公路应设置互通式立体交叉：

（1）高速公路与高速公路相互交叉，以及高速公路与一级公路及其他交通繁忙的其他等级公路相交处。

（2）高速公路同通往大城市，重要政治、经济中心，重点工矿区，地区或市、县的经济技术开发区，重要农业基地等的公路相交处。

（3）高速公路同通往重要港口、机场、车站和游览胜地的公路相交处；高速公路同通往重要交通源的支线相交处；高速公路与城市快速路、城市出入口的城市放射性快速路或主干路交叉处。

三、互通式立体交叉的合理间距

1．立体交叉间距的影响因素

（1）交通密度。互通式立体交叉间距主要取决于拟建高速公路所在区域公路网的交通密度。合理的立体交叉间距应能均匀地分散交通，并使相邻立体交叉所担负的交通量保持平衡。不能产生一处立体交叉的交通量过分集中，另一处立体交叉的交通量稀少，使整个高速公路和区域交通流量分配不协调的情况。

（2）相邻立体交叉之间的交织段要求。在相邻的两个互通式立体交叉之间，要有足够的交织段长度，以满足车辆进出高速公路时相互交换车道所需的交织长度要求。交织段长度是指前一个立体交叉匝道与主线的合流点到后一个立体交叉主线与匝道的分流点之间的长度。

（3）标志和信号布置的要求。在相邻的立体交叉之间应保持足够的距离，在该距离内能够设置若干指示标志以连续不断地警告驾驶员立体交叉和出口的到来。在高速公路上，一般有 2km 的视认标志距离，该距离主要根据车辆行驶速度与驾驶员的反应时间等因素决定。为了不使标志重叠，野外立体交叉的间距需在 4km 以上，市郊需在 2.5km 以上。

（4）驾驶员驾驶顺适的要求。互通式立体交叉，尤其是多层式立体交叉的线性变换和纵坡起伏皆很频繁，如间距过近，对车辆运行、驾驶操作及景观都不利。

（5）经济上的考虑。如果互通式立体交叉布置过密，造价很高，反而不如改为高架路更为经济合理。

2．互通式立体交叉间距的规定

相邻互通式立体交叉的最小间距不宜小于 4km；最大间距不宜大于 30km；超过时应设置与主线立体分离的“U 形转弯”设施；宜结合具体地区条件而定。一般大城市、重要工业园区附近的平均间距宜为 5 ～ 10km；其他地区宜为 15 ～ 25km。

四、互通式立体交叉的位置选定

立体交叉位置的选定，应以现有道路网或已批准的规划为依据。在保证主线畅通的条件下，综合考虑立体交叉对地区交通的分散和吸引作用、立体交叉的设置条件、技术上的合理性、经济上的可行性以及拟选立体交叉的形式等，选择较为理想的地带。一般应选择在地势平坦开阔、地质良好、拆迁较少及相交道路具有较高的平纵线形指标处。

通常情况下，应根据下列条件选定立体交叉的位置：

（1）相交道路的性质。如高速公路与高速公路相交、高速公路与其他各级道路相交、一级公路与交通繁忙的一般公路相交时，均应设置互通式立体交叉。

（2）相交道路的任务。高速公路与通往大城市，重要政治、经济、文化中心，重要港口、机场、车站和游览胜地的道路相交处，应设置互通式立体交叉。

（3）相交道路的交通量。公路上未作具体规定；城市道路规定：当进出口的交通量达 4000 ～ 6000 辆 / 小时（小汽车），相交道路为四车道以上，且对平面进出口采取改善措施和调整交通组织均难以奏效时，可采用立体交叉。

（4）地形条件。当交叉所在地的地形条件适宜修建立体交叉时可采用，如高填方路段与其他道路交叉处、较高的桥头引道与滨河路交叉处等。

（5）经济条件。修建立体交叉的年平均投资费用应小于平面交叉口的年经济损失总额，否则是不经济的。

五、立体交叉形式的选择

1. 互通式立体交叉形式选择的影响因素

归纳起来主要包括道路、交通、环境及自然条件，具体内容如图 4–9 所示。

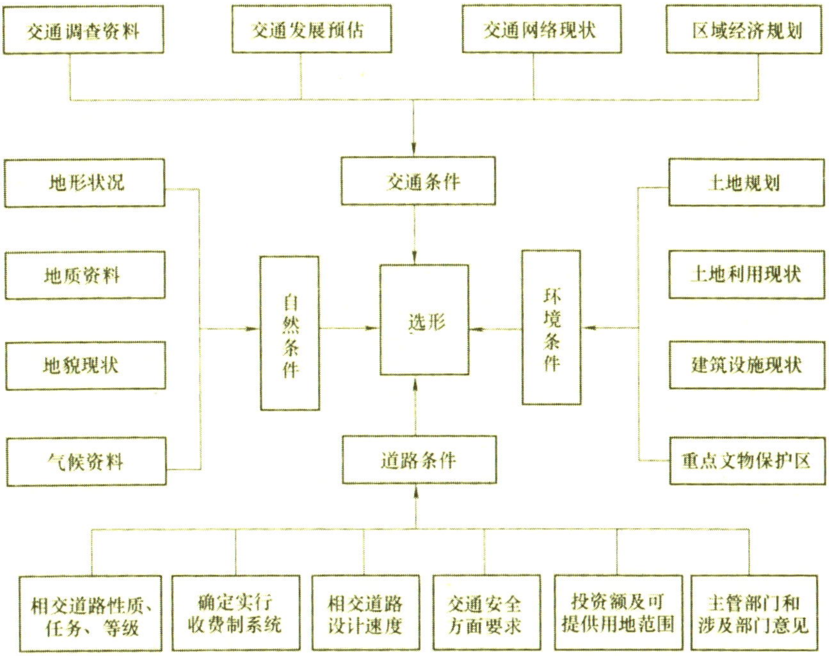

图 4–9　互通式立体交叉形式选择的影响因素

2. 互通式立体交叉形式选择的基本原则

（1）互通式立体交叉的形式首先取决于相交道路的性质、任务和远景交通量等，确保行车安全畅通和车流的连续。相交道路等级高时，应采用完全互通式立体交叉，且交通量大、计算行车速度高的行车方向要求线形标准高、路线短捷、纵坡平缓。

（2）选定的互通式立体交叉形式应与所在地的自然环境条件相适应，要充分考虑区域规划、地形地质条件、可能提供的用地范围、周围建筑物及设施分布现状等。在满足交通要求的前提下综合分析研究，力求合理利用地形，与周围环境相协调，力求造型美观，结构新颖合理。

（3）互通式立体交叉形式选择要全面考虑近远期结合，既要考虑近期交通要求，减少投资费用，又要考虑远期交通发展需要。例如：为合理利用资金，适应交通量增长需要，近期可选用部分互通式、两层式立体交叉等，远期可改建为完全互通式、三层或四层式，但应注意前期工程能为后期工程所利用，以免造成浪费。

（4）选形应从实际出发，有利于施工、养护和排水，尽量采用新技术、新工艺、新结构，以提高质量、缩短工期和降低成本。

（5）互通式立体交叉形式选择和总体布置要全面安排，分清主次，充分考虑平面线形指标和竖向标高的要求。如铁路与道路相交，以铁路上跨为宜，可减少净空高度；高速公路与其他道路相交，原则上高速公路不变或少变，其他道路抬高或降低。互通式立体交叉形式选择要与定位相结合。立体交叉的形式随所在位置的地形、地物及环境条件而异，通常先定位后选形，二者统筹考虑。

（6）互通式立体交叉形式选择要考虑是否收费以及实行的收费制。如果是收费立体交叉，根据转弯交通量大小，首先确定连接线所在的象限，然后按变速车道长度要求确定连接线的具体位置，连接线两端三路交叉的形式应与主线的性质相适应。

3. 互通式立体交叉形式选择的步骤和要点

（1）确定互通式立体交叉的基本形式. 首先选择立体交叉的总体布局，如上跨式或下穿式，完全互通式或部分互通式，两层式、三层式或四层式，机动车与非机动车分行或混行，是否考虑行人交通，是否收费等，在此基础上进一步选择立体交叉的基本形式。

在确定公路立体交叉基本形式时，应根据各方面的交通量，结合地形、地物、当地交通条件综合考虑而定，并注意以下几点：

1）直行和转弯交通量均大，相交道路的计算行车速度较高并要求用较高的速度集散时，可采用定向式或半定向式立体交叉。

2）相交道路等级相差较大，且转弯交通量不大时，可用菱形、部分苜蓿叶形或喇叭形立体交叉。

3）不设收费站的高速公路、一级公路相交时，可用苜蓿叶形立体交叉，但其规模和用地较大，且应设置集散车道以减少交通堵塞和交通事故。

4）部分苜蓿叶形立体交叉有两处相隔较近的平面交叉，对次线直行交通不利。当各向转弯交通量相差悬殊时，应在适当象限内布置匝道，将冲突减至最低程度。

5）干线公路与一般公路相交、不设收费站时，应优先采用菱形立体交叉；若设收费站而主线转弯交通量较小时，允许匝道上存在平面交叉。苜蓿叶形立体交叉的环圈式匝道以单车道为宜。若交通量接近或大于单车道通行能力，则应采用半定向或定向匝道。

（2）互通式立体交叉几何形状及结构的选择。互通式立体交叉几何形状及结构对行车速度、运行时间、行车视距、视野范围、服务水平及通行能力等影响较大。在基本形式的基础上，通过仔细研究，对立体交叉的总体结构进行安排，并合理布置匝道。

（3）互通式立体交叉方案的比较。经以上过程产生几个立体交叉方案，必须经过多方案的技术、经济比较，选择合理的立体交叉形式和适当的规模，以满足交通功能要求、适合现场条件、工程量小、投资经济。对于复杂的大型立体交叉，还应制作透视图或复合透视图进行检查比较。

方案比选的方法很多，常用的有综合评价法和技术经济比较法两种。

综合评价法是对建立的综合评价指标体系，借助运筹学的层次分析法或模糊数学的方法或二者结合使用，通过各因素权重的计算和综合分析比较，以寻求整体最优或较优的立体交叉方案，作为决策的依据。

技术经济比较法是直接计算各立体交叉的方案的技术、使用及经济指标，逐项进行对比分析，选出最优方案。

六、互通式立体交叉形式的统一性

一条高速公路上设置的立体交叉往往很多，由于各种因素的影响，所选用的交叉形式可能是多种多样的。这经常会导致立交出口的不一致。尽管有出口指示标志，但仍然不可避免地使驾驶员产生犹豫的心理而自然减速，这不仅会影响其他车辆的正常行驶，降低通行能力，还很容易引发交通事故，引起交通混乱。因此，当一条高速公路上要设置一系列立体交叉时，立体交叉形式的选择要考虑进、出口匝道的通用性和形式的统一性，应注意以下几个方面：

（1）在一座互通式立体交叉中，应避免出现一条主线的一个方向左转车采用专用左转匝道而对向左转车却采用平面交叉这种情况。

（2）当互通式立体交叉的出口为右转匝道出口时，宜将该出口放在结构物之前。要避免一条道路上一系列立体交叉的右转出口都在结构物之前，却突然出现一个出口在结构物之后这种情况；更不利的情况是出口变成左转驶出。

（3）当一连串立体交叉的匝道都是从右侧驶出和从右侧汇入时，应避免突然夹杂一个匝道是从左侧驶出或从右侧汇入的立体交叉。一条路线上立体交叉的出口应相似，包括楔形端部设计、标志设置和标线画法都应相似。

第四节　互通式立体交叉线形设计

一、主线线形设计

立体交叉的主线应与路线有相同的设计速度和同等的舒适性和安全性。但由于桥梁墩台、上部构造、护栏、路缘石以及匝道等的存在，会给行车造成不利的影响。

因此要求主线具有更高的线形标准，这样才能保证汽车行驶的快速、舒适与安全。

在主线线形设计时除应满足规定的各项技术指标的要求之外，还应注意以下几个问题。

1. 确保主线及其引线有足够长度的直线路段

主线及其引线的直线路段应满足立体交叉的需求。设置足够长度的直线路段，可以减小桥跨结构的长度、避免斜弯桥，对设计、施工和工程经济都有利，且利于行车安全。

2. 力求两相互交叉的主线正交

如两相互交叉的主线正交，不但可以减少桥跨结构的长度，降低工程造价，还有利于匝道的布置和行车安全；如必须斜交，其交角宜不小于 60° ；条件受限制时也不应小于 45° 。

3. 确保主线及其引线范围内有较长的行车视距

主线及其引线范围内设置较长的行车视距，可使驾驶员能够在足够远的距离内辨明立体交叉的位置及其走向，不会产生犹豫不决的不良心理状态，以利于车辆安全行驶。当立体交叉处于凸形地带时，更应保证行车视距，尽量采用较大的竖曲线半径。

4. 力求用较缓的纵坡

因为上坡时，爬坡能力低的汽车将使车速降低，导致超车频繁增加，同时交叉口主线车速降低，容易被匝道进入的车辆切断，对高速公路车流也是一种潜在的危险。

5. 确保相交路线有足够的跨越局度

上下线间路基边缘设计高差是纵断面线形及匝道线形设计的基本尺寸，直接影响交叉路线、匝道线形、各部分几何尺寸和工程经济。因此必须确保相交路线有足够的跨越高度。

二、匝道线形设计

1. 匝道的组成

车辆在匝道上的行驶过程可分为分流减速行驶过程、匀速（或变速）行驶过程和加速合流行驶过程。相应地可将一条转弯匝道也分为驶出道口、中间匝道路段和驶入道口三个部分。驶出道口和驶入道口统称为匝道的道口（或端部）。

2. 匝道的分类

（1）按匝道功能及其与主线的关系分类

1）右转匝道。右转匝道是指车辆从主线右侧驶出后直接右转约 90° ，从另一主线的右侧驶入，是最简单的匝道，一般不设构造物。

特点：车流右出右入，形式简单、方向明确、线形舒顺，曲线半径较大，车速较高、行程较短。

2）左转匝道。左转匝道上的车辆需转 90°～270° 并越过对向车道后到达另一主线，除环圈式左转匝道外，匝道上至少需要一座跨越构造物。按匝道与主线的关系，左转匝道有直接式、半直接式和间接式三种类型。

①直接式（又称左出左入式）。直接式左转匝道是指左转弯车辆直接从主线行车道左侧驶出，左转 90°，从另一主线行车道的左侧驶入。

特点：匝道长度最短，可降低营运费用；没有反向迂回运行，自然顺畅；适应车速高，通行能力较大。但跨线构造物较多；左出左入不适合驾驶员习惯，一般不宜采用。

②半直接式。按车辆由主线出入匝道的方式不同，又可分为以下三种基本形式（见表 4–4）。

表 4–4　三种基本形式

形式	特点
左出右入式	与直接式左转匝道相比，右入改善了左入的缺点，车辆驶入安全方便。但仍然存在左出的问题，匝道上车辆略有绕行，驶出道路双向行车道之间需有足够间距，跨越构造物多
右出左入式	此方式改善了左出的缺点，车辆驶出安全方便。但仍然存在左入的缺点，驶入道路双向行车道之间需有足够间距。其余特征与左出右入式匝道相同
右出右入式	右出右入式是最常用的左转匝道形式，它完全消除了左出和左入的缺点，行车安全方便。其缺点是左转绕行距离较长，跨线构造物较多

③间接式（环形匝道）。如图 4–10 所示，左转弯车辆驶过跨线构造物后向右转约 270° 在行车道的右侧驶入。

特点：车流右出右入，分合自然，不增跨线构造物就可达到左转的目的，但左转绕行距离长，匝道线形指标较差，车速较低。如图 4–10 所示，其中图 4–10（a）所示为常用基本形式；当为了改善互通式立体交叉的交织而设置集散车道时，可采用图 4–10（b）、（c）、（d）所示的三种形式。

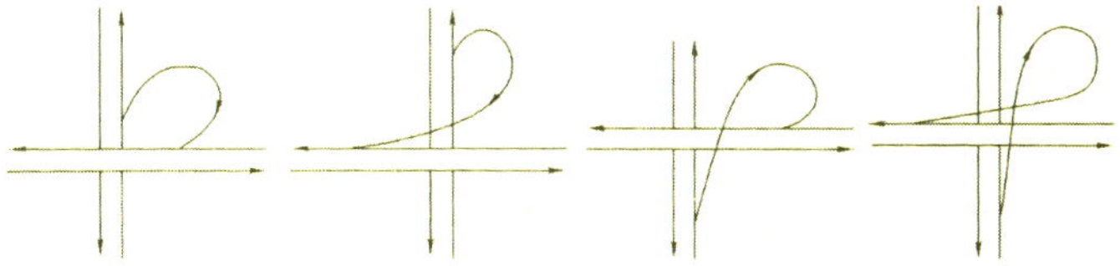

（a）形式一　（b）形式二　（c）形式三　（d）形式四

图 4–10　环形左转匝道示意图

（2）按匝道横断面车道类型分类

1）单向匝道。根据交通需求不同，单向匝道可分为单向单车道和单向双车道匝道两种。前者是一种常用的匝道形式，无论是右转匝道还是左转匝道，当转弯交通量比较小而未超过单车道匝道的设计通行能力时都可以采用，如图 4–11（a）所示；后者适用于转弯交通量超过单车道匝道设计通行能力的情况，两个方向的车行道采用画线分隔，交通运行安全性较差，如图 4–11（b）所示。该形式适用于一般左、右转匝道。

2）双向匝道。双向匝道是将左、右转的单车道匝道合并在一起，采用画线分隔或用中央分隔带将左、右转弯匝道加以分隔，如图 4–11（c）所示；当左右转匝道分离设置时，分别按各自交通量确定匝道车道数，并分别进行设计，形成分离式双向匝道，如图 4–11（d）所示。该形式适用情况与双向有分隔匝道相同，但占地较多，有较多的三角形地带可供绿化及其他之用。

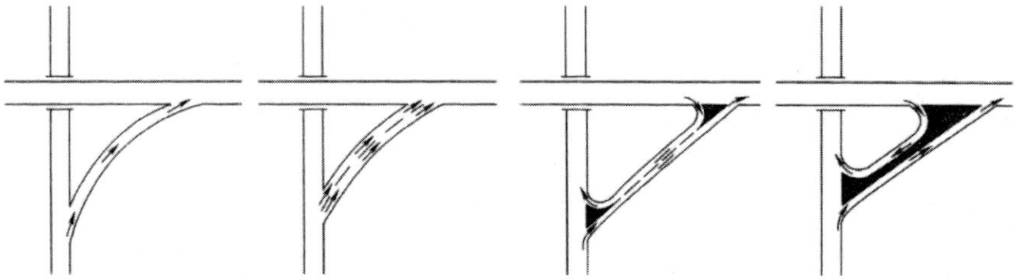

（a）类型一　（b）类型二　（c）类型三　（d）类型四

图 4–11　按匝道横断面车道类型分类的匝道

（3）按匝道的结构形式分类

1）桥式匝道。由桥跨结构物构成的匝道，定向式立体交叉常采用这种形式。

2）路堤或路堑式匝道。根据实际地形情况将匝道修建成路堤或路堑式。

3）组合式匝道。由以上两种形式组合而成的匝道。

（4）按匝道所在象限分类。由相交道路构成一坐标系，形成四个象限。根据一条匝道经过的象限数量，匝道可以分为以下四种（见表 4–5）。

表 4–5　匝道的种类

类别	主要内容
经由一个象限的匝道	是指从出（入）口至入（出）口均在同一象限内的 E 道，车辆转弯运行在同一象限内完成
经由两个象限的匝道	是指经由两个象限的匝道，车辆从一个象限出（入）而从另一个象限入（出），但不涉及第三个象限

续表

类别	主要内容
经由三个象限的匝道	该匝道位于三个象限内，一般情况是入口和出口各位于不同的象限，匝道本身途经第三个象限
经由四个象限的匝道	是一条连续穿过三个象限并在第四个象限才进入正线的匝道。从形式上看，环形立体交叉中的环形道可归入此类

3．匝道平面线形设计

（1）匝道平面线形设计。一条匝道是由车辆驶离主线的出口、由匝道驶出进入另一主线的入口和匝道本身三部分组成。

由于我们通常把一条匝道看做是一条很短的道路，因此可以应用道路线形设计原理进行匝道设计。但由于匝道的平面位置和高程都受到较严格的限制，匝道的平面线形要比道路的平面线形复杂，因此设计时往往需要进行复杂的计算工作，甚至要多次计算才能满足设计要求。

匝道曲线计算是匝道平面线形设计的重要内容。比较典型的计算方法是解析法（线元法）。采用解析法，人工计算量很大，但由于目前计算机的广泛应用，完全可以依据通用计算公式，开发专门的应用软件，继而减小手工计算量，提高计算效率和准确度。

（2）匝道平面线形设计要点。匝道的平面线形应根据匝道设计速度、交叉类型、交通量、地形、用地条件、工程造价等因素确定。匝道平面线形设计应遵循以下设计要点。

1）从出入口至匝道中平面线形紧迫路段的范围内，圆曲线的半径应与变化着的速度相适应。

2）右转匝道和左转直连式或半直连式匝道应采用较高的平面指标。

3）直连式互通式立体交叉中，纵面起伏时凸形竖曲线前后的平面线形应一致，或具备良好的线形诱导。严禁在小半径凸形竖曲线以后紧接反向平曲线。

4）匝道平面线形指标应与交通量相适应，交通量大的匝道应具有较高的平面线形指标。避免不必要的反弯。

4．匝道纵断面线形设计

（1）一般要求

1）匝道及其与主线连接处，纵断面线形应尽量连续，避免线形的冲突。

2）匝道上应尽量采用较缓的纵坡，特别是加速上坡匝道和减速下坡匝道，严禁采用等于或接近于最大纵坡值的纵坡。匝道及端部纵坡变化处应采用较大半径的竖曲线，以保证足够的停车视距。分、合流点及其附近的竖曲线还应满足识别视距的要求，以保证能看清前面的路况。

（2）匝道纵断面线形设计。匝道纵断面线形多受其两端连接主线的纵坡大小及坡向限制，当匝道跨越匝道或主线时，还要受跨线处标高的控制。右转匝道纵断面线形通常由一个以上竖曲线组成，但纵坡较小，起伏不大，竖曲线较大；左转匝道纵断面线形一般由反向或同向竖曲线组成。反向竖曲线的上端多为凸形，下端多为凹形，中间宜插入直坡段，也可以直线连接。同向竖曲线宜加大半径，连成一个竖曲线或复合竖曲线。

（3）匝道纵断面线形设计要点

1）匝道的纵坡应平缓，并避免不必要的反坡。

2）匝道同主线相连接的部位，其纵断面线形应连续，避免线形的突变。

3）出口匝道宜为上坡匝道。

4）上坡加速或下坡减速的匝道，应采用较缓的纵坡，避免采用最大纵坡值。

5）匝道中设收费站时，邻接收费广场的路段，其纵坡应平缓，不得以较大的下坡紧接收费广场。匝道端部纵坡变化处应采用较大半径的竖曲线。匝道中间难以避免反坡时，凸形竖曲线应具有较大的半径，尤其在其后不远有反向平曲线或匝道分、汇流的情况下。

5. 匝道横断面设计

（1）匝道横断面组成。匝道横断面由行车道、硬路肩、土路肩、路缘带组成。行车道一般为单向单车道，个别为单向双车道。当两条对向匝道并列时，匝道之间应设置中间带。中间带由中央分隔带和两侧路缘带组成。

（2）匝道曲线的加宽。

1）加宽缓和段。设置回旋线或超高缓和段时，加宽缓和段长度应采用与回旋线或超高缓和段长度相同的数值；如果不设回旋线或超高缓和段时，加宽缓和段长度应按渐变率 1：1.5 且长度不小于 10m 的要求设置。

2）加宽过渡方法。加宽过渡的方法一般有两种：一是在加宽缓和段全长范围内按直线成比例加宽过渡；二是在加宽缓和段全长范围内采用高次抛物线加宽过渡。

3）匝道加宽的位置。按照规定，圆曲线上的路面加宽应设置在曲线的内侧。对连续的反向曲线或 S 形曲线，如果匝道加宽位置仍然在圆曲线内侧，将使匝道加宽忽左忽右，匝道宽度变化频繁，从而导致匝道桥梁上部结构布置困难。可按照一条匝道或局部区段内某一圆曲线所对应的最大加宽值对该条匝道或该区段匝道进行加宽，也就是采用等宽的匝道断面，这样处理便于匝道桥梁布置，也改善了路容。

（3）匝道的超高

1）超高过渡段。超高过渡段长度应根据匝道设计速度、匝道断面类型、旋转轴位置及规定的超高渐变率等计算确定。计算后的超高过渡段长度应凑整为5m的倍数，并不小于10m。

2）超高过渡段设置方法。超高过渡段设置方法应视匝道平面线形而定。当匝道上设回旋线时，超高过渡应在回旋线的全长或部分范围内进行；当不设回旋线时，可将所需过渡段长度的1/3 ~ 1/2插入圆曲线，其余设置在直线上；当两圆曲线径相连接时，可将超高过渡段的一半分别置于两圆曲线上。

3）分、合流点附近匝道超高及过渡方法。

a. 直接式驶出道口或驶入道口。当主线为直线或是与匝道同向的曲线时，变速车道在楔形端之前采用与主线相同的横坡；当主线与匝道曲线为反方向的曲线且主线超高小于3%时，在达到变速车道宽度的那一点之前采用与主线相同的超高，其后至楔形端之间使之逐渐变为向外倾斜2%的横坡，楔形端后采用与匝道所需超高相对应的渐变率进行过渡；当主线与匝道曲线为反向的曲线且主线超高大于3%时，匝道的超高横坡在楔形端处向外倾斜1%，但楔形端处横坡代数差应小于8%，其过渡方法同上。

b. 平行式驶出道口或驶入道口。当主线为直线或是与匝道同向的曲线时，变速车道在楔形端之前采用与主线相同的横坡；当主线与匝道曲线为反向的曲线且主线超高大于3%时，超高过渡方法与a相应部分相同。

c. 出入口附近两相邻横坡的代数差不应大于表4-6所规定的上限值。

表4-6 转弯匝道出入口路面横坡的最大代数差

出入口曲线设计速度 /（km/h）	在转移拱顶线处的最大代数差（%）
<30	5.0 ~ 8_0
30 ~ 50	5.0 ~ 6.0
≥ 50	4.0 ~ 5.0

4）主线为直线、曲线时，匝道端部超高设置方法。

a. 直线段直接式出、入道口，变速车道位于直线段，主线正常路拱横坡延伸到变速车道上，在到达匝道ZH点之前，保持相同的单向路拱横坡。

b. 直线段平行式出、入道口，变速车道位于直线段，主线正常路拱横坡延伸到变速车道上，在楔形端后开始按匝道的曲线半径设置超高。

c. 曲线内侧直接式或平行式出、入道口，主线的超高横坡在楔形端之前延伸到变速车道上。

d. 曲线外侧直接式出、入道口，在楔形端处匝道的横坡应尽量缓一些，在到达一个车道宽度处开始超高。

在匝道端部设置超高时，一般以主线边线作为匝道超高的 _ 轴，即匝道绕外侧路面边缘旋转；对于道口间的匝道路线段，超高可按绕未加宽的路面内侧边缘或砸到中心线旋转等方式来实施。

第五节　分离式立体交叉线形设计

一、分离式立体交叉的设计要点

（1）主要公路的平、纵线形应保持直捷、顺适。两相交公路不得因增设分离式立体交叉而使平、纵面线形过于弯曲、起伏。

（2）两相交公路以正交或接近正交为宜，且交叉附近平面线形宜为直线或不设超高的大半径曲线。

（3）高速公路、一级公路同二、三、四级公路相交采用分离式立体交叉。

1）应充分利用被交公路的线形、线位。当交叉角过小或原线形技术指标过低时，应采用改线方案。

2）被交公路的等级、路基宽度、桥梁净宽、净高及车辆荷载等级等技术指标，应按被交公路现状或已批准的规划公路等级设计。

（4）分离式立体交叉跨线桥的桥面雨水，应通过管道引至桥下公路的排水沟，不得散排于桥下公路路面。跨线桥桥下公路的排水宜采用自流排水。跨线桥的桥型设计应注重美学要求。桥型应简洁、明快、轻巧，跨径配置应和谐、悦目，并同周围环境相协调。

（5）分离式立体交叉远期计划改为互通式立体交叉时，应按分期修建原则设计并预留布设匝道的工程条件。

二、分离式立体交叉上跨或下穿方式的选择

分离式立体交叉上跨或下穿方式的选择，应综合考虑以下因素，经技术经济论证后确定。

（1）两相交公路的平面线形和纵坡设计的组合，应使整个工程的造价最低，占地、拆迁数量最少。

（2）不良工程地质条件下，主要公路（尤其是高速公路）宜下穿。交叉附近需与现有公路设置平面交叉或为路旁用户提供出、入口的公路宜下穿。

（3）交通量大的公路宜下穿；同已街道化的公路相交时，新建公路宜上跨。

（4）结合地形、已建工程现状或发展规划，使之同周围景观相协调。

三、主要公路（或高速公路）上跨时设计要点

（1）跨线桥布孔和跨径必须满足被交公路建筑限界、视距和对前方公路识别、通视的要求。

（2）跨线桥下为双车道公路时，不得在对向行车道间设置中墩。跨线桥下为多车道公路，在中间带设置中墩时，其中墩两侧必须设防撞护栏，并留有护栏缓冲变形的余地；跨线桥下为无中间带多车道公路，若须在行车道中间设置中墩时，其中墩前后必须增设足够长度的中间带，且中墩两侧必须设防撞护栏，并留有护栏缓冲变形的余地。

（3）主要公路（或高速公路）纵面设计根据路堤平均填土高度、纵坡起伏程度、交叉处被交公路排水设计等因素综合分析后确定。

（4）跨线桥不得压缩桥下公路横断面的任何组成部分，以及原有的渠道、电信管道等设施，并留有余地。分离式立体交叉或被交叉公路采用分期修建时，跨线桥应按规划规模一次建成。

四、主要公路（或高速公路）下穿时设计要点

（1）应充分利用被交公路的线形、线位。当交叉角小或原线形技术指标过低时，宜采用改线方案。

（2）被交公路的等级、路基宽度、车辆荷载等级应按现状或已批准的规划设计。跨线桥的桥长和布孔必须满足主要公路（或高速公路）的建筑限界、视距和对前方公路识别、通视的要求。主孔宜一孔跨越主要公路全断面，除主孔外应有适当长度的边孔。

（3）跨线桥下主要公路（或高速公路）中间带较宽或为四车道以上高速公路，在中间置中墩时，中墩两侧必须设置防撞护栏并留有护栏缓冲变形的余地。不得在局部范围内改变中间带宽度而使行车道扭曲。

（4）跨线桥下主要公路（或高速公路）附有以边分隔带分离的慢车道、集散车道、附加车道、非机动车道时，可在边分隔带上设置桥墩。当边分隔带较窄时，应在桥墩前后一定范围内加宽，并宜在右方作变宽过渡。

（5）跨线桥前方主要公路（或高速公路）有出、入口或平面交叉时，跨线桥应

增设供通视用的辅助桥孔；主要公路（或高速公路）为曲线时，应满足载货车停车视距要求。跨线桥下为路堑时，若路堑不深，宜将桥台置于坡顶之外；若路堑较深或边坡缓而长需在边坡上设置桥台时，则应将桥台置于坡顶附近，不得布置于坡脚处。

（6）主要公路为高速公路、一级公路时：

跨线桥必须设置防撞护栏和防护网；跨线桥上严禁设置商业广告和同交通安全无关的宣传栏目；跨线桥上悬挂交通标志时，不宜采用通栏式的，且上、下边缘不得超出护栏顶部和边梁外缘底线。

第六节　高速公路与铁路、乡村道路及管线交叉

一、高速公路与铁路交叉

高速公路与铁路交叉时，必须设置分离式立体交叉。

1. 高速公路与铁路立体交叉的平、纵面设计要点

（1）高速公路与铁路立体交叉宜选在双方线形均为直线的地段，或平、纵面线形技术指标高且通视良好的地段。

（2）高速公路与铁路立体相交，以垂直交叉为宜。必须斜交时，其交叉的锐角应不小于70°；受地形条件与其他特殊情况限制时，应不小于60°。

（3）高速公路与铁路交叉，在考虑铁路对立交桥设置要求的同时，其立交位置应符合该路段公路平、纵面线形设计总体布局，使线形连续、均衡、顺适，不得在该局部地段降低技术指标。

（4）高速公路与铁路立体交叉的改建工程，应根据公路网规划确定交叉位置。由于改善交叉角或移位而改线时，其路线的平、纵技术指标不得低于相衔接路段的一般值，更不得采用相应公路等级的最小值。高速公路与铁路立体交叉范围内的公路视距应满足停车视距要求。

2. 高速公路上跨铁路时的设计要点

（1）高速公路跨线桥的跨径与布孔应根据地形、地质、桥下净空、铁路排水体系、沿铁路敷设的专用管线位置等综合确定。

（2）高速公路上跨电气化铁路时，其跨线桥结构形式应按不中断电力输送的施工工艺与方法确定，以不致危及公路施工和铁路行车的安全。高速公路跨线桥及其引道的排水系统应自成体系排除，跨线桥桥面雨水不得直接排至铁路道砟界范围内。

（3）高速公路跨铁路时，考虑到公路、铁路弯、坡、斜及超高的因素，应对跨

线桥周围的铁路建筑限界予以检核。高速公路跨越旅客列车设计行车速度为140km/h的铁路路段时，其跨线桥应设防撞护栏和防落网。

3．铁路上跨高速公路时的设计要点

（1）铁路跨线桥的跨径与净高必须符合公路建筑限界的规定。铁路跨越四车道高速公路时，不得在中间带设置中墩。铁路跨越六车道及其以上高速公路时，若须在中间带设置中墩时，中墩两侧必须设防撞护栏，并留足设置防撞护栏和护栏缓冲变形的安全距离。

（2）铁路跨线桥所跨越的宽度应包括该路段高速公路标准横断面宽度及其所附属的变速车道、爬坡车道、边沟等的宽度。

（3）铁路跨线桥的跨径与布孔应留有足够的侧向余宽，不得将墩、台设置在公路排水边沟以内，并满足公路视距和对前方公路识别的要求。不能满足公路视距与对前方公路识别要求时，应设置边孔。

（4）铁路跨越高速公路时，其铁路跨线桥应设置防落网。铁路跨线桥及其引道的排水系统应自成体系，跨线桥桥面雨水不得直接排至公路建筑限界范围内。

二、高速公路与乡村道路交叉

1．通道设计要点

（1）通道的间隔以400m左右为宜。农业机械化程度高的地区间隔宜适当加大。

（2）通道的交叉角以垂直为宜。必须斜交时，其交叉的锐角应不小于70°；受地形条件或其他特殊情况限制时，应不小于60°。通道处的乡村道路平面线形宜为直线。其两侧的直线长度应不小于20m。

（3）通道处的乡村道路纵断面线形应为直坡，宜不大于3%，构造物不得设于凹形竖曲线底部。通道应采用自流排水方式做好排水设计。

（4）通道的净空：

1）净高：当通行拖拉机、畜力车时，净高大于或等于2.70m；当通行农用汽车时，净高大于或等于3.20m。

2）净宽：当按交通量和通行农业机械类型选用时，其净宽大于或等于4.00m；当通道过长或敷设排水渠时，视情况增宽。

（5）通道为人行通道时，人行通道的净高大于或等于2.20m，净宽大于或等于4.00m。并且下穿高速公路的人行通道应利用中间带设置采光井；人行通道除设梯道外，应视情况设置坡道，其坡度不应陡于1：7；必须做好排水设计，不得因积水影响通行。

2. 天桥设计要点

（1）主要公路为路堑地段或地形条件有利时可设置天桥，并以垂直交叉为宜，其主要技术指标可参照四级公路相关标准执行，桥面净宽应不小于 4.50m。

（2）跨越高速公路的天桥，应设防落网。天桥的桥面雨水不得直接排至公路路面。

（3）如为人行天桥，设计时人行天桥的净宽大于或等于 3.00m，其人群荷载为 $3kN/m^2$，对于行人密集地区为 $3.5kN/m^2$。人行天桥除设梯道外，有条件时应设置坡道，其坡度不应陡于 1：4。

三、高速公路与管线交叉

按照管线的性质和用途，可分为管道和电缆两大类。管道主要有给水管、污水管、雨水管、燃气管、暖气管、输油管等；电缆包括电力线、电信线等。根据管线的布设位置，可有地下埋设和空中架设两种。一般管道都敷设在地面以下，称为地下管线；而多数电缆架设在地面杆柱上，称为地上杆线，但也有少数电缆埋设在地下。高速公路与管线交叉的设计要点如下：

（1）高速公路与架空送电线路相交，以垂直交叉为宜。必须斜交时，其交叉的锐角应不小于 70°；受地形条件与其他特殊情况限制时，应不小于 60°。

（2）高速公路从架空送电线路下穿过时，应从导线最大弧垂与杆塔间通过，并使送电线路导线与公路交叉处的距路面的垂直距离不小于表 4–7 所示规定值。

表 4–7　架空送电线路导线距路面的最小垂直距离

架空送电线路标称电压 /kv	35 ～ 110	154 ～ 220	154 ～ 220	500
距路面最小垂直距离 /m	7.0	8.0	8.0	14.0

（3）架空送电线路导线与路面的垂直距离，应根据最高气温情况或覆冰无风情况求得的最大弧垂和根据最大风速情况或覆冰情况求得的最大风偏进行计算确定。

（4）高速公路与原油、天然气输送管道相交，以垂直交叉为宜。必须斜交时，其交叉的锐角应不小于 60°；受地形条件与其他特殊情况限制时，应不小于 45%。原油、天然气输送管道与高速公路相交应采用穿越方式，埋置地下专用通道。

（5）严禁天然气输送管道利用公路桥梁跨越河流。原油、天然气输送管道穿（跨）越河流时，管道距大桥的距离，不应小于 100m；距中桥不应小于 50m。

（6）严禁原油、天然气输送管道通过公路隧道。各种管道跨越高速公路的设施，不得侵入高速公路的设施，不得侵入高速公路建筑限界，不得妨碍公路交通安全、损害公路设施，也不得对公路及其设施形成潜在威胁。

第五章　平面设计技术

第一节　平曲线超高

一、超高及其作用

当汽车在弯道上行驶时，要受到离心力的作用，横向力是引起汽车不稳定行驶的主要因素。所以在平曲线设计时，常将弯道外侧边缘抬高，构成与内侧车道同坡度的单向坡，这种设置称为平曲线超高。其作用是为了使汽车在圆曲线上行驶时能获得一个指向内侧的横向分力，用以克服离心力，减少横向力，从而保证汽车行驶的稳定性及乘客的舒适性。

二、设置超高的一般规定和要求

（1）超高横坡度的大小按公路等级、圆曲线半径大小及公路所处的环境、自然条件、路面类、车辆组成等因素合理确定。

（2）各级公路圆曲线部分最小超高应与该公路直线部分的正常路拱横坡度一致，以利于

（3）分向行驶的多小迫公路位于纵坡较大的路段，其上、下坡的运行速度会有明显的差异，故可采用不同的超高值，以策安全。

（4）二、三、四级公路混合交通量大且接城镇路段，或通过城镇作为街道使用的路段，当车速受到限制，按规定设置超高有困难时，可按表 5-1 规定设置超高。

表 5-1　市区路段全超高横坡度

设计速度（km/h）	80	60	40、30、20
超高横坡度（%）	6	4	2

（5）位于曲线上的行车道、硬路肩，均应根据设计、圆曲线半径、自然条件等按表 5-1 规定设置超高值。

（6）在有纵坡的弯道上设置超高时，应考虑合成纵坡：

$$i_k = \sqrt{i^2 + {}^{2}_{b}}$$

式中：$i_{纵}$——道路纵坡，%；

i_k——合成纵坡，%。

i_b——路拱超高横坡度。

（7）回旋线过长，超高渐变率过小，将导致曲线段路面排水不畅。因此应按排水要求超高渐变率不得小于 0.3%, 即 1/330。

三、超高缓和段

1. 超高缓和段的过渡形式

从直线上的路拱双向坡断面，过渡到圆曲线上具有超高横坡度的单向坡断面，要有一个逐渐变化的区段，这一变化段称为超高缓和段，如图 5–1 所示。

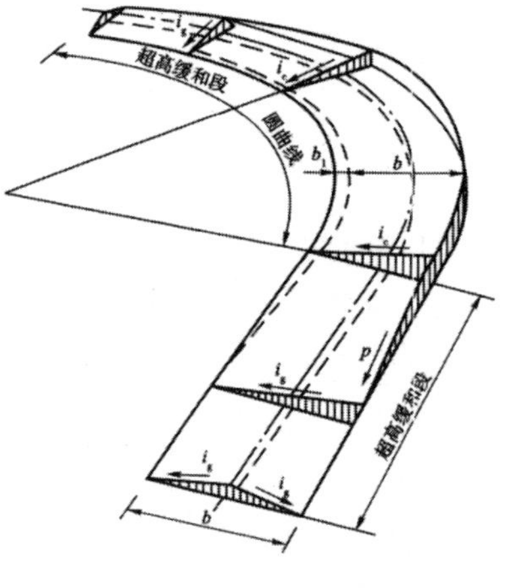

图 5–1　曲线的超高缓和段示意图

超高缓和段的形成过程，根据不同的旋转基线可有两种情况（无中间带和有中间带公路）共六种形式，如图 5–2 所示。

（1）无中央分隔带公路

1）绕路面未加宽时的内侧边缘旋转（简称内边轴旋转）

在缓和段起点之前，先将路肩横坡逐渐变为路拱横坡，再以路中线为旋转轴，逐渐抬高外侧路面与路肩，使之达到与路拱坡度一致的单向横坡后，整个断面再绕未加宽前的内侧车道边缘旋转，直至达到超高横坡度为止，如图 5–2a）。一般新建公路多采用这种形式。

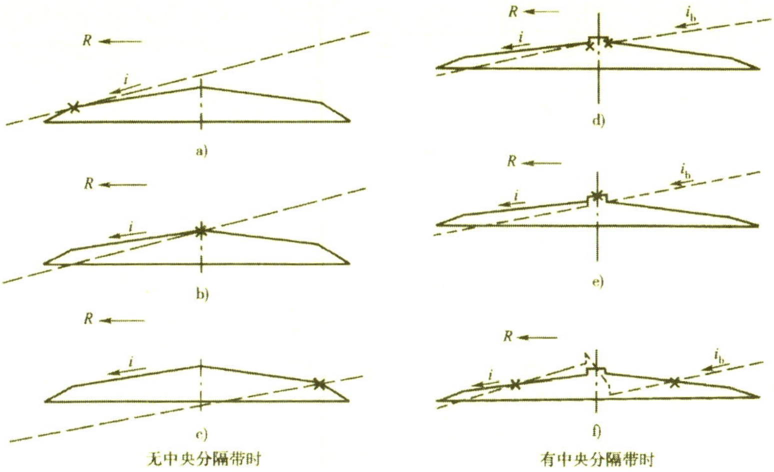

图 5-2 超高缓和段的过渡形式示意图

2）绕路面中心线旋转（简称中轴旋转）

在超高缓和段之前，先将路肩横坡逐渐变为路拱横坡，再以路中线为旋转轴，使外侧车道和内侧车道变为单向的横坡度后，整个断面一同绕中线旋转，使单坡横断面直至达到超高横坡度为止，如图 5-2b）。一般改建公路常采用这种形式。

3）绕路面外侧边缘旋转（简称外边轴旋转）

先将外侧车道绕外边缘旋转，与此同时，内侧车道随中线的降低而相应降坡，待达到单向横坡后，整个断面仍绕外侧车道边缘旋转，直至达超高横坡为止，如图 5-2c）。此种方法仅在路基外缘高程受限制或路容美观有特殊要求时采用此种形式。

（2）有中央分隔带的公路

1）绕中央分隔两侧边缘分别旋转

将两侧行车道分别绕中央分隔带边缘旋转，使之各自成为独立的单向超高断面，此时中央分隔带维持原水平状态，如图 5-2d）。各种宽度不同的中间带均可选用此种方式。

2）绕中央分隔带中心旋转

先将外侧行车道绕中间带的中心旋转，待达到与内侧行车道构成单向横坡后，整个断面一同绕中心线旋转，直至超高横坡值。此时，中央分隔带呈倾斜状，如图 5-2e）。采用窄中间带的公路可选用此方式。

3）绕各自行车道中心旋转

将两侧行车道分别绕各自的中线旋转，使之各自成为独立的单向超高断面。此时中央分隔带边缘分别升高与降低而成为倾斜断面，如图 5–2f）。单向车道数大于四条的公路可采用此种方式。

对于分离式断面的公路，其超高的设置及过渡形式可视为两条无中间带的公路分别予以处理。

2．超高缓和段长度

为了满足行车舒适、路容美观及排水的要求，超高缓和段必须有一定的长度。超高缓和段长度的确定一般以“超高渐变率”来控制。所谓超高渐变率，是指在超高缓和段上由于路基抬高，外侧路缘纵坡较原来设计纵坡增加了一个附加纵坡。超高渐变率过大，会使行车不舒适，路容不美观；但过小，则易在路面内侧积水。超高渐变率见 5–2 所示。

表 5–2　超高渐变率

设计速度（km/h）	超高旋转轴位置		设计速度（km/h）	超高旋转轴位置	
	中轴	边轴		中轴	边轴
120	1/250	1/200	40	1/150	1/100
100	1/225	1/175	30	1/125	1/75
80	1/200	1/150	20	1/100	1/50
60	1/175	1/125			

（1）绕内边轴旋转的超高缓和段长度计算

由图 5–3 可知，路面外缘最大抬高值为：

$$h = bi_b$$

则

$$L_c = \frac{h}{p} = \frac{b}{p} i_b$$

式中：符号意义见图 5–3。

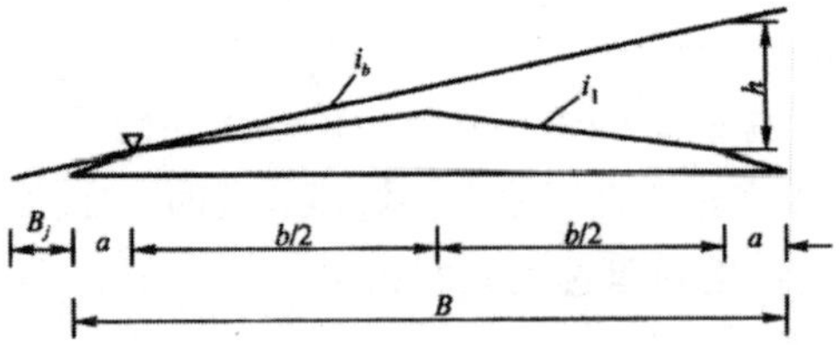

图 5–3　内边轴旋转时图

（2）绕中轴旋转的超高缓和段长度计算

从图 5-4 可知，路面外缘最大抬高值为：

则
$$L_c=\frac{h}{p}=\frac{b}{2}\times\frac{i_1+i_b}{p}$$

式中：符号意义见图 5-4。

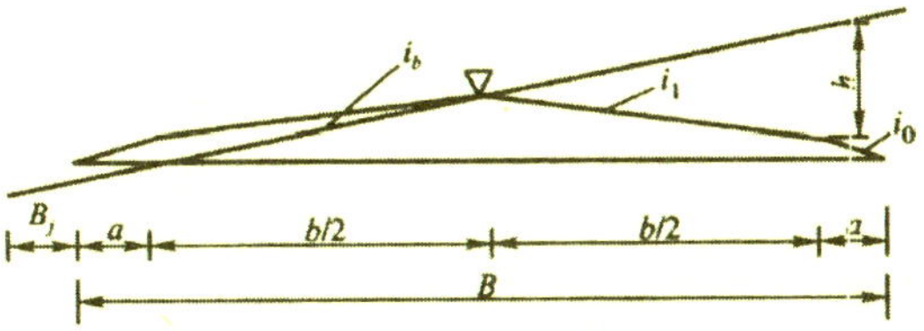

图 5-4　中轴旋转时图

由上面两式进行归纳得出一般式为：

$$L_c=\frac{b'}{p}\Delta i$$

式中：b’——超高旋转轴至路面外侧边缘之间的距离，m；

△ i——超高旋转轴外侧的最大超高横坡度与原路面横坡度的代数差；

p——超高渐变率，m/m；

L_c——内边轴旋转或中轴旋转时的超高缓和段长度，由上式计算的超高缓和段长度取 5m 的整倍数，并不小于 20m 的长度值，m。

第二节　平曲线加宽

一、加宽及其作用

从图 5-5 可知，汽车在曲线上行驶，4 个车轮的轨迹半径不同，其中前轴外轮半径最大，后轴内轮的轨迹半径最小，因而需要比直线上更大的宽度。此外，汽车在曲线上行驶时，其行驶轨迹并不完全与理论行驶轨迹相吻合，而是有一定的摆动偏移，故需要路面加宽来弥补，以策安全。这种在曲线上适当拓宽路面的形式称为平曲线加宽。

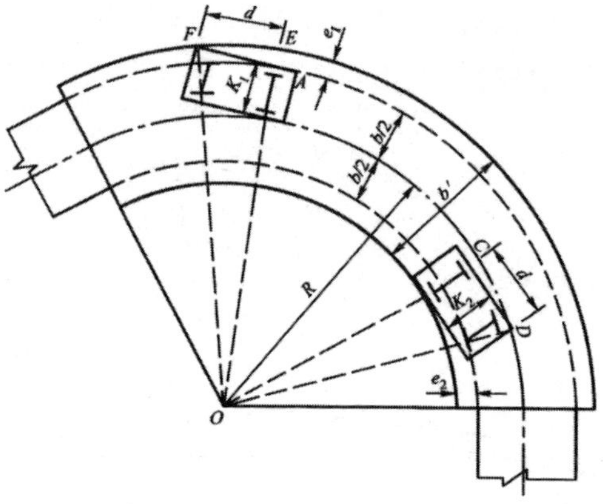

图 5–5　圆曲线上加宽值计算图式（图中，b/2 为一个车道宽；b' 为加宽后的路面宽）

二、圆曲线全加宽值计算

路面加宽值与平曲线半径、车型尺寸及会车时的行车速度有关。

1．根据汽车交会时相对位置所需的加宽值

如图 5–5 所示假设汽车尺寸相同，且 $K_1=K_2=b/2$，汽车后轴至前保险杠之距为 d，则由三角形得：

$$d^2+\left(R+\frac{b}{2}\right)^2=\left(R+\frac{b}{2}+e_1\right)^2$$

$$e_1=\sqrt{d^2+\left(R+\frac{b}{2}\right)^2}-\left(R+\frac{b}{2}\right)$$

故由三角形 COD 得：

$$d^2+(R-e_2)^2=R^2$$

$$e_2=R-\sqrt{R^2-d^2}$$

故得双车道上的加宽值为：

$$e=e_1+e_2$$

实际上，$e_2>e_1$ 现安全地取 $e=2e_2$。

则　$$e=2(R-\sqrt{R^2-d^2})$$

即　$$e=\frac{d^2}{R-e/4}$$

由于 e 与 R 相比，相对很小。所以得：

$$e \approx \frac{d^2}{R}$$

式中：符号意义见图 5–5。

2．根据不同车速摆动偏移所需的加宽值

以上仅考虑汽车在圆曲线上的几何布置，还应引入一个由于速度变化的修正值。根据试验和行车调查，行车速度引起的汽车摆动幅度的变化值为：

$$e' = \frac{0.1v}{\sqrt{R}}$$

3．圆曲线上的全加宽值

圆曲线上的全加宽值为：

$$B_j = \frac{d^2}{R} + \frac{0.1v}{\sqrt{R}}$$

式中：B_j——圆曲线上的路面的全加宽值，m；

d——汽车后轴至汽车保险杠前缘之距离，m；

R——圆曲线半径，m；

v——设计速度，按会车时的速度计算。一般取 v=40km/h。

4．半挂车对加宽的要求

半挂车等大型车辆对加宽的要求包括牵引车、拖车及汽车摆动幅度的变化值有三部分组成。可按下式计算：

$$B_j = \frac{d_1^2}{R} + \frac{d_2^2}{R} + \frac{0.1v}{\sqrt{R}}$$

式中：d_1——牵引车后轴至保险杠前缘之距离，m；

d_2——拖车后轴至牵引车后轴之距，m；

其余符合意义同前。

三、加宽缓和段

1．加宽缓和段长度计算

在平曲线上加宽时，应在圆曲线上全加宽，在主曲线的两端设置加宽缓和段，其长度一般与超高缓和段或缓和曲线长度相同；当圆曲线不设超高仅有加宽时，其长度不应小于 20m，但加宽缓和段长度和全加宽值的比例应按其加宽渐变率 1：15

计算，且取 5m 的整数倍。

2. 加宽值的计算

（1）对于二、三、四级公路设置加宽缓和段时，采用在加宽缓和段全长范围内按其长度成正比例增加的方法。即：

$$b_{jx} = \frac{x}{L_j} \times b_j$$

式中：b_{jx}——缓和段上加宽值，m；

x——缓和段上任意点至缓和段起点之间的距离，m；

L_j——加宽缓和段长度，可取缓和曲线长度超高缓和段长度。

（2）高速、一级公路设置加宽缓和段时，应采用高次抛物线过渡。任一点的加宽值可按下式计算：

$$b_{jx} = (4k^3 - 3k^4)b_j$$

式中：k——加宽值参数，$k=x/l_h$；

l_h——缓和曲线长度，m；

其余符号意义同前。

（3）在城郊路段、桥梁、高架桥、挡土墙、隧道等结构物及各种安全防护设施的地段，可插入缓和曲线过渡。

第三节　行车视距

一、停车视距

汽车在单车道或有分隔带的多车道公路上行驶时，遇到障碍物或路面破坏处，驾驶员只有采取制动的方法，使汽车在障碍物前完全停车，以保证行车安全。因此，离路面 1.2m 高的驾驶员视线看到障碍物，从开始采取制动措施到完全停车，这一必须保证的最短视距，称为停车视距。停车视距由三部分组成，见图 5–6。

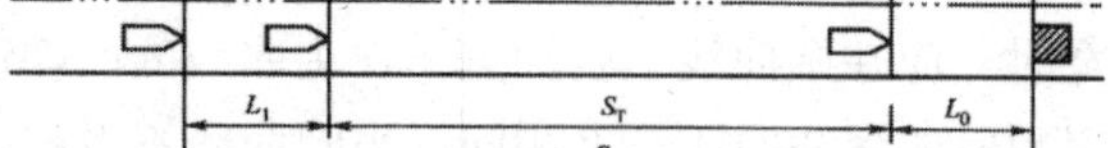

图 5–6　停车视距示意图

$$S_{停} = L_1 + S_T + L_0$$

式中：$S_{停}$——汽车的停车视距，m；

L_1——汽车驾驶员的反应距离，m；

S_T——汽车的制动距离，m；

L_0——安全距离，m。

汽车驾驶员反应时间是从发现障碍物开始，经判断是否采取制动措施，到决定制动，及制动开始生效的所需时间，称为反应时间。这一反应时间内汽车所行驶的距离为反应距离。反应距离可按下式计算：

$$l_1 = \frac{v}{3.6}t$$

式中：l_1——反应距离，m；

v——设计速度，km/h；

t——反应时间，一般取 1 ~ 2s。

汽车从制动生效到汽车完全停止，这段时间内所行驶的距离为制动距离。制动距离的大小与汽车的制动性能、车速有关，同时，也与汽车的质量、驾驶员的技术高低等有关，因此，还需考虑汽车制动方面的使用系数。其计算公式为：

$$S_T = \frac{Kv^2}{254(\phi \pm i)}$$

式中：S_T——汽车的制动距离，m；

v——计算行车速度，km/h；

ϕ——纵向摩阻系数；

i——公路纵坡，以小数计；

K——制动使用系数，一般取 1.2 ~ 1.4。

安全距离一般可取 5 ~ 10m，以保证汽车在障碍物前停车而不发生冲撞。

从上所述，停车视距的计算公式为：

$$S_{停} = \frac{v}{3.6}t + \frac{Kv^2}{254(\phi \pm i)} + L_0$$

式中：符号意义同前。

高速公路、一级公路的视距应满足停车视距的要求；二级公路、三级公路、四级公路的视距应满足会车视距要求，其长度应不小于停车视距的 2 倍。地形条件或其他特殊情况受限制而采取分道行驶措施的地段，可采用停车视距。我国所采用的停车视距，见表 5–3。

表 5–3　各级公路停车视距

设计速度（km/h）	120	100	80	60	40	30	20
停车视距（m）	210	160	110	75	40	30	20

高速公路、一级公路以及大型车比例高的二级公路、三级公路的下坡路段，应采用下坡段货车停车视距对相关路段进行检验。

二、超车视距

在对向混合行驶的双车道公路，各种车辆的行驶速度不同，快速行驶的车辆追上慢速行驶的车辆并超车，需占用对向一定长度的车道。为保证车辆行驶的安全，驾驶员必须看见前面足够长度的车流空隙，以便顺利完成超车，并在超车过程中不影响被超车的行驶状态及其他车流。

超车视距可由四部分组成：

$$S_{超}=l_1+l_2+l_3+l_4$$

式中：l_1——加速行驶距离，m；

l_2——超车车辆在对向车道行驶的距离，m；

l_3——超车完成以后超车汽车与对向车之间的安全距离，一般取 15 ~ 100m；

l_4——超车汽车从开始超车至超车完成后对向汽车的行驶距离，m。

以上为理想的超车视距长度。当地形困难时，超车视距也可按下式计算：

$$S_{超}=\frac{2}{3}l_2+l_3+l_4$$

式中：符号意义同前。

三、平面视距保证

当汽车在弯道上行驶时，弯道内侧树木、路堑边坡及建筑物等可能会阻挡行车视线。因此，要保证汽车的平面视距，必须清除弯道内侧一定范围内的障碍物，如图 5–7 所示。

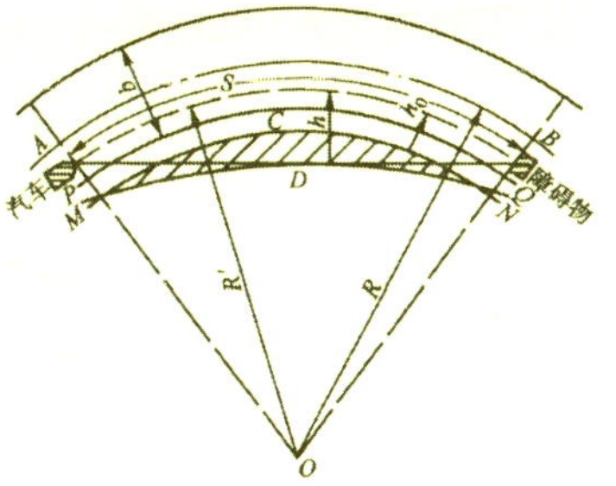

图 5–7　平面视距示意图

设汽车行驶轨迹线至驾驶员视线间的距离为 h，障碍物线至行车轨迹线之间的距离为 h_0，S 为平面视距长度，图中阻碍驾驶员视线的阴影部分为清除范围。

则由图 5–7 可知：

（1）当 $h<h_0$ 时，视距能保证；

（2）当 $h>h_0$ 时，视距不能保证，应进行障碍物清除。

为了保证汽车行驶的平面视距，需通过计算确定最大横净距值 h，而 h_0 值则可在公路横断面图上量取，如图 5–8 所示。

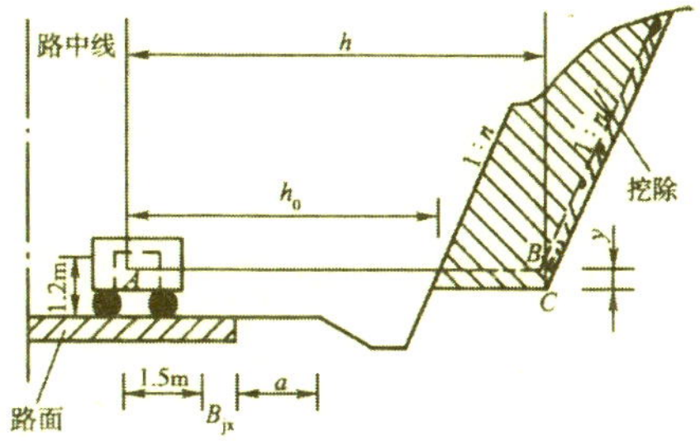

图 5–8　视距台示意图

对最大横净距值确定，可按有无缓和曲线以及视距与汽车行驶轨迹长度的关系分以下几个方面进行计算。

1. 无缓和曲线时的横净距计算

（1）当视距 S 小于曲线长度 Ls 时，由图 5–9a）可知：

$$h = R_s - R_s\cos\frac{\gamma}{2} = R_2\left(1-\cos\frac{\gamma}{2}\right) = \frac{S^2}{8R_s}$$

式中：R_s——汽车行驶轨迹半径，为路面未加宽前内侧边缘加 1.5 的半径；

h——最大横净距，m；

S——行车视距，m；

γ——视距 S 所对应的圆心角，rad。

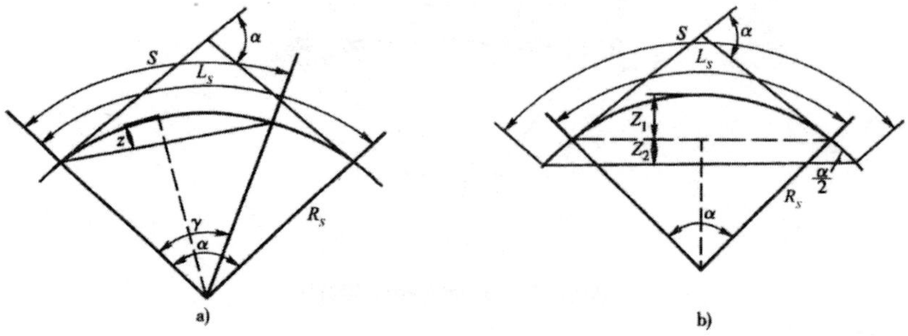

图 5–9　视距 S 小于曲线长度 Ls

（2）当视距 S 大于曲线长度 Ls 时，如（图 5–9b）可知：

$$h = h_1 + h_2 = R_s\left(1 - \cos\frac{\alpha}{2}\right) + \frac{S - L_s}{2}\sin\frac{\alpha}{2}$$

$$h = \frac{L}{8R_s}(2_s - L)$$

式中：符号意义见（图 5–9b）。

2. 有缓和曲线时横净距计算

（1）当视距长度 S 小于主圆曲线长度 Ls 时，得：

$$h = R_s\left(1 - \cos\frac{r}{2}\right) = \frac{S^2}{8R_s}$$

（2）当 Ly ≤ S ≤ L’ s 时，如图 5–10：

$$h = h_1 + h_2 = R_s\left(1 - \cos\frac{\alpha - 2\beta}{2}\right) + (l_h + l_0)\sin\left(\frac{\alpha}{2} - \delta\right)$$

式中：δ——通过 M 点（或 N 点）并且与平曲线的切线相平行的直线与 MN 的夹角；

$$\delta = \arctan\left\{\frac{1}{6}\frac{l_h}{R_s}\left[1 + \frac{l_o}{l_h} + \left(\frac{l_o}{l_h}\right)^2\right]\right\}$$

β——缓和曲线的切线角，rad；

l_h——缓和曲线长度，m；

L'_s——转角为 α 半径为 Rs 时的平曲线长度，m；

l_0——汽车计算位置（M 或 N 到缓和曲线起点的距离，m，$L_0=\frac{1}{2}$（L's–S）；其余符号见图 5–10。

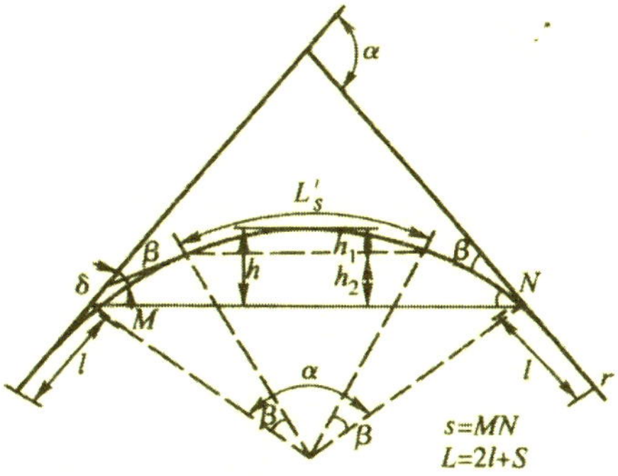

图 5–10

（3）当 S>L'，如图 5–11：

$$h=h_1+h_2+h_3$$
$$=R_s\left(1-\cos\frac{\alpha-2\beta}{2}\right)+l_h\sin\left(\frac{\alpha}{2}-\delta\right)+\frac{S-L's}{2}\sin\frac{\alpha}{2}$$

式中：符号意义同前。

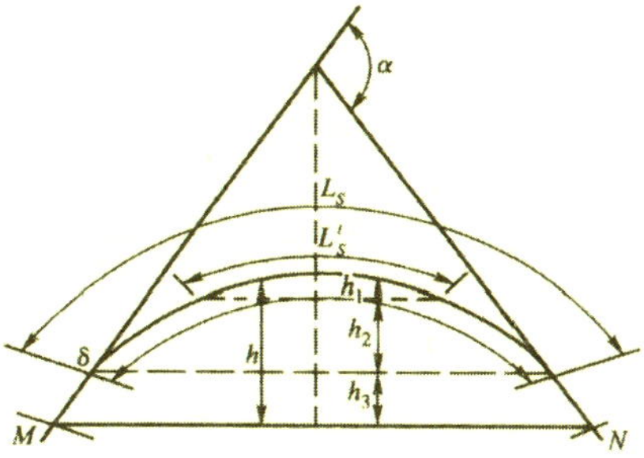

图 5–11　S > L's

3．视距保证的方法与步骤

如图 5–12 所示，绘制视距包络图及确定视距清除范围的具体方法如下：

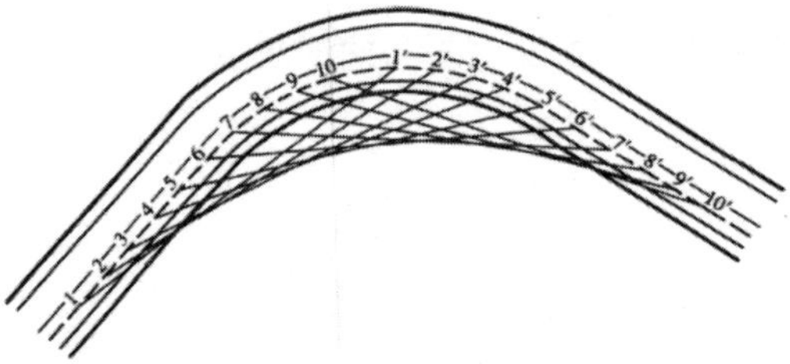

图 5-12　视距包络示意图

（1）按比例绘制弯道平面图。

（2）确定 Rs 并计算 h 值。

（3）丈量（或量取）行车轨迹线至障碍物线之间的距离 h_0 值，如图 5-12 所示。

（4）判断视距是否保证，若视距不能保证，则需进行下列工作。

（5）在平面图上距曲线起点（或终点）处分别向直线方向两端量取 S 长度得 0 点及 n 点。

（6）由 0 ~ n 长度范围内进行平分若干等分，得 0、1、2、3、4、…、n 各点；

（7）由 1 点开始，沿轨迹线方向每隔等距离量取 S 得 1’、2'、3'、4'、各点，并连接 1-1'、2-2'、3-3' 等，用一光滑曲线外切各连线，该光滑曲线即为视距包络线。

（8）图中的阴影部分即为视距切除范围。

（9）根据平面图与横断面图中相对应的桩号分别在平面图上量取 h_0，如图 5-12 即为视距切除范围。

第四节　平面设计要点

一、直线的运用

直线是两点间距离最短的线形。一般情况下，它测设、施工简单，视线良好，运行距离短而降低了汽车的运营成本，因而在公路设计中被广泛运用。

但由于直线线形的灵活性差，受地形、环境等条件限制大，并且直线线形很容易导致驾驶员的思想麻痹，经常性超车，从而易发生交通事故。所以，在设计中不能片面强调直线线形，直线的长度不宜过长。直线的理论长度（极限最大长度）一般很难从理论上进行论述，但在实际应用时根据地形、安全及景观，按以下几个方面考虑。

适宜采用直线的路段

（1）不受地形、地物限制的平坦地区和山间的开阔地段。

（2）城镇及其近郊或规划方正的农耕区等以直线条为主体的地区。

（3）特长、长隧道或结构特殊的桥梁等构造物所处的路段，以及路线交叉点前后的路段宜采用直线线形。双车道公路为超车所提供的路段。

2. 当采用长直线线形时

（1）纵坡不宜过大，一般应小于 3%。

（2）同大半径凹形竖曲线组合为宜。

（3）两侧地形过于空旷时，应注意同地形、环境的协调与配合，宜采取种植不同树种等措施。长直线或长下坡尽头的平曲线，除曲线半径、超高、视距等必须符合规定要求外，还必须采用设置标志、增加路面抗滑能力等安全措施。

3. 最小直线长度的限制

直线长度不宜过长，但也不宜过短，特别是在同向的平曲线间不应设置短直线，以免产生视觉上的错觉而危及行车安全。当设计速度 $v \geq 60$km/h 时，同向曲线间的直线长度（以 m 计）应以不小于该公路设计速度（以 km/h 计）的 6 倍为宜；反向曲线间的直线长度（以 m 计）以不小于设计速度（以 km/h 计）的 2 倍为宜。当设计速度 $v \leq 40$km/h 时，可参照上述规定执行。

二、圆曲线的运用

直线线形与圆曲线一样也是公路的基本线形，在路线设计中若能配合地形选用恰当的圆曲线半径，则能取得良好的线形效果，所以，在选用圆曲线半径时，应尽量选用较大半径并应考虑以下几方面因素：

（1）设置圆曲线时应与地形相适应，以采用超高为 2% ~ 4% 的圆曲线半径为宜。

（2）当条件受限制时，也应采用大于或接近于圆曲线最小半径的“一般值”；只有当地形条件特殊困难而不得已时，方可采用圆曲线最小半径的“极限值”。

（3）设置圆曲线时，应同相衔接路段的平、纵线形要素相协调，不宜悬殊过大，使之构成连续、均衡的曲线线形，并避免小半径圆曲线与陡坡相重合的线形。

（4）圆曲线半径过大也无实际意义，故一般不宜大于 10000m。

（5）各级公路不论 α 大小如何，均应设置平曲线。圆曲线应同前后相邻的平面线形相协调，使之构成连续、均衡的曲线线形。

三、缓和曲线的运用

1．一般规定与要求

缓和曲线是平面线形中的一种主要线形。对缓和曲线的运用，具体有以下几方面要求：

（1）回旋线在线形设计中应作为主要线形要素加以运用。

（2）在确定回旋线参数时，应在下述范围内选定：

$$\frac{R}{3} \le A \le R$$

式中：A——缓和曲线参数；

R——与缓和曲线相连接的圆曲线半径，m。

（3）当接近于 100m 时，取 A 等于 R；当 R 小于 100m 时，则取 A 等于或大于 R；当 R 较大或接近于 3000m 时，取 A 等于 R/3；当 R 大于 3000m 时，则取 A 小于 R/3。

2．平面线形的组合形式

平面线形包括直线、缓和曲线和圆曲线。

（1）基本型

按直线一回旋线一圆曲线一回旋线一直线的顺序组合起来的形式称基本型，如图 5-13 所示。基本型的两个回旋线参数应符合上述（1）、（2）条的规定外，回旋线一圆曲线一回旋线的长度组合以大致接近为宜。两个回旋线的参数可根据地形条件设计成对称的或非对称的曲线。当非对称曲线组合时，A_1：A_2 不应大于 2.0。

（2）S 形

两个反向圆曲线用回旋线连接组合的线形为 S 形，如图 5-14 所示。

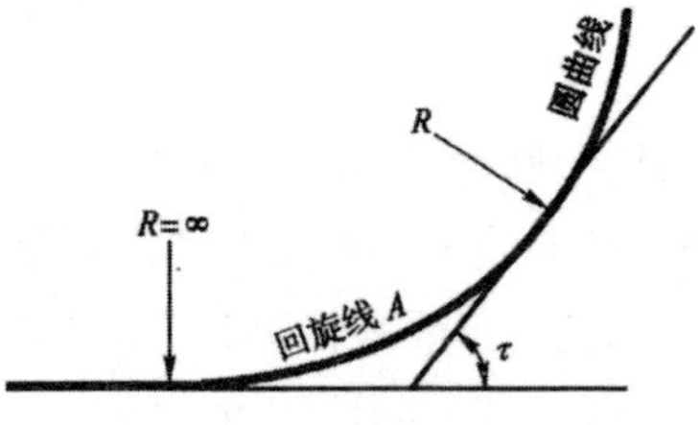

图 5-13 基本型示意图

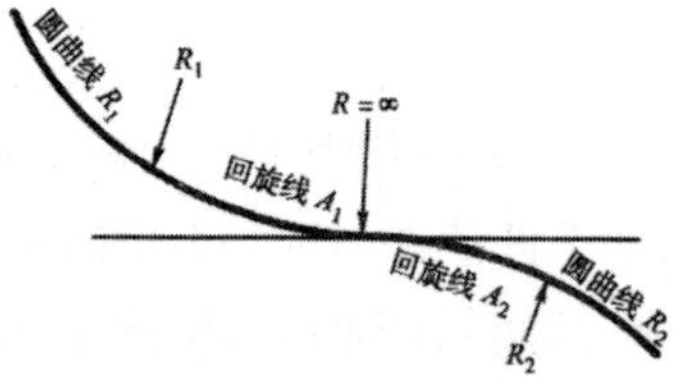

图 5-14 S 形示意图

S 形相邻两个回旋线参数 A_1 与 A_2 宜相等。当采用不同参数时，A_1 与 A_2 之比应小于 2.0，有条件时以小于 1.5 为宜。当 A_2<200m 时，A_1 与 A_2 之比应小于 1.5。

S 形的两个反向回旋线以径向衔接为宜，当地形条件限制两反向圆曲线径相衔接或插入的直线长度不足时，可用回旋线将两反向圆曲线连接组合为 S 形曲线。

两相邻反向圆曲线的半径之比不宜过大，以 R_1/R_2 为宜（R_1 为大圆曲线；R_2 为小圆曲线）。

（3）卵形

用一个回旋线连接两个同向圆曲线的组合的平面线形称之卵形，如图 5-15 所示。卵形回旋线的参数应符合下式规定的范围：

$$\frac{R_2}{2} \le A \le R_2$$

式中：A——回旋线参数；

R_2——小圆的圆曲线半径，m。

两相邻圆曲线半径之比，以 R_2/R_1=0.2 ~ 0.8 为宜。

两圆曲线的间距，以 D/R_2=0.003 ~ 0.03 为宜（D 为两圆曲线间的最小间距）。

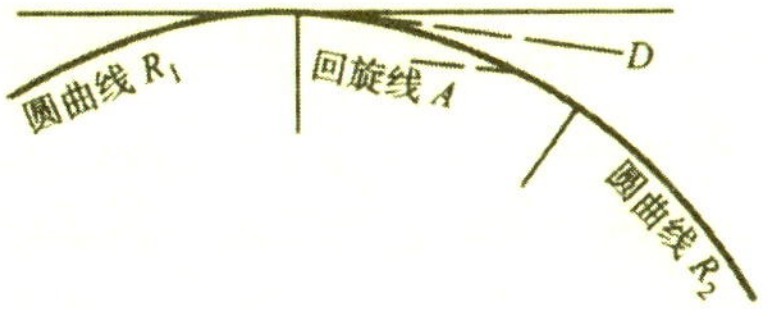

图 5-15 卵形示意图

（4）凸形

两个同向回旋线间无圆曲线而竟相衔接的平面线形称之凸形。

凸形回旋线参数及其连接点的曲率半径，应分别符合容许最小回旋线参数和圆曲线一般最小半径的规定；对接点附近的 0.3v（v 为设计速度）长度范围内，应保持以对接点的曲率半径确定的路拱横坡度。一般情况下，凸形曲线只有在路线严格受地形限制，且对接点的曲率半径相当大时方可采用。

（5）复合型

受地形条件限制时，大半径圆曲线与小半径圆曲线相衔接处，采用两个或两个以上同向回旋线在曲率相同处径相连的形式为复合型。复合曲线的两个回旋线参数之比以小于 1.5 为宜。复合型仅在受地形条件限制，或互通式立体交叉的匝道设计中可采用。

（6）C 形

同向曲线的两回旋线在曲率为零处竟相衔接（即连接处曲率为 0，R= ∞）的形式，如图 5-16。C 形曲线仅限于地形条件特殊困难，路线严格受限制时方可采用。

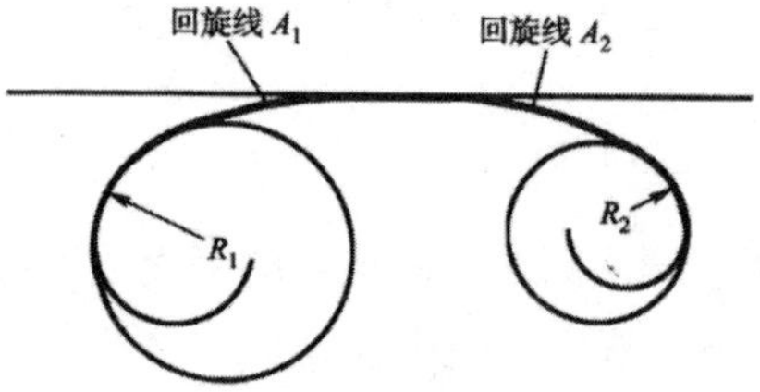

图 5-16 C 形示意图

四、平面线形的组合与衔接

平面线形设计在保证直线、缓和曲线及圆曲线三要素的合理取用外，还应考虑三者之间的相互配合，即直线的最大长度及曲线间直线的最短长度取用，直线与圆曲线间的缓和曲线的设置都应综合考虑该设计公路等级的设计速度、地形、地物及地质等自然条件，考虑立体线形的视觉效果，保证公路线形的行车安全与舒适。设计时一般要考虑以下几个方面：

（1）平面线形应直捷、连续、均衡，并与地形相适应，与周围环境相协调。

（2）两相邻的同向圆曲线间应设有足够长度的直线段，不得以短直线连接，否则应调整线形使之成为单曲线或复曲线或运用回旋线组合成卵形、凸形、复合型等曲线形式，以免产生断背曲线；两反向圆曲线间不应设置短直线段，否则应调整线形设置为 S 形曲线；六车道及其以上的高速公路，同向或反向圆曲线间插入的直线长度，还应符合路基外侧边缘超高过渡渐变率规定的要求。

（3）设计速度等于或小于 40km/h 的双车道公路，两相邻反向圆曲线无超高时可径相衔接，无超高有加宽时应设置长度不小于 10m 的加宽过渡段；两相邻反向圆曲线设有超高时，地形条件特殊困难路段的直线长度不得小于 15m，否则应调整线形或组合成 S 形曲线，使其连续均匀。

（4）平面线形应在地形、地物、地质等各种具体条件的基础上，选用相应技术指标进行组合设计，应合理运用直线和曲线（包括圆曲线、回旋线）线形要素，不得片面强调以直线或以曲线为主，或必须高于某一比例。

（5）应解决好线形与桥、隧道轴线之间的关系，原则上对于大桥或特大桥或隧道，以路线服从为主，即尽可能采用直线线形，但应视具体情况及其他条件选用适当的曲线线形，并应满足视距要求。

（6）设计速度等于或小于 40km/h 的双车道公路，应避免连续急弯的线形。地形条件特殊困难不得已而设置时应在曲线间插入规定的直线长度或回旋线。在路线交叉前后应尽可能采用技术指标较高的线形，保证行驶安全和提高公路的通行能力。

第六章 纵断面设计技术

第一节 纵坡设计的一般规定与要求

一、纵坡设计的一般要求

为使纵坡设计达到经济合理的目的，在设计之前必须全面掌握勘测资料，并结合选（定）线时的纵坡考虑意图，经综合分析、比较后定出设计纵坡。纵坡设计应满足以下几点要求：

（1）为保证汽车能以一定的车速安全舒顺地行驶，纵断面应具有一定的平顺性，起伏不宜过大及过于频繁。平原地形的纵坡应均匀、平缓；丘陵地形的纵坡应避免过分迁就地形而起伏过大；山区的沿河线，应采用平缓的纵坡，坡长不宜超过规定的限值，纵坡不宜大于 6%；山区的越岭线尽量避免采用极限纵坡值，缓和坡段应自然地配合地形设置，在连续采用极限长度的陡坡之间，不宜插入最短的缓和坡段，以争取较均匀的纵坡。垭口附近的纵坡应尽量放缓一些。连续上坡或下坡路段，应避免设置反坡。

（2）纵坡设计时，应对沿线的地形、地质、水文、气候等自然条件综合考虑，根据不同的具体情况妥善处理，以保证公路的畅通和稳定。

（3）地下水位较高的平原微丘区和潮湿地带的路段，应满足最小填土高度的要求，以保证路基稳定。

（4）纵坡设计在一般情况下应考虑填挖平衡，并尽量利用挖方运作就近路段填方，减少借方和废方，以降低工程造价。纵坡设计时，应照顾当地民间运输工具、农业机械、农田水利等方面的特殊要求。

二、最大纵坡与最小纵坡

1. 最大纵坡

最大纵坡是指各级公路容许采用的最大坡度值，它是公路纵断面设计的重要控制指标。在山岭地区，纵坡的大小将直接影响路线的长度、使用质量、运输成本和工程造价。因此，纵坡大小的取值必须要通过全面分析，综合考虑后合理确定。

（1）确定最大纵坡应考虑的因素

确定最大纵坡应考虑的因素，见表 6–1。

表 6–1　确定最大纵坡应考虑的因素

因素	主要内容
设计速度	设计速度愈高，要求的行车速度愈快，但从汽车的动力特性可知其爬坡能力愈低，因此不同设计速度的公路有不同的最大纵坡值
汽车的动力特性	要根据公路上主要行驶车辆的牵引性能，在一定的行驶速度条件下确定
自然因素	公路所经地区的地形、气候、海拔高度等自然因素，对汽车的行驶条件和爬坡能力也有很大的影响

（2）最大纵坡的确定

最大纵坡的确定主要取决于汽车的动力性能、设计速度和自然因素，但另一方面还必须保证行车安全。从实际调查中可知，汽车在陡坡路段下坡时，由于制动次数增多，易使制动器发热失效而导致事故。如东风 EQ—140 载重汽车及解放 CA—140 载重汽车上坡时，均可用 II 挡顺利地通过 12% 以上的纵坡，但在下坡时很不安全。因此，确定最大纵坡不能只考虑汽车的爬坡性能，还要从行驶的快速、安全及经济等方面综合分析，同时兼顾汽车拖挂车，民间运输工具的特殊要求等。实践证明，四级公路为了达到其相应的行车速度一般情况下最大纵坡不宜超过 8%，只有在工程特殊困难的山岭地区，经技术论证合理最大纵坡可增加 1%，但在海拔 2000m 以上或积雪冰冻地区，为考虑安全，最大纵坡不应大于 8%。各级公路的最大纵坡如表 6–2。

表 6–2　各级公路最大纵坡

设计速度（km/h）	120	100	80	60	40	30	20
最大纵坡（%）	3	4	5	6	7	8	9

设计速度为 120km/h、100km/h、80km/h 的高速公路受地形条件或其他特殊情况限制时，经技术经济论证，最大纵坡可增加 1%。

位于市镇附近非汽车交通比例较大的路段，纵坡可根据具体情况适当放缓：平原、微丘区一般宜不大于 2% ~ 3%；山岭、重丘区一般宜不大于 4% ~ 5%。

小桥涵处的纵坡可按表 6–2 的限值设计，但大、中桥上的纵坡不宜大于 4%，桥头引道纵坡不大于 5%，引道紧接桥头部分的线形应与桥上线形相配合，其长度不宜小于 3s 的设计速度行程长度；位于市镇附近非汽车交通量较大的路段，桥上及纵坡均不得大于 3%。

隧道内的纵坡不应大于 3%，并不小于 0.3%；独立的明洞和长度小于 100m 的隧道其纵坡不受此限；紧接隧道洞口的路线纵坡应与隧道内纵坡相同。

（3）高原地区纵坡折减

在海拔 3000m 以上的高原地区，因空气密度下降而使汽车发动机的功率和汽车的牵引力降低，导致汽车爬坡能力下降；此外，在高原地区，汽车水箱中的水容易开锅而破坏冷却系统。在海拔 3000m 以上的高原地区，各级公路的最大纵坡值应按表 6-3 的规定予以折减。最大纵坡折减后若小于 4%，则仍采用 4%。

表 6-3　高原纵坡折减值

海拔高度（m）	3000 ~ 4000	>4000 ~ 5000	5000 以上
折减值（%）	1	2	3

2. 最小纵坡

一般来说，为使公路上汽车行驶快速和安全，纵坡设计得小一些总是有利的。但在挖方路段，设置边沟的低填路段和横向排水不畅路段，为保证排水的要求，防止积水渗入路基而影响其稳定性，一般在这些路段应避免采用平坡，以免因为排水而将边沟挖得过深。在各级公路的长路堑路段，以及其他横向排水不畅的路段，应采用不小于 0.3% 的纵坡。当必须设计平坡（0%）或小于 0.3% 纵坡时，其边沟应作纵向排水设计。干旱地区以及横向排水良好的路段，其最小纵坡可不受上述限制。

三、坡长限制与缓和坡段

1. 坡长限制

坡长限制包括最小坡长和最大坡长两个方面的内容。

（1）最小坡长限制

最小坡长的限制是从汽车行驶平顺性、乘客的舒适性、纵面视距和相邻两竖曲线的布置等方面考虑的。如果坡长过短，转坡过多，使纵坡线形呈锯齿形状，对路容也不美观。此外当相邻坡段的纵坡相差较大，而坡长又较短时，汽车运行中换挡频繁也增加了驾驶员的操作劳动强度。因此，纵坡的坡长应有一定的最短长度。

（2）最大坡长限制

最大坡长限制是指比较大的纵坡对正常行车的影响。根据汽车的动力性能可知，公路纵坡的大小及其坡长对汽车的行驶影响很大，特别是长距离的陡坡对汽车行驶非常不利。实际调查资料表明，当纵坡的坡段太长，汽车因克服行驶阻力而使行驶速度显著降低，在提高汽车功率时又易使水箱开锅，导致汽车爬坡无力，甚至熄火；下坡时制动次数增加易使制动器发热而失效，造成车祸。各级公路不同纵坡时的最大坡长可按表 6–4 选用。

表 6–4　不同纵坡的最大坡长（m）

设计速度（km/h）		120	100	80	60	40	30	20
纵坡坡度（%）	3	900	1000	1100	1200	—	—	—
	4	700	800	900	1000	1100	1100	1200
	5	—	600	700	800	900	900	1000
	6	—	—	500	600	700	700	800
	7	—	—	—	—	500	500	600
	8	—	—	—	—	300	300	400
	9	—	—	—	—	—	200	300
	10	—	—	—	—	—	—	200

在实际纵坡设计中，当某一坡度的坡长还未达到其规定的限制坡长时，可变化坡度（应为连续上坡或连续下坡），但其长度应按坡长限制的规定进行折算。例如，某山岭区公路（设计速度 v=30km/h）的第一坡段纵坡为 8.0%，长度为 180m，即占坡长限制值 300m 的 3/5，若相邻坡段的纵坡为 7.0%，则其坡长不应超过 500 × 2/5=200m。也就是说 8.0% 的纵坡设计了长度为 180m 以后，还可接着设计坡度为 8.0% 的 200m 坡长，但此时坡长限制值已用完。

2．缓和坡段

缓和坡段的作用主要是为了改善汽车在连续陡坡上行驶的紧张状况，避免汽车长时间低速行驶或汽车下坡产生不安全因素。因此，当陡坡的长度达到限制坡长时，应安排一段缓坡，用以恢复在陡坡上行驶所降低的速度。汽车在缓坡上行驶的长度，从理论上应满足汽车加速或减速行驶过程的需要。

当公路连续上坡（或下坡）时，以利提高车速和行驶安全，应在不大于表 6–4 所规定的纵坡长度范围内设置缓和坡段。缓和坡段的纵坡应不大于 3%，其长度应符合表 6–3 纵坡长度的规定。

四、平均纵坡

平均纵坡是指一定长度路段的高差与水平距离之比，以百分率（%）表示。它是衡量纵断面线形设计质量的一个重要限制性指标。

在山区越岭线纵坡设计中，有时虽然公路纵坡的设计完全符合最大纵坡、坡长限制和缓和坡段的规定，但也不一定能保证使用质量。当极限长度的陡纵坡与缓和坡段交替频繁使用，同样会使汽车在坡段上长时间地低速行驶，易导致车辆水箱开锅，下坡则因制动过热、失效而导致交通事故发生。这说明汽车短时间内在陡坡路段上坡或下坡，问题尚不严重，但如果长时间地连续在陡坡连缓和坡段的路段上行驶，就相当危险。因此有必要从行车顺利和安全考虑来控制设计纵坡的平均值。

为了合理运用最大纵坡、坡长和缓和坡段，以利汽车安全顺利行驶，二级公路、三级公路、四级公路越岭路线连续上坡（或下坡）的路段，相对高差为 200 ~ 500m 时平均纵坡不应大于 5.5%；相对高差大于 500m 时平均纵坡不应大于 5%，且任意连续 3km 路段的平均纵坡不应大于 5.5%。

五、合成坡度

合成坡度是指在设有超高的平曲线上，路线纵坡与超高横坡或路面横坡组合而成的最大坡度。其方向为流水方向，又称流水线坡度。合成坡度的计算公式为：

$$i_{合} = \sqrt{i_{纵}^2 + i_{横}^2}$$

式中：$i_{合}$——合成坡度，%；

$i_{纵}$——路线纵坡度，%；

$i_{横}$——超高横坡度或路面横坡度，%。

汽车在有合成坡度的路段行驶时，如果合成坡度过大，由于离心力的作用，可能引起汽车向合成坡度方向的倾斜和侧向滑移，给汽车行驶带来危险。因此，应将合成坡度控制在一定的范围之内。

当陡坡与小半径平曲线相重叠时，在条件许可的情况下，以采用较小的合成坡度为宜。特别是在下述情况下，其合成坡度必须小于 8%：

（1）冬季路面有积雪、结冰的地区。

（2）自然横坡较陡峻的傍山路段。非汽车交通比例高的路段。

各级公路的最小合成坡度不宜小于 0.5%。在超高过渡的变化处，合成坡度不应设计为 0%。当合成坡度小于 0.5% 时，则应采取综合排水措施，以保证路面排水畅通。

合成坡度的临界线图及其各种设计速度所对应平曲线半径的关系如图 6-1 所示。

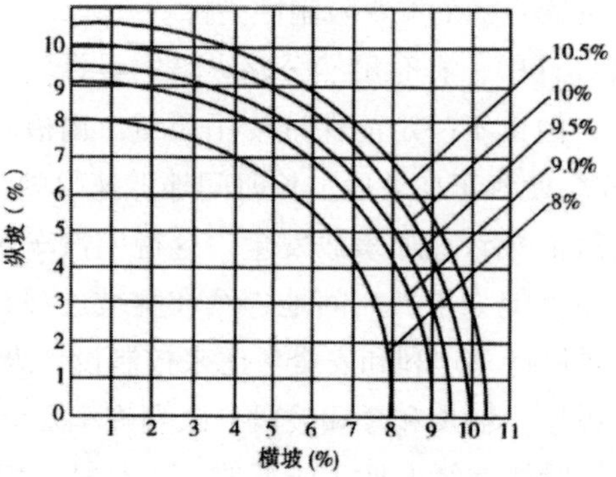

图 6-1 合成坡度临界线示意图

六、爬坡车道

爬坡车道是指在陡坡路段正线行车道右侧设置的专供载重汽车行驶的专用车道。

在确定高速公路和一级公路的最大纵坡时，一般是以小客车行驶速度为标准的，当公路纵坡较大时载重汽车因爬坡时需克服较大的坡度阻力，只有降低车速才能通过。当载重汽车所占比例较大时，小客车的行驶速度受到影响，超车频率增加，导致爬坡路段的通行能力下降，甚至产生堵塞交通的现象。为了不使爬坡速度低的载重汽车影响爬坡速度高的小客车行驶，就需要在陡坡路段的上坡方向增设爬坡车道，把载重汽车从正线车流中分离出去，来保证道路的通行能力。

高速公路和一级公路、以及二级公路的连续上坡路段，当通行能力运行安全受到影响时，应设置爬坡车道，爬坡车道宽度应为 3.5m。四车道高速公路、四车道一级公路以及二级公路连续上坡路段，符合下列情况之一者，宜在上坡方向行车道右侧设置爬坡车道，其宽度一般为 3.5m。

（1）沿上坡方向载重汽车的行驶速度降低到表 6-5 的容许最低速度以下时，宜设置爬坡车道。上坡路段的设计通行能力小于设计小时交通量时，宜设置爬坡车道。

（2）经设置爬坡车道与改善主线纵坡不设爬坡车道技术经济比较论证，设置爬坡车道的效益费用比和行车安全性较优。

表 6-5 上坡方向容许最低车速

设计速度（km/h）	120	100	80	60	40
容许最低速度（km/h）	60	55	50	40	25

纵坡设计中，对需设置爬坡车道的路段，应与减小主线纵坡不设爬坡车道的方案进行比较；对隧道、大桥、高架构造物及深挖方路段等特殊工程，当因设置爬坡车道使工程费用增加很大时，爬坡车道可暂不设置，视交通量增长对行车速度的影响程度在改建公路时再考虑是否设置爬坡车道；对双向六车道以上的高速公路，行车影响干扰的程度已不大，可不另行设置；对小客车较多的旅游公路或交通量很大、重载汽车比例较大的其他等级公路，也可参照上述条件，从工程建设目的、服务水平、工程投资规模综合分析后确定是否设置爬坡车道。

爬坡车道的宽度包括左侧路缘带 0.5m 在内（如图 6–2 所示）。由于爬坡车道上的车速要比主线上的车速低，故超高横坡度可相应减小，超高的旋转轴为爬坡车道内侧边缘，其超高横坡度如表 6–6 所示。

表 6–6　爬坡车道的超高横坡度

行车道超高坡度（%）	10	9	8	7	6	5	4	3	2
爬坡车道的超高坡度（%）	5		4					3	2

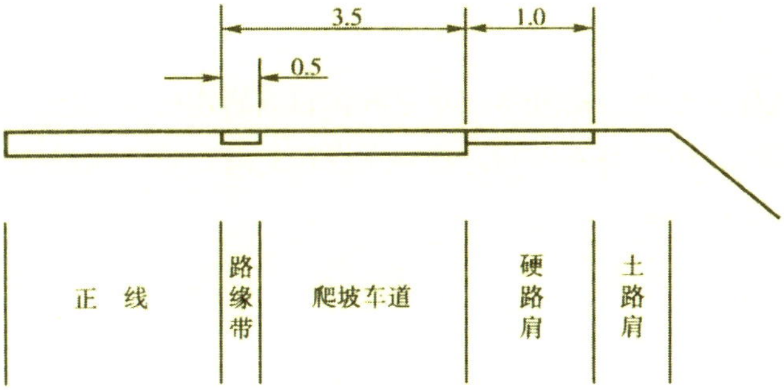

图 6–2　爬坡车道的宽度示意图（单位：m）

爬坡车道的加宽按主线行车道加宽的有关规定进行。爬坡车道的长度与起、终点按下述规定进行：

（1）爬坡车道的长度应与主线相应纵坡长度一致。

（2）设计爬坡车道时，应综合考虑爬坡车道与主线线形设计的关系，其起、终点应设在通视良好、便于辨认和过渡顺适的地点。高速公路、一级公路爬坡车道长度大于 500m 时，应在其右侧应按规定设置应急停车带。

第二节 竖曲线设计

一、竖曲线要素计算公式

如图 6–3 所示，设转坡处相邻两纵坡度分别为 i_1 和 i_2，转坡角以 ω 表示，则转坡角 ω 为 i_1 与 i_2 的代数差，即 $\omega=i_1-i_2$。当 ω 为正值时，则为凸形竖曲线，当 ω 为负值时，则为凹形竖曲线。

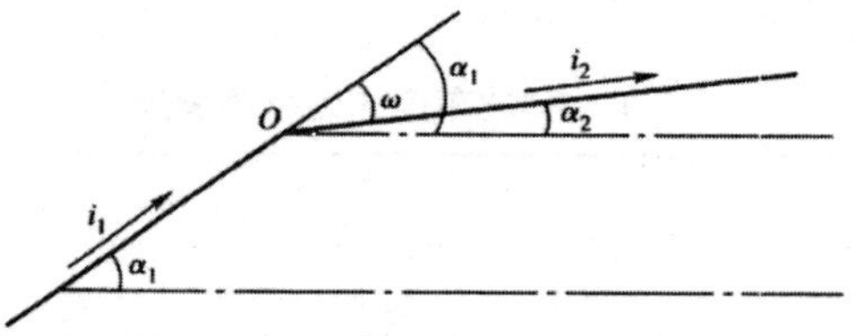

图 6–3 竖曲线要素计算

1. 竖曲线基本方程式

二次抛物线作为竖曲线的基本线形是我国目前常用的一种形式。二次抛物线的基本方程为 $x^2=2Py$。由图 6–4 可知，若原点设在 0 点，则二次抛物线的参数（即原点的曲率半径）P=R，则：

$$x^2=2Ry$$

即

$$y=\frac{x^2}{2R}$$

式中：R——二次抛物线的参数（原点的曲线率半径），通常称为竖曲线半径，m；其余符号意义同上。

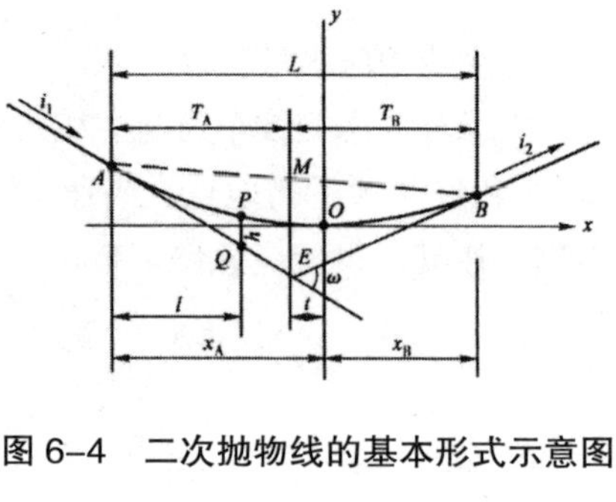

图 6–4 二次抛物线的基本形式示意图

2．竖曲线要素计算公式

（1）切线上任意一点与竖曲线间的竖距 h（PQ）

$$PQ = y_p - y_q = \frac{1}{2R}(x_A - l)^2 - (y_A - li_1)$$
$$= \frac{1}{2R}(x_A^2 - 2x_A \times l + l^2) - \left(\frac{x_A^2}{2R} - l\frac{x_A}{R}\right)$$
$$\therefore H = PQ = \frac{l^2}{2R}$$

式中：h——切线上任意点至竖曲线上的竖向距离，m；

l——竖曲线上任意点 P 至切点 A 或 B 的水平距离，m；

其余符号意义见图 6–4。

（2）曲线长 L

$$AB = x_B - x_A = Ri_2 - Ri_1 = R(i_2 - i_1)$$
$$\therefore L = R(i_2 - i_1) = R\omega$$

式中：符号意义同上。

（3）切线长 L

$$T = T_B = T_A = \frac{L}{2} = \frac{1}{2}R\omega$$

式中：符号意义同上。

（4）外距 E

$$E = \frac{T_A^2}{2R} = \frac{T_B^2}{2R}$$
$$\therefore E = \frac{T^2}{2R}$$

综上所述，竖曲线的要素计算公式为：

$$\left.\begin{aligned} L &= R\omega \\ T &= \frac{L}{2} = \frac{1}{2}R\omega \\ E &= \frac{T^2}{2R} \\ h &= \frac{l^2}{2R} \end{aligned}\right\}$$

二、凸形竖曲线的最小长度和半径

凸形竖曲线的最小长度和半径是以满足汽车平顺地由直坡段过渡到竖曲线，不使驾驶员的视线受到影响，以及汽车在竖曲线上行程时间不宜过短来考虑的。此外，汽车在竖曲线上行驶时，产生的径向离心力，也会引起乘客不适。所以，凸形竖曲线的最小长度与半径是按视距、行程时间和减小径向离心力的要求进行计算的。

1．按视距要求确定竖曲线最小长度与半径

汽车在凸形竖曲线上行驶时，如果竖曲线半径太小，会阻挡驾驶员视线而产生盲区（见图 6–5）。为了行车安全，应以满足视距的要求，按竖曲线长度 L 和停车视距 $S_{停}$的关系分两种情况。

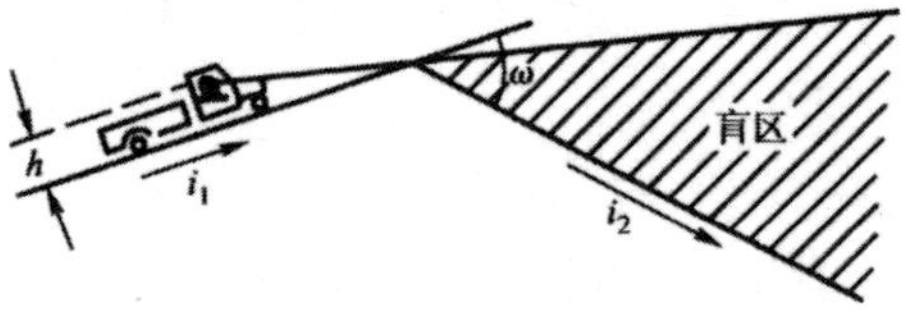

图 6–5　盲区示意图

（1）当竖曲线长度 L 小于停车视距 $S_{停}$

如图 6–6 所示，设驾驶员眼睛离路面的高度 h_1=1.2m，前方障碍物离路面的高度 h_2=0.1m。

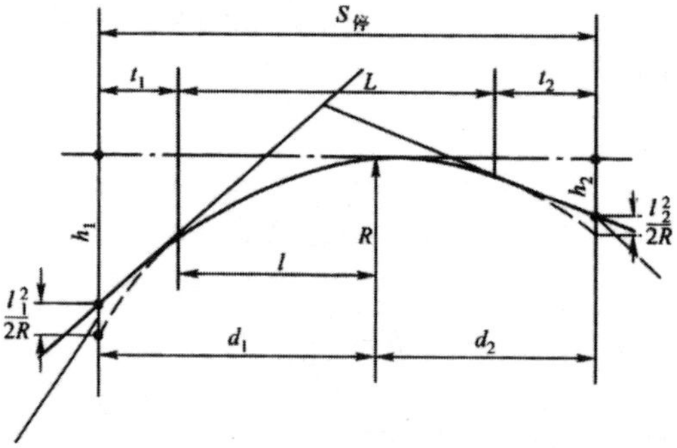

图 6–6　竖向长度 L 小于停车视距 $S_{停}$

将竖曲线延长至 h_1 与 h_2 的竖直方向上，则可求得：

$$h_1=\frac{d_1^2}{2R}-\frac{t_1^2}{2R}则d_1=\sqrt{2Rh_1+t_1^2}$$

$$h_2=\frac{d_2^2}{2R}-\frac{t_2^2}{2R}则d_2=\sqrt{2Rh_2+t_2^2}$$

$$t_1=d_1-l=\sqrt{2Rh_1+t_1^2}-l$$

则

$$t_1=\frac{Rh_1}{l}-\frac{l}{2}$$

因

$$t_2=d_2-(L-l)=\sqrt{2Rh_2-t_2^2}-(L-l)$$

则

$$t_2=\frac{Rh_2}{L-l}-\frac{L-l}{2}$$

停车视距长度为：

$$S_{停}=t_1+L+t_2=\frac{Rh_1}{L}+\frac{L}{2}+\frac{Rh_2}{L-l}$$

为求得 $S_{停}$为最小值时的 l，可令 $ds_{停}/dl=0$，则：

$$\frac{dS_{停}}{dl}+\frac{lh_1}{l^2}+\frac{Rh_2}{(L-l)^2}=0$$

解得 $l=\dfrac{\sqrt{h_1}}{\sqrt{h_1+\sqrt{h_2}}}\times L$，代入上式，则：

$$S_{停}=\frac{R}{L}(\sqrt{h_1}+\sqrt{h_2})^2+\frac{L}{2}=\frac{1}{\omega}(\sqrt{h_1}+\sqrt{h_2})^2+\frac{L}{2}$$

凸形竖曲线最小长度为：

$$L_{min}=2S_{停}-\frac{4}{\omega}$$

凸形竖曲线最小半径为：

$$R_{min}=\frac{L_{min}}{\omega}=\frac{1}{\omega}\left(2S_{停}-\frac{4}{\omega}\right)$$

式中：L_{min}——凸形竖曲线最小长度，m；

R_{min}——凸形竖曲线最小半径，m；

$S_{停}$——停车视距，m；

ω——转坡角，%。

（2）当竖曲线长度 L 大于停车视距 $S_{停}$

如图 6-7 所示，则有：

$$h_1=\frac{d_1^2}{2R}\text{则}d_1=\sqrt{2Rh_1}$$

$$h_2=\frac{d_2^2}{2R}\text{则}d_2=\sqrt{2Rh_2}$$

$$S_{\text{停}}=d_1+d_2=\sqrt{2R}(\sqrt{h_1}+\sqrt{h_2})$$

$$=\sqrt{\frac{2L}{\omega}}(\sqrt{h_1}+\sqrt{h_2})$$

凸形竖曲线最小长度为：

$$L_{\min}=\frac{S_{\text{停}}^2.\omega}{4}$$

凸形竖曲线最小半径为：

$$R_{\min}=\frac{L_{\min}}{\omega}=\frac{S_{\text{停}}^2}{4}$$

式中：符号意义同前。

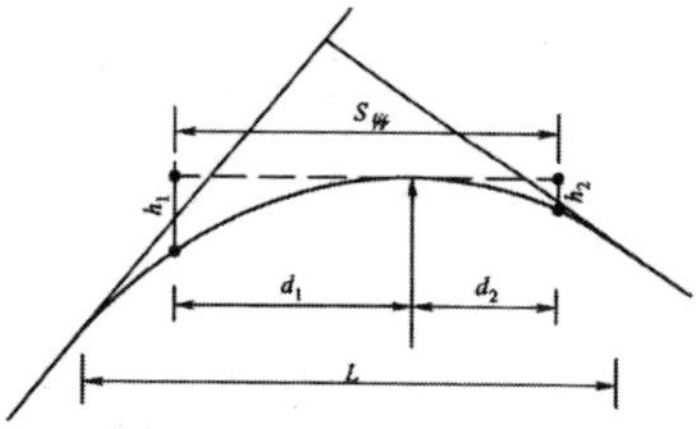

图 6–7　竖曲线长度 L 大于停车视距 S停

2．按行程时间求竖曲线最小长度和半径

汽车从直坡段驶入竖曲线时，当竖曲线的转坡角很小，即使半径较大，如果其竖曲线长度过短，汽车倏忽而过，冲击力大，旅客会感到不舒适，太短的竖曲线长度从视觉上也会感到线形突然转折。因此，应限制汽车在竖曲线上的行程时间不宜过短，以此来控制竖曲线的最小长度和半径，即：

$$L_{\min}=\frac{u}{3.6}t$$

$$\text{或}R_{\min}=\frac{L_{\min}}{\omega}=\frac{v}{3.6\omega}t$$

式中：v——计算行车速度，km/h；

t——汽车在竖曲线上行程时间，一般取 t=3s。

3．按径向离心力求竖曲线最小长度和半径

汽车在竖曲线上行驶时，产生径向离心力。这个力在凸形竖曲线上是减少重力，在凹形竖曲线上是增加重力，如果这种离心力达到某种程度时，旅客就会有不舒适的感觉，同时对汽车的悬挂系统也有不利影响。因此，应对径向离心力加以控制。汽车在竖曲线上行驶时其径向离心力为：

$$F=\frac{G}{g}.\frac{v^2}{R}=\frac{Gv^2}{127R}$$

式中：F——径向离心力，N；

G——汽车的总重力，N；

g——重力加速度，m/s^2；

v——计算行车速度，km/h；

R——竖曲线半径，m。

为保证车辆在竖曲线上行驶的安全和舒适，根据试验得知，一般应将 F/C 控制在 0.025 以内，则得竖曲线最小半径为：

$$R_{\min}=\frac{v^2}{127(F/G)}=\frac{v^2}{127\times0.025}=\frac{v^2}{3.2}$$

或

$$L_{\min}=R_{\min}.\omega=\frac{v^2}{3.2}\omega$$

式中：符号意义同上。

根据汽车在凸形竖曲线上行驶的视距要求、行程时间及径向离心力三种影响因素，分别计算出凸形竖曲线的最小长度和半径，取其中较大者作为确定依据。

三、凹形竖曲线的最小长度与半径

确定凹形竖曲线的最小长度与半径的影响因素（即视距的要求、行程时间和径向离心力）与凸形竖曲线基本相同，主要异同点是：

（1）凹形竖曲线的径向离心力和行程时间的计算公式与凸形竖曲线完全相同，但凹形竖曲线与凸形竖曲线所产生的径向离心力，前者是增重作用，后者是减重作用，当这种径向离心力增大到一定程度时，都会使乘客感到不适。具体可参见凸形竖曲线。

（2）凸形竖曲线最不利的情况是以满足视距要求作为主要控制因素的，而凹形竖曲线，最不利的情况是以径向离心力产生的冲击力不应过大作为主要控制因素，因为这种冲击力在相同的条件下，对凹形竖曲线更为严重。

（3）在公路等级和地形条件相同的条件下，凸形竖曲线的最小半径值较之凹形竖曲线的最小半径值为高，这主要是凸形竖曲线的视距要求更高所致，将其值取得大一些才更为合理。

四、竖曲线设计与计算

1. 竖曲线设计

竖曲线半径选择主要考虑以下因素：

（1）同向竖曲线间，特别是同向凹形竖曲线之间，当竖曲线半径小于10000m，如果直线坡段不长，应合并为单曲线或复曲线，以避免出现断背曲线。

（2）反向竖曲线之间，为使汽车的增重与减重之间有一过渡段，应尽量在中间设置一段直线坡段，以利于汽车行驶的过渡。直线坡段的长度一般以不小于3s的行程时间为宜。当插入直线段有困难时，也可直接连接。

（3）在不过分增加土石方数量情况下，为使行车舒适，应尽量采用较大半径。

（4）根据竖曲线范围内的纵断面地面线起伏情况和高程控制要求，尽量考虑土石方填挖平衡，确定合适的外距值，按外距控制选择半径。夜间行车交通量较大的路段，选择半径时应适当加大，使汽车前灯有较长的照射距离。

2. 竖曲线计算

竖曲线计算的目的是确定设计纵坡上指定桩号的路基设计高程。其要点是首先根扼转坡点处的地面线与相邻设计直线坡段情况，按上述竖曲线设计中的有关规定和要求，合理地选定竖曲线半径。其次，根据转坡点相邻纵坡度 i_1、i_2 和已确定的半径 R，计算出竖曲线的基本要素 ω、L、T、E 及竖曲线起、终点桩号。第三，分别计算出指定桩号的切线设计高程，指定桩号至竖曲线起（或终）点间的平距 l 和指定桩号的竖距 h。则指定桩号的路基设计高程为：

凸形竖曲线：路基设计高程 = 切线设计高程 −h

凹形竖曲线：路基设计高程 = 切线设计高程 +h

其中竖曲线的起、终点桩号为：

竖曲线起点桩号 = 转坡点桩号 − 切线长 T

竖曲线终点桩号 = 转坡点桩号 + 切线长 T

切线设计高程和竖距 h 分别为：

切线设计高程 = 转坡点高程 ±（切线长 T− 平距 l）× i

竖距 $h=\dfrac{l^2}{2R}$

第三节　平面和纵面线形组合设计

一、平面和纵面线形组合原则

公路平面和纵面线形组合应遵循以下设计原则：

（1）应在视觉上能自然地诱导驾驶员的视线，并保持视觉的连续性。

（2）平面、纵断面线形的技术指标应大小均衡，避免出现平面高标准，纵断面低标准，或与此相反的情况，使线形在视觉上、心理上保持协调。

（3）选择组合得当的合成坡度，以利于路面排水和行车安全。平、纵面线形组合应注意与周围环境相配合，充分利用公路周围的地貌、地形、天然树林、建筑物等，尽量保持自然景观的连续，以消除景观单调感，使公路与大自然融为一体。

二、平曲线与竖曲线组合

（1）平曲线与竖曲线相互重合，使平曲线稍长于竖曲线，并将竖曲线的起、终点分别放在平曲线的两个缓和曲线的中间，这是平、纵面最好的组合，如图 6-8 所示。如果做不到平曲线与竖曲线较好的组合，而两者的半径均较小时（一般指平曲线半径小于一般最小半径值），宁可把平曲线、竖曲线错开相当距离，使竖曲线位于平面的直线上，但如果平曲线与竖曲线半径都很大，则平、竖曲线的位置可不受上述限制。

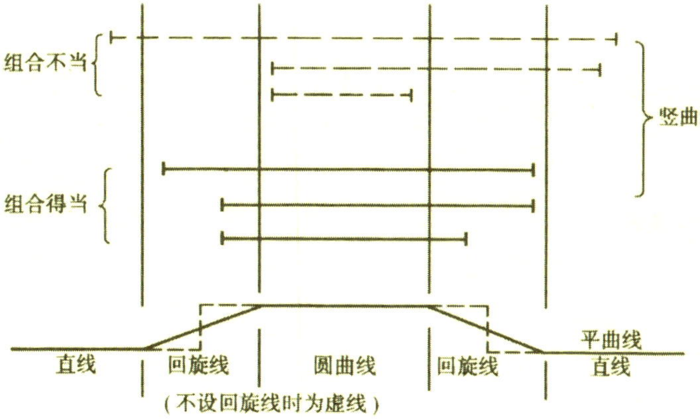

图 6-8　平、纵面最好的组合

（2）平面曲线与竖曲线的大小应保持均衡。如果其中一方大而平缓时，则另一方也要与之相适应，不能变化过多。一个平曲线内含有两个以上的竖曲线或与此相反的情况，总给人一种不舒服的感觉。

平曲线与竖曲线重合时，如果平曲线不大于1000m，当竖曲线半径为平曲线半径的10倍~20倍时，可在视觉上获得满意的效果。

（3）在下列情况下，平曲线与竖曲线应避免组合：

1）凸形竖曲线的顶部和凹形竖曲线的底部，应避免插入小半径平曲线；凸形竖曲线的顶部，不得与反向平曲线的拐点重合。

如果在凸形竖曲线的顶部设有小半径的平曲线，驾驶员须驶近坡顶才能发现平曲线，会导致紧急制动并急转方向盘而易发行车危险；在凹形竖曲线的底部设有小半径平曲线，会因汽车高速下坡时急转弯，同样可能发生行车危险。

凸形竖曲线的顶部，不得与反向平曲线的拐点重合。主要是因为这样的组合除存在上述所列情况外，还因组合后的扭曲使线形很不美观。

2）小半径竖曲线不宜与缓和曲线相互重叠。

（4）线形设计中应避免的组合如下：

1）小半径的平曲线起、讫点不得设在或接近凸形竖曲线的顶部和凹形竖曲线的底部。长平曲线内不得设置短的竖曲线；长竖曲线内也不得设置短的平曲线。

2）凸形竖曲线的顶部和凹形竖曲线的底部，不得与反向平曲线的拐点重合。

3）直线上的纵面线形应避免出现驼峰、暗凹、跳跃、断背等使驾驶者视觉中断的线形。直线段内不得插入短的竖曲线。

4）小半径竖曲线不宜与回旋曲线相互重叠。

5）避免在长直线上设置坡陡或曲线长度短、半径小的凹形竖曲线。

6）应避免急弯与陡坡相重合；应避免短的平曲线与短的凸形竖曲线组合；应避免驾驶者视线距离内存在两个以上的平曲线或竖曲线；应避免平曲线与竖曲线错位的组合。

三、平面与纵坡的组合

平面与纵坡组合时，在平面的长直线上不宜设置陡坡，并应避免在长陡坡下端设置小半径平曲线。有条件时，应将合成坡度的控制与线形组合设计相结合，一般最大合成坡度不宜大于8%，最小合成坡度不小于0.5%。特别应避免急弯与陡坡相重合的线形、以策安全。

在直线上的纵面线形应避免出现驼峰、暗凹、跳跃等使驾驶员视觉中断的线形。特别是在短直线上反复变坡更会加剧上述现象的发生，使线形既不美观也不连贯。

所以，只要路线有起伏，就不要采用长直线，最好使平面线形随纵坡的变化略加转折，同时注意平、纵曲线的合理组合。但应避免纵坡有 3 次以上的较大起伏，而使驾驶员视觉中断。

第四节　纵断面设计

一、纵断面设计要点

纵断面设计首先涉及的内容是纵断面线形布置，它包括不同地形条件下的设计高程控制，各坡段的纵坡设计和转坡点位置确定等。

1. 各种地形条件下的高程控制

所谓设计高程的控制，是指在纵坡设计时将路线安排走在哪一个高度上最为合适。

（1）在平原区，地形平坦，河沟纵横交错，地面水源多，地下水位较高，因此，路线设计高程主要由保证路基稳定的最小填土高度所控制。

（2）在丘陵地区，地面有一定的高差，除局部地段外路线在纵断面上克服高差不很困难。因此，设计高程的选定，主要由土石方平衡和降低工程造价所控制。

（3）在山岭地区，地形变化频繁，地面自然坡度大，布线有一定的困难。因此，设计高程主要由纵坡度和坡长所控制，但也要从土石方尽量平衡及路基防护工程经济性等方面考虑，力求降低工程造价。

（4）沿溪（河）路段，为保证路基安全稳定，路基一般应高出规定洪水频率的计算水位加壅水高、波浪侵袭高的 0.5m 以上。

此外，纵断面设计高程的控制，还应考虑公路的起终点、交叉口、垭口、隧道、桥梁、排灌涵洞、地质不良地段等方面的要求。有时这些地物和人工造物对设计高程控制往往起着决定性的作用。

2. 各种地形条件下的纵坡设计

对不同地形的纵坡设计，要在初步拟定设计高程控制的基础上，按下列要求和规定进行，以求纵坡设计合理：

（1）平原、微丘地形的纵坡应均匀、平缓，并注意保证路基最小填土高度和最小排水纵坡的要求。

（2）丘陵地形的纵坡应避免过分迁就地形而使路线起伏过大。

（3）山岭、重丘地形的沿河线，应尽量采用平缓的纵坡，坡长不宜过短，纵坡度不宜过大，较高等级的公路更应注意不宜采用陡坡。

（4）越岭线的纵坡应力求均匀，尽量不采用极限或接近极限的坡度，更不宜连续采用极限长度的陡坡之间夹短距离缓和坡段的纵坡线形。越岭线不应设置反坡，以免浪费高程。山脊线和山腰线，除结合地形不得已时采用较大的纵坡外，在一般情况下应采用平缓的纵坡。

3. 转坡点位置的确定

转坡点是两条相邻设计纵坡线的交点，两转坡点之间的水平距离称为坡长。转坡点位置的确定，直接影响到纵坡度的大小、坡长、平、纵面组合、土石方填挖平衡和公路的使用质量。因此，在确定转坡点位置时，要尽量使填挖工程量最小和线形最理想外，还应使最大纵坡、最小纵坡、坡长限制、缓和坡段满足有关规定的要求，同时还要处理好平、纵面线形的相互配合和协调。此外，为方便设计和计算，转坡点的位置一般应设在 10m 的整数桩号处。

二、纵断面设计方法与步骤

公路的纵坡是通过公路定线和室内设计两个阶段来实现的。在定线阶段，选线人员在现场或纸上定线时结合平面线形、地形等已对公路纵坡做了全面的考虑，所以纵断面设计由选线人员在室内根据选线时的记录，以及桥涵、地质等方面对路线的要求，综合考虑工程技术与经济的因素，最后定出路线的纵坡。纵断面设计一般按以下方法与步骤进行。

1. 准备工作

纵坡设计（俗称拉坡）前首先应搜集和研究地形、地质、水文、筑路材料的各项记录、图表等野外资料，熟悉领会设计意图和各项具体要求。然后，在纵断面图上点绘出里程、桩号、地面高程和地面线、直线与平曲线，并将桥梁、涵洞、隧道、交叉、地质、土质等与纵坡设计有关的资料在纵断面图上标明，以便供拉坡时参考。

2. 纵坡设计

（1）标注控制点

控制点是指影响纵坡设计的高程控制点。如路线的起终点、垭口、桥涵、地质不良地段、最小填土高度、最大挖深、沿河线的洪水位、隧道进出口、路线交叉点以及受其他因素限制路线必须通过的高程控制点等，都应作为控制坡度的依据。

对于山岭重丘区公路，除上述控制点外，还有根据路基填挖平衡关系控制路中心填挖值的高程点，称为经济点。其含义是指如果纵坡设计线刚好通过该经济点，则在相应横断面上填方和挖方基本平衡。经济点的位置是用“路基断面透明模板”在横断面图上得到的。如图 6–9 所示，路基断面透明模板可用透明胶片或透明描图纸制作，在其上按比例绘制路基宽度和各种不同边坡坡度线。使用时将透明模板扣在横断面图上，中心线与路基中心线重合，上下移动透明模板，使填、挖面积大致相等，此时透明模板上路基顶面至地面线之间的高差即为经济填挖值，将这些值点绘到纵断面相应的桩号上即为经济点。

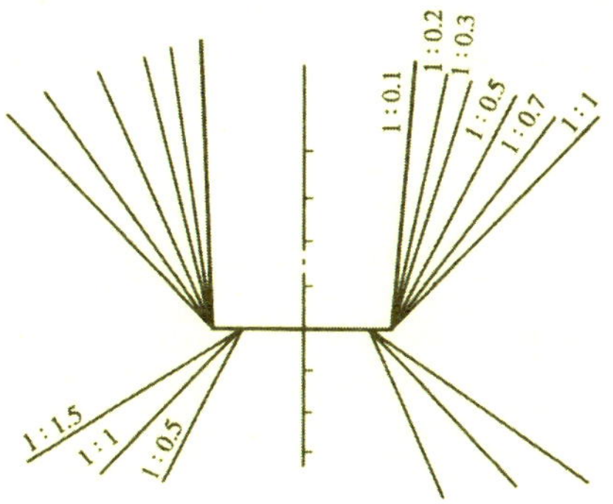

图 6-9 路基断面透明模板示意图

（2）试定纵坡

在已标出控制点与经济点的纵断面图上，以控制点为依据，尽量照顾经济点为原则，根据定线意图，结合地面起伏情况，在控制点与经济点之间进行插点穿线，试定出纵坡。在试定纵坡时，每定一个转坡点，均需全面考虑前后几个转坡点的情况，要前后照顾，标出转坡点的位置。一般来说，如果试定的纵坡线既能符合技术标准，又能满足控制点要求，而且土石方工程量又较省，则这样的设计纵坡是最理想的，关键是要反复比较，全局考虑，抓住主要矛盾。

（3）调整纵坡

试定纵坡之后，首先将所定的坡度与定线时所考虑的坡度进行比较，两者应基本相符，若有较大差异，应全面分析，找出原因，决定取舍。然后检查纵坡度、坡长、合成坡度等是否符合规定，平、纵面组合是否合理，若有问题应进行调整。

调整纵坡的方法一般有抬高、降低、延长、缩短坡线和加大、减小纵坡度等。调整时应以少脱离控制点，尽量减少填挖量，与自然条件协调为原则，使调整后的纵坡与试定纵坡基本相符，以避免因纵坡调整产生填挖不合理等现象。

（4）与横断面进行核对

根据已调整的纵坡线，选择有控制意义的重点横断面，如高填深挖、挡土墙、重要桥涵等横断面，在纵断面图上直接估读出填挖高度，对照相应的横断面图进行认真的核对和检查。若出现填挖工程量过大、填方坡脚落空以及挡土墙工程量过大等情况，应再次调整纵坡线，直到满足为止。

（5）确定纵坡

纵坡线经调整核对无误后，即可确定纵坡。方法是从起点开始，按纵坡度和坡长分别计算出各转坡点的设计高程。公路的起终点设计高程是根据接线的需要事先确定的。转坡点设计高程确定后，公路纵坡设计线也随之确定。

设计纵坡时还应注意以下几点：

1）在回头曲线地段设计纵坡时，应先确定回头曲线上的纵坡，然后从两端接坡，以满足回头曲线的特殊纵坡要求。

2）大、中桥上，一般不宜设竖曲线。桥头两端的竖曲线，其起终点应设在桥头10m以外；小桥涵可设在斜坡地段和竖曲线上。但对等级较高的公路，为使公路纵坡具有一定的平顺性，应尽量避免小桥涵处出现急变的“驼峰式”纵坡。

第七章　横断面设计技术

第一节　公路横断面的组成

一、路基标准横断面

路基标准横断面是根据设计交通量、交通组成、设计车速、通行能力和满足交通安全的要求，按公路等级、断面的类型、路线所处地形规定的路基横断面各组成部分横向尺寸的技术标准。各级公路的路基标准横断面如图 7-1 所示。

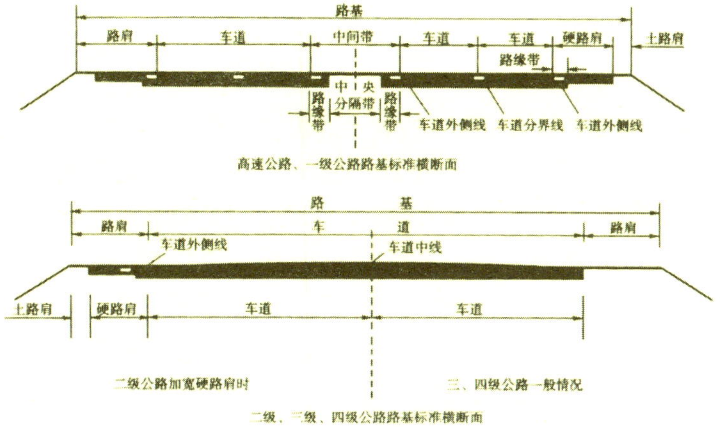

图 7-1　路基标准横断面的组成示意图

1．横断面组成

高速公路、一级公路的路基标准横断面分为整体式路基和分离式路基两类。上下行公路的横断面由一个路基形成称为整体式，由两个路基分别独立形成为分离式。整体式路基的标准横断面应由车道、中间带（中央分隔带、左侧路缘带）、路肩（右侧硬路肩、土路肩）等部分组成。分离式路基的标准横断面应由车道、路肩（右侧硬路肩、左侧硬路肩、土路肩）等部分组成。

二级公路路基的标准横断面应由车道、路肩（右侧硬路肩、土路肩）等部分组成。

三级公路、四级公路路基的标准横断面应由车道、路肩等部分组成。

2. 车道数及车道宽度

在公路上提供每一纵列车辆安全行驶的路面，称为一个车道。公路的车道数主要根据该路的预测交通量和一个车道的设计通行能力来确定，行车道的基本数目应在一个较大的路线长度内保持不变。根据公路等级和设计速度将车道数分为单车道、双车道、四车道、六车道和八车道。

一条车道的宽度必须能满足设计车辆在有一定横向偏移的情况下运行，并能为相邻车道上的车流提供余宽，所以汽车所需车道的宽度受车速、交通量、驾驶员的驾驶能力、会车等影响。

3. 路面宽度

路面宽度应是在保证要求车速及道路通行能力的情况下，安全行车所必需的宽度。路面宽度取决于设计车辆的几何尺寸、汽车行驶速度、交通量以及车辆之间或车辆与路肩之间的安全间隙。我国设计车辆宽度规定为 2.5m。余宽分同向车之间的余宽、对向车之间的余宽和车辆与行车道边缘所需的余宽三种情况，根据行车调查及测定资料确定，一般采用 1 ~ 1.25m。

4. 中间带宽度

中间带由两条左侧路缘带和中央分隔带组成，是分隔公路上对向行车道的地带。高速公路、一级公路整体式路基必须设置中间带。

中间带的功能是分离不同方向的交通流，减少车辆的对向干扰，以防止无序的交叉运行和转弯运行，同时为设置公路标牌、提供绿化带、遮挡对向车灯的眩光和埋设管线等设施等提供场地。

路缘带既可以是硬路肩的一部分，又可以是中间带的一部分，主要取决于它的位置。在中间带范围内的路缘带是中间带的组成部分；在路肩范围内的路缘带属路肩的组成部分，它的主要功能是诱导驾驶员视线和提供部分侧向余宽。当汽车越出行车道时，能加强行车安全。

公路工程一般多采用窄分隔带高出行车道表面的中央分隔带，称为凸型；也有宽度大于 4.5m 的凹型，表面采用植草、栽灌木或铺面。中间带可不等宽，也不一定等高，但应与地形、景观等配合。不等宽的中间带应逐步过渡，避免突变。中央分隔带每隔 2km 设置一处开口，供紧急特殊情况使用。

5. 路肩宽度

路肩位于行车道外缘至路基边缘之间，是具有一定宽度的带状结构物，其主要作用是保护行车道，供行人、自行车通行、临时停放车辆，同时作为增加路幅的富余宽度，对提高行车道通行能力也有辅助作用。路肩按在其上铺筑的材料不同可分为土路肩和硬路肩。

6. 加（减）速车道

当车辆在公路行驶需要加速合流或减速分流时，应根据公路的等级、使用性质等增加一段供车辆速度过渡的车道，使变速车辆不致因速度的变化而影响其他车辆的正常行驶。在高速公路、一级公路的互通式立体交叉、服务区、停车区、公共汽车停靠站、管理与养护设施等与主线相衔接处，应设置加速车道和减速车道。加（减）速车道宽度应为3.50m。加（减）速车道的长度与速度变化范围、车辆特性等因素有关，可经计算确定。

7. 错车道

四级公路路基宽度采用4.5m时，路面只能设一个车道。错车道是为了解决双向行车的错车而设置的。错车道应设在有利地点，使驾驶员能够看清相邻两错车道间的车辆，错车路段的路基宽度不小于6.5m，有效长度不小于20m。错车道的间距应根据错车时间、视距、交通量等确定，一般应不大于300m。

8. 紧急停车带

紧急停车带是车辆发生故障时紧急停车的区域。高速公路、一级公路的右侧硬路肩宽度小于2.50m时，应设紧急停车带。紧急停车带的间距不宜大于2km，紧急停车带的宽度一般为5.00m，有效长度一般为50m，并设置100m和150m左右的过渡段。

高速公路、一级公路的特长桥梁、隧道，根据需要可设置紧急停车带，其间距不宜大于750m。二级公路根据需要可设置紧急停车带，其间距按实际情况确定。

9. 路拱及路肩横坡度

路拱的基本形式很多，各有特点，常用路拱的基本形有抛物线形、直线形和折线形三种。在设计道路横断面时，路拱及路肩横坡度应根据车行道宽度、路面结构类型、排水和当地的自然条件等要求按表7-1选择。

表7-1　路拱横坡度

路面类型	路拱坡度（%）	路面类型	路拱坡度（%）
沥青混凝土、水泥混凝土	1 ~ 2	碎、砾石等粒料路面	2.5 ~ 3.5
其他沥青路面	1.5 ~ 2.5	低级路面	3 ~ 4
半整齐石块	2 ~ 3		

二、路基典型横断面

经常采用的横断面称典型横断面。在典型横断面中，我们把高于原地面的填方路基称为路堤，低于原地面的挖方路基称为路堑，在一个断面内，部分要填，另一部分要挖的路基称为半填半挖路基。由于自然地形、地质条件的多样性，由此可派生出一系列类似的断面形式，它们在公路设计中经常被采用，如图 7–2 所示。此外，为了保证路基稳定和行车安全，根据实际需要设置取土坑、弃土堆、护坡道、碎落台、堆料坪等，这些都是路基主体工程不可缺少的部分。有关典型横断面的选用范围简述如下：

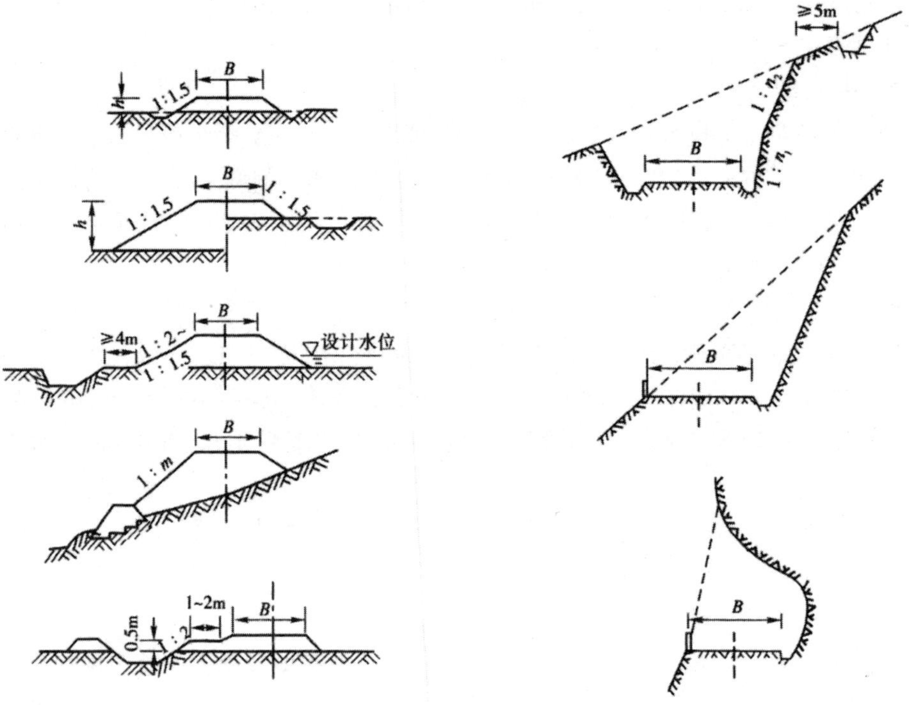

（a）填方路基（路堤）　　（b）挖方路基（路堤）

图 7–2　填方路基、挖方路基典型横断面示意图

1. 路堤

常用的各种路堤形式见表 7–2。

表 7–2　常用的各种路堤形式

形式	内容
一般路堤	填土高度大于 1m 小于 20m 的路堤
沿河路堤	路堤浸水部分的路堤边坡采用 1：2，并视水流冲刷情况采用一定加固防护措施的路堤

续表

形式	内容
利用挖渠土填筑路基	这是农田水利建设与公路建设相结合的形式，但需要考虑渠道的水流是否影响公路的正常使用，以及路基在渠道设计水位的影响下强度、稳定性是否满足要求
矮路堤	填土高度小于 1m，为排水常需设置边沟的路堤
陡坡护脚路堤	当路堤的坡脚伸出较远且不稳定或坡脚占用耕地较多时，用护脚取代坡脚的路堤

2．路堑

常用的路堑形式见表 7–3。

表 7–3 常用的路堑形式

形式	内容
一般路堑	路堑必须设置边沟，以排除路面积水；为拦截山坡上方的地面水流向路基，在坡顶外至少 5m 处设置截水沟。路堑挖出的废弃土石方，置于地形下侧的路堑坡顶以外至少 3m，形成弃土堆。详细设计参见本教材路基路面部分
半山洞	半山洞适用于整体坚硬的岩石层上，为节省工程量采用的一种形式，应用时注意公路的安全和建筑限界的要求
台口式路堑	山体的自然坡面为路堑的下边坡，适用于地质状况良好的地段

3．半填半挖路基

（1）一般半填半挖路基：半填半挖路基是比较经济的断面形式，注意当原地面横坡大于 1：5 时，将原地面挖成台阶，以保证填土的稳定。

（2）护肩路基：用于填土高度不大，但坡脚太远不易填筑时的情况，护肩高度一般不超过 2m。

（3）砌石路基：用于地面横坡太陡，坡脚落空，不能填筑时。

（4）挡土墙路基：挡墙是不依靠路基独立稳定的结构物，它也能支当填方，稳定路基。

（5）矮墙路基：用于挖方边坡土质松散，易产生碎落的情况。

各种典型路基横断面要结合实际地形选用，且应以路基稳定、行车安全、工程量小和经济适用为前提。

4．取土坑与弃土堆

公路土石方数量在调配过程中，不可避免地会在公路沿线附近借土或弃土。在公路沿线挖取土方填筑路基或作为养护材料所留下的整齐土坑，称为取土坑；将开挖路基所废弃的土，按一定的规则形状堆放于公路沿线一定距离内称为弃土堆。无论借土或取土，首先要选择合理的地点。一般应从土质、数量、占地及运输等方面考虑选点；其次要结合农田水利，改地造田，少占或不占良田，维护自然生态平衡合理选点，从而做到“借之有利，弃之无害”。

取土坑一般设置在地势较高的一侧，其深度和宽度应视取土数量、施工方法及用地许可条件而定。平原区一般深度为 1.0m。为防止坑内积水，路基坡脚与坑之间，当堤顶与坑底高差超过 2m 时，需设宽度 1.0m 的护坡道，坑底设纵横排水坡及相应设施如图 7–3 所示。

河流淹没地段的桥头引道两侧一般不设取土坑。河滩上的取土坑，应与调治构造物的位置相适应，一般距河流水位界 10m 以外，并不得长期积水危害路基或构造物的稳定。

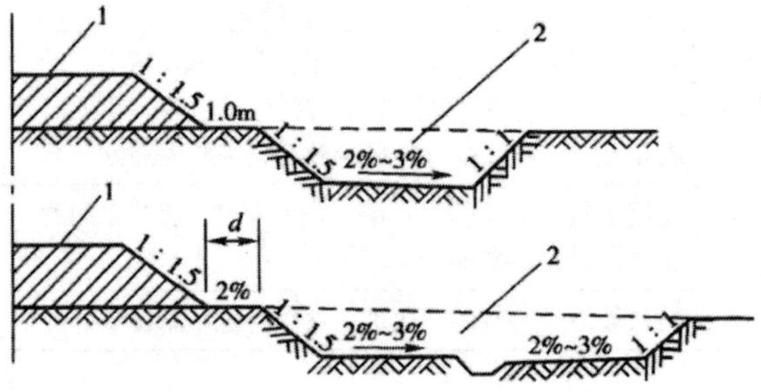

图 7–3 取土坑示意图

开挖路基的废方，应妥善处理，充分利用；如用于公路、农田水利、基建等，做到变废为宝，弃而不乱，对无法加以利用的弃土，应防止乱弃而造成水土流失，危害路基及农田水利，淤塞河道。

废方一般选择在沿线附附近低洼荒地或路堑下坡一侧堆放。沿河路基的废石方，条件允许时，可以部分占用河道，但不能造成河道上游壅水，危及路基及附近农田。如需在路堑上侧弃土，要求堆弃平整，顶面具有适当横坡，并设置平台三角土埂及排水沟渠，如图 7–4 所示，积砂或积雪地段的弃土堆，为有利防砂防雪，一般设在迎风一侧。路堑深度大于 1.5m 时，弃土堆距坡顶至少 20m。浅而开阔的路堑两旁不得设弃土堆。

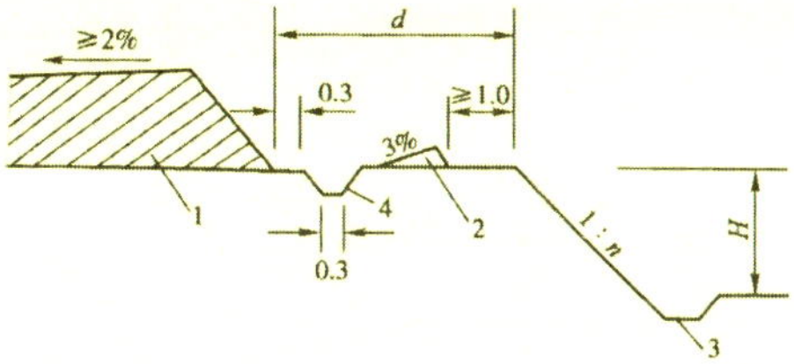

图 7–4　弃土堆示意图（单位：m）

5. 护坡道与碎落台

当路堤较高时，为保证边坡稳定，在取土坑与坡脚之间或边坡坡面上，沿纵向保留或筑成有一定宽度的平台称为护坡道。其目的是加宽边坡横距，减缓边坡平均坡度，护坡道愈宽，愈有利于边坡稳定，但工程量随之增加，根据实际情况，宽度至少为 1.0m 并随填土高度增加面增大。

一般情况下，护坡道宽度 d 为：h<3.0m，d=1.0m；h=3m ~ 6m，d=2m；h=6m ~ 12m，d=2m ~ 4m。

碎落台通常设置在路堑边坡坡脚与边沟外侧边缘之间，有时也设在边坡中部，其作用是防止零星土石碎落物落入边沟，碎落台宽度一般为 1.0 ~ 1.5m。对风化严重的岩石边坡或不良土质边坡，一般为 1.0 ~ 1.5m，其顶部宽度大于 0.5m，墙高 1 ~ 2m。

6. 堆料坪

为避免在路肩上堆放路面养护用料，在用地条件许可时，可在路肩外缘或边沟外缘设置堆料坪，一般每隔 50 ~ 100m 设置一个，其长度为 5 ~ 8m，宽度为 2m 左右，如图 7–5 所示。

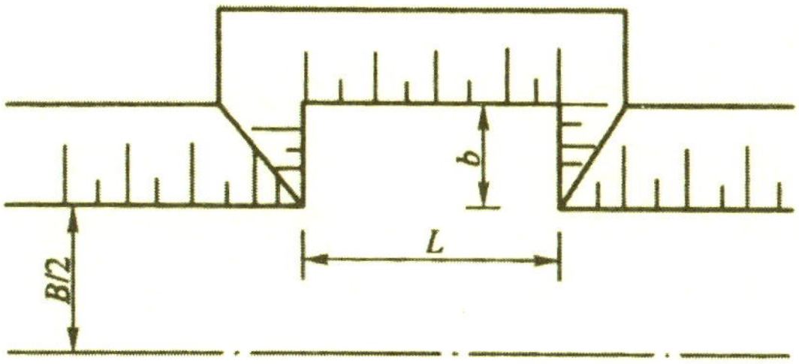

图 7–5　堆料坪示意图

第二节　横断面设计

一、基本要求

横断面是由横断面设计线和横断面地面线所构成的。横断面设计应满足如下要求（见表 7–4）：

表 7–4　横断面设计应满足的要求

要求	内容
经济性	工程量小，节约资金
规范性	断面的某些尺寸（如路基宽）必须符合公路规范和设计标准的要求
稳定性	在荷载、自然因素的共同作用下，不倾覆、滑动、沉陷、塌方
兼顾性	要兼顾农田基本建设的需要，在取土和弃土以及挡土墙设置等方面应与农田改造、水利灌溉相配合

二、设计方法与步骤

横断面设计俗称“戴帽子”，是设计横断面的常用方法，其过程就是在横断面测量所得各桩号的横断面地面线上，按纵断面设计确定的填挖高度和平面设计确定的路基宽度、超高、加宽值，结合当地的地形、地质等自然条件，参考典型横断面图式，逐桩号绘出横断面图；对采用挡土墙、护坡等结构物的路段，应对结构物的尺寸根据土压力的大小经稳定性验算后，将确定所采用结构物绘于相应的横断面图上，并注明其起讫桩号和断面的尺寸。

横断面设计，必须结合地形、地质、水文等条件，本着节约用地的原则选用合理的断面形式，以满足行车顺适、工程经济、路基稳定且便于施工和养护的要求。

在设计每个横断面时，应参考路基典型横断面图示，断面中的边坡坡率、边沟尺寸、挡土墙断面必须按相应的规定办理。对高填、深挖、浸水等特殊路基还应单独设计，绘制特殊路基设计图。

横断面设计在平面设计、纵断面设计完成后进行，其方法与步骤如下：

（1）逐桩绘制横断面地面线（一般在现场与外业同时进行），各桩号在图纸上从左到右，从下到上的顺序排列，比例一般为 1：200。

（2）逐桩标注相应中桩的填（T）或挖（W）高度、路基宽度（B）、超高（h_c）

和加宽（b_j）的数据。

（3）根据现场调查所得来的土壤、地质、水文资料，参照“标准横断面图”和“典型横断面图”，标出各断面土石分界线，确定边坡坡度和边沟形状、尺寸。

（4）用三角板（也可用“帽子板”）逐桩绘出路基横断面设计线，通常用左右路肩边缘的连线代替路面的路拱横坡线（即不必绘出路拱，但必须绘出超高和加宽），然后再按边坡坡度绘出边坡线，与地面线相交得坡脚点（路堤）或坡顶点（路堑）。

（5）有超高时，应按旋转方式绘出有超高横坡度的路肩边缘连线；有加宽时，按加宽后的路基宽度绘出左右路肩边缘的连线；两者都存在时，按上述方法同时考虑超高、加宽绘出横断面设计线。

（6）根据综合排水设计，绘制护坡道、边沟、取土坑、截水沟、挡土墙等横断面设计内容。

（7）分别计算各桩号断面的填方面积（A_T）和挖方面积（A_W）并标注于图上。

在以上横断面设计时，尽管在横断面图上按比例绘出了边沟、截水沟、护脚、挡土墙等设施，但一般不标注详细尺寸，仅注明其起讫桩号。

此外，近年来计算机辅助设计（CAD）在工程技术领域中应用也很广泛。利用计算机辅助设计系统进行路线设计，不但可提高手工绘制的工作效率，准确绘制横断面图，而且能自动解算横断面面积。在设计完成时可以利用绘图机输出各设计阶段所需的相应图纸，是路基横断面设计的理想手段。

第八章　选线与定线

第一节　选线

一、路线方案选择

1. 影响路线方案选择的因素

路线方案比较是选线中确定路线总体布局的有效方法。其目的在可能布局的多种方案中,通过方案比较决定取舍,选择出技术合理、费用经济、切实可行的最优方案。路线方案的取舍是路线设计中的重要问题。方案是否合理，不仅直接关系到道路本身的工程投资和运输效率，更重要的是影响到路线在道路网中的作用，直接关系到是否满足国家政治、经济及国防的要求和长远利益。路线方案选择时应综合考虑以下因素：

（1）路线在政治、经济、国防上的意义，国家或地方建设对路线使用任务、性质的要求，以及战备、支农、综合利用等重要方针的贯彻和体现程度。

（2）路线在铁路、公路、航道等网系中的作用，与沿线工矿、城镇等规划关系以及与沿线农田水利建设的配合及用地情况。

（3）沿线地形、地质、水文、气象、地震等自然条件对道路的影响，要求的路线等级与实际可能达到的技术标准及其对路线使用任务、性质的影响，路线长度、筑路材料来源、施工条件以及工程量、三材（钢材、木材、水泥）用量、造价、工期、劳动力等情况及其对运营、施工、养护的影响，以及施工期限长短等。工程费用和技术标准情况。

（4）其他，如少占耕地，与沿线历史文物、革命史迹、旅游风景区的联系。

影响路线方案选择的因素是多方面的，而各种因素又多是互相联系和互相影响的，比选时应在满足使用任务和性质要求的前提下，综合考虑自然条件、技术标准和技术指标、工程投资、施工期限和施工设备等因素，精心选择，反复比较，才能提出合理的推荐方案。

2. 路线方案选择的方法和步骤

路线方案是通过许多方案的比较淘汰而确定的。一条较长的路线可能有很多种方案，不可能对每一方案都进行实地视察和比选，但应事先尽可能收集已有资料，尽可能提出不同的方案在室内进行研究筛选，然后就较佳的、而且优劣难辨的有限方案进行实地视察和比选，直到选出最佳方案。路线方案选择的方法和步骤，见表8-1。

表 8-1 路线方案选择的方法和步骤

方法	步骤
搜集资料	搜集与路线方案有关的规划、计划、统计资料及各种比例尺的地形图、航测图。水文、地质、气象等资料
在地形图上布线、初拟方案	根据已确定的路线总方向和公路等级，先在小比例尺（1：50000或1：100000）的地形图上，结合所搜集的资料，初步研究各种可能的路线走向，重点研究地形、地质复杂的路段，分析路线沿哪些溪沟、越哪个垭口较为适宜；路线经城镇或工矿区时，是穿过、靠近、还是避让而以支线连接等。在室内研究的基础上，在地形图上研究各种可能的路线方案，并标明正线和比较线，算出大致里程和衔接关系，研究并提出现场视察的重点。当采用不同的设计速度、技术指标或设计方案对工程造价、自然环境、社会经济效益等有明显差异时，应作同等深度的技术经济论证
室内初步比选，确定可比方案	按室内初步拟定的方案进行实地视察，确定大控制点的具体位置，明确控制点是否变动以及变动的理由，通过调查比较，选定路线必经的控制点，如越岭的垭口、大桥的桥位、与铁路或其他公路的交叉点等；对应绕避的城镇及地质不良地段，确定其范围，提出具体布线方法；对全线地形进行分析，分段提出采用的技术标准和主要技术指标；估算工程量、主要材料（钢材、水泥、木材）用量、征用土地数量；对材料来源、运输条件、路网规划、生态环境等也要一并调查，以备进一步比选方案
实地视察、踏勘测量	实地视察、踏勘测量岭的垭口、大桥的桥位、与铁路或其他公路的交叉点等；对应绕避的城镇及地质不良地段，确定其范围，提出具体布线方法；对全线地形进行分析，分段提出采用的技术标准和主要技术指标；估算工程量、主要材料（钢材、水泥、木材）用量、征用土地数量；对材料来源、运输条件、路网规划、生态环境等也要一并调查，以备进一步比选方案
进一步比选、确定推荐方案	在路线视察和充分研究勘测资料的基础上，对初步拟定的路线方案（包括比较线）作出技术经济论证和评价，完成路线方案的比较并填写方案比较表，对其他相关质量性指标进行论证，提出推荐方案的理由，确定推荐方案

二、平原区选线

1. 路线特征

平原是指地形宽广平坦或略有起伏，地面自然坡度很小的地区，一般自然坡度都在 3° 以下，除泥沼、盐渍、草原、戈壁、沙漠外，一般多为耕地，农田水系渠网发达，在城镇区则地上建筑较多；具有湖泊、水塘、河汊多等特点。

从地质和水文条件来看，平原区一般不良地质现象较少，有时会遇软土和沼泽地段；另外，平原区地面平坦，地面容易积水，河流较宽阔，河床低浅，泥沙容易淤积，河床低浅，洪水易泛滥。

由于平原的上述特征，使得平原地区地形对路线的约束限制不大，路线平、纵、横三方面的几何条件很容易达到标准，路线的布置主要是考虑地物障碍问题，其路线特征是：平面线形顺直，以直线为主体线形，弯道转角较小，平曲线半径较大；在纵面上坡度平缓，以低路堤为主。路线布设除考虑地物障碍外，一般没有太大困难。

2. 布线要点

（1）以平面为主安排路线

选线时，首先在起、讫点间把经过的城镇、厂矿、农场及风景文物点作为大的控制点，在控制点间通过实地视察进一步根据地形条件和水文条件选择中间控制点，除一般较大的建筑群、水电设施、跨河桥位、洪水泛滥线范围以外以及其他必须绕过的障碍物外均可作为中间控制点。在安排平面线形时，既要使路线短捷顺直，又要注意避免过长的直线，可能条件下多采用转角小、半径大的长缓平曲线线形，并且相邻曲线的要素不宜相差太大，使线形满足设计要求。纵面线形应综合考虑桥涵、通道、交叉等结构物的要求，要尽可能使用较高的技术指标，合理确定路基高度，注意避免纵坡起伏过于频繁。

（2）正确处理公路与农业的关系

平原区选线不可避免要占用一些农田，这要从公路的作用、工程数量及造价、运营费用等方面因素全面分析比较确定，既不能片面求直占用大量农田，也不能片面为不占农田，使路线的总体指标明显下降。

（3）处理好路线与农田水利的关系

线路布置要尽可能和农田灌溉系统配合，对原有灌溉系统一般不要破坏，布线要注意与干渠平行，减少路线与渠道相交。沿渠道布线，注意堤路结合，桥闸结合。

路线跨水塘时，应设于水塘一侧，从水塘的另一侧取土，既拓宽水塘，又解决了借土问题。路线在靠近河边低洼村庄或农田通过时，可考虑沿河岸布线，围滩造田并保护村庄免受洪水侵害，如图 8-1 是某县的沿河路线，采用堤路结合方式，使百亩滩地变为水田，村庄的安全得到了保障。

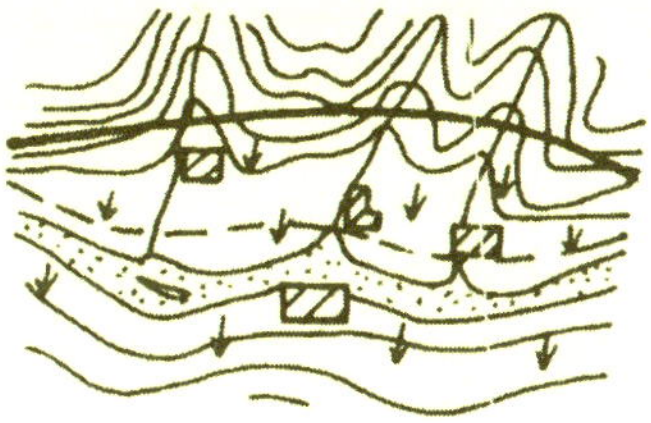

图 8-1　沿河岸布线示意图

（4）处理好公路与城镇的联系

公路对于城镇具有双重作用，一方面它服务于城镇，成为城镇与其他地方物资交流、人员来往的桥梁；另一方面它也干扰城镇，成为交通拥挤、环境污染、城市服务功能下降的原因。所以要正确处理好服务与干扰、穿越与绕避、拆迁与保留的关系，一般原则是：

1）国防与高等级干线公路，应尽量避免直穿城镇、工矿区和居民密集区，以减少相互干扰。但考虑到公路对这些地区的服务性能，路线又不宜相离太远，必要时还应考虑支线联系。做到近村不进村，利民不扰民，既方便运输，又保证安全，布线时注意与地区规划相结合。

2）对于一般沟通县、区、村直接为农业运输服务的公路，经地方同意可穿越城镇，但要注意有足够的视距和行车道宽度（应考虑行人的需要）及必要的交通设施，以保证行人和行车的安全。

（5）处理好路线与桥位的关系

大、中桥位往往是路线的控制点，应在服从路线总方向的原则下，路、桥综合考虑，选择有利桥位，布设路线。既要防止只顾路线顺直，不管桥位条件，使桥跨困难；又要防止片面强调桥位，使路线绕线过长，标准过低。一般情况下，桥位中线应尽可能与洪水主流流向正交，桥梁和引道都在直线上，桥位应选在水文、地质及跨河条件较好的河段。

小桥涵位置原则上应服从路线走向，但遇到斜交过大（夹角小于 45° 时）或河沟过于弯曲时，可考虑采取改沟或改移路线的办法，调整交角，布线时应通过比选确定。

路线采用渡口跨河时，应在路线基本走向确定后选定渡口位置，渡口位置要注意避开浅滩、暗礁等不良河段，选择合适的地形作为码头，然后，将路线与码头按线形要求平顺连接。

（6）注意土壤地质水文条件，确保路基稳定

在平原的河网湖区，地势低洼，地下水位高，要注意路基最小填土高度，保证

路基基底处于干燥或中湿状态，个别挖方地段要注意排水。

路线要避免穿过较大的湖塘、泥沼地带，必须穿越时，应选择相对地质条件较好的地方通过，这包括基底坡面平缓、淤泥少、下层无软土的地方；不言而喻，最窄、最浅的地方是首先考虑穿越的地方，但当地质条件和此相矛盾时，就要结合线形、工程量和造价等多种因素合理选择了。沿河布线时，应布线于洪水泛滥线以外，必须通过泛滥区时，应保持路基、桥梁应有的足够高度，以免被洪水淹没，并应对路基边坡防护加固。

三、山岭地区选线

1．路线特征

山岭地区山水相隔，峰峦重叠，山高坡陡，谷深流急，地形曲折复杂，它一般包括分水岭、山脊、山谷、山坡等。选线要摸清山脉水系的走向和变化规律，使各种地形对路线的影响有一个清晰的概念，即山区高差大，复杂的地形使公路路线坡陡弯急；石多土薄，地质复杂（如滑坡、崩塌、碎落等），直接影响路线的位置和路基的稳定；山区河流曲折，比降大，水流急，雨季暴雨集中，洪水猛长猛落，流量大，流速快，冲刷和破坏力大；气候多变，冬季多冰雪，昼夜温差大，雾大，能见度低，对车辆的安全通行有很大影响。

但事物都有双重性，地势对线路选择也提供有利的因素，山脉水系清晰，给山区公路走向提供了依据，鲜明的地质水文特征，为准确定位路基高、防护措施和桥位提供了资料，丰富的石材为公路建设提供了原材料。

综上所述，由于山岭地区自然条件复杂，地形变化很大，使得路线在平、纵、横三方面受到很大限制，因而技术指标一般多采用低限。在山岭地区所有自然条件中，高差急变是主导因素，因此在路线布设时，一般多以纵面线形为主安排路线，其次是横面和平面。在选线时要注意分析平、纵、横三方面因素，结合影响路线的主要自然因素，综合考虑，求得协调合理。山区地区按地形布线可分为沿溪线、越岭线、山坡线、山脊线等。

2．沿溪线

（1）路线特点

沿河（溪）线是沿河（溪）岸布置的路线，其特点是傍山临水。沿溪线的主要优点是路线走向明确，河床的纵坡一般比路线的纵坡小，加之在河边一般都有台地可以利用，除个别悬崖陡壁和跌水地段，路线的平、纵线形一般均能满足设计要求；沿溪线傍山临河，砂、石等原材料比较丰富，对施工、养护、营运有利；山区的两岸大多有居民点沿河分布，沿溪线如能结合河岸地形布设，更能充分发挥沿溪线公路的作用。

沿溪线的不利条件主要是路线临水很近，受洪水威胁比较大，洪水频繁发生，经常破坏公路，沿溪线需要增设大量防护工程来抵抗洪水的侵害，导致破坏自然景观和环境，并使工程造价加大；公路反复受水淹没，会使路基强度降低，最终使公路提前破坏，不能达到投资的预期目的；压缩河道、弃土等，对防洪构成威胁；如遇长距离的陡壁，施工工期无法保证，开挖数量大，难以施工，桥涵及防护工程数量大，地质条件又不允许做成半山洞，这时要从造价、工期等多方面考虑该方案的可行性；在施工和运行阶段，还会对沿线溪河造成水污染的问题。因此，在路线布线时，要结合地形克服不利影响，发挥沿溪线的优势，使公路更好地为社会服务。

（2）路线布局

沿溪线的路线布局主要解决三个问题：路线选择走河的哪一岸；路线线位放在什么高度；路线选在什么合适地点跨河。这三个问题是相互联系、相互影响的，选线时要抓住主要矛盾，结合路线性质等级和对自然界的影响，因地制宜地去解决。

1）河岸选择

沿溪线可以选择仅在一岸布线或在两岸跨河布线，但首先要选择好布线的河岸，这就需要对两岸的情况进行比较，从自然条件到路线的线形，从社会环境因素到道路的功能，进行综合比较分析，经过技术经济比较决定。

在地形地质条件方面，路线应选在地形宽坦，支沟较少，水文地质条件良好的一岸，这样可以减少防护工程，节约费用。但这些有利的条件往往交错出现在两岸，这时就需要深入调查，综合比较，决定取舍，如图 8–2，乙方案为避让河左岸的两处陡崖，跨河利用右岸的较好地形，但仅 3km 后，也遇到了更长的悬崖，不得不再回到左岸，两次跨河，须建中桥两座。而甲方案一直走左岸，虽要开挖一段石方，但较建两座中桥经济，因此，不宜跨河换岸。

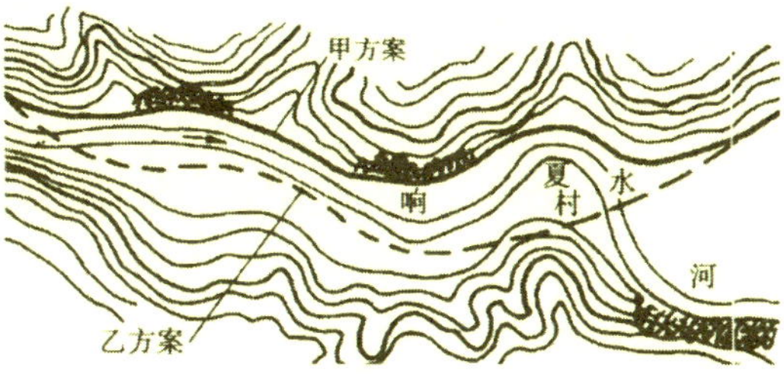

图 8–2　跨河换岸比较示意图

在积雪和冰冻地区，河岸的阳坡和阴坡即迎风面和背风面气候相差很大，在不影响路线整体布局的前提下，尽量选择阳坡和迎风的一岸，以减少积雪、涎流冰等病害。有时即使阳坡工程量大一些，但为了良好的行车环境和行车安全，也应选择阳坡方案。

线路应选择村镇较多，人口较密，风景、名胜古迹集中的一岸，这样可以充分发挥道路的运输功能，促进地方经济和旅游的发展。

2）桥位选择

跨河问题：跨河布线要明确两个问题：第一是为什么要跨河，第二是桥位的选择。一般情况下，如果起讫点在同岸，且距离很近，一般不考虑跨河的方案，以避免因跨河建桥使费用增加。只有当跨河布线或跨河建桥比开挖防护直接布线更为经济时，就需要考虑跨河的问题，跨河布线常见的原因见表 8–2：

表 8–2　跨河布线常见的原因

原因	内容
避让严重不良地质地段的需要	对于严重的地质病害，无法穿越时，可考虑跨河绕避，例如，我国云南某公路，70km 内三次跨河，就是为了避让大塌方地段
中间主要控制点的需要	当路线起讫点在河岸两侧，至少必须跨河一次。有时起讫点在同一岸，中间控制点在对岸，这时可以采用两次跨河方案或支线跨河连接方案
避让其他地物	如遇铁路、大型水利工程、重要建筑发生严重干扰时，应跨河避让。此外，对生态环境和珍稀濒危动植物栖息环境产生严重影响时，也应避让
避让艰巨工程而跨河	在峡谷中，河谷两岸适宜布线的地形往往交替出现，为了利用有利地形，避开艰巨的石方工程，提高施工、养护、营运的条件，常采用两岸交替布线，这种情况需要进行不同方案的技术经济比较，以选择最优方案
线形标准的需要	在高等级公路中，为了线形的顺直，河沟较小、工程量不大时，采用跨河方案，既可缩短线路，又能改善线形

桥位选择：跨河可分为跨支流和跨主流两类桥位，跨支流的桥位选择，一般属于局部方案问题，而跨主河的桥位选择多属于路线布局的问题。在桥位选择上，除了考虑地质水文情况外，要特别注意处理好桥位与线路的关系。对于跨越主河的桥位，当路线走向与河流接近平行的情况下，如何利用地形并使桥头路线平顺，是选择桥位考虑的重要因素之一。

3）路线高度

线位的高低是路线纵面线形布局的问题。路线沿岸高程，首先应考虑洪水的威胁。不管是高线位还是低线位，均应在设计洪水位以上一定安全高度。因此，在选线中应认真做好洪水位调查工作，以确保路线必需的最低线位高度。

低线位是指路基高出设计洪水位不多，路基上侧临水很近的布线方案。其主要优点是：一般情况有台地可以利用；地形较好，平面线较顺适，纵面切割不大，容易达到标准；路线低，填方边坡低，土石方数量少，边坡较稳定，路线活动余地稍大，跨河利用有利条件和避让不利条件较容易；养护、施工用水、取材较方便；从国防来看，路基破坏后因线位低抢修也很快。低线位的主要缺点是：线位低，受洪水威胁大，通常防护工程较多；低线位多在沟口附近跨越支沟，桥涵孔径较大，基础工程也较困难；路线与农田矛盾较大，处理废方比较困难。

高线位指路线高出洪水位较多，完全不受洪水威胁的布线方案。其路线特征与山坡线相近。其主要优点是：无洪水影响，防护工程较少，废方处理问题不突出；当采用台口路基时，路基比较稳定。高线位的主要缺点是：路基多用台口路基，挖方大，废方较多；由于线位高，路线势必随山形走势绕进绕出，特别是鸡爪地形地段，线形差，土石方大，跨支沟的桥涵构造物较多，工程费用较高；路基边坡常出现"缺口"，因而挡土墙和加固工程较多；线位高需要跨河时比较困难；施工、养护取料、用水也不如低线位方便。

综上所述，一般来说，低线位优点多，在满足规定频率的设计水位的前提下，路线越低，工程越经济，线形标准也越高。各地有不少采用低线位的成功经验，但也有不少水毁的教训，因此采用低线位方案时，要特别注意洪水调查，把低线位放在安全高度上，同时要采取切实的防洪措施，以保证路基如稳定和安全，而把高线位作为局部路段的选线方案。

图 8-3 所示沿河线的几个方案，方案 I 是为避让悬崖峭壁，及早提高线位，绕走侧坡悬崖顶部布线。如果悬崖集中地段位于大河湾的支脊凸部，则在支脊内必有低垭口，可及早提高线位越支垭口，见图 8-3 中方案 II。第 III 方案是跨河走对岸，此时要求选择适宜的桥位。如果岩性坚硬、地质构造稳定和工程艰巨地段不长，也可开挖半山洞或短隧道，或临河劈岩，开挖部分路基直接穿越石壁，如图 8-3 中第 IV 方案所示。不论采用哪种方案，都应通过调查研究，结合具体条件，经过技术经济比较后，决定取舍。

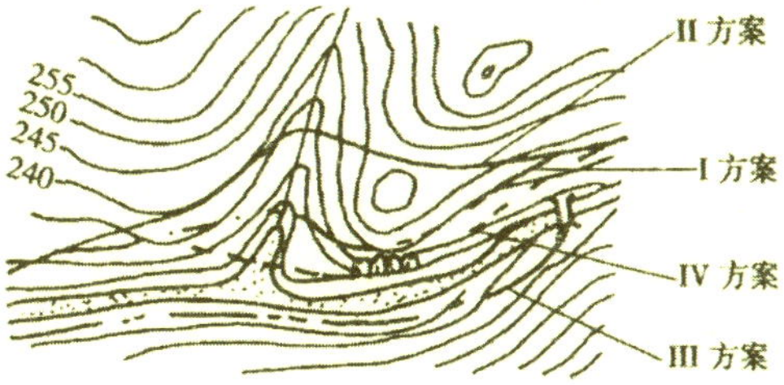

图 8-3　沿溪线的几种方案示意图

（3）几种河谷地形条件下的布线

山区河谷大体可分为以下几类，即开阔、半开阔河谷；河道弯曲、较狭窄的河谷；陡崖峭壁河段和峡谷；河床纵坡陡峻的河段。河谷地形不同，布线也应有所差异。

1）开阔河谷

宽谷是指河岸到山坡之间台地较宽的地段，两岸多为农田，附近地形平缓，布线一般根据路线的大方向，可以靠近河边布线，或傍山坡脚设线，不宜使路线在河谷台地的中间直穿通过，以免占用大片耕地和破坏农田灌溉设施。路线沿河布线，有利于保田、保村和筑路治河的综合处理。傍脚布线，在较高台地的内缘，对于修建路基较为有利，不占或少占良田，又避免洪水威胁，是常采用的一种沿河线布线方案。还应注意，路线不要过于迁就地形，因完全顺坡脚扭曲会降低线形标准和增加里程长度。

2）河道弯曲，较狭窄的河谷

如果河谷河湾曲折迂回，山嘴河湾交替出现，凹岸陡峻，凸岸则多有一定宽度的浅滩，有时也有凸出山嘴，选线时要作全面分析，首先要判断路线设在哪一岸有利。一般情况下，路线可选择工程量较小的一岸，并沿河岸自然地形、绕山嘴河湾布线。技术等级较高的路线，宜裁弯取直。如果河谷不宽，遇河湾也可考虑往返跨河或改移河道；遇有突出山嘴，可以采用隧道或深路堑通过，也可切嘴填湾。切嘴填湾时要力求土石方纵向平衡，以免废方过多，侵占河道。

3）陡崖峭壁河段和峡谷

山区河谷常有陡崖峭壁错综地交替出现，或两岸陡崖峭壁对峙的河段，即为峡谷。某些峡谷地段，两岸岩壁直立，河床狭窄，水流湍急。对于此类河谷，路线一般宜选在陡岩顶部的平缓有利地形越过，如果地质条件好，岩壁不长，也可考虑在石壁上强行通过。

沿河绕避岩壁的方案有两种：一是在陡壁顶部通过；二是越过更高山脊的垭口通过。其共同特点是纵坡升而复降，需要一个较长的过渡坡段，线位高差越大，过渡地段就越长。因此，崖顶过高，就不宜采用绕避方案。

直穿峡谷路线的方案有两种：一是侵占河床填筑路基；二是硬开石壁。

侵占河床填筑路基：如果河床较宽，水流不深，压缩部分河床不致引起洪水位过于抬高，此时路线可在崖脚下侵占部分河床，选用低线通过。如果河床较狭，因填筑路基压缩河床，致使洪水位过于提高，威胁附近农田和路基，则应清理对岸河床，挖去漂石和突出的山嘴，使路基占用河床而压缩的泄水面积，能从清理河床得到补偿。

硬开石壁：当两岸峭壁逼近，河床很窄，难于容纳并行的河与路时，可根据地质情况、施工力量和技术经济比较，可采用半山洞、隧道、半山桥有悬出路台等措施。

当两岸石壁十分逼近，不宜硬开路基时，可建顺水桥通过。

河床纵坡陡峻河段：河床纵断面在短距离内突然下落几米至几十米，形成急流、跌水。这时路线纵坡不可能大幅度变化，自然线位就无法继续保持和原河道的相对关系，为了尽快降低线位，继续沿溪而行，要利用平缓的山坡和支谷地形及时展线，降低线位。

3．越岭线

（1）路线特点

越岭线是翻越山岭布设的路线。其主要特征是两个主要控制点分别位于山脊的两侧，路线从山的一侧升坡到山脊，在山脊上呈马鞍状的明显下凹处（称为垭口）穿过，在山脊的另一侧降坡而下。其主要特点是：路线需要克服较大的高差，路线的长度和位置主要取决于路线纵坡的安排。因此，在越岭线的选线中，以路面的纵断面设计为主导。

越岭线的主要有利因素有：布线灵活，可选方案多。越岭线不受河岸的限制，有较多的布线方案，遇不良地质或艰巨工程及重要地物限制时，避让比较容易。由于没有洪水的威胁，路基稳定，桥涵及防护工程比沿溪线少。

越岭线的主要不利因素有：线形差，指标低。路线受坡度的限制，越岭时必须升坡展线，从而使路线增长，在地形复杂的山区，常使路线弯急坡陡，路线指标下降。越岭线线位高，远离河谷，施工用水、砂石等材料的运输不方便，回头展线的地方，施工相互影响，爬坡急转的地方，车速低，运输成本高。施工、养护、运营条件差。

（2）路线布局

越岭线布局主要是解决垭口的位置、过岭高程的选择和垭口两侧路线的展线方法。垭口是路线布局的重要控制点，它确定了路线的走向；过岭高程，控制着纵坡的大小；展线的方法决定了路线的长度，这三个方面互相联系、互相影响，布局时要综合考虑。

1）垭口位置选择

垭口是分水岭山脊上的凹形地带（又叫鞍部），是越岭线的重要控制点。垭口位置的选择首先应在地形图上分析，然后结合实地勘查，从若干个垭口中选择符合路线布线要求的垭口，在选择中要从垭口的位置、高程、地形条件、地质情况和展线条件多方面综合考虑。

垭口的位置应在路线基本走向范围内，高差小，展线降坡后能和山下控制点顺直衔接的垭口是首选垭口，因为这样的垭口不延长线路、工程量小、纵坡不大、行车条件好。其次要考虑稍偏离路线方向，但展线线形好，填挖数量小，纵坡坡度小的垭口，这种垭口虽使路线长度增加，但相比它带来的好处，足以抵消它的不足，就应予以考虑。

2）过岭高程的确定

过岭高程是越岭线布局的重要控制因素。路线翻越垭口，一般有浅挖低填、深挖垭口和隧道穿过等三种方式。一般情况下（除宽厚垭口或地质条件很差外）常用深挖方式过岭，当挖深在 20m 以上时，则应与隧道方案进行比较。

一般情况下，多用深挖方式过岭，当深挖超过 20m 以上时，应和隧道方案比较。但地质条件是选择过岭高程的又一重要因素，如松软土侵蚀型垭口，这种沉积形成的土层，土质松软，容易引起塌方；软弱岩层垭口，软岩层经雨水和风化作用形成的垭口，一般外形不对称，这种垭口渗水性强，稳定性差，常引起顺层滑坡，不易深挖；构造破碎带垭口是由地层褶曲和断层经侵蚀风化形成的垭口，其特点是岩层破碎，地表水容易渗透，开挖后易碎落和坍塌，深挖后路基从此经过，基底和边坡稳定性差，一般应避让，必须通过时，不能深挖，并结合岩层破碎风化程度，及地下水的状况慎重决定开挖深度，同时采取相应的加固排水措施。

不同的控制高程，不仅影响工程大小、路线长短和线形标准，而且直接关系到垭口两端的展线布局，如图 8-4 由于选用了不同的挖深出现了三个展线方案：I 方案浅挖 9m，需设两个回头弯道；II 方案挖深 13m，只需设一个回头弯道；III 方案挖深 20m，不设回头弯道，顺山势展线。IV 方案线形好，路线最短，有利于行车，在地质条件许可时是较好的方案。决定过岭高程的因素见表 8-3：

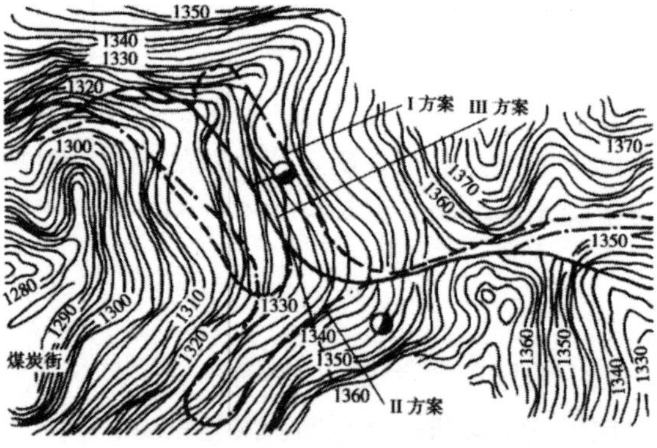

图 8-4 垭口的高程与展线示意图

表 8-3 决定过岭高程的因素

因素	具体内容
垭口的地质条件	这是决定垭口能否深挖的决定因素，当地质构造薄弱和有不良地质现象的山脊凹陷地带，选线时要特别注意

续表

因素	具体内容
垭口及两侧的地形	当过岭地段山坡平缓，垭口又宽厚时，一般宜多展线，用浅挖或低填方式
结合施工及国防考虑	深挖垭口，工程集中、废方大、施工面狭窄，因而工期较长，同时，战时修复也较慢。因此，对于工期紧迫和国防性公路，不宜采用深挖

3）垭口两侧路线的展线

①放坡展线

越岭线的高差主要是通过垭口两侧的山坡展线来克服的。在确定了垭口和山麓的主要控制点以后，就需要试坡展线，定出中间控制点，在控制点之间逐段展线，最后形成路线的整体。控制点有固定和活动之分，一种是位置和高程都不能改变，例如，地形严格限定的回头地点，必须通过的桥梁等；另一种是位置固定，高程可以调整，如垭口，重要桥位等；第三种是高程和位置都可以适当调整。对地形应分段了解坡度的大小，适合展线或回头的位置以及避让不良地质地段的位置。

试坡由垭口开始，由上而下，这样视野开阔，便于选择有利地形，用手水准测定两控制点的倾斜角度（垭口处以开挖以后的高度计），在安排好纵坡的前提下，定好路线的位置。相邻两个控制点之间的坡度不得超过最大坡度或过于平缓，并将放线长度、试坡高差和控制点可活动的范围等记录下来，供最后定线参考。如果某控制点不能满足试坡线的要求，则应返回与之相邻的控制点，适当调节路线位置重新试坡，或者修改控制点的高程或位置，直到合适为止。经试坡修改后的路线纵断面或线形仍不理想，则宜另选新线，重新展线试坡。

②展线方式

展线是采用延泌路线、减小路线坡度的种布线方式，常用的展线方式主要有自然展线、回头展线和螺旋展线。

自然展线：是顺着自然地形的弯延，绕山嘴、沿山凹，以小于或等于平均纵坡（5% ~ 5.5%）均匀升坡展线至垭口。这种方式平面线形好、里程短、纵坡和缓均匀，对行车、施工、养护均有利。自然展线对地形有一定的要求，如遇艰巨工程和不良地质的地段很难避让，如遇陡崖、深谷，而不得不采用其他展线方式。

回头展线：是当控制点之间的高差大，地面自然坡度大于路线的平均纵坡，或因地质条件限制不宜自然展线时，可利用合适的地形，以回头的方式展线升坡到垭口。

回头曲线的转角在 180° 左右，它是小半径并伴有纵坡的平曲线，是展线方式中较差的一种线形。但由于受山区地形的限制，还是经常用于工程中。回头曲线的设置地点对线形、工程量、行车都有较大的影响，一般应选择地形平缓、有利展线的位置回头，常见的适宜回头的地形有山包回头、山脊平面回头、垭口回头以及平缓山沟、山坡回头、山坳回头等。

如图 8-5，这种回转形曲线对于克服高差，避让地质不良地段较为有效，但其平曲线半径小，线形差，回头曲线在同一坡面上下距离较近，对施工、行车和养护都不利。所以，选线时尽可能少用或不用。

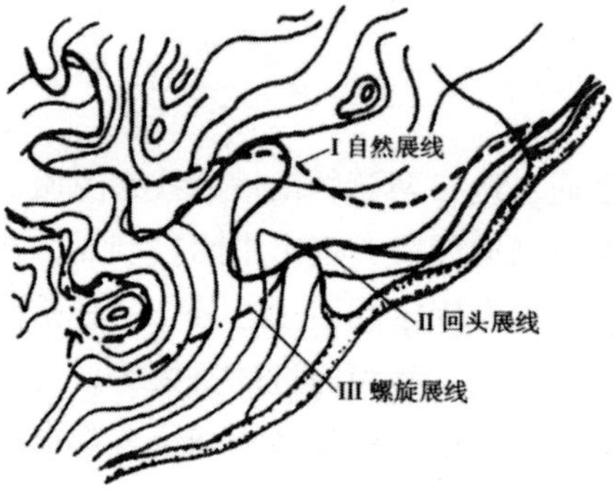

图 8-5 越岭线展线方式示意图

③螺旋展线是一种路线转角大于 360° 的展线形式，当路线受地形、地质条件限制，需要在很短的平面距离内，迅速提高或降低高度时，螺旋展线可利用山包或山谷旋转提升路线高度，但因在路线上下相交的地方需建桥或隧道，将使工程造价偏高，故一般较少采用。

一条较长的越岭线，由于地形的变化，常常是各种展线方法的综合运用，布线时要根据地形特点，选用沿溪、越岭等合适的方式，按小于或等于规定的平均纵坡布设路线，并注意它们之间的过渡和衔接。选线原则中的“均衡原则”在山区选线中尤为重要，因此，要均衡各种因素，全面分析，综合考虑，合理布线。

四、丘陵地区选线

1. 路线特征

丘陵是介于平原和山岭区之间的地形，它包括微丘和重丘两种。微丘是指丘岗低矮、顶部浑圆、地面自然坡度平缓（20° 以下）相对高差不大（100m 以内）的地区；重丘是指丘岗较高，地面起伏较大，但无明显的山岭自然形态要素（山顶、山坡、山脚），地面自然坡度较陡（20° 以上），相对高差不大的地区。它们的总体特征是地势平缓起伏，山丘连绵交错，岗坳迂回曲折，横坡平缓自然，形态要素朦胧，地形、地貌多变。

丘陵地区农业比较发达，土地种植面积广，种类多，小型水利设施也较多，居民点、建筑群、风景区、文物点时有出现，这些都是在布线时需要考虑的因素。

丘陵地区多变的地面形态，决定了丘陵地区的路线特征是：局部方案多；且为了充分适应地形，路线纵断面将会有起伏，平面也必将是以曲线为主；路线平纵横三个方面的相互制约和相互影响。因此，选线时不应只顾纵坡平缓而使路线弯曲，导致平面标准过低；或只顾平面直捷纵坡平缓而造成高填深挖，工程量过大；或者只顾工程经济，过分迁就地形，使平纵面过多使用极限和接近极限的指标，即丘陵地区的线路布设应综合考虑，布线方法应随路线行经地带的具体地形而采用不同的布线方式。

2. 路线布设方式及要点

丘陵地区选线主要是解决平纵横三个方面与地形之间的矛盾，结合地形合理选用技术指标，从而使平面线形流畅，纵面起伏不大，横断面稳定经济。根据选线实践经验，可概括为三类地形地带和相应的三种布线方式，其要点如下：

（1）平坦地带——走直线

两个已知控制点间，地势平坦，应按平原区以方向为主导的原则办理。如其间无地物、地质障碍或应考虑的风景、文物、城镇，一般以直线布线，否则，应加设中间控制点以小转角、长缓的曲线布线。走直线时，要注意有关规范对长直线长度的限制。

（2）具有较陡横坡的地带——走匀坡线

在具有较陡横坡的地带，如无地形、地物、或地质上的障碍，路线应按匀坡线布设。“匀坡线”是指两控制点之间沿自然地形，以均匀坡度确定的地面点的连线，在斜坡地带走均坡线时，容易使线形与地形吻合，而且对减小工程量也有好处。两个已定控制点之间若有障碍，则在障碍处加设中间控制点，分段按匀坡线控制。

（3）起伏地带——走直连线与匀坡线之间（即走中间）

所谓“走中间”就是在匀坡线和直线中间进行布线，选择平面顺适、纵面均衡的路线通过起伏地带。如图 8-6，若路线沿匀坡线会增长很多，平面线形差；如果路线走连直线，路线虽然最短，但纵面起伏大，其结果不是路线起伏不平，就是高填深挖，增大工程量。将路线布设于匀坡线和直线之间，如图 8-6，其纵面上比沿直线布线起伏小，平面上比沿匀坡线布线路线短，线形好，兼顾了平纵两方面的要求，可显著提高路线使质量和降低工程造价。所以在起伏不平的地带将路线布设在直线和匀坡线之间是合理的。

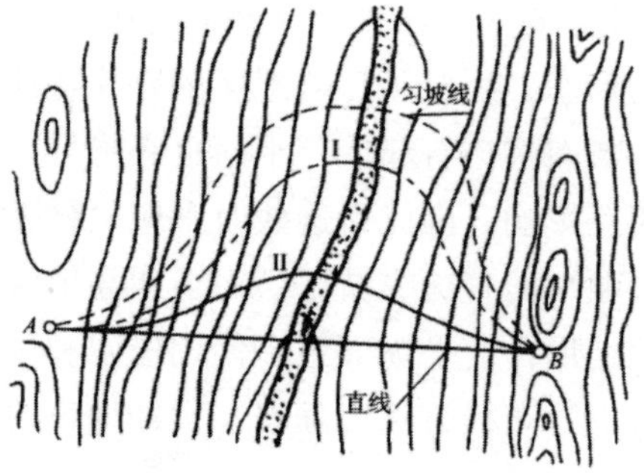

图 8-6 起伏地带线路方案

至于在直连线和匀坡线之间的具体位置，要根据公路的等级，结合地形具体分析确定。一般等级高的公路为了线形的要求，可以接近直线布线，等级低的公路为了减少工程量，可按接近匀坡线布线。

五、山脊线与山坡线

1. 山脊线

山脊线是指公路沿分水岭方向所布设的路线，一般分水岭平缓、起伏不大、岭脊宽厚的山脊是布设山脊线的理想地形。但一般连续而又平缓的山脊很少，大多数山脊起伏不平，从而沿山脊方向形成多个高度不同的垭口，如果路线沿山脊方向布线，一些较低的垭口和山脊线的高差大，路线纵坡无法满足要求，这时可把山脊线移至山腰上，使路线沿分水岭的侧坡和垭口之间穿行，成为山坡线，所以，山坡线和山脊线是密切相关的。

山脊线的特点是里程短，土石方工程小，水文地质条件好，路基稳定，地面排水好。桥涵构造物和防护工程少。不利因素是线位高，远离居民点，服务性差。在冬季云雾、积雪、结冰等季节对行车养护不利。

能否采用山脊线方案主要考虑下列因素：

路线总方向和分水岭（山脊）的方向基本一致；分水岭在平面上能满足线形要求，不过分迂回；在纵面上能满足纵坡的要求，特别是垭口之间的高差不过分悬殊；没有岩堆、软弱岩层等不良地质现象。

山脊线一般沿分水岭布设，基本方向明确，因此，路线布局主要是解决如何连贯山脊上的各个控制垭口和选择条件好而接近分水岭的侧坡问题。路线布局的主要内容如下：

（1）控制垭口的选择

在山脊线上往往是峰峦、垭口相间排列，满足路线总方向可供山脊线通过的垭口不止一个，如图 8–7，可有 B、C、E 三个不同的垭口选择，当分水岭方向直顺，起伏不大时，几乎每个垭口都可考虑布线。如地形复杂，起伏较大，各垭口高低悬殊，则两个高垭口之间的低垭口是路线的控制点，在有支脉横隔的情况下，对相距不远的并排几个垭口均可布线，选择其中一个垭口前后布线条件较好的作为首选方案。控制垭口的选择还必须和分水岭两侧的布线条件联系起来考虑，在侧坡选择和试坡布线中，对初选的控制垭口加以取舍，确定推荐方案。

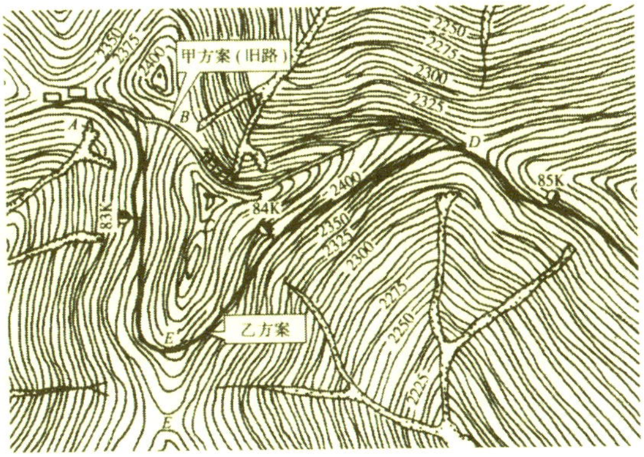

图 8–7　山脊线的布线比较示意图

（2）侧坡的选择

分水岭的侧坡是山脊线的主要布线地带，要选择坡面整齐、横坡平缓、地质情况好、无支脉横隔的阳坡较为理想，以取得平纵线形好，工程量小和路基稳定的效果。

（3）试坡布线

在两个控制点之间布线，应力求距离短捷，坡度平缓。如果控制垭口中间没有地形地质上的障碍，应以均匀坡度沿侧坡布线，连接两垭口，当有障碍或难点工程时，要加设中间控制点，以调整避让。

如图 8–7，AB、BD 两段是一上一下的陡坡，若在 B 处适当挖深，可获得 5% 和 –5.5% 的坡度，但需两次跨冲沟，防护工程大；为此，选择穿支脉的路线，支脉上有 C、E 两个垭口，因 C 离路线总方向近，所以首先考虑 C，经试坡，其位置过高，即使合理下挖后，仍不能满足两侧路线纵坡的要求，不能采用。垭口 E 的两侧自然坡度较小，但偏离路线总方向较远，为了尽量保证路线纵坡符合要求，又能尽量缩短路线距离，用试坡的方法，从低垭口 D 按 5% 的坡度沿山坡向垭口 E 试坡，得到 E'，AE’之间因 A 点较高，实际试坡坡度仅为 3%，这样乙线增加了路线长度，但减小了防护工程，且施工容易，由此可见，路线穿过支脉时，控制点不一定要恰好在垭口上。

综上所述，山脊线的布线过程要从选择控制垭口到选择侧坡，再到试坡布线，彼此互相联系，互相影响，其中多个垭口间的自然坡度是重要控制因素，当它满足路线平均纵坡的要求时，可以沿侧坡以均匀坡度布线；当有支脉时，也可选择沿支脉布线，这样就需要在路线长度和工程量、线形等方面比较后确定；当其高差大，无法按路线的平均纵坡布线时，就要根据具体地形、地质条件，采用填挖、旱桥、隧道等措施，提高过低垭口处的高程或降低过高垭口处的高程，以满足路线纵坡的要求，此外，利用地形设置回头展线或螺旋展线的方法，也可以减小路线纵坡，如图 8–8 所示。

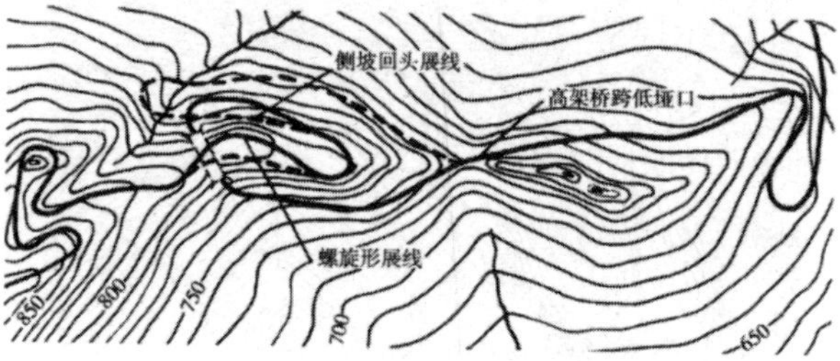

图 8–8　山脊布线示意图

2. 山坡线

山坡线也称山腰线，它的高度在沿溪线之上，山脊线之下，沿山腰布设的路线。地质条件良好的平缓山坡对布线比较有利，路线不仅线形式好，工程量也小。但遇到沟谷密布或鸡爪形地形时，路线就变得曲折，出现陡坡急弯，多雨地区的山坡线还要增加大量防护工程和小桥涵构造物，因此，是否在山坡上布线，首先要做好地形地质的调查工作，要查明适合布线的山坡是一段还是全部；山坡线和两端的线形是否能够衔接；有无不良地质地段等。具体要注意以下几点：

（1）山坡一般下部比上部平缓，如对耕地影响不大，布线要选择平缓的地方；山坡有阳坡和阴坡之分，对寒冷冰雪地区路线应布置在阳坡上，这样有利行车和养护，对永冻地区则布置在阴坡上对路基的稳定更有利。

（2）横断面设计时，当山坡的横坡大于 20° 以上时，宜设计为半填半挖，且断面挖方宜大于填方，当坡度为 30° 以上时，宜设计为路堑，这主要从路基的稳定性考虑，防止路基沿山坡下滑。防护工程方面，在布线时要考虑挡土墙、护面墙等防护工程的位置、形式和结构，以便确定路中线位置时，为布置防护工程预留足够的宽度。

（3）注意避让不良地质地形，岩层松散和破碎严重的山坡不宜布线，山坡坡度大于 45° 时，路基稳定性受到影响，也不宜布线。按地形布设，注意线形质量。山坡线主要按地形布设，减少填挖方数量，但不应过于迁就局部地形而影响线形和纵坡。

第二节 定线

一、纸上定线

纸上定线是指在大比例尺（一般以 1：1000 和 1：2000）地形图上确定公路中线的位置。

公路定线按不同的地形条件，所要解决的重点不同。如平原微丘区的地形比较平缓，路线的纵坡一般不受高程限制，定线的重点是如何正确地绕越平面上的障碍，使控制点间的路线顺直短捷；山岭重丘地形复杂，高差大，横坡陡，定线的重点是如何利用有利地形、安排好纵坡，避免工程艰巨和不良地质地段。现以路线平、纵、横面受限制越岭线为例，对纸上定线的方法与步骤如下。

1．拟定线路走向

在大比例尺地形图上，根据路线的起、终点和中间控制点，仔细分析控制点间的地形、地质及地物情况，选择地势平缓、山坡顺直、河谷开阔及有利于 M 头展线的地点等，拟定路线各种可能的走向，完成路线的总体布局。

2．放坡试线

设等高线间距为 h，则等高线平距 $a=h/i_{均}$。如图 8–9 所示，从垭口 A 点开始，使两脚规的开度等于 a（比例与地形图相同），自上而下依次在等高线上截取 a、b、c 等点，直至点附近。如果放到 D 点时其位置和高程均接近 D 点，说明放坡试线方案成立，否则应调整或修改走向重新放坡试线，直至方案成立。将已定 A、a、b、c、D 各点连成折线，称为均坡线。

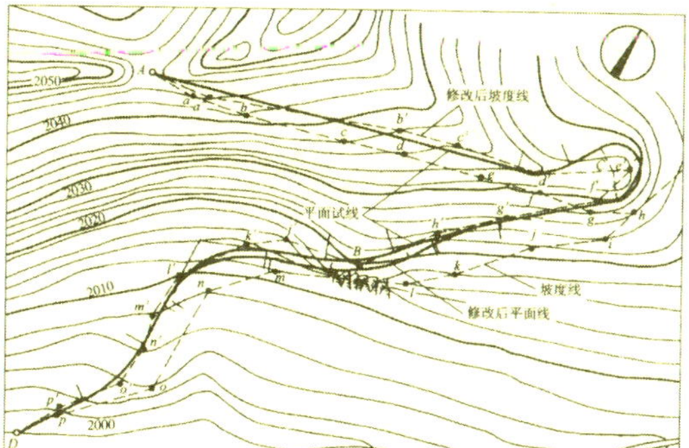

图 8–9 定导向性示意图

3. 定导向线

根据已得到的均坡线，分析所行经地带的地形、地物及工程艰巨情况，选择出避让或绕越的中间控制点。如图 8-9 中均坡线在 B 处陡崖中间穿过，而且有利于设置回头曲线的 C 点也没有利用，为此必须将 B 和 C 两处定为中间控制点，调整 B、C 两处前后路线的纵坡，仿照上法在等高线上截取 a'、b'、c' 等各点，将 A，a'、b'、c'、…、D 各点连成折线，称为导向线。

4. 修正导向线

（1）根据导向线初步拟定出平面试线，注明平曲线半径，量出地形变化特征点桩号及地面高程，绘制概略纵断面图，设计纵坡，计算出各桩号概略设计高程。

（2）在平面试线各桩号的横断面方向上，根据各桩号的概略设计高程，绘制横断面地面线，用路基模板在横断面图上绘出路基中线不填不挖、工程最经济或起控制作用的最佳位置，以及路基中线可以活动的范围，如图 8-10 所示。将用上述方法取得的最佳位置点，用不同的符号标在横断面图上，这些点的连线称为修正导向线，可作为最后定线的依据。

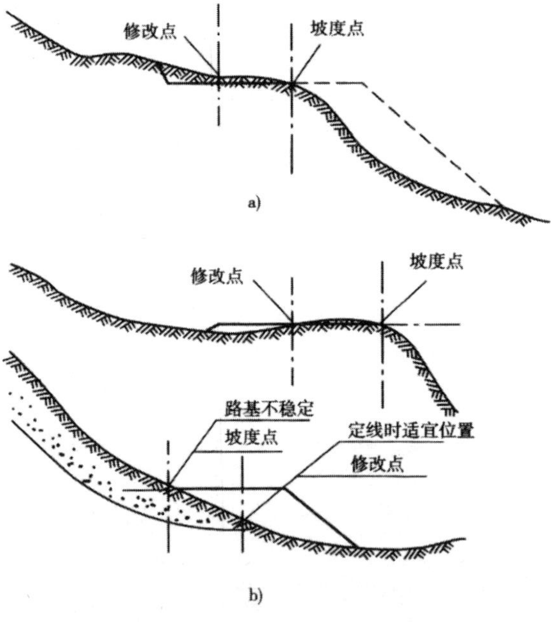

图 8-10 修正导向线示意图

5. 定线

纸上定线是在已定修正导向线的基础上，按规定的技术标准进行最后定线，具体操作有两种做法：

（1）直线型法：在修正导向线上，按照弃少就多，保证重点的原则，先用直线尺绘出与较多地形相适应的各个直线段，然后用半径适当的圆曲线把相邻直线连接起来。当地形复杂、转折较多或弯道处控制较严时，也可先确定圆曲线，然后用直线把圆曲线连接起来。

（2）曲线型法：此法适用于以曲线为主的连续线形。具体定线时仍以修正导向线为基础，但定线的过程与直线型法相反，即根据导向线受地形、地物控制的宽严程度，先用不同的圆弧分别去吻合曲线地段，定出圆曲线部分，然后在相邻曲线之间用合适的缓和曲线顺滑连接。若相邻圆曲线之间相距较远，可根据需要插入直线段，形成一条以曲线为主的连续平面线形。

6．纵断面设计

路线确定以后，量出路中心线穿过每一等高线的桩号及高程，绘制纵断面图，点绘地面线，进行纵坡设计。

纸上定线是一个反复试定线路的过程，平面试线的修改次数越多，最后所定路线的设计质量越高，直到认为再修改已得不到显著效果时，纸上定线工作才算完成。

二、实地定线

实地定线是指设计人员在现场直接完成定线，定线的原则与纸上定线相同，但定线条件改变。实地定线时，由于定线人员直接面对实际地形、地物、地质及水文等具体情况，因此要求定线人员有一定的选线经验，要不怕辛苦，不怕麻烦，要多跑、多看、多问，摸清路线所经地带的地形、地质等变化情况，反复试定线路，才能定出好的路线。现仍以山区越岭线为例，阐述实地定线的方法和步骤。

1．分段安排路线

在路线全面布局中所拟定的主要控制点之间，根据地形、地质、水文等情况，自上而下用粗略试坡的方法确定中间控制点，确定路线轮廓方案。

2．放坡

放坡是解决越岭线中的纵坡合理分配问题，实质上就是对路线设计的限制因素，如最大纵坡、最大与最小坡长及平均纵坡等进行合理的处理。放坡是越岭线定线的一个重要的环节，它对争取高程，处理好平、纵、横之间的关系起着重要作用。

目前越岭放坡一般常采用带角手水准仪。使用时用手水准横丝瞄准前方相等视线高的目标，旋转刻度盘，使气泡居中，此时刻度盘上指针所指的度数，即为视线高至目标间的倾斜角度。将此读数乘以 1.75 即为纵坡度。

放坡时可采用平均坡度和设计坡度两种放坡方式。

（1）按平均坡度放坡：视具体地形确定适当的纵坡度，然后实地放坡。按平均坡度放坡只起到在一定长度范围内控制高差和水平距离的作用，优点是放坡速度快，但没有反映公路等级对平均纵坡的不同要求以及地形、地质变化的情况。

（2）按设计坡度放坡：结合地形、地质、水文等具体情况分段、合理地拟定纵坡，使放出的坡度基本上就是以后纵断面的设计纵坡。此法放坡时工作量大，但能使实地定线的准确性提高，一般的越岭线常用此法放坡。

放坡一般从最高控制点（如垭口）开始，一人用带角手水准仪，对好选用纵坡的相应倾斜角度，立于控制点处，指挥前点人员手持花杆在山嘴、山坳等地形变化处、计划变坡处及顺直山坡上每隔一定距离定点，插上坡度旗，并在旗上注明选用的纵坡值。照上述方法定出的这些坡度点的连线，与纸上定线的导向线作用相同，也称导向线。放坡传递坡度时，要估计平曲线的大概位置及半径，以便考虑纵坡折减。对拟定要跨的山沟和要穿的山嘴或山脊放坡时要“跳”过去，否则会使放出的坡度与设计纵坡误差太大，若准备对山沟或山嘴进行绕越，则坡度要放缓，距离要打一定的折扣。

3. 与横断面进行核对

放坡定出的坡度线（即导向线）主要是从纵坡安排方面考虑的，对路基稳定特别是横断面上的填挖方数量考虑较少，因此，还应根据路基设计的要求，在坡度线上，选择横坡较陡或高填、深挖的特征点位置，定出横断面方向上相应特征点（如经济点、控制点和路中线最合适的位置点）等，并插上标志。

4. 穿线定交点

根据放坡所定的导向线和插上标志的特征点进行实地穿线。穿线时应在满足平面线形要求的前提下，尽可能多地靠近或穿过导向线和各特征点，特别要注意穿过控制性严的点，裁弯取直，使路线平、纵、横三个面配合协调，穿出与地形相适应的若干直线，延伸相邻两条直线定出交点，即为路线的导线。穿线交点这一步工作很重要，定线人员必须反复试插，多次修改，才能定出理想的路线。

5. 设置平曲线

路线导线确定以后，即可根据交点偏角及附近地形、地质等情况，确定合适的圆曲线半径并敷设平曲线。

6. 纵断面设计

实地定线的纵坡设计，一般都是在平面已经确定的基础上进行的。虽然实地定线时，已充分考虑了纵面及横面的具体要求，但限于定线的经验、视野以及对所经地形、地质的了解程度，定出的路线难免会顾此失彼，存在着一定的局限性。因此，实地定线的室内纵坡设计，不仅要解决工程经济和技术标准问题，还要实现平、纵面线形的配合和协调，这就要求设计人员不断调整纵坡，通过反复试坡修改，才能取得满意的结果。

在纵断面设计中，如果靠调整纵坡无法满足要求时，则应考虑调整平面线形。若平面线形改动不大，可根据已有路线导线和横断面资料，绘制带状平面图，通过纸上移线的办法解决；若因工程经济与平、纵面线形配合矛盾很大时，平面线形必须作重大的改动，此时应按定线的具体要求，通过现场改线，重新定出路线。

三、纸上移线

1. 纸上移线的条件

在实地定线过程中，往往由于定线时考虑不周、地形条件限制或其他原因，难免产生因平面中线位置不当致使工程过大、标准或线形不够理想等缺点。此时可在分析研究已定路线平、纵、横图纸资料的基础上，考虑移动路线，使设计达到经济合理的要求，它对提高设计质量，降低工程费用起着一定的作用。当路线设计出现以下情况时，应考虑纸上移线：

（1）当平曲线半径选择过小，以致影响纵坡折减或平面线形前后不协调，或平、纵线形配合矛盾突出时，应采取调整交点位置，加大半径或减少弯道的方法进行移线。

（2）因路线中线位置不当而使工程量过大、边坡过高，或须设置高挡墙和砌石工程太大时，仅靠调整纵坡无法达到目的，应考虑纸上移线。增加工程量不大，但能显著提高平、纵线形标准时。

纸上移线应在实测横断面的范围内进行。对纸上移线原因与情况，应在纸上移线平面图上作扼要说明。

2. 纸上移线的方法和步骤

（1）绘制移线路段大比例尺（一般采用 1：200 ~ 1：500）路线平面图，注出交点编号、曲线起、终点以及各桩位置。

（2）根据移线目的，在纵断面图上试定合理纵坡，读取各桩的填挖值。

（3）根据纵断面图上各桩填挖值，在横断面图上找出各桩最经济或控制性的路基中心线位置。量出偏移原中心线的距离（即移距），移动后中线与原中线之间的距离，分别用不同的符号标记在路线平面图上。然后在保证重点照顾一般的原则下，参照路线平面图上标记，经反复试定修改，定出改移后的导线。

（4）用正切法算出各交点偏角，并使移线与原线的角度闭合，否则需进行调整，首先调整短边和角值小的转角。拟定半径、计算曲线要素并给出平曲线。量出原线各相邻桩横断方向线切割移线的实际长度，据以推算移线上的新桩号，量出原线各桩移距，连同新老桩号一并记入移距表中。算出断链长度，表注在接线桩处。

（5）按各桩在平面图上的移距，在相应各横断面图上绘出移线后的中桩位置，并注明新桩号，读取新老桩比高。

（6）根据横断面图上移线前后中桩处的相对高差（即比高），用虚线在原纵断面图上点绘出移线后地面线和平曲线，重新设计纵坡及竖曲线。

（7）按移线后的桩号、平曲线、坡度、竖曲线等资料编制“路基设计表”，表中地面高程仍为原中桩高程，移线后的平曲线起终点桩号填在“备注”栏里。

（8）设计路基横断面，并计算土石方数量。

纸上移线的资料主要从原线的横断面上取得，由于一般横断面施测范围有限，且离中线愈远误差愈大，故移距一般以小于 3 ～ 5m 为好。当移距较大时，应在定出移改导线后，实地放线重测。

第九章　新建公路勘测

第一节　初步测量

一、准备工作

1. 搜集资料

（1）各种比例尺地形图、航测像片，国家及有关部门设置的三角点、导线点、水准点等资料。

（2）沿线自然地理概况、地质、水文、气象、地震基本烈度等资料。

（3）沿线农林、水利、铁路、公路等有关部门的规划、设计、规定、科研成果等资料。对改建公路除上述资料外，还应搜集原有公路的测设、施工、养护、路况等档案资料。

2. 室内研究

室内研究主要是把握和理解“计划任务书”所确定的路线基本走向和公路等级，熟悉沿线地形、地质、地理等条件，拟定各种可能方案，在地形图（1：10000～1：50000）或航测像片上进行室内路线研究，经过对路线方案的初步比选，拟定出需要勘测的方案（包括比较线）及需现场重点落实的问题。

二、现场踏勘

现场踏勘是勘测前必须进行的一个重要步骤，因为仅从地形图上研究方案并不十分可靠，还必须在现场做必要的调查，然后才能进一步落实路线方案，在现场踏勘中一般需做以下工作：

1. 应根据初拟方案，针对下列主要内容进行现场核查

（1）核查所搜集的地形图与沿线地形、地物有无变化，对拟定的路线方案有无干扰，核查沿线居民的分布、农田水利设施、主要建筑设施并研究相应的路线调整方案。

（2）核查沿线各种地上、地下管线、重要历史文物、名胜古迹、旅游风景区、

自然保护区、景观区点等，应注意研究路线布设后，对环境和景观的影响。

（3）对沿线重点工程和复杂的大、中桥、隧道、互通式立体交叉等，应逐一核查落实其位置与设置条件。了解沿线主要建筑材料的产地、质量、储量和运输条件，对缺少筑路材料应提出解决的途径。核查工作应与当地政府或主管部门取得联系，对重要的路线方案、同地方规划或设施有干扰的方案，应征求相关部门的意见。

2．据不同地形特点，进行路线总体方案的布设

（1）平原微丘区路线，应处理好路线与农田水利、道路、村庄和其他建筑物的关系，路线应短捷、舒顺，并注意整体线形的协调和连续性。

（2）越岭路线，应选择好垭口和坡面，确定垭口控制点，需要展线时，应充分利用自然坡面展线，不得已时可采用回头展线。山腰线应布设于地形、地质、水文情况良好的一侧山坡，并应通过纵坡调整，避开支河发育、剥蚀严重的“鸡爪”地形和悬崖陡坡。

（3）沿河线应根据河岸两侧自然条件、农田、水利、居民分布及洪水淹没等情况，确定所走河岸及跨河换岸位置；应注意洪水调查，合理控制洪水高程。改建公路的路线应着重调查原有路基、路面、桥涵、防护和排水系统与主要病害情况，以及原有道路的平、纵面情况，提出对原路的利用、改善或另择新线方案。

3．进行方案比选

现场踏勘过程中，应对可行性研究报告或室内拟定的各种局部比较方案进行研究比较、对优劣较为明显的方案，通过现场踏勘可确定其取舍；不能确定其优劣时，应作为比较线，进行初测比较。

4．对初拟方案进行修正

经过现场踏勘，应根据实际情况对初拟的路线方案和比较方案进行调整或修正，确定路线走廊带后进行初测。

三、路线平面控制测量

控制测量目的：一是控制地形，二是用作定测时放线的依据。初测的主要任务是对导线长度、转角和平面坐标的量测工作，主要内容如下：

1．导线布置

初测导线的布设应全线贯通。导线点的选择应选在稳固处，导线点宜尽量接近路线位置，并便于测角、测距、测绘地形及定测放线。导线点的间距不应短于 50m 和长于 500m，根据需要可增设加桩，加桩应取整米数。布设导线点时，应做好现场记录，并绘出草图。

2．导线长度测量

导线点距离优先采用光电测距仪测量。也可用钢尺和基线法测量，其相对限差为 1/1000，单位取至 cm。

3．水平角测量

水平角测量采用全测回法测量右侧角，经纬仪精度指标不低于 J6 级。两个半测回限差在 60 ″ 内取平均值，符合导线和闭合导线差为 $\pm 60'' \sqrt{n}$ 在（n 为置镜点总数）。施测中每天至少观测一次磁方位角，其校核差不大于 2° 。

当路线起、终点附近有国家或其他部门平面控制点，且引测较方便时，可根据需要进行联测，形成闭合导线。

四、路线高程测量

初测的高程测量主要是沿导线布置水准点，测出导线点和加桩高程，对初测时的高程测量要求如下：

（1）尽量利用路线经过地区已有国家或其他部门的水准点，但对原水准点应进行逐一检测；若原高程系统与本路线高程系统不一致时，应进行换算。

（2）路线布置的平面控制桩，中线桩和设计需要高程控制的点，如干渠、水坝、河堤、管线、铁路等都应测量其高程。

五、路线地形图测量

地形图分为路线地形图和工点地形图。路线地形图是以导线（或路线）为依据的带状地形图，主要供纸上定线或路线设计用。工点地形图是利用导线（或路线）或与其取得联系进行测量的，为特殊小桥涵和复杂的排水、防护、改河、交叉道等工程布设的专用地形图。地形测量的精度要求高，测绘工作量大，其测绘要求如下：

（1）路线地形图应全线贯通实测；测图比例尺一般采用 1：2000，其测绘宽度，当采用“纸上定线法”初测时为路中线两侧各 200 ~ 400m；采用现场定线法初测时，路线中线两段测绘宽度可减窄至 150 ~ 250m。

（2）应利用国家或其他有关部门所测地形图，但使用时应进行现场核查，对有变化处须需进行补测。高速公路和一级公路采用分离式断面时，地形图测绘宽度须包括中间范围。但当两线离开很大时，则中间部位可不测。

（3）测绘地形用的导线图，一律按路线前进方向从左向右展绘，采用坐标法绘制导线，坐标网格间距采用 10cm。网格对角线及导线点间长度的误差均应不大于 0.5mm。地形测图精度，应符合有关规定要求。

（4）地形图的基本等高距应符合表 9-1 要求。

表 9-1　地形图基本等高距

地形类别	不同比例尺的基本等高距（m）			
	1：500	1：1000	1：2000	1：5000
平原区	0.5	0.5	1	2
微丘区	0.5	1	2	5
重丘区	1	1	2	5
山岭区	1	2	2	5

六、工程地质和筑路材料调查

公路初测时，应根据测设的任务的要求，进行初步工程地质勘察（简称初勘）。初勘的目的主要为选定路线、路基、路面及小型人工构造物的设计方案和编制初步设计文件，提供必要的工程地质资料。

初勘的任务，应根据初测与初步设计有关的技术要求，结合沿线的工程地质条件，完成下列工作：

根据工程地质条件，优选路线方案；路线基本走向范围内，对各路段可能布线的区间进行工程地质初勘；重点勘察对路线方案起控制作用的不良地质地段，明确路线能否通过或如何通过；提供编制初步设计所需要的全部工程地质资料。

1．工程地质初勘的内容和要求

（1）准备工作

初勘的资料准备工作，应着重对视察中不够详尽的资料，进行补充搜集和研究。

（2）地质选线

对地质条件比较复杂的路线，应了解沿线区域地质条件、不良地质现象的分布、山体或基底的稳定情况，并提出由于地质问题需要研究的比较方案意见，认真做好地质选线工作，据以优选路线方案。

（3）工程地质调查和测绘

初测阶段的工程地质调查与测绘工作，应从全局考虑，查明和研究关键性工程地质问题，为评价工程地质条件提供依据。

工程地质调查的基本内容是地形、地貌、地层、地质构造、工程地质条件、水文地质条件、确定地质烈度大于 7° 的界限。

工程地质调查与测绘的精度，一般路段是每公里设一个勘探点，深 1.5 ~ 2m，勘探点应设在地形特征点处。试验按工程地质分段采取代表性样品进行试验。水、土、砂、砾（碎）石等试验按常规项目进行。岩石一般宜在大型料场取代表性样品进行试验。

2. 工程地质初勘的资料整理

（1）基本资料整理的要求

1）全线工程地质说明

应根据勘察的具体情况，综合分析工程地质调查、测绘、勘探、试验所取得的各项资料，阐明工程地质条件，分别评价各测段地质条件及筑路适宜性，提出路线各方案的工程地质评价和方案取舍意见。

2）工程地质图

当地质条件复杂时，则需绘制 1：2000 ~ 1：5000 工程地质图，其主要内容为：岩层分界及成因，地质年代、产状、构造，不良地质范围及其代表符号，地下水露头、勘探点，地质柱状图，地质图例等。

3）纵断面图

在路线纵断面图中，应填写工程地质、主要地貌、岩性特征及土、石分类等。

4）各类试验原始资料的汇总分析

资料中应按不同的调查与勘探资料进行分类汇总成册，并分析研究，探索规律，初步总结，并附简要说明。

（2）专项资料整理要求

特殊地质及不良地质地区，路基工程、小桥涵基础，筑路材料等专项资料整理的要求视专项工程的工程量、重要性而定。对于控制路线方案且需作初步设计的特殊地质和不良地质地区的大型工程项目，均应编制专项地质资料。对一般性的路基、路面、桥涵基础、筑路材料等工程所需的资料，可酌情编写，或在路线纵断面图中加以说明。

3. 筑路材料初勘

根据已有地质资料，初步确定材料产地，据以进行现场调查。并视需要进行取样试验。查明沿线天然筑路材料的分布、种类、质量、数量、开采条件及运输条件。

天然筑路材料调查，要着重对大型料场的调查，不应有遗漏。初勘材料蕴藏量的允许误差为 ±30%，同时不小于设计需要的 3 倍。

所有材料的调查，都必须记录于材料料场记录簿中，对料场位置、材料成因、主要矿物成分、颗粒组成、成品率、开采难易程度、开采方法、开采的季节性、蕴藏量、运输方式等都应说明清楚，以满足编制初步设计文件的需要。

在资料整理中，应对所调查的料场（主要对材料的质量、数量、开采条件）作出初步评价，在合理安排供应范围和蕴藏量满足各路段需要的基础上，进行必要的取舍，并提供下列资料：

编写天然材料调查说明书；绘制天然材料料场供应示意图；整理各项原始资料及材料试验成果。

七、小桥涵勘测

小桥涵的勘测，其主要任务是桥涵水文及有关桥涵设计资料的搜集、整理和分析工作。勘测时应根据初步设计任务的要求，结合当地自然条件，搜集有关资料，估定概略位置，选择结构类型，拟定孔径及估定基本尺寸，估列附属工程，并提出设计时应解决的问题和注意事项。

小桥涵位置的确定，一般应按导线走向结合纸上定线线位，采用逢沟设涵的原则，同时考虑水利建设、农田灌溉、路基排水及便于交通等特殊要求，合理选定。

涵址一般不作特殊测量，但要定出涵洞与路线的交角及涵底纵坡。对于小桥、复杂的涵洞等附属工程，可进行必要测量，以便进行工程量计算。

小桥涵形式的选择，需因地制宜、就地取材、便于施工、利于养护的原则选定其结构类型，同一路段的结构类型应尽量统一并采用标准形式。

小桥涵孔径，可采用现场确定，也可采用设计流量与汇水面积的关系相结合的方法求得。对于小桥涵的其他结构尺寸，可根据路线纵坡、涵洞与路线的交角，桥涵处河床标高、估定的冲刷深度等，予以确定。

初测时需搜集资料，主要包括地形图、水文、气象、岩石、植被、冰冻深度、农田水利工程及规划，以及当地的水文和暴雨流量计算等有关资料；若为旧路改建，应查明桥涵位置、结构形式、荷载标准、跨径、高度、长度、基础形式及埋深、修建年代、损毁修复等情况，并通过现场鉴定，以确定其利用程度。

初测完成后，小桥涵勘测应提供如下资料：

小桥涵野外资料调查记录、桥涵汇水面积图及流量、孔径计算资料；附属工程调查资料；小桥涵初测说明；如果是旧路改建，还应调查原有桥涵资料调查记录。

八、路基、路面调查

路基、路面调查，主要是搜集沿线水文及水文地质的特征、气象资料、农田水利设施的现状及发展规划以及表土性质及厚度和对路基、路面的影响等；路线所在区域的公路自然区划及其特征；路面用材料质量和产量。从而确定一般路基防护工程（包括边坡加固、挡土墙、驳岸、护坡、改河工程）的概略位置、结构形式和轮廓尺寸；概略分段提出路面结构类型、厚度和材料用量。在当地有多种材料可供选用或材料供应有困难需要远运时，应提出不同的路面结构类型进行比较。

对原有公路改建，则需对旧路的路基、路面使用状况、结构物等使用的破坏程度、原因、机理进行调查，提出利用、改善或新建的方案。

九、路线交叉勘测

路线交叉包括公路与公路、公路与铁路、公路与乡村道路以及公路与管线交叉。路线交叉勘测应在研究视察报告的基础上，对公路沿线的各种交叉进行资料搜集、交叉口形式选择、并进行必要的测量。

1. 初测时资料的搜集

（1）公路与公路交叉

1）被交叉公路的名称、交叉位置、地名及里程、修建时间、公路等级及其在路网中的作用。被交叉公路的技术标准、交叉角度、纵坡坡度、路基宽度、路面宽度、路面结构类型及厚度、排水和防护工程等。

2）补充调查被交叉公路近期交通量、交通组成，以及今后的转向车流交叉量、交通组成。

（2）公路与铁路交叉

调查铁路名称、等级、轨道数、运行情况、交叉位置地及里程；铁路的技术标准、发展规划和可能的交叉形式。

（3）公路与管线交叉

调查公路与管线交叉的位置、长度、交叉角度、悬空高度或埋深，管线的种类、型号、规格、用途、编号等。

2. 初测时交叉口的勘测工作

初测时交叉口的勘测工作，应按以下步骤的要求进行：

（1）根据选定的路线和搜集的资料，综合考虑交叉道路的性质、技术标准、交通量及转向车流分布的发展规划，及自然条件等因素，合理选定交叉口的类型、位置和形式。立体交叉和复杂的平面交叉，应提出可供比较的方案，通过勘测工作后确定其取舍。

（2）一般平面交叉，应按路线与被交叉道路的几何关系，利用路线地形图，定出交叉口的位置。立体交叉和复杂的平面交叉，应根据拟选定的比较方案位置，实地测绘工点地形图，并据以进行交叉口布置。交叉口的布置图必须经现场核对，认真比选后确定采用方案，为初步设计提供所需资料。

十、概、预算资料调查

1. 施工组织形式和工资标准的调查

（1）了解上级对工程施工期限的要求，落实施工单位，了解其施工组织编制情况，生产能力及施工机械化程度等。

（2）向工程所在省（自治区）、市或地区调查现行工资标准（包括各种补贴）及其计算方法。

2. 外购材料调查及采运调查

（1）主要外购材料的供应价格及供应地点，包括材料的出厂价格和可能发生的包装费和供销部门手续费。

（2）地方性外购材料，如砂、石、砖、石灰、工业废料等应调查当地规定或市场供应价格，以及主要厂、场的生产能力。材料的运输方式、运距、运输条件及承运能力等方面调查。

3. 征用土地和拆迁建筑物及补偿费用调查

（1）当地政府关于土地补偿费，青苗补偿费，安置补偿费，被征用土地上的建筑物、构筑物，坟墓、水井、树木等附属物，文物保护，土地征用等收费标准及文件。

（2）搜集拆迁建筑物、构筑物和其他设施等的补偿费用标准和办法。拆迁电力、电信设施或与铁路、水利等工程干扰所发生的工程费用；及其拆迁规模和数量。

4. 临时工程调查

（1）根据工程需要，调查落实沿线可供利用的道路（包括地方道路及大车道等）、桥梁情况。

（2）了解沿线可供利用的房屋数量及其价格。调查供电电源及电费标准，并向电信、电力部门协商能否利用的原有线路、电杆加挂工地临时电信、电力费用。

5. 其他费用调查

其他费用调查的内容，见表 9–2。

表 9–2 其他费用调查

项目	内容
气温、雨量等资料	路线所经地区的海拔高度、气温、雨量、雨季和施工季节等有关资料
主、副食运输补贴	工地距最近的粮食、燃料、蔬菜、水供应地点及运距
施工队伍调迁费	主要调查工程所在的省（自治区）或有关部门对计算专业队伍的调迁费的规定与要求
施工机具运输费的调查	主要调查运输调运地点、运距、运输方式和计价方式
其他费用资料	工程所在地区可能发生并符合规定的地方性应纳入概、预算费用的资料

十一、环境保护勘测与调查

高速公路、一级公路和经过水源保护区、自然保护区、风景名胜区、文物古迹保护区经济林带等有特殊意义的公路，应编制《环境影响评价报告》，调查和核实沿线环境影响敏感点，并根据《环境影响评价报告》拟定相应对策和环保工程方案。环保工程方案确定后，对沿线的环境保护工程，都应进行相应的调查和必要的勘测，以便确定环保设计方案，具体位置和规模，以满足设计要求。

（1）沿线及互通立交区、服务区及取、弃土区等的绿化方案，以及树种、适应性、产地等。

（2）公路建设中因挖损、塌陷、压占、取土、弃土造成的水土流失、侵占河道等情况建筑垃圾、工业废渣、废弃物的地点、范围、数量及处理方案等。

（3）噪声源至建筑物的距离、高程、地形、植被、风向等，设置声屏障的种类与类型、范围、长度、规模等。

（4）应调查由于修建公路切割了原有的田间道路、排灌网络，以及其他地上的设施修建的项目、内容和数量。

（5）施工和营运中的废水、油污水、服务区的排污水等的排放方案及相应的工程。公路沿线景观以及需遮蔽的工程。声屏障、油水分离池、蒸发池等应实地放桩，并测绘 1：500 ~ 1：2000 平面图。

十二、内业工作

经初测，即可按初步设计的深度和要求进行内业整理工作，有关工作如下：

（1）初测内业工作内容如下：

复核、检查、整理外业资料；进行纸上定线或移线及局部方案比选；初步拟定各种构造物设计方案并综合检查定线成果；编制勘测报告及有关图表制作与汇总。

（2）外业资料应逐日复核、检查外业原始记录资料，如有差错、遗漏，必须及时纠正或弥补；对于向其他部门搜集的资料，应根据测设需要，检查、分析其是否齐全、可靠和适用，做到正确取用。

（3）综合检查、协调路线设计与有关专业及结构物布设的合理性，并进行现场核对。

（4）初测应提交的成果如下：

各种调查、勘测原始记录及检验资料；纸上定线或移线成果及方案比较资料；各种主要构造物设计方案及计算资料；路基、路面、桥梁、交叉、隧道等工程设计方案图及比较方案图；沿线设施、环境保护、筑路材料等设计方案；平纵面缩图、主要技术指标表、勘测报告及有关协议、纪要文件。

第二节　定测阶段的工程地质与其他调查

一、工程地质勘探

定测时的工程地质勘察简称详勘，它是根据已批准的初步设计文件中所确定的修建原则、设计方案等有关工程地质及道路设计资料，通过详勘，取得有关的定量指标，为正确进行路线布设、路基路面设计、桥涵设计、防护工程设计提供可靠的地质资料，其主要任务是将初测时的地质任务进行详细勘察，查明需要地段的详细地质、水文地质及不良地质地段的地质资料。

1. 准备工作

（1）充分研究初勘资料，熟悉已批准采用方案的工程地质资料，了解所进行详勘的资料。

（2）认真领会初步设计的审批意见，研究落实有关措施。

（3）研究对详勘工作的要求，据以拟定工作计划，落实工作量、组织安排及技术装备。

2. 沿线工程地质的详勘

（1）详勘要求对沿线地形、地貌、地质构造、岩层产状、性质、成因、厚度、类别、风化程度、岩土变化规律、地下水露点、埋藏深度，地表积水、排水条件等，分段进行详细描述。描述时应重点突出，并依其地质情况评述本路段的地质对沿线的路基、路面、桥涵、附属结构等的影响提出相应的工程措施。

（2）路基取土调查，应根据初步设计确定的取土方案，可不另进行专门勘察，但对于沿线集中取土或线外大型取土坑，均需进行详勘，每处可设 2 ~ 3 个勘探点，勘探深度应穿过取土层以下 0.5m，并选取代表性土样鉴定土的路用性质。

（3）隧道工程地质详勘，通常包括两项内容：一是隧道方案与位置的选择，二是隧道洞口与洞身的勘测，它主要为隧道设计与施工提供所需的地质资料。

3. 工程地质详勘资料整理

工程地质详勘基本资料应准确可靠地反映出沿线的地质情况，着重掌握地层的分布特征，完整地提供所需的定量指标，工程地质观察与描述、测绘与挖深记录应完整，并对有关的地质图和试验资料加以汇总和说明。

二、筑路材料调查

1．料场选择

公路料场分为路侧料场和基地料场两种，路侧料场是供应附近合理运距范围内的路段；基地料场不仅供应附近路段，同时为其他路段或其他建筑所用。选择料场时应考虑以下因素（见表 9-3）：

表 9-3　选择料场时应考虑因素

因素	主要内容
使用条件	应根据不同的工程需要选择不同的砂石材料。对于供应铺筑路面用碎石材料，应为质地均一，有足够的强度，含泥量小，不夹杂扁片，具有棱角状或天然级配材料。一般用作构造物的基础石料，必须有足够的强度和稳定性
运输条件	主要应考虑运输支线的距离和修筑支线的难易，料场和路线的相对高度和运输工具等因素
开采条件	主要应从矿层的产状条件，水文地质条件，开采季节，工作台面大小和废土堆置场地等方面考虑。如具有板状或棱柱状节理的岩浆岩以及岩层均一的沉积岩，一般都易于开采和加工，但如节理过于发育，会降低石料强度和开采效率

2．调查的内容

（1）开采条件调查

料场工作面的概略范围，有用层和覆盖层的厚度，开采工程等级，废方堆方位置，宜开采的季节及可采取的措施，机械开采的可能性，开采时附近的居住条件，开炸石料时对附近群众和房屋的安全及其处理措施。

（2）运输条件调查

公路用建筑材料的运输条件，主要考虑支线运距和运输路线的情况，宜采用的运输方式，需要修筑便道的长度和便桥座数，运输的季节性及相应的措施。

（3）数量和质量调查

确定材料蕴藏量，对各类料场进行必要的取样试验，据以评价材料的质量，并估计各类材料的成品率。

对调查的资料应能满足施工设计图表的编制，一般情况下应提交的资料有：天然筑路材料说明书、天然筑路材料料场一览表、天然筑路材料料场供应示意图、调查记录资料及试验成果。

3．调查方法

料场调查方法分为勘测与勘探。在料场范围内，需根据实地的地形特点布置探坑，勘探线最好成网状。通过勘探，以确定材料界限、覆盖土层厚度与料层厚度，以估计筑路材料的蕴藏量。开挖探坑的数量、位置与深度，与实地勘探面积、地质构造、有无露头等方面有关。

料场调查时，还应对不同的材料分别取样，以便进行材料试验，进一步了解材料的使用品质，同时填写野外调查记录表。

4. 蕴藏量计算

计算料场的蕴藏量，首先应根据料场所处的地形与探坑布置情况确定其计算方法，常采用的有算术平均法、平等断面法、三角形法等。蕴藏量的详细调查允许误差为 ±15%，一般各料场的总蕴藏量不应少于设计需要量的两倍。

当蕴藏量很大不受限制的料场，则不必计算其蕴藏量，直接以“丰富”表示即可。

三、公路用地、拆迁及预算资料调查

1. 用地调查

（1）沿线土地应测绘用地图，并根据设计需要提供永久性占地和临时占地数量。用地图比例尺为 1：500 ~ 1：2000，图中应标出中线、桩号、各类土地（水田、旱地、鱼塘、菜地、果园等）的分界线、用地宽度、使用人或单位。

（2）应调查各类土地常种作物和近三年平均产量，调查统计独立果树的价值的树木的株数、直径、数量及产量。

2. 拆迁调查

（1）拆迁建筑物应调查其位置、范围尺寸、结构类型（房屋应注明层数）；

（2）需拆迁建筑设施，如电力、管道、电信等设施，应调查所在单位、位置及长度等，对于重要的建筑设施，如文物、铁路、水利或通信等，则应同主管部门协商，落实处理方案及工程措施。调查沿线伐树、挖根、除草及挖淤泥等的路段长度，并结合工程设计的需要计算其工程量。

3. 预算资料调查

预算资料调查可在初测调查的基础上进行补充调查和核实。

第三节　定测阶段的小桥涵勘测

一、小桥涵位置和类型选择

小桥涵的位置原则上应服从路线的走向，其位置通常根据路线布局大致确定。但桥涵的位置也需根据实地的地形、地质与水文条件等综合考虑才能具体落实。如

设置的涵洞是正交还是斜交、设在沟边还是沟底等，均需合理安排。一般下列位置应设置小桥涵。

1．一沟一桥（涵）

凡路线与一条明显沟形的干沟、小溪、河流相交，当上游的汇水面积大于 $0.1km^2$ 时，原则上应设一座小桥或涵洞。

2．农田浇灌涵

路线经过农作物区，当跨越水田、水渠，为了不影响农田的水利灌溉，必须设置满足排水的农田浇灌涵。

3．路基边沟排水涵

山区公路的傍山线，为排除路基内侧的边沟水，通常每隔 200 ~ 400m 需设置一道涵洞，具体位置可根据路线的平面图、纵断面图及横断面图综合考虑、合理选定，一般设置在纵坡变化处。

4．路线交叉涵

当公路与公路、铁路、或其他道路相交时，为了不使边沟阻水，同时也不致冲坏相交路线的路基，一般应设路线纵向排水涵。

5．其他类型涵洞

当路线经过积水洼地、池塘等处，为沟通两侧水位应设置涵洞。路线穿过村镇时，应保证地面水排水畅通，也可设置涵洞。

小桥桥位确定应考虑选在河面顺直、地质条件良好、河床稳定、桥位中线尽可能与洪水主流方向正交、河面窄且水流平缓处的河段上。

涵洞的定位，一般顺沟设置，河道或沟渠弯曲时可视地形条件裁弯取直；山沟较深时可沟边设涵；山坡纵坡较大时可改设平缓引水设沟；当相邻两沟距离很近时，则在不影响路基正常排水情况下，可改引水并沟。

小桥涵的类型，按修建材料可分为石桥涵、混凝土桥涵、钢筋混凝土桥涵；根据水力特征可分无压力式、半压力式和压力式涵洞。小桥涵形式的选定主要根据公路等级、使用性质和任务，按适用、经济、坚固、因地制宜就地取材和便于施工等原则来选择。

二、小桥（涵）址测量

1．基本要求

（1）小桥涵沿路线中线方向的断面测量，应与路中线测量同步完成，并注意适当加密中桩、实测沟渠以及与路线的交角。对地形复杂的小桥涵，应对路线中线两侧或河床两侧各施测一个或几个断面，其测量范围和精度应能满足涵底纵坡和进、出水口设计、布置桥孔、调治防护工程、计算开挖土石方工程数量等的需要。

（2）小桥涵位地质、地形复杂，布置小桥涵及其附属构造物困难或兼有改河、改道工程及环境协调等综合处理要求的地段时，应测绘 1：200 ~ 1：1000 工点地形图。改河工程应按布设要求进行纵、横断面测量，并相应测量原河道相关范围内的河床纵坡和河床横断面。

2. 小桥涵测量

（1）桥址测量

1）测绘桥位中心及上下游平行线的即河床横断面，桥址河床横断面图上应标明桥位中心桩号、设计水位或调查洪水位、地貌特征等，还须将地质试坑或地质柱状图绘于河床断面图上。然后在图上布孔、定出桥位中心桩号及桥的高度（包括桥面设计高程及梁底高程），检查侧墙和锥坡的基础有无悬空及埋置过深现象。

2）测量河床比降图，从河床比降图显示出上下游河（沟）底纵剖面的实际情况（如有无陡坡、跌水、淤积、冲刷等现象），为水力计算提供依据。

3）当桥位处的地形条件比较复杂时，或河（沟）弯曲、水流紊乱，需纸上研究设计方案时，须进行测绘桥址处的工点地形图，图纸比例可采用 1：200 ~ 1：500；测图范围视设计需要为准，当测区范围较大时，测图比例可取 1：1000，等高距一般采用 0.5m 或 1m。

（2）涵址测量

1）涵位中心纵断面测量。当涵位及其与路线的交角确定后，自涵位中心沿涵洞中心方向分别往上下游施测纵断面，施测长度以满足布设涵洞为要求，一般施测到中心上下游各 20m，若遇有改沟、筑坝或设缓流设备等附属设施时，应适当延长。

2）涵址河（沟）横断面测量。在涵洞中心及上下游进出口处，各测一个垂直于涵位中线的涵洞横面图。平原区较顺直的河沟只测涵位中桩一个横断面；山区河沟当沟形十分曲折，地形起伏较大时则须增设几个横断面，借以了解涵位附近的地形全貌。

3）涵址平面示意图勾绘。为了便于在内业设计时了解涵址附近的地形全貌，应绘制出每一个涵洞处的平面示意图。勾绘时一般是先按比例绘好路线与涵洞方向的关系图，用目测的方法将地形、地貌、地物等勾绘在此图上，目测时应尽量提高准确性，必要时可用花杆或步测来量测。

三、小桥涵地质调查

小桥涵地质调查的目的在于搜集基底处的工程地质及水文地质情况，为准确选定桥涵及附属工程的基础类型和尺寸、埋置深度等提供有关资料。调查的内容包括：

基底地质土壤类别与特征，有无不良地质情况、土壤冻结深度及水文地质对桥涵基础与施工有无影响。

调查的方法以视察为主，挖深为辅。若地质条件相对简单，通过已有资料及调查天然露头，足以查明基底的地质情况时，一般不进行专门的地质钻探。当地质条件复杂时，则须进行现场钻探，探坑的布置位置、深度，应以地质情况和设计要求确定。每座小桥涵一般布设 1 ~ 2 个探坑，分别布置在沟底中心或两侧台基附近，挖深不小于基底埋深以下，如果条件许可最好在挖探的同时，分层选取有代表性的土样做试验。小桥涵地质调查要保证桥涵施工后确保基础稳定可靠。

第四节　外业勘测时的内业工作

外业勘测时的内业工作是指外业测量期间应进行的对外业测设成果整理、复核、校对、编制等工作。外业期间的内业工作十分重要，它一方面沟通各个外业组之间的业务关系，保证测量成果的准确可靠；另一方面，内业工作是综合性的设计工作，各测设组搜集的资料与设计成果是否符合要求、是否合理，都要经过内业工作的综合比较论证，以便进一步完善各项设计。具体工作内容如下：

（1）内业人员应主动向选线人员了解方案情况，掌握各路段的定线意图和布设情况以及对测设工作的意见和要求。其中包括分段定线依据和技术指标，如路线走向、放线坡度、路基填挖高度控制，以及平、纵、横线形配合要求以及沿线人工构筑物布设等。摸清底细后，据以检查实测结果与原意图有无出入，并便于更好地指导内业设计。

（2）内业人员应协助测量队长对外业的勘测质量进行检查，逐日复核外业当天交回的野外记录和原始资料，检查容许误差，发现错误、漏测或不完善情况，及时通知有关外业人员，迅速纠正或补测，以免贻误工作。内业人员在检查和复核各外业资料中，应注意的有关事项见表 9-4：

表 9-4　应注意的有关事项

注意项目	内容
中桩方面	中线丈量的精度是否符合要求，平曲线要素与测量记录是否一致。中桩里程是否有错。弯道加桩、地形、地物等加桩是否齐全
测角方面	应复核转角、分角读数和视距计算是否正确，实测转角和采用半径值同选线所定数据有无出入，影响如何。平曲线要素计算是否正确。交点固定资料是否齐全

续表

注意项目	内容
横断面方面	核对横断面桩号与中桩记录是否一致，有无漏测或错测，横断面施测的宽度是否符合要求，地物界限及标注是否清楚明确，有无需要加测横断面等情况，如有则应及时补测或重测
地形方面	检查中线展绘有无错误，施测范围是否符合要求。图幅的拼接是否吻合连续，地形、地物测绘的精度是否符合要求
水准测量方面	基平测量的精度是否达到要求，水准点布设是否可行，中平测量是否符合要求，有无漏测、记错或计算错误

（3）对所有外业资料经检查无误后，按设计文件规定的图表格式和内容填写齐全，存查备用。如直线、曲线及转角一览表、水准点资料一览表、保护桩资料一览表、总里程表、路基设计表、纵断面图、横断面图、小桥涵设计资料一览表、交叉口设计资料一览表等。

（4）定测阶段应完成和提交的成果如下：

各种调查、勘测原始记录、图纸及资料；各专业勘测调查的质量检查及分析评定资料；路线纵、横断面设计及各种底图底表；各项测设主要计算分析论证资料；各项测设主要设计布置图及设计底表；外业勘测说明书及有关协议和文件。

（5）编制外业期间的工作计划，并根据实际的外业进程作及时调整。

（6）点绘纵、横断面地面线，并进行纵坡设计，然后到现场核对，检查原定线方案是否合理，平、纵、横配合如何，拉坡有无问题等。

（7）做好器具、测绘用品、外业记录手册、设计文件图表、技术资料、标准图、图书及计划报表等领用、保管及管理工作。

第十章　路基稳定性分析

第一节　边坡稳定性分析方法

一、直线滑动面法

由松散的砂土或砂性土构成的路基边坡，渗水性强、边坡稳定主要靠其内摩阻力，失稳土体的滑动面近似为平面；原地面为单一倾斜的陡坡路堤，滑动面多为平面。可采用直线滑动面法进行路基边坡稳定性分析。

如图 10-1 所示，稳定性分析时，先通过坡脚或变坡点假设一直线滑动面，将路堤斜上方分割出下滑土楔体沿假设的滑动面滑动，其稳定系数尺按下式计算（按边坡纵向单位长度计）：

$$K=\frac{F}{T}\frac{Q\cos\alpha\tan\phi+cL}{Q\sin\alpha} \tag{1}$$

式中：F——沿滑动面的抗滑力，kN；

T——沿滑动面的下滑力，kN；

Q——土楔体重力和路基顶面车辆等待均布土层荷载之和，kN；

α——滑动面对水平面的倾斜角，°；

ϕ——路堤填料的内摩擦角，°；

c——路堤填料的黏结力，kPa；

L——滑动面的长度，m。

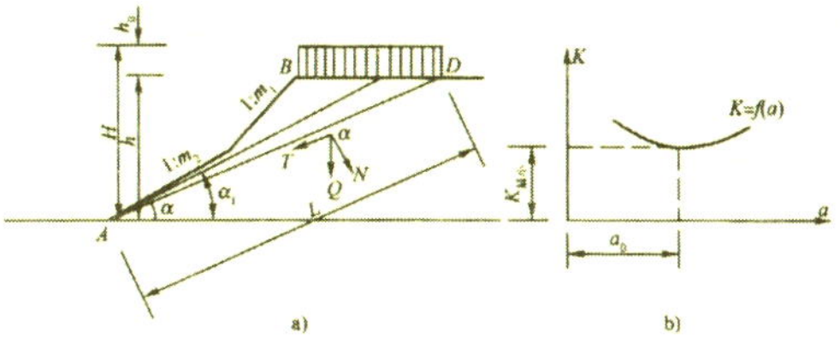

图 10-1　直线滑动面法示意图

通过坡脚 A 点，假设几个（3 ~ 4 个）不同的滑动面，按式（1）求出相应的稳定系数 K_1、K_2、K_3 等值，并绘出 K=f（α）曲线，用以确定最小稳系数 K_{min} 及对应最危险滑动面的倾角。

边坡是否稳定，取决于最小稳定系数 K_{min} 的值。当 K_{min}=1.0 时，边坡处于极限平衡状态。由于计算的假定，计算参数（y, ϕ，c）的取值都与实际情况存在一定的差异，为了保证边坡有足够的稳定性，通常以最小稳定系数 K_{min} ≥ [K] 来判别边坡的稳定性，[K] 称为稳定安全系数，它与公路等级和路基工况有关。但 [K] 过大，则设计偏于保守，在工程上不经济。对路堤边坡进行稳定性分析时，[K] 一般取 1.25。

当路基材料为纯净的粗砂、中砂、砾石、碎石时，其黏聚力很小，可忽略不计，则式（1）变为：

$$K=\frac{F}{T}=\frac{\tan\phi}{\tan\alpha} \tag{2}$$

式（1）和式（2）也适用于均质砂砾类土路堑边坡的稳定性验算。对路堑边坡进行稳定性分析时，边坡稳定性计算时将路基分成正常工况、非正常工况 I 和非正常工况 II 三种工况。正常工况是指边坡处于天然状态下的工况；非正常工况 I 是指边坡处于暴雨或连续降雨状态下的工况；非正常工况 II 是指边坡处于地震等荷载作用状态下的工况。稳定安全系数 [K] 见表 10–1。

表 10–1　路堑边坡安全系数

公路等级		路堑边坡安全系数
高速公路、一级公路	正常工况	1.20 ~ 1.30
	非正常工况 I	1.10 ~ 1.20
	非正常工况 II	1.05 ~ 1.10
二级及二级以下公路	正常工况	1.15 ~ 1.25
	非正常工况 I	1.05 ~ 1.15
	非正常工况 II	1.02 ~ 1.05

二、圆弧滑动面法

用黏性土填筑的路堤，边坡滑坍时的破裂面形状为一曲面，为简化计算，通常近似地假设为一圆弧状滑动面。分析路基边坡稳定性时，通常采用圆弧条分法（又称瑞典法）及其简化计算的表解法和图解法。

1. 圆弧条分法

条分法是圆弧滑动面稳定性计算方法中一种具有代表性的方法。该分析法力的概念明确，使用范围较广，基本原理是静力平衡，计算时取边坡的单位长度。分条的目的在于使计算结果较为精确。稳定系数最小值 K_{min} 通过多道圆弧试算而得，计算工作量较大，分条不宜过多。条分法要求作图准确，尽量减少量取尺寸的误差。

（1）计算公式及其步骤

1）如图 10-2 所示，通过坡脚任意选定一个可能的圆弧滑动面 AB 其半径为 R。将滑动土体分成若干个垂直土条，其宽度一般为 2 ~ 4m，通常分 8 ~ 10 个土条，分条时，可结合横断面特征，如分在边坡或地面变化点处，以便简化计算。

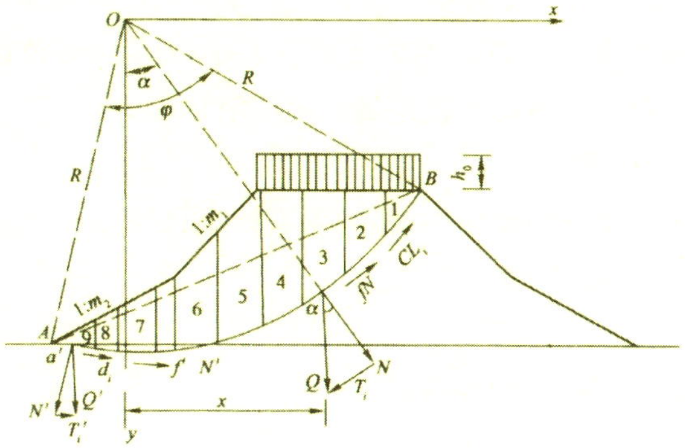

图 10-2　条分法验算计算图

2）计算每个土条的土体重 Q，引至滑动圆弧验算面上并分解为

切向分力：$T=Q_i\sin\alpha_i$

法向分力：$N=Q_i\cos\alpha_i$

式中：α_i——第 i 条土体弧段中心点的半径线与通过圆心的垂线之间的夹角。

3）以圆心 0 点为转动圆心，半径 R 为力臂，计算滑动面上各力对 0 点的滑动力矩，但应注意在 Oy 轴右侧的 T_i 为正，是促使土楔体滑动的力；而在 Oy 轴左侧的 T_i' 方向相反，其值为负，是抵抗土楔体滑动的力，其产生的力矩应在滑动力矩中扣除。因此，滑动力矩为 $M_{滑动}=(\sum T_i-\sum T_i')R$。计算土条重时，行车荷载换算的土柱应计算在相应的土条重 Q_i 中。

4）以 0 点为圆心，计算滑动面上各力对 0 点的抗滑力矩，$M_{抗滑}=(\sum Nf+\sum cL_i)$

5）求稳定系数 K：

$$K=\frac{M_{抗滑}}{M_{滑动}}=\frac{R(\sum Nif+\sum cL_i)}{R(Ti-T_i')}=\frac{f\sum Q_i\cos\alpha_i+cL}{\sum Qi\sin\alpha_i-\sum Q_i\sin\alpha_i'} \quad (3)$$

式中：L——滑动圆弧的总长度，m；

c——填料的黏结力，kPa；

f——填料的摩擦系数，$f=\tan\phi$，$Q_i=yb_ih_i$,kN；

y——填料的重度，kN/m^3；

b_i——各土条宽度，m；

h_i——各土条高度，m。

当路堤由不同填料分层填筑而成时，式（3）中的各土条重应为该土条所包含的各土层中重力之和，而各土条值，应取该土条的底部弧段所处土层的数值。

6）再假定几个可能的滑动圆弧，按上述步骤分别计算相应的稳定系数，在圆心辅助线上绘出稳定系数对应于圆心的关系曲线 K=f（O），在该曲线上找出最小的稳定系数 K_{min}，与 K_{min} 对应的滑动面就是最危险的滑动面。

（2）确定圆心辅助线

根据经验，最危险滑动面的圆心在一条直线上，该直线称为圆心辅助线。确定圆心辅助线的方法有 4.5H 法和 36° 法。

1）4.5H 法

如图 10–3 所示，4.5H 法的步骤如下：

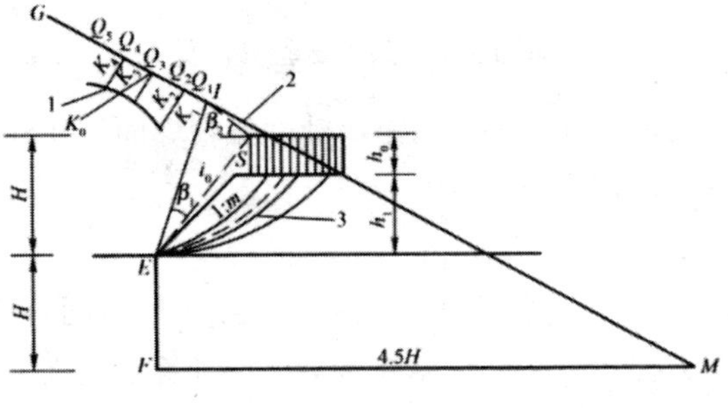

图 10–3　确定辅助线示意图

①由坡脚 E 向下引垂线并截取边坡高度 H 得 F 点。

②自 F 点向右引水平线并量取 4.5H 得 M 点。

③连接坡脚 E 和坡顶 S，求 ES 的斜度 $i_0=1/m$，根据 i_0 由表 10–2 查得 β_1、β_2 的角值。

④自 E 点引与 ES 成 β_1 角的直线，又由 S 点引与水平线成 β_2 角的直线，两直线交于 I 点。

⑤连接 M 与 I，并向左上方延长，即得辅助线。

⑥如土仅有黏结力，而 $\phi=0$，则最危险滑动圆弧的圆心就是 I 点；如土除黏结力外还有摩擦力，则最危险滑动面的圆心将随 ϕ 值的增加，而在辅助线上向外移动。

表 10-2 辅助线角值

边坡斜度 i_0	边坡倾斜角 θ	β_1	β_2
1：0.5	63° 26'	29°	40°
1：1.0	45°	28°	37°
1：1.5	33° 41'	26°	35°
1：2.0	26° 34'	25°	35°
1：3.0	18° 26'	25°	35°
1：3.0	14° 03'	25°	36°

4.5H 法较精确，求出的稳定系数值较小，此法适用于分析重要建筑物的稳定性。

2）36° 法

如图 10-4 所示，由 E 点作与水平线成 36° 的射线 EF，即为辅助线，此法是一种简化的方法。

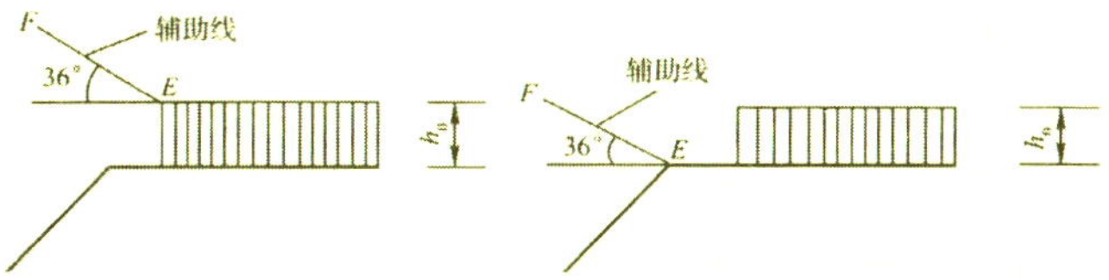

（a）考虑车辆荷载 （b）不计车辆荷载

图 10-4 36° 法辅助线

考虑车辆荷载时，E 点选在 h_0 的顶端（如图 10-4a），不计车辆荷载时，E 点选在路基边缘（如图 10-4b）。

36° 法较简便，但精确度较 4.5H 法为差，这两种方法对于滑动面通过坡脚的情况均适用，都可以不计车辆荷载换算的等代土层厚度，计算结果出入不大。

上述圆弧滑动面法为传统的方法，属于典型的试算方法，试算的工作量较大。目前常用简化 Bishop 法取代传统的方法。

2. 表解法

按条分法进行路基边坡稳定性验算时，计算工作量较大，对于均质、直线形边坡路堤，滑动面通过坡脚，坡顶为水平并延伸到无限远时，可用表解法进行验算。

如图 10-5 所示，将土体划分成各条块，其宽为 b，高为 a，滑弧全长 l，将此三者均用边坡高度来表达：

$b=\beta H$ $a=\xi H$ $l=\lambda H$

坡长每延米土条质量为：

$Q=ab\gamma=\gamma\cdot\beta\cdot\xi\cdot H^2$

其法向和切向分力为：

$N=Q\cos a=\gamma\cdot\beta\cdot\xi\cdot H^2\cos a$；

$T=Q\sin a=\gamma\cdot\beta\cdot\xi\cdot H^2\sin a$

稳定系数为：

$$K=\frac{\Sigma fN+cL}{\Sigma T}=\frac{f\Sigma\gamma\cdot\beta\cdot\xi\cdot H^2\cos a+c\lambda H}{\Sigma\gamma\cdot\beta\cdot\xi\cdot H^2\sin a}$$

取 b 为等宽，并令：

$$A=\frac{\Sigma\cos a}{\Sigma\sin a};B=\frac{\lambda}{\Sigma\beta\cdot\xi\sin a}$$

则：

$$K=fA+\frac{c}{\gamma H}B$$

式中：H——边坡高度，m；

A、B——取决于几何尺寸的系数

c——土的黏结力，kPa；

f——土的内摩擦系数，$f=\tan\phi$。

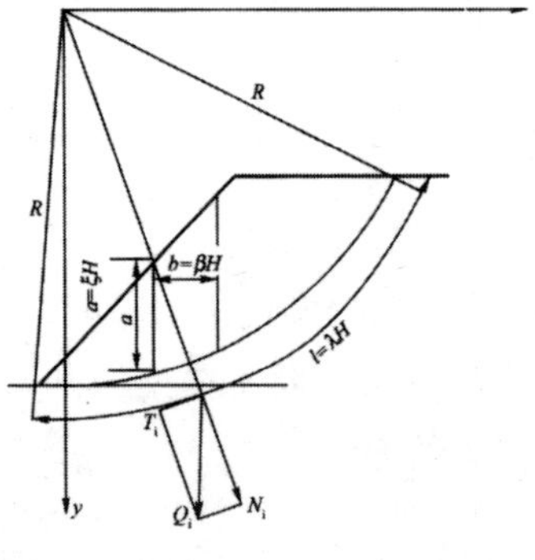

图 10-5　表解法稳定性验算示意图

三、工程地质类比法

在地形复杂地区修筑路基，重要的是正确合理地确定路堑横断面的边坡形状和坡度。路堑边坡主要与当地的工程地质、水文地质、地面排水条件及边坡高度、施工方法等因素有关，应综合分析论证确定。当路线穿越砾石类、岩石类地区时，路堑边坡坡度主要运用工程地质类比法确定。

采用工程地质类比法对路堑边坡比拟设计，关键是通过认真、详细地调查和勘测，如实反映路段的地层土质和水文地质状况，据以进行对比分析。按地层性质不同，一般可分为两种类型，即土质路堑和岩质路堑。对土质路堑，应重点调查土的成分和类别，组织结构、密实程度、地下水埋藏情况以及土的成因类型及生成时代等，边坡高度不大于 20m 时边坡坡度可参照表 10–3 确定；边坡高度大于 20m 时应进行路基高边坡个别处理设计。对岩质路堑，应重点调查岩性、结构和构造、岩石的风化破碎程度、地下水等，挖方边坡高度不大于 30m 时边坡坡度可参照表 10–4 确定；挖方边坡高度大于 30m 时应进行路基高边坡个别处理设计。

表 10–3　土质路堑边坡坡度

土的类别		边坡坡率
黏土、粉质黏土、塑性指数大于 3 的粉土		1：1
中密以上的中砂、粗砂、砾砂		1：1.5
卵石土、碎石土、圆砾石、角砾石	胶结和密实	1：0.75
	中密	1：1

表 10–4　岩质路堑边坡坡度

边坡岩体类型	风化程度	边坡坡率	
		H<15m	15m ≤ H<30m
I 类	未风化、微风化	1：0.1 ~ 1：0.3	1：0.1 ~ 1：0.3
	弱风化	1：0.1 ~ 1：0.3	1：0.3 ~ 1：0.5
II 类	未风化、微风化	1：0.1 ~ 1：0.3	1：0.3 ~ 1：0.5
	弱风化	1：0.3 ~ 1：0.5	1：0.5 ~ 1：0.75
III 类	未风化、微风化	1：0.3 ~ 1：0.5	
	弱风化	1：0.5 ~ 1：0.75	
IV 类	弱风化	1：0.5 ~ 1：1	
	强风化	1：0.75 ~ 1：1	

对一些特殊土质（如黄土）、特殊工程地质条件（如硬岩层中央有薄的软弱岩层或含水的黏性土层）和其他特殊条件（如大爆破施工、较高地震烈度区），路堑边坡应根据具体情况另行设计。

选择路堑横断面的边坡形式，一般可采用如下所述几种形式。

1．直线形

当工程地质条件和水文地质条件较好，土质均匀，且边坡高度不大时可采用，即一坡到顶的直线形。

2．折线形

当边坡较高或由多层土组成，而上部土层较下部土层的密实程度大时，采用上陡下缓形。若上部为覆盖层，且其稳定性较下部差时，宜采用上缓下陡形的折线形。

折线形边坡在变坡点处容易出现坡面的冲刷破坏，在降水量大的地区，应采用适当的防护措施，或者改用直线形或台阶形边坡。

3．台阶形

当边坡由多层土组成且高度较大时，可在边坡中部或岩（土）层变化分界处，设置宽度不小于2.0m的平台，使边坡成为台阶形，设置平台可以增加边坡的稳定性，减少坡面冲刷，拦挡上边坡剥落下坠的小石（土）块。同时边沟外侧还应设置宽度不小于1.0m的碎落台。

第二节 简化 Bishop 法与不平衡推力法

一、简化 ashop 法——改进的圆弧条分法

圆弧条分法略去了条间力的作用，因此只满足整个土体的力矩平衡条件，对每一土条力的平衡条件和土条本身的力矩平衡是不满足的。由此产生的误差，一般使求得的安全系数偏低10% ~ 20%，这种误差随着破裂面圆心角和孔隙压力的增大而增大。

为克服前述圆弧条分法存在的不足，毕肖普（A.W.Bishop）考虑了条间力的作用，提出了新的稳定系数计算公式。如图10-6所示土坡，土条Z上的作用力中有5个未知，故属二次超静定问题。毕肖普在求解时补充了两个假设条件：忽略土条间竖

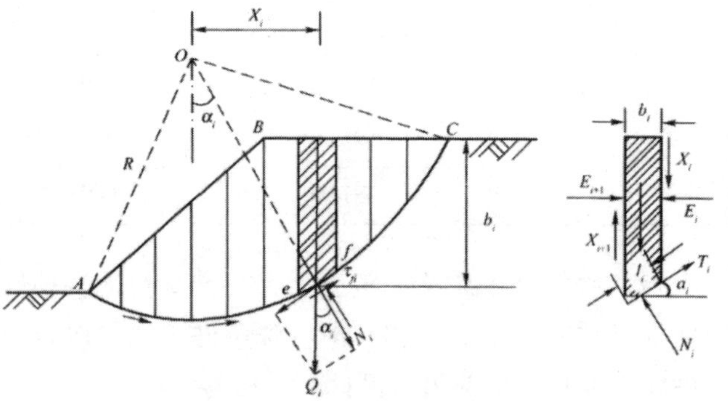

图 10-6 简化 Bishop 法

向剪力 X 及 X_{i+1} 的作用；对滑动面上切向力 T 的大小做了规定。

根据土条 i 的竖向平衡条件可得：

$Q_i+X_i-X_{i+1}-T_i\sin a_i-A_i\cos a_i=0$

或 $N_i\cos c_i=Q_i+X_i-X_{i+1}-T_i\sin a_i$（1）

若土坡稳定安全系数为 K，则土条 i 滑动面上的抗剪强度 τ_{fi} 只发挥了一部分，毕肖普假设 τ_{fi} 与滑动面上的切向力 T_i 相平衡，即：

$$Ti=\frac{1}{K}\tau_{fi}=\frac{1}{K}\left(N_i\tan\phi_i+c_il_i\right) \tag{2}$$

将式（2）代入式（1）得：

$$N_i=\frac{Q_i+\left(X_i-X_{i+1}\right)-\frac{c_il_i}{K}\sin a_i}{\sin a_i+\frac{1}{K}\tan\phi_i\sin a_i} \tag{3}$$

边坡的稳定安全系数 K 为：

$$K=\frac{M_R}{M_S}=\frac{\Sigma\left(Ni\tan\phi_i+c_il_i\right)}{\Sigma\phi_i\sin a_i} \tag{4}$$

将式（3）代入式（4）得：

$$K=\frac{\sum_{i=1}^{n}\frac{\left[Q_i+\left(X_i-X_{i+1}\right)\right]\tan\phi_ic_il_i\cos ai}{\cos ai+\frac{1}{K}\tan\phi_i\sin a_i}}{\sum_{i=1}^{n}Q_i\sin a_i} \tag{5}$$

由于式（5）中 X_i 及 X_{i+1} 是未知的，故求解尚有困难。毕肖普假定土条间的竖向剪切力均略去不计，即（X_i-X_{i+1}）=0，则式（5）可简化为：

$$K=\frac{\sum_{i=1}^{n}\frac{1}{m_{ai}}\left(Qi\tan\phi_i+c_il_i\cos a_i\right)}{\sum_{i=1}^{n}Q_i\sin a_i} \tag{6}$$

式中
$$m_{ai}=\cos a_i+\frac{1}{K}\tan\phi_i\sin a_i \tag{7}$$

式（6）就是简化毕肖普法计算边坡稳定安全系数的公式。由于式中 m_{ai} 也包含 K 值，因此式（6）须用迭代法求解，即先假定一个 K 值，按式（7）求得 m_{ai} 值，代入式（6）求出K值，若此K值与假定不符，则用此K值重新计算 m_{ai} 求得新的K值，如此反复迭代，直至假定的尺值与求得的欠值接近为止。根据试验，通常只要迭代3 ~ 4次就可满足精度要求，而且迭代总是收敛的。为了计算方便，可将式（7）的 m_{ai} 值制成曲线（如图10–7所示），由 a_i 及 $\tan\phi_i / K$ 值直接查得 m_{ai} 值。

用毕肖普法验算边坡稳定性时，最危险滑动面圆心位置仍可按前述方法确定。

路堤的堤身稳定性、路堤和地基的整体稳定性宜采用简化Bishop法进行分析计算。

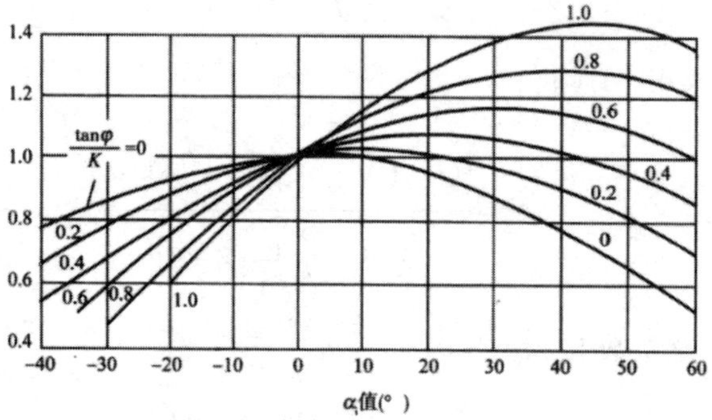

图10–7 m_{ai} 值曲线

二、不平衡推力法

修筑在原地面为折线形的斜陡坡上的路堤或某些特殊条件下的路基边坡（如黄土及层状构造的岩土层），其破坏往往沿固定滑动面滑动，且滑动面形状为折面，均可采用不平衡推力法进行稳定性验算。

不平衡推力法的验算原理仍是利用力的极限平衡条件，但稳定性的表达式不同。稳定性指标为剩余下滑力。所谓剩余下滑力£是指土坡滑动力T与抗滑力R的差值，并计入稳定安全系数尺（取1.3 ~ 1.5），即：

$$E-T-\frac{R}{K} \tag{8}$$

根据E的正负判断土坡的稳定性。具体验算方法如下：

（1）按地面变坡点将土体垂直分成若干土块，如图10–8a）所示。

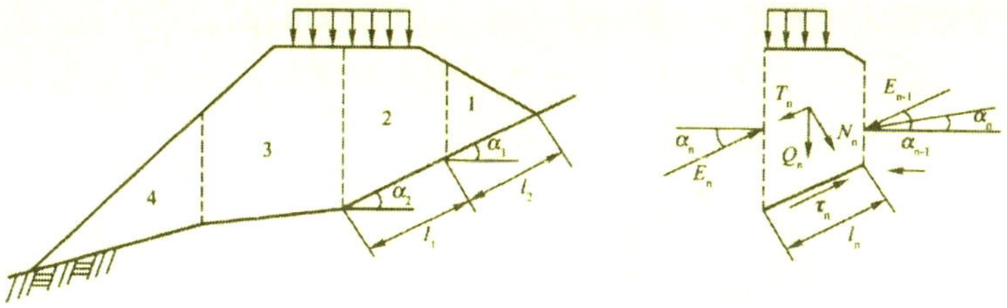

a）划分土块　　　　　　b）第二块土体

图 10–8　不平衡推力传递法边坡稳定性分析图示

（2）至上而下分别计算各土块的剩余下滑力。

第一块土体的剩余下滑力 E_1 为：

$$E_1 = T_1 - \frac{R_1}{K} = Q_1 \sin a_1 - \frac{1}{K}\left(Q_1 \cos a_i \tan\phi_1 + c_1 l_1\right)$$

第二块土体如图 10–8b）所示，自第二块土体开始，均需计入上一块土体剩余下滑力对本块土体的作用，把其当作一作用于本土块的外力，方向平行于上一块土体的滑动面。由此得第二块土体剩余下滑力 E_2 为：

$$E_2 = T_2 - \frac{R_2}{K} = \left[Q_2 \sin a_2 + E_1 \cos\left(a_1 - a_2\right)\right] - \frac{1}{K}\left\{\left[Q_2 \cos a_2 E_1 \sin\left(a_1 - a_2\right)\right]\tan\phi_2 + c_2 l_2\right\}$$

同理，第 n 块土体的剩余下滑力 E_n 为：

$$E_n = Q_1 \sin a_n - \frac{1}{K}\left(Q_n \cos a_n \tan\phi_n + c_n l_n\right) + E_{n-1}\psi_{n-1}$$

式中：E_1、E_2、…E_n——分别为各块土体的剩余下滑力，kN/m；

ψ_{n-1}——传递系数，ψ_{n-1}=cos（an−1−an）$-\frac{1}{K}\sin(a_{n-1}-a_n)\tan\phi_n$；

Q_1、Q_2、…Q_n——分别为各块土体的重力，kN/m；

a_1、a_2、…、a_{n-1}、a_n——分别为各块土体滑动面的倾角，°；

$\phi 1$、$\phi 2$　$\phi n-1$　ϕn——分别为各块土体与基底接触面的内摩擦角（对均质土取 ϕ），°；

c_1、c_2…、c_n——分别为各块土体与基底接触面间的黏结力（对均质土取 c），kPa；

l_1、l_2，…、l_n——分别为各块土体滑动面的长度，m；

K——稳定安全系数，意义同前。

计算中，当某一块土体剩余下滑力为负时，表明无剩余下滑力向下传递，该土块及其上土块稳定，计算从下一块开始，用上述式子计算时，式中 E_{n-1} 为 0，n 取 1。

（3）判定稳定性。如果最后一块土体的剩余下滑力 $E_n \leqslant 0$，则整个土坡稳定；如 $E_n>0$，则不稳，应采取稳定或加固措施。

第十一章　路基防护与加固技术

第一节　边坡坡面防护

一、植物防护

植物防护可美化路容，协调环境，调节边坡土的湿温，起到固结和稳定边坡的作用。它对于坡高不大，边坡比较平缓的土质坡面是一种简易有效的防护设施，其方法有种草、铺草皮和植树。土质边坡防护也可采用拉伸网草皮、固定草种布或网格固定撒种，用土工合成材料进行土质边坡防护的边坡坡度宜在1: 1.0 ~ 1: 2.0之间。

1．植被防护

种草适用于边坡坡度不陡于1：1，土质适宜种草，不浸水或短期浸水，但地面径流速度不超过0.6m/s的边坡。草籽应选用适应当地自然条件、根系发达、易成活、生长快、叶茎矮或有匍匐茎的多年生草种，对生长在泥沼或砂砾土中的草不能选用。

铺草皮适用于需要快速绿化，坡率缓于1：1的土质边坡和严重风化的软质岩石边坡。草皮可为天然草皮或人工培植的土工网草皮，应选用根系发达、茎矮叶茂的耐旱草种，不宜采用喜水草种，严禁采用生长在泥沼地的草皮。当坡面冲刷比较严重，边坡较陡，径流速度大于0.6m/s（容许最大速度为1.8m/s）时，应根据具体条件（坡度与流速等），分别采用平铺（平行于坡面）、水平叠置、垂直坡面或与坡面成一半坡角的倾斜叠置草皮，还可采用片石铺砌成方格或拱式边框，方格或框内再铺草皮。铺草皮需预先备料，草皮可就近培育，切成整齐块状，然后移铺在坡面上。铺时应自下而上，并用竹木小桩将草皮钉在坡面上，使之稳固。草皮根部土应随草切割，坡面要预先整平，必要时还应加铺种植土，草皮应随挖随铺，注意相互贴紧。

植树适用于坡率缓于1：1.5的边坡，或在边坡以外的河岸及漫滩上。树种应选用能迅速生长且根深叶茂、适合当地的低矮灌木类。常用灌木树种有紫穗槐、夹竹桃、黄荆、野蔷薇、山楂等。

2．三维植被网防护

三维植被网适用于砂性土、土夹石及风化岩石，且坡率缓于1：0.75的边坡防护。

三维植被网以热塑树脂为原料，采用科学配方，经挤出、拉伸、焊接、收缩等工序制成，其结构分为上下两层，下层为一个经双面拉伸的高模量基础层，强度足以防止植被网变形，上层由具有一定弹性的、规则的、凹凸不平的网包组成。由于网包的作用，能降低雨滴的冲蚀能量，并通过网包阻挡坡面雨水，同时网包能很好地固定充填物，使其不被雨水冲走，为植被生长创造良好条件。另外，三维网固定在坡面上，直接对坡面起固筋作用。三维植被网中的回填土采用客土、肥料及含腐殖质土的混合物。

3. 湿法喷播

湿法喷播适用于土质边坡、土夹石边坡、严重风化岩石且坡率缓于 1：0.5 的路堑和路堤边坡及中央分隔带、立交区、服务区及弃土堆的绿化防护。湿法喷播是一种以水为载体的机械化植被建植技术。它采用喷播机施工，种子在较短时间内萌芽、生长成株，覆盖坡面，达到迅速绿化、稳固边坡的目的。

4. 客土喷播

客土喷播适用于风化岩石、土壤较少的软质岩石、养分较少的土壤、硬质土壤、植物立地条件差的高大陡坡面和受侵蚀显著的坡面。客土喷播是将客土、纤维、侵蚀防止剂、缓效肥料和种子按一定比例，加入专用设备中充分混合后，喷射到坡面，使植物获得必要的生长基础，达到快速绿化的目的。当坡率陡于 1：1 时，宜设置挂网或混凝土框架。

二、骨架植物防护

对于仅用植物防护不足以抵抗侵蚀冲刷的黏土路基或高填路段，受雨水侵蚀和风化严重易产生沟槽的路段，以及土质不适宜植物生长和周围环境需要绿化的路段，常采用骨架植物防护。骨架植物防护可分为浆砌片石或水泥混凝土骨架植物护坡、多边形水泥混凝土空心块植物护坡和锚杆混凝土框架植物防护等形式。

浆砌片石或水泥混凝土骨架植物护坡适用于坡面受雨水冲刷严重的土质边坡或全风化的岩石边坡，坡度不陡于 1：1，骨架宽度宜为 200 ~ 300mm，嵌入坡面深度应视边坡土质及当地气候条件确定，一般为 200 ~ 300mm。框架可为拱形骨架、菱形（方格）骨架、人字形骨架、多边形水泥混凝土空心块等，应视边坡坡度、土质和当地情况确定骨架形式和大小，并与周围景观相协调，主骨架间距一般为 2.0 ~ 4.0m。框架内铺种草皮、喷植草或其他辅助防护措施。当降雨量较大且集中的地区，骨架宜做成截水沟型。浆砌片石或水泥混凝土骨架植物护坡既稳定路基边坡，又能节省材料，造价较低，施工方便，造型美观，能与周围环境自然融合，是目前高速公路边坡防护的主要形式之一。

多边形水泥混凝土空心块植物护坡适用于坡度缓于 1：0.75 的土质边坡和全风化、强风化的岩石路堑边坡。当有景观要求时，应采用六边形空心预制块植物护坡。预制块的混凝土强度不应低于 C20，厚度不应小于 150mm，空心预制块内应填充种植土，喷播植草。

锚杆混凝土框架植物防护适用于土质边坡和坡体中无不良结构面、风化破碎的岩石路堑边坡。锚杆采用非预应力的全长黏结型锚杆，保护层厚度不应小于 20mm。框架应采用钢筋混凝土，混凝土强度不应低于 C25，框架尺寸根据边坡高度和地层情况等确定，框架内宜植草。锚杆混凝土框架植物防护是近年来在总结锚杆挂网喷浆（混凝土）防护的经验教训后发展起来的，它既保留了锚杆对风化破碎岩石边坡主动加固作用，防止岩石边坡经开挖卸荷和爆破松动而产生的局部楔形破坏，又吸收了浆砌片石（混凝土块）骨架植草防护的造型美观、便于绿化的优点。

三、圬工防护

当不宜使用植物防护或考虑就地取材时，采用砂石、水泥、石灰等材料进行坡面防护，是常用的防护形式。它主要有喷护、锚杆挂网喷浆、干砌或浆砌片石护坡和护面墙等形式，可根据不同条件选用。圬工防护存在的主要问题是与周围环境不协调，道路景观差，应尽量少用。

1．喷护

常用的喷护方法有喷浆和喷射混凝土。喷护适用于坡度不陡于 1：0.5，易风化但未遭强风化的岩石挖方边坡。喷浆防护厚度不宜小于 50mm，采用的砂浆强度不应低于 M10。喷射混凝土防护厚度不宜小于 80mm，采用的混凝土强度不应低于 C15，混凝土中集料最大粒径不宜超过 15mm。喷护坡面应设置伸缩缝和泄水孔，伸缩缝间距宜为 15 ~ 20m；应间隔 2 ~ 3m 交错设置孔径为 100mm 的泄水孔。

2．锚杆挂网喷浆（混凝土）

锚杆挂网喷浆防护适用于坡面为碎裂结构的硬质岩石或层状结构的不连续地层，以及坡面岩石与基岩分开并有可能下滑的挖方边坡。它是在清挖出密实、稳定的新鲜坡面上钻孔、安装锚杆、灌浆，然后挂上钢丝网或纤维网，最后用高压泵喷射混凝土形成防护层。锚杆应采用精轧螺纹钢筋，其直径为 14 ~ 22mm，间距为 1.0 ~ 3.0m。锚杆应为全长黏结型锚杆，注浆材料根据设计确定，一般选用灰砂比为 1：1 ~ 1：2，水灰比为 0.38 ~ 0.45 的水泥砂浆，注浆压力不低于 0.2MPa。铁丝网宜采用直径为 2mm 的普通镀锌铁丝制成，网孔尺寸为 200 ~ 250mm，也可用高强度聚合物土工格栅代替铁丝网。岩石破碎较为严重时，宜采用钢筋网，钢筋直径 4 ~ 12mm，间距为 150 ~ 300mm。钢筋保护层厚度不应小于 20mm。钢筋网喷射混凝土支护厚度不应小于 100mm，亦不应大于 250mm。

3．护坡

护坡分为干砌片石护坡、浆砌片石护坡和水泥混凝土预制块护坡。

干砌片石护坡适用于土质路堤边坡或有少量地下水渗出的局部堑坡或局部土质堑坡嵌补。边坡坡度不陡于 1：1.25。干砌片石护坡一般分为单层铺砌和双层铺砌。铺砌层厚度：单层为 250 ~ 350mm，双层为 400 ~ 600mm。铺砌层下应设置碎石或砂砾垫层，厚度 100 ~ 150mm，也可用反滤效果等效于砂砾垫层的土工布代替。干砌片石护坡坡脚应修筑墁石铺砌式基础，埋置深度一般为 1.5 倍护坡厚度。干砌片石接缝要错开，缝隙要填满塞紧。

浆砌片石护坡适用于坡度缓于 1：1 的易风化岩石和土质路堑边坡。浆砌片石护坡采用的砂浆强度不得低于 M5，护坡厚度宜为 250 ~ 500mm；当用于冲刷防护时，应按流速及波浪大小确定，不应小于 350mm。护坡底面应设厚度 100 ~ 150mm 碎石或砂砾垫层，也可用反滤效果等效于砂砾垫层的土工布代替。浆砌片石护坡坡脚应修筑墁石铺砌式基础，埋置深度一般为 1.5 倍护坡厚度。浆砌片石护坡还应设置伸缩缝，伸缩缝间距宜为 10 ~ 15m；同时，还应间隔 2 ~ 3m 交错设置泄水孔，孔径为 100mm。

水泥混凝土预制块护坡适用于石料缺乏地区的路基边坡防护。预制块的混凝土强度不应低于 C15，在严寒地区不应低于 C20。

护面墙适用于易风化或风化严重的软质岩石或较破碎岩石的挖方边坡，以及坡面易受侵蚀的土质边坡，坡度不宜陡于 1：0.5。

护面墙是浆砌片石的坡面覆盖层，用于封闭各种软质岩层和较破碎的挖方边坡。要求墙面紧贴坡面，表面砌平，可依情况采用不同的厚度。护面墙石料应符合规格。护面墙除自重外，不承受其他荷重，亦不承受墙背土压力。护面墙分为实体式、窗孔式、拱式等类型。

实体护面墙分为等截面和变截面两种形式。等截面厚度为 500mm；变截面顶宽 400mm，底宽视墙高而定。等截面护面墙高度不宜超过 6m，当坡度较缓时，不宜超过 10m。变截面护面墙，单级不宜超过 10m，超过时应设平台，分级砌筑。

窗孔式护面墙防护的边坡不应陡于 1：0.75。窗孔内可采用干砌片石、植草等辅助防护措施，窗孔宜采用半圆拱形，高为 2.5 ~ 3.5m，宽为 2 ~ 3m，圆拱半径为 1.0 ~ 1.5m。

拱式护面墙适用于边坡下部岩层较完整而上部需防护的路段，边坡应缓于 1：0.5。拱跨大于 5m 时，拱圈应采用水泥混凝土结构，拱圈厚度根据拱上护面墙的高度而定；拱跨小于 5m 时，拱圈可采用 M10 水泥砂浆砌块石，拱高视边坡下面完整岩层的高度确定。护面墙的厚度见表 11–1。

表 11–1　护面墙的厚度

护面墙高度 H（m）	路堑边坡	护面墙厚度（m）	
		顶宽 b	底宽 d
≤ 2	1：0.5	0.40	0.40
≤ 6	缓于 1：0.5	0.40	0.40+0.10H
6<H ≤ 10	1：0.5 ～ 1：0.75	0.40	0.40+0.05H
10<H<15	1：0.75 ～ 1：1	0.60	0.60+0.05H

护面墙基础应埋置在稳定的地基上，埋置深度应根据地质条件确定；冰冻地区，应埋置在冰冻深度以下不小于 250mm。护面墙墙前趾应低于边沟铺砌的底面。

上述防护方法，可以局部处治，综合使用，并与放缓边坡等方法加以比较，力求实用和经济。如果在坡面防护时着色或修饰，还有助于改善路容。

四、封面、捶面

1．封面

封面适用于坡面较干燥、未经严重风化的各种易风化岩石边坡，但不适用于由煤系岩层及成岩作用很差的红色黏土组成的边坡。封面材料可采用石灰炉渣灰浆、石灰炉渣三合土或水泥石灰砂浆，为防止表面开裂，增强抗冲蚀能力，可在表面涂软化点稍高于当地气温的沥青保护层。封面的边坡坡度不受限制，但不能担负荷载，也不能承受土压力，故要求边坡必须稳定，坡面应平整干燥。封面的厚度宜为 30 ～ 70mm，面积较大时，应每隔 5 ～ 10m 设置一道伸缩缝，缝宽 10 ～ 20mm，用沥青麻筋或油毛毡填塞紧密。封面要求经常检查维修，发现裂纹或脱落要及时补浆，封面的使用年限为 8 ～ 10 年，高速公路路基边坡不宜采用。

2．捶面

捶面适用于边坡坡度缓于 1：0.5、易受冲刷的土质边坡或易风化剥落的岩石边坡，常用的材料有水泥炉渣混合土、石灰炉渣三合土或四合土。捶面宜采用等厚截面，厚度不宜小于 100mm。捶面应经常检查维修，发现裂缝、开裂或脱落应及时灌浆修补。捶面的使用年限为 10 ～ 15 年，高速公路路基边坡不宜采用。

第二节　沿河路基防护

一、直接措施

为了防止流水直接危害沿河、滨海路堤以及有关海河堤坝护岸的堤岸边坡和坡脚，必须采取一定的防止冲刷的措施。

路堤及堤岸直接防护措施包括植树、石砌护坡、抛石与石笼防护，以及必要时设置的支挡（驳岸等）。其中植树防护与石砌护坡，同坡面防护所述基本一致，但堤岸的防冲刷主要特点是洪水急流，水位变迁不定，水流速度较大，相应的要求更高。盛产石料的地区，当水流速度达到 3.0m/s 或更高时，植树与石砌防护失效时，可采用抛石防护。当水流速度达到或超过 5.0m/s 时，则改用石笼防护，也可就地取材，用竹笼或梢料防护，必要时可以采用土工织物软体沉排护坡。

抛石防护，类似在坡脚处设置护脚，亦称抛石垛，如图 11-1 所示。抛石不受气候条件限制，路基沉实以前均可施工，季节性浸水或长期浸水均可用。抛石垛的边坡坡度，不应陡于抛石浸水后的天然休止角，边坡率 m_1 一般为 1.5 ~ 2.0，m_2 为 1.25 ~ 2.0；石料粒径视水深与流速而定，一般为 30 ~ 50cm。

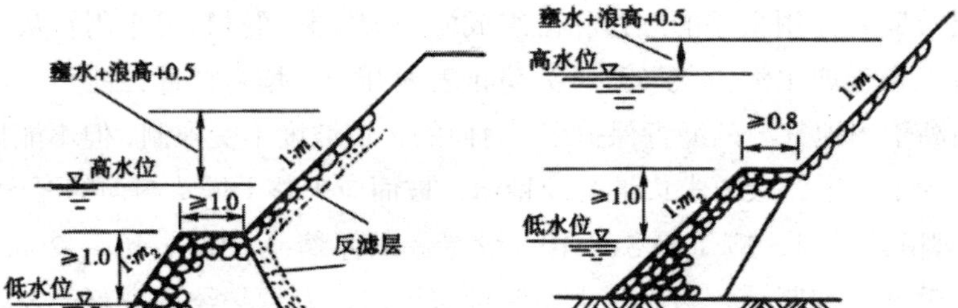

（a）新堤石垛　　（b）旧堤石垛

图 11-1　抛石防护示意图（单位：m）

石笼是用铁丝编织成框架，内填石料，设在坡脚处，以防急流和大风浪破坏堤岸，也可用来加固河床，防止淘刷。铁丝框架可以是箱形或圆形，如图 11-2（a）和图 11-2（b）所示。笼内填石的粒径，应大于石笼的网孔，一般为 5 ~ 20cm，外层应用大且棱角突出石料，内层可用较小石块填充。石笼在坡脚处排列，用于防止冲刷淘底时，应平铺并与坡脚线垂直，而且堤岸一端固定，另一端不必固定，淘刷后可以向下沉落贴于底面；用于防止堤岸边坡冲刷时，则垒码平铺成梯形，如图 11-2（c）和图 11-2（d）所示。单个石笼的大小，以不被相应速度的水流冲动为宜，铺设时须用碎（砾）石垫层铺平，底层各角可用铁棒固定于基底。

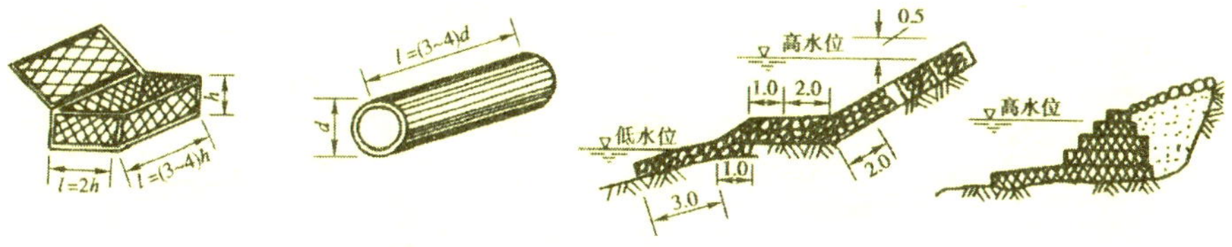

（a）箱形笼　（b）圆柱形笼　（c）防止淘底　（d）防护岸坡

图 11-2　石笼防护示意图（单位：m）

土工织物软体沉排是在土工织物上以块石或预制混凝土块体为压重的护坡结构。土工织物软体沉排一般适用于水下工程及预计可能发生冲刷的河床和岸坡土面上。其主要有单片垫和双片垫两种结构形式。

单片垫是利用土工织物拼接成大面积的排体；双片垫是将两块系片垫重叠后按一定距离和形式将两片垫连接在一起而构成管状或格状空间，其中再填充透水性土石料（如砂卵石等），起到防冲与反滤的作用，双片垫的结构形式如图 11-3 所示。

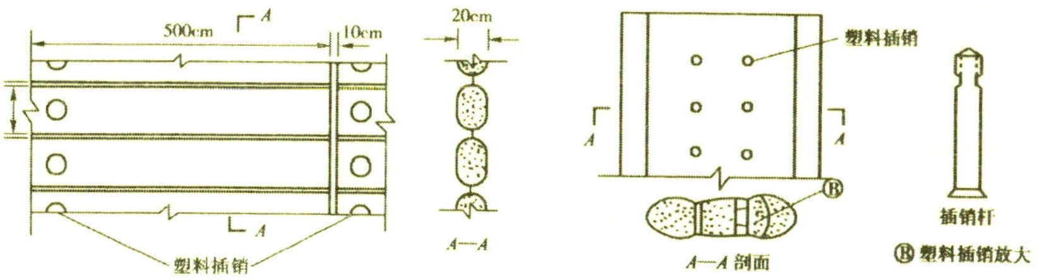

图 11-3　双片垫的结构形式示意图

土工模袋是一种双层织物袋，袋中充填流动性混凝土或水泥砂浆或稀释混凝土，凝固后形成高强度和高刚度的硬结板块。其主要应用场合及铺设形式如图 11-4 所示。土工模袋材料应满足表 11-2 的技术要求，袋内可充填混凝土或砂浆。充填混凝土时，粗集料最大粒径应符合表 11-3 的要求，坍落度不宜小于 200mm，其强度等级不低于 C10；充填砂浆时，其强度等级不低于 M2.5。

表 11-2　土工模袋材料要求

指标内容	顶破强度（N）	渗透系数（10^{-3}cm/S）	等效孔径 O_{95}（mm）	延伸率（%）
指标要求	≥ 1500	0.86 ~ 10	0.07 ~ 0.15	≤ 15

表 11-3　混凝土集料的最大粒径要求

土工模袋厚度（mm）	集料最大粒径（mm）
150 ~ 250	≤ 20
≥ 250	≤ 40

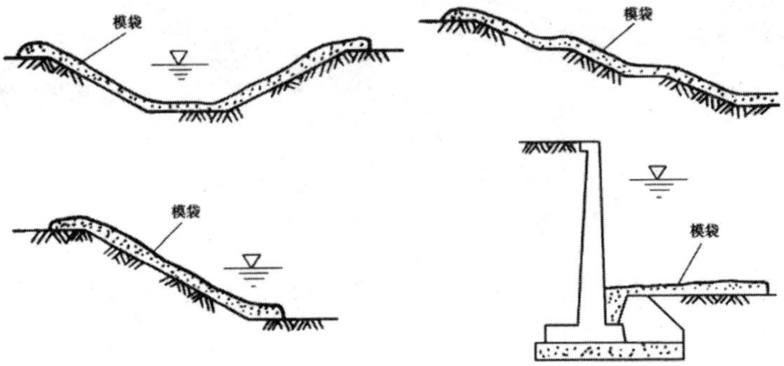

图 11-4　土工模袋的应用及铺设示意图

采用土工模袋护坡的坡度不得陡于 1：1。如在水下施工，水流速度不宜大于 1.5m/s。模袋选型应根据工程要求和当地土质、地形、水文、经济与施工条件等确定。应根据水流量选定模袋滤水点分布数量，当选用无滤水点模袋时，应增设渗水滤管。模袋应用尼龙绳缝制。

二、间接措施

设置导治结构物可改变水流方向，消除和减缓水流对堤岸直接破坏，同时可减轻堤岸近旁淤积，彻底解除水流对局部堤岸的损害作用，起安全保护作用。导治结构物是桥涵和路基的重要附属工程，由于涉及水流改向，影响范围较大，工程费用亦较高，务必慎重。用于防护堤岸的改河工程，一般限于小型工程，如裁弯取直，挖滩改道，清除孤石等，可在小河的局部段落上进行。

导治结构物主要是设坝，按其与河道的相对位置，一般可分为丁坝、顺坝或格坝。

图 11-5 是桥梁附近设置导治结构物的总体布置示例之一。导治结构物的布置，应综合考虑河道宽窄、水流方向、地质条件、防护要求、材料来源、施工条件和工程经济等，要综合考虑，全面治理，要避免更多压缩河床，或因水位提高和水流改向，而危害河对岸或附近地段的农田水利、地面建筑及堤岸等。

顺坝大致与堤岸平行，主要作用为导流、束水、调整流水曲度、改善流态。丁坝大致与堤岸垂直或斜交，将水流挑离堤岸，束河归槽，改善流态顺坝亦称导流坝，丁坝亦称挑水坝。格坝在平面上成网格状，设于顺坝与堤岸之间，防止高水位时水流溢入冲刷坝内岸坡和坡脚，并促进格间的淤积。

导治结构物的布置是工程成败的关键。布置恰当能收到预期效果；布置不当反而恶化水流，造成水毁。关键在于合理设计导治线，符合预定的河轴线和河岸线要求，亦取决于选择导治水位，不至于出现不利的冲刷情况。导治线与导治水位，应依据对于水流和河岸、河床地形、地质情况、水流对上下游对岸的影响等因素，综合分析和设计计算而定。

顺坝与丁坝均用石块修建成梯形横断面，坝体分为坝头、坝身和坝根三个组成部分，横断面尺寸依构造要求、施工条件和使用需要而定，并应进行稳定性计算。

公路工程中的改河，主要目的是：将直接冲刷路基的水流引向旁处；路基占用河槽后，需要拓宽河道；挖滩改河，清除孤石，改移河道，以保护路基；裁弯取直，有利布置路线或桥涵。这些措施，如经过论证可行，确有必要且效益高时，方可通过设计计算，最后实施。

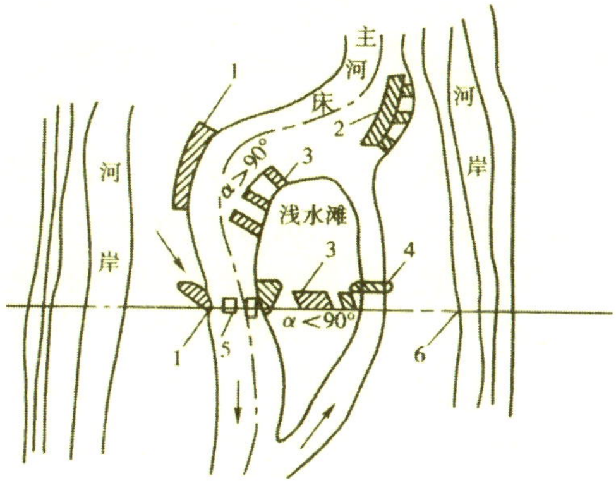

图 11–5　导流结构物综合布置示意图

第三节　地基加固

一、排水固结法

饱和软土在荷载作用下，排水固结后，抗剪强度可得到提高，则达到加固的目的。排水固结法是软土地基处理中成熟和经济的措施，在软土地基处理中经常使用。包括砂垫层预压、塑料排水板或袋装砂井预压、真空联合堆载预压等，常与轻质路堤、加筋路堤、反压护道等配合使用。

排水固结是运用堆载预压，挤出土中的过多含水，达到挤紧土粒和提高强度的目的。为了缩短预压时间，根据软土厚度与性质、路堤高度、路基稳定与工后沉降控制标准、施工工期等，综合分析选定软土地基采用砂垫层预压或袋装砂井（塑料排水板预压）或真空联合堆载预压的处理方案，效果甚好。美国加利福尼亚州公路局曾采用砂井处理沼泽地段的路基，获得满意结果。利用路基填土自重压密地基，不需另备预压材料，所以砂井堆载预压法，在路基工程中是一种经济有效的方法。

根据软土性质、筑路材料及施工工艺等选定袋装砂井或塑料排水板或其他材料作为竖向排水体。竖向排水体宜按等边三角形布置，其长度由路基对地基的稳定性和变形的要求确定，对于较薄的软土层，宜贯穿软土层。预压期不宜小于 6 个月。预压期应根据要求的工后沉降量或要求的地基固结度确定。根据预压期和营运期作用在地基上荷载的大小，预压分为欠载预压、等载预压和超载预压。预压高度应根据软土性质、路堤设计高度、填料情况及施工工期等确定，并应考虑路面结构层材料重度与填料重度不同的因素^超载预压高度应能满足施工期路堤稳定性的要求。

真空预压法是在软土地基表面铺设的砂垫层中放置塑料或金属抽气管，通过与抽气管连接的真空泵不断抽气，在砂垫层和地基中形成负压，该负压和路堤荷载共同作用使地基加速固结。为保证真空预压的效果，一般要求被加固软土层的渗透系数在 10^{-5} ~ 10^{-6}m/s，但遇到加固区透气或透水时（存在水平砂层），渗透系数满足不了要求的条件，为此可以采取黏土搅拌桩隔离墙将加固区封闭起来，也可增加射流泵的数量或加大功率。如 1994 ~ 1995 年汕头港深水港区集装箱堆场采用真空联合堆载预压法对 57248m^2 软土地基进行处理，由于表层有 4 ~ 12.5m 的细砂、中粗砂层，采用 1.2m 的黏土密封墙封闭，试抽气两周后真空负压即达到 80kPa 以上。该工程打设的塑料排水板最大深度达到 25m。又如福宁高速公路漳湾互通立交匝道地基软土层局部有水平砂层、底板亚黏土混有卵石，经现场注水试验卵石质亚黏土的渗透系数为 2.5×10^{-4}cm/s，但通过增加射流泵的数量使真空度一直保持在 70kPa，地基加固效果良好。虽然无论真空度大小对地基加固都有作用，但是真空度过低时真空预压的经济性变差，工程中一般要求密封膜下的真空度在 70 ~ 90kPa。

真空联合堆载预压荷载下地基的沉降计算方法与堆载预压荷载下地基的沉降计算方法相同，只是预压荷载采用真空度加路堤填土荷载代替。

二、粒料桩

用粒料桩加固软土地基有置换、排水固结和应力集中等作用。常用振冲置换法和沉管法两种方法进行施工。

振冲粒料桩适用于十字板抗剪强度大于 15kPa 的地基土；沉管粒料桩适用于十

字板抗剪强度大于10kPa的地基土。粒料桩的直径及设置深度、间距应经稳定、沉降验算确定，相邻桩净距不应大于4倍桩径。粒料桩长度以内的地基属于复合地基，复合地基理论的最基本假定为桩与土的协调变形，设计中一般不考虑桩的负摩阻力及群桩效应问题。粒料桩的承载能力不仅与桩身材料的性质和桩身密实度有关，而且还与桩周土体的侧限能力有关，当被加固的软土强度很低时，粒料桩很难成桩。一般认为，振冲置换法适用于不排水抗剪强度15kPa以上的地基；由于沉管法施工时对土体扰动很大，又无法护壁，在强度低的软土地基中很难使用，要求该方法只适应于不排水抗剪强度为30～60kPa的不会塌孔的低灵敏度黏性土。

粒料桩施工过程会对土体产生扰动，一般认为采用振冲置换法施工时土体强度可能降低10%～40%，20～30d强度可以恢复；采用沉管法施工时淤泥质土的强度在30d以上才能恢复，在地基强度检验时要注意这种因素的影响。

三、加固土桩

加固土桩是将石灰、水泥或其他某些对土固化的材料，通过专用的机械在地基深部将软土和固化剂强制拌和形成的具有较高强度的竖向加固体，从工艺上分为干法（粉体）搅拌桩和湿法（浆液）搅拌桩。

被加固软土的天然含水量在30%～70%，pH值≥4时，适宜采用干法（粉体）喷搅法加固。从高速公路软基处理的情况看，采用水泥搅拌桩加固的软基都是强度很低的，按上限控制并无实际意义，应根据最低强度控制。从目前的情况看，基本是根据含水量控制的；如果采用湿法（浆液）搅拌桩，30%～60%的含水量可以很容易成桩；如果采用干法（粉体）搅拌桩，天然含水量在70%～80%时也可以成桩。如在连徐、福宁、淮阴至江都等高速公路对含水量70%～80%（个别高达85%）的淤泥采用75～80kg/m的喷粉量并全程复搅成桩，质量很好。含水量在70%～80%的淤泥十字板抗剪强度约6～13kPa，所以规定加固土桩用于十字板抗剪强度不小于10kPa的软土比较适宜。

加固土桩的直径及设置深度、间距应经稳定验算确定并应满足工后沉降的要求。相邻桩的净距不应大于4倍桩径。

四、强夯法

强夯法处理地基由法国梅那技术公司于1969年首创，开始时仅用于加固砂土和碎石土地基，后来发展到加固细粒土地基，我国于1978年引进该技术。大量工程实例证明，强夯法用于碎石土、砂土、低饱和度的粉土与黏性土、湿陷性黄土、杂填土和素填土等地基一般均能取得较好的处理效果。软土在重锤夯击作用下将土的结构破坏，在夯点周围出现径向裂隙，形成软土中孔隙水的渗透通道，为超静水压力的消散创造了条件，相当大的夯击功能瞬间转化为土体的压缩变形，随着夯击能的积累，土体的强度获得提高。如果土层中夹有粉细砂薄层，增加水平向渗透能力，加固效果会更加显著。近年来，对高饱和度的粉土与黏性土等地基，采用在夯坑内回填块石、碎石或其他粗颗粒材料进行强夯置换，取得了较好的工程效果。

结合国内工程实践经验，规范规定当饱和软黏土地基中夹有多层粉砂或采用在夯坑中回填块石、碎砾石、卵石等粒料进行强夯置换时可以采用强夯法处理，但在强夯施工前，必须在施工现场选择有代表性的路段进行试夯，以指导大面积施工。

实践证明，强夯法具有施工简单、加固效果好、使用经济、运用面较广等优点。国外资料说明，经强夯法处理的地基，其承载力可提高2 ~ 5倍，压缩性降低2 ~ 10倍，广泛用于杂填土（各种垃圾）、碎石土、砂土、黏性土、湿陷性黄土及泥炭和沼泽土，不但可在陆地上使用，亦可在水下夯实。缺点是需要相应的机具设备，操作时噪声和振动较大，不宜在人口密集或附近防震要求高的地点使用。我国津、沪等地，不仅在工程上成功运用了强夯法，而且在加固饱和软黏土地基方面，也取得了新的成果与经验。

第十二章　路面结构层

第一节　半刚性结构层

一、半刚性结构层的分类与特性

在集料或粉碎的（或原来松散的）土中掺入一定量的无机结合料（包括水泥、石灰或粉煤灰等）和水，经拌和得到的混合料经压实与养生后，其抗压强度符合规定的要求时，称为无机结合料稳定类材料，以此修筑的路面结构层称为无机结合料稳定类材料结构层。

无机结合料稳定类材料结构层的刚度介于柔性路面材料和刚性路面材料之间。因此，采用无机结合料稳定集料或土类材料铺筑的基层称为半刚性基层，以此修筑的底基层亦称为半刚性底基层。

1．半刚性结构层的分类

半刚性基层、底基层的种类很多，其物理、力学性质各有特点，其分类方法也不尽相同。

（1）根据所稳定的材料类型分类

根据无机结合料所稳定的材料类型分为两大类：

1）无机结合料稳定集料

无机结合料稳定集料中的集料包括级配碎石、未筛分碎石、级配砂砾、天然砂砾等。

2）无机结合料稳定土

无机结合料稳定土中所用的土，按照土中单个颗粒（指碎石、砾石和砂颗粒）的粒径大小和组成，将其分为下列三种（见表 12–1）：

表 12–1　无机结合料稳定土分类

类别	主要内容
粗粒土	颗粒的最大粒径小于 37.5mm，且其中小于 31.5mm 的颗粒含量不少于 90%

续表

类别	主要内容
细粒土	颗粒的最大粒径小于 9.5mm，且其中小于 2.36mm 的颗粒含量不少于 90%
中粒土	颗粒的最大粒径小于 26.5mm，且其中小于 19mm 的颗粒含量不少于 90%

（2）根据无机胶结材料的种类分类

按无机胶结材料的种类可分为水泥稳定类材料、石灰稳定类材料和石灰工业废渣稳定类材料三大类：

1）水泥稳定类材料

在集料或粉碎的（或原来松散的）土中，掺入足量的水泥和水，经拌和、摊铺、压实及养生后得到的混合料，当其抗压强度符合规定的要求时，称为水泥稳定类材料。

用水泥稳定级配碎石、未筛分碎石所得到的混合料称为水泥稳定碎石（简称水泥碎石）；用水泥稳定级配砂砾、天然砂砾所得到的混合料称为水泥稳定砂砾（简称水泥砂砾）；用水泥稳定粗粒土所得到的混合料称为水泥碎石土，用水泥稳定中粒土所得到的混合料称为水泥砾石土，用水泥稳定细粒土所得到的混合料称为水泥土。

2）石灰稳定类材料

在集料或粉碎的（或原来松散的）土中，掺入适量的石灰和水，经拌和、摊铺、压实及养生后得到的混合料，当其抗压强度符合规定要求时，称为石灰稳定类材料。

石灰稳定类材料包括石灰稳定碎石土（简称石灰碎石土）、石灰稳定砾石土（简称石灰砾石土）、石灰稳定细粒土（石灰土）、石灰土稳定碎石（石灰土碎石）等。

3）石灰工业废渣稳定类材料

目前常用的工业废渣主要是粉煤灰。一定数量的石灰和粉煤灰与其他集料（或土）相结合，加入适量的水（通常为最佳含水量），经拌和、摊铺、压实及养生后得到的混合料，当其抗压强度符合规定要求时，称为石灰粉煤灰稳定类材料，简称二灰稳定类材料。

用二灰稳定级配碎石、未筛分碎石所得到的混合料称为二灰稳定碎石（简称二灰碎石）；用二灰稳定级配砂砾、天然砂砾所得到的混合料称为二灰稳定砂砾（简称二灰砂砾）；用二灰稳定粗粒土所得到的混合料称为二灰碎石土，用二灰稳定中粒土所得到的混合料称为二灰砾石土，用二灰稳定细粒土所得到的混合料称为二灰土。

2. 半刚性结构层的特性

半刚性基层、底基层按其混合料结构状态分为骨架密实型、骨架空隙型、悬浮密实型和均匀密实型四种结构类型。半刚性结构层具有稳定性好、结构本身自成板体、抗冻性能较好等特点，但其容易产生干缩和温缩裂缝。

半刚性材料种类较多，其物理、力学性质各有特点，使用时应根据结构要求、掺加结合料剂量和原材料的供应情况及施工条件进行综合技术、经济比较后选定。

半刚性材料经拌和压实后，由于水分挥发和混合料内部的水化作用，混合料的水分会不断减少。由此发生的毛细管作用、吸附作用、分子间力的作用、材料矿物晶体或凝胶体间层间水的作用和碳化收缩作用等会引起无机结合料稳定类材料的体积收缩。

半刚性材料是由固相（组成其空间骨架的原材料的颗粒和其间的胶结物）、液相（存在于固相表面与空隙中的水和水溶液）和气相（存在于空隙中的气体）组成，所以，其外观胀缩性是三相的不同的温度收缩性的综合效应的结果。一般气相大部分与大气贯通，在综合效应中影响较小，可以忽略。原材料中砂粒以上颗粒的温度收缩系数较小，粉粒以下的颗粒温度收缩性较大。半刚性材料温度收缩的大小与结合料类型和剂量、被稳定材料的类别、粒料含量、龄期等有关。

半刚性基层、底基层一般在高温季节修建，成形初期基层内部含水量大，且尚未被面层封闭，基层内部的水分必然要蒸发，从而发生由表及里的干燥收缩。同时，环境温度也存在昼夜温度差，因此，修建初期的半刚性基层同时受到干燥收缩和温度收缩的综合作用，必须注意养生保护。经过一定龄期的养生，半刚性基层上铺筑面层后，基层内相对湿度略有增大，使材料的含水量趋于平衡，这时半刚性基层的变形以温度收缩为主。

半刚性基层、底基层应具有足够的强度和稳定性、较小的收缩（温缩及干缩）变形和较强的抗冲刷能力，在中冰冻、重冰冻区应检验其抗冻性。

半刚性基层产生的收缩裂缝会反射到沥青面层上，导致沥青面层开裂，应当采取措施予以防治。

二、水泥稳定类结构层

1．水泥稳定类结构层的强度形成原理

在水泥稳定类材料中，水泥、土（或集料）和水之间发生了多种非常复杂的作用，从而使土（或集料）的性能发生了明显的变化。水泥稳定类材料的强度主要靠硬凝反应、离子交换作用、碳酸化作用、化学激发作用四个方面的作用形成。

（1）硬凝反应

在水泥稳定类材料中，首先发生的是水泥自身的水化反应，从而产生出具有胶结能力的水化产物，这是水泥稳定类结构层强度的主要来源，也是水泥稳定类材料初期强度较高的主要原因。

水泥水化生成的水化产物（水化硅酸钙、水化铝酸钙等），在土（或集料）的孔隙中相互交织搭接，将土（或集料）颗粒包裹连接起来，使土（或集料）逐渐丧失了原有的塑性等性质，并且随着水化产物的增加，混合料也逐渐坚固起来。由于细土颗粒具有非常高的比表面积、亲水性和水泥稳定土中的水泥含量较少，在水泥稳定土中，水泥的水化、硬化较水泥混凝土中差得多，特别是黏土矿物对水化产物中的 $Ca(OH)_2$ 具有极强的吸附和吸收作用，使溶液中的碱度降低，不但影响水泥水化产物的稳定性，而且影响混合料的性能。必要时还应对水泥稳定土进行“补钙”，以提高混合料中的碱度。

（2）离子交换作用

土的微小颗粒具有一定的胶体性质，一般都带有负电荷，表面吸附着一定数量的水和钠、氢、钾等低价阳离子（Na+、H+、K+），形成较厚的结合水膜。水泥水化后所生成的氢氧化钙所占的比例较高，可达水化产物的25%。大量的氢氧化钙溶于水以后，在土中形成了一个富含 Ca^{2+} 的碱性溶性环境。Ca^{2+} 取代 K+、Na+ 等，使结合水膜变薄，黏土颗粒之间的距离减小，相互靠拢，导致土的凝聚，从而改变土的塑性，使土具有一定的强度和稳定性。

（3）碳酸化作用

水泥水化生成的 $Ca(OH)_2$，除了与黏土矿物发生化学反应外，还可以进一步与空气中的 $C0_2$ 发生碳化反应生成碳酸钙晶体。其化学反应式可表示为 $Ca(0H)_2+C0_2 \rightarrow CaC0_3+H_20$。碳酸钙晶体将土颗粒（或集料）胶结在一起，使土（或集料）具有一定的强度和稳定性。由于空气中的 $C0_2$ 含量有限，且 $C0_2$ 进入稳定类材料中比较困难，因此，碳酸化作用是一个缓慢的过程。

（4）化学激发作用

化学激发作用也称火山灰作用。水泥水化产物氢氧化钙与土中的活性氧化硅 SiO_2 和氧化铝 $A1_20_3$ 作用生成含水的硅酸钙和含水的铝酸钙，它们在水分作用下能够逐渐硬结，其反应式为：

$$Ca(OH)_2+Si0_2+nH_20 \rightarrow CaO \cdot Si0_2 \cdot (n+1)H_20$$

$$Ca(OH)_2+A1_20_3+nH_20 \rightarrow CaO \cdot A1_20_3 \cdot (n+1)H_20$$

由于土或集料中活性氧化硅、氧化铝的含量非常小，化学激发作用是一个缓慢的过程。

2. 影响水泥稳定类结构层强度的因素

（1）土质

各类砂砾土、砂土、粉质土和黏质土均可用水泥稳定，但稳定效果不同。试验和生产实践表明，用水泥稳定级配良好的碎（砾）石和砂砾效果最好，不但强度高，而且水泥用量少；其次是细粒土质砂；再次是粉质土和黏质土。重黏土难以粉碎和拌和，不宜单独用水泥来稳定。因此，一般要求土的塑性指数不大于 17，实际工程中应选用塑性指数小于 12 的土。有机质含量超过 20% 和硫酸盐含量超过 0.25% 的土不宜选用。

（2）水泥的品种和剂量

各种类型的水泥都可以用于稳定土。对于同一种土，通常情况下硅酸盐水泥的稳定效果好，而铝酸盐水泥较差。水泥的终凝时间过短将影响水泥稳定类材料的施工工艺过程。

水泥剂量是指水泥质量占全部粗细颗粒（即碎石、砾石、砂砾、粉粒、黏粒）干质量的百分率。

水泥稳定类材料的强度随水泥剂量的增加而增长，过多的水泥用量，虽能增加强度，在经济上却不一定合理，效果上也不一定显著，且容易产生收缩裂缝。试验和研究表明，水泥剂量为 4% ~ 8% 较为合理。合理的水泥剂量应根据结构层技术要求进行混合料组成设计确定。

（3）含水量

当含水量不足时，水泥不能在混合料中完全水化和水解，发挥不了水泥对土或集料的稳定作用，影响强度形成。含水量达不到最佳含水量时还会影响水泥稳定类材料的压实度。

水泥正常水化所需的水量约为水泥质量的 20%，对于细粒土质砂，完全水化达到最高强度的含水量较最佳密度的含水量为小；对于黏质土则相反。

（4）施工工艺过程

水泥、土（集料）与水拌和均匀，且在最佳含水量下充分压实，使之干密度最大，其强度和稳定性就高。水泥稳定类材料从开始加水拌和到完成压实的延迟时间要尽可能缩短，一般要在 6h 以内，若时间过长，则水泥凝结，在碾压时，不但达不到压实度要求，而且还会破坏已结硬水泥的胶凝作用，反而使水泥稳定类材料强度下降。

水泥稳定类材料施工之前宜进行延迟时间试验，以确定延迟时间对混合料干密度和强度的影响。在水泥终凝时间达不到规定要求时，可以使用一定剂量的缓凝剂，缓凝剂的品种和具体数量应根据试验确定。

水泥稳定类材料需湿法养生，以满足水泥水化形成强度的需要。养生温度愈高，强度增长得愈快，在负温条件下甚至不增长。因此，应保证水泥稳定类材料养生的温度和湿度条件。要求施工的最低温度应在 5℃以上，并在第一次重冰冻（–5℃ ~ –3℃）到来之前 1 个月至 1 个半月完成。

3．水泥稳定类结构层的用途

水泥稳定类结构层的强度、水稳性和抗冲刷能力都较石灰稳定类结构层好，但暴露的水泥稳定类结构层因干缩和温缩也易产生裂缝。水泥土与水泥砂砾、水泥碎石相比有下述三个不利的特征：

（1）水泥土容易产生严重的收缩裂缝，并影响沥青面层；

（2）水泥土的强度没有充分形成时其表层遇水会发生软化；

（3）水泥土的抗冲刷能力小，表面水由面层裂缝渗入后易产生唧泥现象。

水泥稳定集料类材料适用于各级公路的基层和底基层。水泥土用于三级、四级公路的基层或二级及二级以上公路的底基层。

三、石灰稳定类结构层

1．石灰稳定类结构层的强度形成原理

石灰与土（或集料）之间的物理与化学作用大致可分为离子交换作用、结晶作用、碳酸化作用和火山灰作用四个方面。

关于结晶作用，在石灰稳定类材料中只有一部分熟石灰 $Ca(OH)_2$ 进行离子交换作用，绝大部分饱和的 $Ca(OH)_2$ 自行结晶。熟石灰与水作用生成熟石灰结晶网格，其化学反应式为：

$$Ca(OH)_2+nH_2O\xrightarrow{\text{晶华}}Ca(OH)_2\cdot nH_2O$$

由于结晶作用，把土粒（或集料）胶结成整体，使石灰稳定类材料的整体强度得到提高。

石灰稳定类材料的初期强度主要由离子交换作用和结晶作用形成，后期强度主要碳酸化作用和火山灰作用形成。由于石灰与土发生了一系列的相互作用，从而使土的性质发生根本的改变。在初期，主要表现为土的结团、塑性降低、最佳含水量和最大密实度减少等，后期表现为结晶结构的形成，从而提高其板体性、强度和稳定性。

2．影响石灰稳定类结构层强度的因素

（1）土质

各种成因的土都可以用石灰来稳定，但生产实践表明，塑性指数高的土，其稳定效果显著，强度也高。当采用塑性指数过高的土时施工不易粉碎，而且增加干缩裂缝；采用塑性指数偏小的土时容易拌和，但难以碾压成型，稳定效果不显著。选用土质，既要考虑其强度，还要考虑到施工时易于粉碎便于碾压成型。一般选用塑性指数为 15 ~ 20 的土。塑性指数偏大的黏质土，要加强粉碎，粉碎后，土中 15 ~

25mm 的土块不宜超过 5%。经验证明，塑性指数小于 12 的土不宜用石灰稳定。对于硫酸盐类含量超过 0.8% 或腐殖质含量超过 10% 的土，对强度有显著影响，不宜直接采用。

（2）石灰质量

石灰的等级愈高（即 CaO+MgO 的含量愈高）时，稳定效果愈好；石灰的细度愈大，其比表面积愈大，在相同剂量下与土粒的作用愈充分，因而效果愈好。

石灰应是消石灰粉或生石灰粉，对于高速公路或一级公路宜用磨细生石灰粉。石灰质量应符合 III 级以上的技术指标，并要尽量缩短石灰的存放时间，最好在生产后不迟于三个月内投入使用。

（3）石灰剂量

石灰剂量是指石灰质量占全部粗细土颗粒（即砾石、碎石、砂砾、粉粒和粘粒）干质量的百分率。石灰剂量对石灰稳定类材料强度的影响显著，石灰剂量较低（小于 3% ~ 4%）时，石灰主要起稳定作用，土的塑性、膨胀、吸水量减小，使土的密实度、强度得到改善。随着剂量的增加，强度和稳定性均提高，但剂量超过一定范围时，强度反而降低。生产实践中常用的最佳剂量范围，对于黏质土及粉质土为 8% ~ 14%；对细粒土质砂则为 9% ~ 16%。剂量的确定应根据结构层技术要求进行混合料组成设计。

（4）含水量

水是石灰稳定类材料的重要组成部分，也是促使石灰稳定类材料发生物理化学变化，形成强度，便于土的粉碎、拌和与压实的必要条件。不同土质的石灰稳定土有不同的最佳含水量，需通过标准击实试验确定，并应当控制施工中的实际加水量。所用水应是干净可供饮用的水。

（5）压实度

石灰稳定类材料的强度随压实度的增加而增长。实践证明，石灰稳定土的压实度每增减 1%，强度约增减 4% 左右。而且密实的石灰稳定土，其抗冻性、水稳定性也好，缩裂现象也少。

（6）龄期

石灰稳定类材料的强度具有随龄期增长的特点。石灰稳定土初期强度低，随着时间的逐渐增长而趋于稳定。一般情况下石灰稳定土的强度在 90d 以前增长比较显著，以后就比较缓慢。石灰稳定土的这种特性对施工程序的衔接有相当的灵活性。但为了防止冰冻破坏作用，要求有一个冻前龄期。

（7）养生条件

养生条件主要指温度与湿度。养生条件不同，其强度也有差异。当温度高时，物理化学反应、硬化、强度增长快；反之强度增长慢，在负温条件下甚至不增长。因此，要求施工的最低温度应在5℃以上，并在第一次重冰冻（–5 ~ –3℃）到来之前1个月至1个半月完成。

多年的施工经验证明，夏季施工的石灰稳定土强度高，质量可以保证，一般在使用中很少损坏。养生的湿度条件对石灰稳定土的强度也有很大影响。在一定潮湿条件下养生，强度的形成比在一般空气中养生要好。

3. 石灰稳定结构层的用途

由于石灰稳定类材料的收缩裂缝多、抗冲刷能力较差，石灰稳定类材料宜用于各级公路的底基层以及三级、四级公路的基层。

四、二灰稳定类结构层

1. 二灰稳定类结构层的强度形成原理

二灰稳定类材料的强度主要權离子交换作用、结晶作用、化学激发作用、碳酸化作用四个方面形成。

石灰与粉煤灰加水拌和后，石灰中的氧化钙与粉煤灰中的活性物质二氧化硅和三氧化二铝等相互作用生成含水的硅、铝酸钙和氢氧化钙等，这些新生的胶凝物质晶体具有较强的胶结能力和稳定性。由于二灰稳定类材料中活性物质二氧化硅和三氧化二铝含量较大，二灰稳定类材料中的化学激发作用比水泥稳定类材料和石灰稳定类材料的化学激发作用大得多。

二灰稳定类材料的初期强度主要是由氢氧化钙的结晶作用和离子交换作用形成，后期强度主要是含水的硅、铝酸钙的作用和碳酸化作用形成。因此，其初期强度较低、后期强度较高。

2. 影响石灰粉煤灰稳定类材料强度的因素

影响石灰粉煤灰稳定类材料强度的主要因素有石灰质量与用量、粉煤灰质量与用量、土质（集料质量）、含水量、工艺过程和养生条件等。

（1）土质

土的塑性指数大，二灰土的收缩性大，反之则收缩性小。对土的要求是：易于粉碎、便于碾压成型，塑性指数为12 ~ 20，有机质含量不应超过10%，硫酸盐含量不应超过0.8%。

在二灰或二灰土中加入粒料可提高其早期强度，减少其收缩裂缝。试验表明，密实式二灰砂砾、二灰碎石比悬浮式的强度高、收缩变形小，因此，石灰粉煤灰稳定集料所用的碎、砾石应具有一定的级配。

（2）粉煤灰

粉煤灰中的活性物质是在石灰的碱性激发及相互作用下生成含水的硅、铝酸钙，石灰的质量和用量对混合料的强度均有较大的影响。石灰质量应符合Ⅲ级以上的生石灰或消石灰的技术指标。实际使用时，要尽量缩短石灰的存放时间。石灰的用量应通过试验确定。

粉煤灰的主要成分是 SiO_2、Al_2O_3、Fe_2O_3、CaO，前三种成分的总含量应大于70%。根据 CaO 含量的多少，粉煤灰可分成硅铝粉煤灰（CaO 含量一般在 2% ~ 6%）和高钙粉煤灰（CaO 含量为 10% ~ 40%）。粉煤灰的烧失量不宜大于 20%，烧失量过大，将明显降低混合料的强度，有的甚至难以成型。粉煤灰的粒径变化范围在 0.001 ~ 0.3mm 之间，但大部分在 0.01 ~ 0.1mm 之间，其比表面积宜大于 $2500cm^2/g$ 或 0.075mm 筛孔通过率应大于 60%。湿粉煤灰含水量不宜超过 35%，粉煤灰的用量应通过试验确定。

其他影响因素与石灰稳定类和水泥稳定类基本相同。

二灰稳定类材料的用量可表示为石灰：粉煤灰：土（或集料），如 5：15：80。

3. 石灰粉煤灰稳定类材料的用途

石灰粉煤灰稳定集料类材料适用于各级公路的基层和底基层。二灰土用于三级、四级公路的基层或二级及二级以上公路的底基层。

第二节　碎石、砾石类结构层

一、碎石、砾石类结构层的特性

碎石、砾石类结构层是用粗、细碎石或砾石、黏土（或不含黏土）按照级配原则或嵌挤原则铺筑而成的结构层。级配型的碎石或砾石结构层包括级配碎石、级配砾石、级配碎砾石（碎石和砂砾的混合料，也常将砾石中的超尺寸颗粒砸碎后与砂砾一起组成碎砾石）以及符合级配、塑性指数等技术要求的天然砂砾（或称级配砂砾）等。嵌锁型的碎石结构层包括填隙碎石、泥结碎石、泥灰结碎石等。

级配原则是采用颗粒大小不同的集料按一定比例配合（有时掺入一定数量的黏土作结合料），拌制成混合料，经过摊铺、碾压而形成的路面结构层。这种混合料符合最佳级配原理，具有较大的密实度。按级配原则修筑的路面结构，其强度来源于内摩阻力和黏结力，但由于矿料没有较强的嵌挤锁结作用，以及受结合料的影响，一般来讲内摩阻力较小。

嵌挤原则是采用分层撒铺矿料（同一层矿料的粒径大小基本相同）并经严格碾压而成的路面结构层（或采用尺寸大致均一的开级配矿料进行拌和）。用这种方法修筑的路面，其强度构成主要依靠矿料之间相互嵌挤锁结作用而产生较大的内摩阻力。黏结力虽然也是需要的，但仅起着辅助作用。因此，采用这种方法修筑的路面，必须使用强度比较高的石料（Ⅰ—Ⅱ级），每层矿料颗粒的尺寸应大小均匀，形状近似立方体并有棱角，且表面粗糙。各种矿料的尺寸自下而上逐渐减小，上下层矿料的粒径比一般按 1/2 递减。粗料做主层料，细料作为各级嵌缝料。为了增加其联结强度，可在矿料中掺入不同的结合料以使其产生一定的黏结力。

碎石、砾石类路面结构强度形成的特点是：矿料颗粒之间的联结强度一般都要比矿料颗粒本身的强度小得多；在外力作用下，矿料首先在颗粒之间产生滑动和位移，使其失去承载能力而遭致破坏。因此，对于这种松散材料组成的路面结构强度，矿料颗粒本身强度固然重要，但是起决定作用的则是颗粒之间的联结强度。在强度特性上具有上述特点的材料，均属于松散介质的范畴。对于松散介质范畴的材料，其抗剪强度可用库仑公式表示。因此，由材料的黏结力和内摩阻角所表征的、主要由内摩擦力所决定的颗粒之间的联结强度，即构成了该类路面材料的结构强度。

碎石、砾石类结构层既可做面层，也可做基层或底基层。由于碎石、砾石类结构层的平整度较差，晴天易扬尘，雨天易泥泞，它只适用于四级公路的面层。

碎石、砾石类结构层作面层时通常称之为砂石类路面；作基层、底基层时亦属于柔性基层、底基层。

二、级配碎石与级配砾石结构层

由各种大小不同粒级集料组成的混合料，当其颗粒级配组成符合规定的密实级配要求时，称其为级配型集料。级配型集料中，没有水泥、石灰等水硬性结合料，也没有沥青，所以常称其为无结合料粒料或无结合料材料。级配型集料中常含有一定数量的细颗粒（指小于 0.6mm 的颗粒，国外有不少国家常用 0.425mm），细颗粒中还有一定数量的小于 0.075mm 的颗粒，并具有或大或小的塑性指数。

几种粒径不同的碎石和石屑各占一定比例的混合料，当其颗粒组成符合规定的密实级配要求时，称为级配碎石。级配碎石结构分为骨架密实型和连续级配型两种。

粗、细砾石集料和砂各占一定比例的混合料，当其颗粒组成符合规定的密实级配要求时，称为级配砾石。

决定级配型集料结构层力学性质的主要参数是弹性模量（或回弹模量）、抗剪强度和抗永久变形能力。级配集料结构层的理想性质是，它应有高的劲度（相当于弹性模量），以提供良好的荷载分布性质；应该有高的抗剪强度，以减轻车辆作用下的辙槽；应该有高的透水性，使进入的自由水能快速排出；其中的细土应该没有塑性，以保证良好的水稳性，并对冰冻不太敏感。

级配集料结构层力学性质主要与集料的摩擦作用、嵌锁作用和黏结作用有关。摩擦作用本身则与所产生的应力以及颗粒接触面上能达到的摩擦力有关。应力与集料结构层的密实度和所处的位置有关，而集料结构层的密实度则与颗粒的级配和形状有关。颗粒接触面上能达到的摩擦力与颗粒的强度和颗粒的表面纹理有关。

影响级配集料结构层力学性质的其他重要因素有集料的含水量，加工和摊铺集料的均匀性和碾压密实度以及下承层的承载能力。

在实际工作中，对于级配集料，主要是控制颗粒的级配组成，特别是其中的最大粒径、4.75mm 以下、0.6mm 以下和 0.075mm 以下的颗粒含量，以及塑性指数。同时，在施工中要严格控制级配集料的均匀性（它包括级配组成和含水量）和压实度（或密实度）。

细土含量和塑性指数都较高的级配型集料虽然可以用作面层，直接承受行车的作用，但考虑到过一定时间后，砂石类路面会被改善成沥青路面，为了避免在铺筑沥青面层时，将原砂石路面挖翻处治（在我国以往常掺入石灰），对于砂石路面也宜采用规定的级配集料作承重层，另外采用细土含量和塑性指数都较高的细级配集料作磨耗层。

就力学性质和稳定性而言，级配碎石是级配集料中最好的材料，也是无结合料材料中最好的材料；级配砾石则是级配集料中最次的材料；级配碎砾石则处于两者之间。

级配碎石可用于各级公路的基层和底基层；级配碎砾石、级配砾石可用作轻交通的二级和二级以下公路的基层和各级公路的底基层。采用重型击实标准设计时的要求见表 12-2。

表 12-2 无结合料材料结构层的设计要求

材料类型	适用层位	技术指标		备注
		压实度（%）	CBR 值（%）	
级配碎石	基层	>98	≥ 100	各级公路
	底基层	>96	≥ 80	各级公路
级配砾石或天然砂砾	基层	≥ 98	≥ 80	重交通公路
	底基层	≥ 96	≥ 60	中交通公路
	底基层	≥ 96	≥ 40	轻交通公路

三、填隙碎石结构层

用单一尺寸的粗碎石做主骨料，形成嵌锁作用，用石屑填满碎石间的空隙，增加密实度和稳定性，这种结构称为填隙碎石。

我国过去盛行的嵌锁型碎石基层，是用筛分成几种不同规格的大、中、小单一尺寸碎石分层摊铺、分层碾压而成的。通常首先铺大碎石，大碎石经碾压稳定后，撒铺嵌缝碎石，继续碾压稳定，然后再撒铺小碎石，并碾压稳定。某些地区使用的干压碎石或“水结”碎石属于这种类型。

国外常使用另一种嵌锁型碎石基层。它使用单一尺寸的粗碎石，例如，采用25 ~ 50mm、30 ~ 60mm或40 ~ 70（80）mm的碎石做主骨料，经初步碾压稳定后，撒铺0 ~ 5（或10）mm的石屑，并用振动压路机碾压，藉振动压路机的振动力使石屑填塞到主骨料的空隙中直到把空隙填满为止。这种形式的碎石结构，在国外称为干结碎石，最后碾压时，采用湿法施工的称“水结”碎石。这两种类型的嵌锁型碎石在现行路面基层施工规范中统一称之为填隙碎石。

填隙碎石结构层上不能直接通车，它上面必须铺面层。填隙碎石基层质量好坏的两个关键是：从上到下粗碎石间的空隙一定要填满，也就是说，达到规定的密实度非常重要；表面粗碎石间的空隙既要填满，填隙料又不能覆盖粗碎石而自成一层，表面应看得见粗碎石，粗碎石的棱角可外露3 ~ 5mm。后一点对薄沥青面层非常重要，它可保证薄沥青面层与基层黏接良好，避免薄沥青面层在基层顶面发生推移破坏。

由于干法施工填隙碎石不需要用水，在缺水地区，采用这种基层结构，特别显示其优越性。填隙碎石的主要缺点是，潮湿的填隙料实际上不可能靠振动压路机将空隙填满。如企图用过多遍数的振动碾压使潮湿填隙料下移，往往可能使主骨料浮到填隙料层上并严重丧失稳定性。

填隙碎石适用于各级公路的底基层和三、四级公路的基层。填隙碎石一般用于二级公路的底基层。其最大粒径宜为厚度的0.5 ~ 0.7倍，用作基层时，最大粒径不应超过60mm；用作底基层时，最大粒径不应超过80mm。填隙料可用石屑或最大粒径小于10mm的砂砾或粗砂。

填隙碎石的压实度以固体体积率表示。用作基层时，压实度不应小于85%；用作底基层时，压实度不应小于83%。

四、泥结碎石与泥灰结碎石结构层

泥结碎石结构层是以碎石作为集料，黏土作为填充料和结合料，经压实修筑成的一种结构。

泥结碎石结构层的力学强度和稳定性不仅取决于碎石的相互嵌挤作用，同时也有赖于土的黏结作用。泥结碎石结构虽用同一尺寸的碎石修筑，但在使用过程中由于行车荷载的反复作用，石料会被压碎而向密实级配转化。但由于是黏土做结合料，其水稳性较差。

泥结碎石结构层所用的石料，其强度等级不宜低于 IV 级，细长、扁平状颗粒不宜超过 15%。不产石料地区的四级公路，交通量少时，可采用礓石和碎砖等材料。碎砖粒径宜稍大，一般为结构层厚度的 0.8 倍。泥结碎石层所用的黏土，应具有较高的黏性，塑性指数以 18 ~ 26 为宜。黏土内不得含腐殖质或其他杂物。黏土用量一般不超过混合料总重的 15% ~ 18%。

泥灰结碎石结构层是以碎石为骨料，用一定数量的石灰和土做填充料和结合料修筑的碎石结构。

泥灰结碎石结构层所用的碎石和黏土质量规格要求与泥结碎石相同，石灰的质量不低于 III 级。石灰与土的用量不应大于混合料总重的 20%。其中石灰剂量为土重的 8% ~ 12%。泥灰结碎石结构因掺入石灰，其水稳性要比泥结碎石好。

泥结碎石、泥灰结碎石结构层用于四级公路的面层，并宜在其上设置砂土磨耗层和松散保护层。泥结碎石、泥灰结碎石亦可作三、四级公路的基层，泥结碎石只能用于干燥路段，不能用于中湿路段。

第三节 沥青类结构层

一、沥青类结构层的分类

沥青路面是指铺筑沥青面层的路面结构。沥青路面的基层可以采用半刚性基层、柔性基层或刚性基层。沥青类结构层既可以作面层，也可以作基层。作基层时亦属于柔性基层。沥青类结构层可按以下几种方法分类：

1. 按结构层的结构状态分类

可分为级配型和嵌挤型两大类。级配型沥青类结构层对集料的级配有一定的要求，其强度和稳定性主要取决于混合料的黏聚力和内摩阻力。这类结构层的空隙率与集料的级配类型和沥青的用量等因素有关，沥青混合料的空隙率根据其用途（用作面层或基层）来控制。嵌挤型结构层要求采用颗粒尺寸较为均一的集料与沥青分层铺筑，结构层的强度和稳定性主要依靠集料之间相互嵌挤产生的内摩阻力，而黏结力则起次要作用。按嵌挤原则修筑的沥青类结构层，其空隙较大，易渗水，因而耐久性较差。

2．按施工工艺分类

可分为厂拌法、层铺法和路拌法三大类，具体分析如下：

（1）厂拌法是由一定级配的集料和沥青材料在工厂用专用设备加热拌和，然后送到工地摊铺、碾压而成的沥青路面结构层。厂拌法按混合料铺筑时温度不同，又可分为热拌热铺和热拌冷铺两种。热拌热铺是将混合料在专用设备加热拌和后立即趁热运到路上摊铺压实。如果混合料加热拌和后储存一段时间，再在常温下运到路上摊铺压实，即为热拌冷铺。厂拌法可使用较黏稠的沥青材料，且矿料经过精选，因而混合料质量高，使用寿命长，但修建费用也较高。

（2）层铺法是指分层洒布沥青、分层撒铺集料和碾压的方法修筑结构层。其主要优点是工艺和设备简便，工效较高，施工进度快，造价低廉。其缺点是路面成型期较长，质量不易保证，需要经过炎热季节行车碾压之后路面方能完全成型。用这种方法修筑的路面有层铺法沥青表面处治和浙青贯入式两种。

（3）路拌法是指在路上用机械或人工将集料和沥青材料就地拌和、摊铺和碾压密实而成的沥青路面结构层。该方法与层铺法相比，沥青材料在集料中分布比较均匀，成型较快。但由于所用集料为冷料，需使用稠度较低的沥青材料，故混合料的强度较低。目前随着施工技术和施工机械的发展，该法已很少采用，仅用于沥青路面养护中的修补项目。

3．按结构层的路用性能分类

可分为沥青混凝土（代号 AC）、沥青玛蹄脂碎石（代号 SMA）、排水式沥青磨耗层（代号 OGFC）、沥青碎石（密级配沥青碎石代号 ATB、半开级配沥青碎石代号 AM、开级配沥青碎石代号 ATPB）、冷拌沥青混合料、沥青贯入式、沥青表面处治等类型。

二、沥青路面的基本特性

沥青路面由于使用了黏结力较强的沥青材料作结合料，因而增加了集料之间的黏结力，提高了混合料的强度和稳定性，使路面的使用质量和使用寿命都得到提高。它是目前国内外广泛采用的路面面层结构。

与水泥混凝土路面相比，沥青路面具有表面平整、无接缝、行车舒适、振动小、噪声低、施工期短、养护维修简便、适宜分期修建等优点。由于它可以使用不同的材料组成和施工方法，因而适用于不同等级的公路路面。它的缺点是表面易受硬物损坏，并容易磨光而降低抗滑性能；在外界气温影响下，强度和刚度变化很大，即夏季易变软而冬季易变脆；它的施工受季节影响较大，除乳化沥青外，在低温季节和雨季不能施工。

由半刚性基层或柔性基层组成的沥青路面的强度和稳定性在很大程度上取决于土基和基层的强度，因此对土基和基层的要求较高。在低温时，沥青类路面易受土基不均匀冻胀而开裂，因而在寒冷地区，需设置防冻层。沥青路面的基层最好使用半刚性基层。对交通量较大的路段，为了使沥青路面具有一定的抗弯拉和抗疲劳开裂的能力，宜在沥青面层下设置沥青混合料基层。

三、沥青类结构层的力学特性

沥青类结构层的力学特性可以通过几种不同的力学强度参数来表征。这些参数包括抗压强度、抗剪强度和抗拉（包括抗弯拉）强度等。沥青混合料具有较高的抗压强度，而抗剪和抗拉强度则较低，因此沥青路面的损坏往往是从拉裂或滑移开始而逐渐扩展。

1．抗剪强度

沥青混合料的抗剪强度主要取决于沥青与集料相互作用而产生的黏结力，以及集料在沥青混合料中的嵌挤锁结作用所产生的内摩阻力。

沥青混合料的黏结力取决于许多因素，其中最主要的是沥青的黏滞度、沥青含量与填料（矿粉）含量的比值，以及沥青与集料相互作用的特性。集料的级配、颗粒的形状和表面特性，都对沥青混合料的内摩阻力产生影响。沥青混合料的抗剪强度可以通过三轴剪切试验获得。

2．抗拉强度

在气候较寒冷地区，冬季气温下降，特别是急骤降温时，沥青混合料产生收缩，如果收缩受阻，就会产生拉应力，该应力超过沥青混合料的抗拉强度时，路面就会产生开裂。

沥青混合料的抗拉强度，可用直接拉伸试验或间接拉伸——劈裂试验来测定。

沥青混合料在低温下的抗拉强度同沥青的性质、沥青含量、矿质混合料的级配、测试时的温度等因素有关。试验表明，沥青的黏滞度大，或沥青含量较大，沥青混合料就会具有较高的抗拉强度。密级配沥青混合料的抗拉强度较开级配混合料高，在低温下沥青混合料的抗拉强度随温度降低而提高。

3．抗弯拉强度

沥青类结构层在行车荷载（特别是重载）重复作用下，往往因结构层弯曲而产生开裂破坏。因此，必须考虑沥青混合料的抗弯拉强度。

沥青混合料的抗弯拉强度可通过试验室内制作标准梁式试件，然后按简支梁受力情况进行测定。也可用劈裂试验的劈裂强度代替其抗弯拉强度。

沥青混合料的抗弯拉强度取决于所用材料的性质（如沥青的性质、沥青的用量、集料的性质、混合料的级配与拌和质量等）及结构破坏过程的加荷状况（如重复次数、应力增长速度等）。此外，温度状况对抗弯拉强度也有很大影响。

4. 应力—应变特性

沥青混合料是一种弹性—黏塑性材料，在应力—应变关系中呈现出不同的性质，有时呈现为弹性性质，有时则主要呈现为黏塑性质，而大多数情况下，几乎同时综合呈现上述性质。如冬季低温时，沥青混合料就呈现为弹性体，并且具有弹性体的变形特性，夏季高温时则呈现为黏塑性体质。研究表明，沥青混合料的应力—应变特性，不仅同荷载大小和作用时间有关，而且与材料的温度有关，故有时常用劲度模量（简称劲度）作为表征沥青混合料力学特性的指标。劲度模量 S_{tT} 是指材料在给定的荷载、作用时间和温度条件下应力与总应变的比值。

5. 疲劳特性

沥青类结构层的疲劳特性表现为：沥青混合料的变形和破坏不仅与荷载应力的大小有关，而且同荷载作用的次数有很大关系。路面材料在低于极限抗拉强度下经受重复拉应力或拉应变作用而最终导致破坏，称为疲劳破坏。导致路面最终破坏的重复荷载作用次数称为疲劳寿命。

影响沥青混合料疲劳特性的因素很多，如材料的性质（包括矿料种类、集料级配、沥青种类和用量）、环境因素（包括温度、湿度、混合料的压实程度和空隙率）、加荷方式等。沥青混合料的疲劳特性可以用动稳定度指标来反映。所谓动稳定度是指沥青混合料进行车辙试验时，变形进入稳定期后每产生 1mm 轮辙，试验轮行走的次数，以次 /mm 计。也可以采用在简支的小梁上做重复加载弯曲试验或重复加载间接试验（劈裂试验）测定。其试验测定方法参看有关试验规程。

四、沥青路面的温度稳定性

大气温度是影响路面强度的重要因素。同一路面，在炎热的夏天和严寒的冬天可能有不同的使用品质。就是在一天之内，路面的工作状态也会有差异，特别是沥青路面更是如此。沥青混合料的强度会随温度降低而提高，随温度升高而降低。因此，对沥青路面的温度稳定性应给予特别重视。

1. 沥青路面的高温稳定性

沥青混合料具有强度和抗变形能力随温度的升高而显著降低的特点。温度升高时，沥青的黏滞度降低，集料之间的黏结力削弱，从而导致强度成倍的降低。由于高温稳定性不足，沥青路面会出现以推移、车辙和拥包等为特征的路面剪切变形和塑性累积变形，特别是在交叉口、停车站及行车变速的路段上变形更为严重。因此，如何提高沥青路面的高温稳定性，是沥青路面在设计和使用中必须考虑的问题。

对沥青混合料高温稳定性的测定大都借助于试验的方法。较为广泛应用的有马歇尔稳定度、车辙试验和无侧限抗压强度等试验方法。

影响沥青混合料高温稳定性的因素主要有：沥青和集料的性质及其相互作用的特性，集料的级配组成等。

为了提高沥青混合料的高温稳定性，就应设法提高其内摩阻力和黏结力。常用的方法是在混合料中增加粗集料含量，使粗集料形成空间骨架结构，以提高混合料的内摩阻力。适当地提高沥青材料的黏稠度，严格控制沥青用量，采用具有活性的矿粉，来改善沥青与集料的相互作用，以提高混合料的黏结力。在沥青中掺入聚合物（如橡胶、聚乙烯等）改性的沥青，也能取得较好的效果。

2. 沥青路面的低温稳定性

沥青路面在低温时强度虽然增大，但其变形能力却因刚度增大而降低。气温下降，特别是在急剧降温时，沥青混合料受基层约束而不能自由收缩，会产生很大的温度拉应力。若累积温度拉应力超过沥青混合料的极限抗拉强度，路面便产生开裂。沥青路面的低温缩裂大致可分为两类：一类是温度下降而造成的路面开裂，它与沥青混合料的体积收缩有关，这种裂缝是由表面开始发裂而逐渐发展成为裂缝；另一类是属于路基或基层收缩与冰冻共同作用而产生的裂缝，这类裂缝是从基层开始逐渐反映到沥青面层的开裂。由于路面收缩的主轴是纵向的，因此，低温产生的裂缝大多是横向的，且几乎是 6 ~ 10m 的等距离间隔。裂缝的出现往往就是沥青路面损坏的开始。随着低温循环的影响，裂缝将会进一步扩展，导致路面工作状况恶化。

影响低温开裂的因素很多，其中主要的因素有路面所用沥青的性质、当地的气温状况、沥青的老化程度、基层的种类和路面的层次及厚度等。此外，路面面层与基层的黏着状态、某层所用材料的特性、行车的状况对路面开裂也有一定的影响。

使用稠度较低、温度敏感性较低的沥青，可以延缓和减少路面的开裂。路面所在地区的气温愈低，开裂愈为严重。沥青材料的老化对低温更为敏感，使路面开裂的可能性增加。增加沥青面层厚度可以减少或者延缓路面的开裂，采用某些改性沥青（如橡胶沥青等）也可防治路面开裂。

五、沥青路面的水稳性

对于高速公路、一级公路、二级公路的沥青混合料面层应具有良好的水稳性。沥青混凝土的水稳性通常采用沥青与矿料的黏附性试验、浸水马歇尔试验（残留稳定度）和冻融劈裂试验（残留强度比）评价，以检验沥青混合料受水损害时的抗剥落性能。

六、沥青路面的抗滑性能

路面的抗滑性能（亦称路面粗糙度）是指路面表面集料的棱角阻止汽车轮胎滑动的能力。路面的表面应有足够的抗滑能力，以保证行车安全。若抗滑能力不足，汽车起步时，会发生空转打滑现象；汽车在弯道上行驶，就会产生横向滑移；当紧急制动时，所需的制动距离就会增长，因而都容易发生交通事故。经调查，交通事故约 80% 以上与路面滑溜有关，即与路面摩擦系数较低有关。

大量的试验与实践表明，由于雨水的润滑作用，引起路面摩擦系数的降低，使路面滑溜。沥青路面所用沥青材料含蜡量较高，热稳性较差，若施工不当，易使路表面形成光面，抗滑能力大大降低。因此，对于沥青路面来说，抗滑性能是一项非常重要的质量评定指标。

1. 沥青路面抗滑标准

影响沥青路面抗滑性能的因素很多，就路面结构而言主要有：

（1）石料的抗滑性能（即石料磨光值 PSV）

石料磨光值既影响低速行车下沥青路面的抗滑能力，也影响高速行车下沥青路面的抗滑能力。在正常施工条件下，就影响幅度而言，石料的抗滑性能是影响沥青路面抗滑性能的最主要因素（影响幅度为 30% ~ 50%），因此，应当选用抗滑性能好的集料（即强度高、耐磨耗、表面粗糙、有棱角、接近立方体等）做面层集料，并采用优质沥青或掺配添加剂（包括掺水泥或掺石灰处理酸性石料等）。

高速公路、一级公路和二级公路沥青表面层用粗集料的磨光值应符合表 12-3 的要求，其他等级公路可按照执行。

表 12-3 石料磨光值 PSV 的技术要求

年降雨量（mm）	>1000	500 ~ 1000	250 ~ 500	<250
高速公路、一级公路	>42	>40	>38	>36
二级公路	>40	>38	>36	—

（2）路面的宏观构造

路面的宏观构造是影响高速行车下路面抗滑能力的一个重要因素（影响幅度为 20% ~ 30%）。路面的宏观构造是指路面集料间形成的宏观粗糙度（相对于集料本身的粗糙度而言）。宏观构造大，高速行车下的路表水能迅速排除，保证轮胎与石料直接接触，路面的抗滑性能就好。反之，路面宏观构造小，表面易形成水膜，路面的抗滑性能就差。

各个国家路面抗滑性能的控制指标有一定的差别。有的国家采用单一的指标，有的则采用多项指标，但总的趋势是抗滑指标从单项指标向多指标发展，这是因为多指标的抗滑标准更能保证高速行车的安全。

根据我国的实际情况，并结合国外的抗滑指标，我国的高速公路、一级公路沥青表面层抗滑性能以横向力系数 SFC_{60} 和路面宏观构造深度 TD 为主要指标，并对不同的降雨量采用了不同的标准。高速公路、一级公路在交工验收时，其抗滑技术指标宜符合表 12–4 的要求，二级公路可按照执行。

表 12–4　交工检测抗滑技术指标要求值

年降雨量（mm）	>1000	500 ~ 1000	250 ~ 500	<250
横向力系数 SFC_{60}	≥ 54	≥ 50	≥ 45	—
构造深度 TD（mm）	≥ 0.55	≥ 0.50	≥ 0.45	—

摆式摩擦系数测定仪是一种测定路面抗滑性能的简便方法，只能测量低速条件下的路面抗滑性能，可用于二级公路。摆值 BPN 必须采用改进型的摆式摩擦系数测定仪测定。根据有关研究成果，横向力系数 SFC% 和摆值 BPN 之间的相关关系为：

$$BPN=0.4064SFC_{60}+36.353\ (s=0.82)$$

2. 沥青路面的防滑措施

针对影响沥青路面抗滑性能的因素，可采取下面一些措施来提高沥青路面的抗滑性能：

（1）选择适宜的沥青标号与沥青用量，尽可能使用优质沥青；在满足耐久性的前提下尽量减少沥青用量。

（2）选择坚硬耐磨、有棱角、表面粗糙的集料，并注意集料的级配组成，一般开级配集料组成比密级配集料组成抗滑能力好。修筑排水式沥青磨耗层。排水式沥青磨耗层能够为汽车交通提供较好的抗滑能力，且能够排除路面表面的部分雨水。

七、常用的沥青类结构层

1. 热拌沥青混合料结构层

沥青混合料是由矿料与沥青结合料拌和而成的混合料的总称。

沥青混凝土是由适当比例的粗集料、细集料及填料（矿粉）组成的符合密级配的矿料，与沥青结合料拌和而制成的密实式沥青混合料（以 AC 表示），简称为沥青混凝土。根据关键性筛孔（4.75mm 或 2.36mm）矿质混合料的通过百分率，将沥青混凝土分为粗型（代号 C）和细型（代号 F）两类。

沥青混凝土是按密级配原理严格配制的混合料。它含有较多的细料，特别是一定数量的矿粉，使矿料同沥青相互作用的表面积大大增加，因而混合料的黏聚力在强度构成上占有主导地位。但黏聚力受温度影响大，如配料不当，特别是沥青用量过多，热稳性就较差，抗滑性能也不好。沥青混凝土由于本身的结构强度高，若基层坚实，路面结构合理，可以承受繁重交通；又因空隙率小，受水和空气等的侵蚀作用小，故耐久性好，使用寿命长。

当粗集料粒径较大、按密实级配原理设计组成的各种粒径颗粒的矿料与沥青结合料拌和而成的混合料，称为沥青稳定碎石混合料（以 ATB 表示）。

沥青玛蹄脂碎石是由沥青结合料与少量的纤维稳定剂、细集料以及较多量的填料（矿粉）组成的沥青玛蹄脂，填充于间断级配的粗集料骨架的间隙，所形成的骨架密实结构型沥青混合料（以 SMA 表示）。

沥青玛蹄脂碎石在重交通作用下有良好的抗车辙能力，这是因为高含量的粗集料在混合料中颗粒面与面直接接触、相互锁结构成的骨架直接承受了荷载的作用。这种骨架对温度敏感性小，而含量较高的矿粉、沥青与纤维稳定剂等所形成的黏聚力很高的胶凝状物——玛蹄脂使得混合料的整体力学性质提高。这两方面的作用使混合料具有足够的竖向与侧向约束，在车辆荷载的作用下，不产生或只产生微小的永久性变形。

实践表明，沥青玛蹄脂碎石结构层的耐久性、抗裂性及抗疲劳裂缝的性能比沥青混凝土结构层要高，这是因为较高的沥青含量及较多的矿粉，减小了空隙率，使老化的速度、水蚀作用降低；减少了微裂缝，提高柔韧性，使应力集中程度降低，变形特性改善。

（半开级配）沥青碎石是由适当比例的粗集料、细集料及少量填料（或不加填料）与沥青结合料拌和而成，经马歇尔标准击实成型试件的剩余空隙率（设计空隙率）在 6% ~ 12% 的半开级配沥青混合料（以 AM 表示）。

（半开级配）沥青碎石由于细料含量少，只有少量矿粉或不掺矿粉，沥青用量较小，空隙较大，属于嵌锁结构。故热稳性较好，在低温时也不易开裂，但透水性大，强度和耐久性都不如沥青混凝土。

排水式沥青结构层是指用大空隙的沥青混合料铺筑，能迅速从内部排走路表雨水，具有防滑、抗车辙及降低噪声的路面结构层。主要强调其降噪声功能时，又称为低噪声路面。排水式沥青路面所用的混合料为开级配的沥青混合料，主要由粗集料嵌挤组成，细集料及填料较少，设计空隙率为 18%，一般在 18% 以上，属骨架空隙结构型沥青混合料路面。

排水式沥青结构层可分为排水式沥青磨耗层（以 OGFC 表示）和排水式沥青碎石基层（以 ATPB 表示），应当根据使用要求、气候特点、交通条件、结构层功能等因素，并综合考虑满足耐久性、抗车辙、抗裂、抗水损害能力、抗滑性能等多方面要求以及施工机械、工程造价等实际情况选择沥青混合料的种类：

（1）沥青混凝土 AC 结构层适用于做各级公路的面层。对高速公路、一级公路和二级公路的表面层、中面层及下面层应采用沥青混凝土。

（2）抗滑面层宜选用沥青玛蹄脂碎石 SMA、密级配粗型沥青混凝土 AC–C，有条件时可用开级配抗滑面层 OGFC。

（3）在表面层、中面层及下面层中至少有一层应为密级配沥青混合料。

（4）OGFC 适用于年平均降雨量大于 800mm 地区的磨耗层和排水路面的表面层。

（5）半开级配沥青碎石 AM 适用于三级、四级公路的面层，还适宜作中等交通及以上公路沥青混凝土路面的基层、底基层和改建工程的调平层。

（6）密级配沥青稳定碎石 ATB 适宜作中等交通及以上公路沥青混凝土路面的基层、底基层和改建工程的调平层。

（7）开级配沥青碎石 ATPB 适用于排水基层。

2. 冷拌沥青混合料结构层

冷拌沥青混合料是由乳化沥青（改性乳化沥青）或液体沥青与矿料（宜为密级配）在常温状态下拌和而成的常温沥青混合料。冷拌沥青混合料宜采用拌和厂机械拌和及沥青摊铺机摊铺的方式施工。

冷拌沥青混合料结构层适用于交通量小的三级、四级公路的面层。

3. 贯入式沥青碎石结构层

贯入式沥青碎石结构层是在初步压实的碎石（或破碎砾石）上，分层浇洒沥青、撒布嵌缝料或再在上部铺筑热拌沥青混合料封层，经压实而成的沥青结构层。

贯入式沥青碎石结构层是一种多孔结构，它的强度主要依靠碎石之间的锁结作用，沥青只起黏结碎石的作用，故温度稳定性好，抗滑性能也好。为了防止路表水的浸入，贯入式沥青碎石面层应设置封层（封层可分为上封层和下封层，厚度约 1cm，封层材料可选用单层式沥青表面处治或沥青砂）。贯入式沥青碎石施工较简便，不需要复杂的机具，但对碎石材料的要求较高，沥青用量不宜控制，并且施工质量同操作者的技术水平和经验有很大关系。

下部采用层铺法施工，上部铺筑热拌沥青混合料封层形成的结构层也叫做上拌下贯沥青碎石结构层。其中拌和层的厚度不宜小于 1.5cm。它属于贯入式结构层，但综合了贯入式和热拌沥青混合料的施工特点，具有成型快、质量易控制、平整度较好等优点，适用于交通量较大，拌和设备能力不足和有特殊需要的路面工程。

贯入式沥青碎石和上拌下贯沥青碎石适用于三级、四级公路的沥青面层；贯入式沥青碎石适宜作中、重等交通公路沥青混凝土路面的基层、底基层和改建工程的调平层。

4．沥青表面处治结构层

沥青表面处治结构层（简称沥青表面处治）是指用沥青和集料按层铺法施工，厚度不超过 3cm 的一种薄层面层。按层铺的次数及厚度可分为：单层式（厚度 1.0 ~ 1.5cm）、双层式（厚度 1.5 ~ 2.5cm）、三层式（厚度 2.5 ~ 3.0cm）。

沥青表面处治结构层一般按嵌锁原则修筑而成。为了保证石料间有良好的锁结作用，同一层石料的颗粒尺寸要均匀。为了防止石料松散，所用的沥青必须具有足够的稠度。层铺法表面处治在施工完毕后，需经过行车，特别是夏季行车的作用，使其石料取得最稳定的嵌紧位置，并同沥青黏结牢固，这一过程称为“成型”阶段，由于成型期较长，加之质量不易保证，层铺法表面处治应注意初期养护。

沥青表面处治因厚度较薄，对路面结构的整体强度提高不多，故在结构分析时其厚度扣除 1cm 后并入基层计算。它的主要作用是抵抗车轮磨耗，增强抗滑和防水能力，提高平整度，改善路面的行车条件。

沥青表面处治适用于三级、四级公路的面层、各级施工便道。

5．封层与微表处

在沥青面层之上或基层之上或沥青层之间铺筑的阻止雨水下渗的沥青混合料薄层称为封层。铺筑在沥青面层表面的称为上封层；铺筑在沥青面层下面、基层表面的称为下封层。

上封层根据情况可选择乳化沥青稀浆封层、微表处、改性沥青集料封层、薄层磨耗层，下封层宜采用层铺法沥青表面处治或稀浆封层。

稀浆封层是用一定级配的石屑或砂、填料（水泥、石灰、粉煤灰、石粉等）与乳化沥青、外掺剂和水，按一定比例拌制成流动型沥青混合料，再均匀洒布于路面上形成的沥青封层。

微表处是用一定级配的石屑或砂、填料（水泥、石灰、粉煤灰、石粉等）与聚合物改性沥青、外掺剂和水，按一定比例拌制成流动型沥青混合料，再均匀洒布于路面上形成的沥青封层。

稀浆封层和微表处在材料组成和使用功能上有差异，它们的主要作用有如下几个方面：

（1）混合料较细，具有较好的流动性，很容易进入微裂缝和小坑槽中，将路面填充密实成为整体。因此具有封闭裂缝和提高路面平整度的作用。

（2）混合料中集料级配合理，能均匀、牢固、密实地黏附在路面上，具有较好的水稳性并防止水分渗透，保持基层稳定。

（3）集料的强度、压碎值、磨光值、含泥量等性能指标均达到标准要求，不论是酸性和碱性石料都能很好地黏附在路面上，有一定的耐磨性，在路面上形成磨耗层。

（4）由于选择了坚硬而有棱角的集料，沥青又能均匀地裹覆集料。封层后纹理深度较佳，摩擦系数显著增加，具有良好的抗滑性能。

（5）可恢复路面性能，延长路面使用寿命，在路面养护中有施工简单，造价低廉，功能恢复强的特点。

稀浆封层按照矿料粒径的不同，可分为 ES-1 型（公称最大粒径 2.36mm）、ES-2 型（公称最大粒径 4.75mm）和 ES-3 型（最大粒径 9.5mm）三种，单层厚度分别为 2.5 ~ 3mm、4 ~ 6mm、8 ~ 10mm；微表处按照矿料粒径的不同，可分为 MS-2 型（公称最大粒径 2.36mm）和 MS-3 型（最大粒径 9.5mm）两种，单层厚度分别为 4 ~ 6mm、8 ~ 10mm。

（1）MS-3 型微表处适用于高速公路、一级公路的罩面；ES-3 型稀浆封层适用于二级公路的罩面，以及新建公路的下封层。

（2）MS-2 型微表处适用于中等交通量高速公路，一级公路、二级公路的罩面；ES-2 型稀浆封层适用于二级及二级以下公路的罩面，以及新建公路的下封层。

（3）ES-1 型稀浆封层适用于三级、四级公路、停车场的罩面。

需要注意的是，稀浆封层和微表处不能控制路面反射裂缝，不能提高路面强度，也不能解决温度稳定性问题，在泛油的路面上不能使用。

八、土工格栅沥青路面

沥青路面由于其本身特有的优良路用性质，在整个公路网中所占的比重非常大，在今后我国的高等级公路的建设中，仍将是主要的路面形式。但是，沥青路面的高温稳定性、低温抗裂性、耐久性等是主要考虑的问题。另外，在半刚性基层上的沥青路面的反射裂缝以及水泥混凝土板上加铺沥青面层后产生反射裂缝等也是道路建设中的棘手问题。许多研究者对于这些问题进行了大量的研究，试图解决这些理论与实践问题，且已取得许多成果。许多新的设计方法、新的路面结构形式、新的复合材料组成设计等都从某一侧面或某几个方面解决了沥青路面所存在的问题。土工格栅沥青路面就是其中在设计思想、材料选择方面全新的方法之一。

土工格栅最初是以土工布的形式用于基础和路基的加固以及软土地基的处理，土工布、土工格栅用于地基、基础等加固的设计方法、施工方法已比较成熟。土工格栅加铺在沥青路面中改善路面路用性能始于 20 世纪 80 年代，在我国的研究与应用也是近几年的事，还需不断研究总结。

英国的研究认为，加铺土工格栅的沥青路面比不加铺格栅的沥青路面可推迟疲劳裂缝产生时间达 1 ~ 9 倍，可以减少车辙 50%。日本的研究认为，由于土工格栅对沥青混合料中矿料颗粒具有约束作用，从而减少了累积塑性变形，起到了抗车辙作用。美国的研究认为，加铺格栅后可改变路面结构的应力分布，减小沥青层厚度，称为厚度效应。还有许多足尺试验表明，从减少反射裂缝和车辙的角度看，加铺土工格栅可以使路面结构的使用寿命提高3倍以上；就疲劳开裂而言，可延长寿命10倍。我国许多研究结果也表明有上述类似的规律。归纳起来，土工格栅沥青路面具有较高的疲劳寿命、抗车辙能力，既可以延缓反射裂缝的出现，又可以减薄沥青面层的厚度。

目前，土工格栅一般设置在沥青层底部。设置格栅前，首先将下承层表面整平，若下承层为旧路面，应处理沉陷部位和填灌裂缝。在平整的表面上铺设格栅时，应注意使格网平直、端部固定。格栅间在纵横向都应重叠搭接，两格栅间在纵向搭接宽度为15cm，横向搭接为25cm左右，且按摊铺方向使下段格栅放在前段格栅下面。

九、沥青路面使用性能的气候分区

沥青路面的长期路用性能不仅与荷载有关系，还与环境因素及气候因素有关。夏季持续高温是引起沥青路面车辙的重要原因，冬季气温骤降将导致沥青路面的低温开裂。

我国幅员辽阔，气候变化大，各个地区对沥青路面的使用性能的要求应有差别。在选择沥青胶结料等级、进行沥青混合料配合比设计和检验沥青混合料的使用性能时，应考虑沥青路面工程的环境因素，尤其是温度和湿度条件。我国为此提出了“沥青及沥青混合料气候分区指标”及相应的分区图。气候分区指标分别为高温指标、低温指标和雨量指标。

第四节　水泥混凝土面层与基层

一、基础内容

由水泥、集料、水和外加剂按一定比例拌和而成的混合料称为水泥混凝土混合料或新拌混凝土；水泥混凝土混合料经浇注、振捣、硬化后形成的强度符合要求的固体材料称为水泥混凝土。水泥混凝土因其具有施工方便、性能可根据需要设计调整、抗压强度高、耐久性好、与钢筋等材料的协调性好等优点，被广泛应用于土木建筑工程中。水泥混凝土种类较多，既可以做路面的面层（俗称面板或面层板），又可以做基层。

水泥混凝土面层具有以下优点（见表12-5）：

表 12–5 水泥混凝土面层的优点

优点	主要内容
强度高	水泥混凝土具有很高的抗压强度和较高的抗弯拉强度以及抗磨耗能力
耐久性好	由于水泥混凝土的强度和稳定性好，所以它经久耐用，水泥混凝土路面一般能使用 20 ~ 40 年，而且它能通行包括履带式车辆等在内的各种运输工具
稳定性好	水泥混凝土的水稳性、热稳性均较好，特别是它的强度能随着时间的延长而逐渐提高，不存在沥青路面的那种"老化"现象
有利于夜间行车	水泥混凝土面层色泽鲜明，能见度好，对夜间行车有利

水泥混凝土面层的缺点主要有以下几方面（见表 12–6）：

表 12–6 水泥混凝土面层的缺点

确定	内容
有接缝	普通水泥混凝土结构层要建造许多接缝，这些接缝不但增加施工和养护的复杂性，而且容易引起行车跳动，影响行车的舒适性。接缝又是路面的薄弱点，如处理不当，将导致路面板边和板角处破坏
对水泥和水的需要量大	修筑 20cm 厚、7m 宽的水泥混凝土面层，每 1000m 要耗费水泥约 400 ~ 500t 和水约 250t，尚不包括养生使用的水在内，这对水泥供应不足和缺水地区带来较大困难
修复困难	水泥混凝土面层损坏后，开挖很困难，修补工作量也大，且影响交通
开放交通较迟	水泥混凝土面层完工后，一般要经过 28d 的潮湿养生才能开放交通，如需提早开放交通，则需采取特殊措施

二、水泥混凝土面层（面板）

水泥混凝土面层应具有足够的强度、耐久性，表面抗滑、耐磨、平整。水泥混凝土面层耐久性主要是指混凝土的抗冻性。面层板的横断面形式有等厚式断面（横断面上厚度均匀）和厚边式断面（横断面上中间薄两边厚）两种形式。目前国内外常采用等厚式断面。

面层一般采用设接缝的普通混凝土。在平面上面层板通常采用纵向接缝同横向接缝垂直相交的矩形。水泥混凝土路面表面构造应采用刻槽、压槽、拉槽或拉毛等方法制作。构造深度在使用初期应满足表 12–7 的要求。

表 12-7 公路水泥混凝土面层的表面构造深度要求

公路等级	一般路段构造深度（mm）	特殊路段构造深度（mm）
高速公路、一级公路	0.70 ~ 1.10	0.80 ~ 1.20
二、三、四级公路	0.50 ~ 0.90	0.60 ~ 1.00

三、水泥混凝土面层常见的破损现象

水泥混凝土路面的使用性能在行车因素的不断作用下逐渐变差，以致出现各种类型的损坏现象，大体分为接缝破损和混凝土板损坏两个方面。

1．接缝破损

（1）挤碎

挤碎出现于横向接缝（主要是胀缝）两侧数十厘米宽度内。这是由于胀缝内的滑动传力杆位置不正确，或滑动端的滑动功能失效，或施工时胀缝内局部有混凝土搭连，或胀缝内落入坚硬的杂物等原因，阻碍了板的热胀，使混凝土在膨胀时受到较高的挤压应力，当其超过混凝土的抗剪强度时，板即发生剪切挤碎。

（2）拱起

混凝土面板在受热膨胀而受阻时，某一接缝两侧的板突然向上拱起。这是由于板收缩时缝隙张开，填缝料失效，坚硬碎屑等不可压缩的材料塞满缝隙，使板在膨胀时产生较大的热压应力，从而出现纵向压弯失稳。

（3）错台

错台指横向接缝两侧路面板出现的相对位移。当胀缝下部嵌缝板与上部缝隙未能对齐，或胀缝两侧混凝土壁面不垂直时，使缝旁两板在伸胀挤压过程中，会上下错开而形成错台；当地面水通过接缝渗入基层使其软化，或者接缝传荷能力不足或传力效果降低时，都会导致错台的产生；当交通量或基层承载力在横向各幅板上分布不均匀，各幅板沉陷不一致时，纵缝亦会产生错台现象。

（4）唧泥

唧泥指汽车行经接缝时，由缝内喷溅出稀泥浆的现象。在轮载的频繁作用下，基层由于塑性变形累积而同面板脱空，地面水沿接缝下渗而积聚在脱空的空隙内，在轮载作用下积水变成有压水而同基层内浸湿的细料混搅成泥浆，并沿接缝缝隙喷溅出来。唧泥的出现，使面板边缘部分失去支承，因而往往在离接缝 1.5 ~ 1.8m 范围内产生横向裂缝。

此外，纵缝两侧的横缝前后错开、纵缝缝隙拉宽、填料丧失和脱落等也属于接缝的破坏。

2. 水泥混凝土面板本身的破坏

水泥混凝土面板本身的破坏主要是断裂和裂缝。面板由于所受内应力超过了混凝土的强度而出现横向或纵向以及板角的断裂和裂缝。其原因主要有：板太薄或轮载太重；行车荷载的渠化作用（荷载作用次数超过允许值）；板的平面尺寸太大，使温度翘曲应力过大；养护期间收缩应力过大；基层过量的塑性变形，使板底脱空失去支承；由于材料或施工质量不良，混凝土强度未达到设计要求等。断裂裂缝破坏了板的结构整体性，使板丧失应有的承载力。

上述水泥混凝土面层的破损现象，在水泥混凝土路面结构设计时必须采取适当的技术措施予以防治。

四、水泥混凝土基层

水泥混凝土基层又称为刚性基层。在重载交通及运煤、矿石、建筑材料等的公路上，沥青路面结构选用贫混凝土（水泥用量较低的水泥混凝土 LC）作基层比较实用。在交通繁重的公路上，水泥混凝土路面结构应优先选用贫混凝土、碾压混凝土（采用振动碾压成型的水泥混凝土 RCC）作基层。

当采用贫混凝土做沥青路面的基层时，贫混凝土的配合比设计应根据 28d 龄期的抗弯拉强度试验确定水泥剂量，宜为 8% ~ 12%；集料的最大粒径不应大于 31.5m；施工质量管理与控制宜用 7d 龄期的抗压强度评价；其厚度一般为 20 ~ 28cm，最小厚度应大于 15cm。贫混凝土基层的强度要求见表 12-8。

表 12-8 贫混凝土基层的强度要求

试验项目	28d 抗弯拉强度（MPa）	28d 抗压强度（MPa）	7d 抗压强度（MPa）
特重、重交通	2.5 ~ 3.5	12 ~ 20	9 ~ 15
中交通	2.0 ~ 3.0	9 ~ 16	7 ~ 12

刚性基层应设置纵、横向接缝。贫混凝土作沥青路面的基层时，接缝中应灌入填缝料，其顶面应设置热沥青或改性沥青、改性乳化沥青黏结层。

第十三章　原有公路的改建

第一节　基础内容

在公路改建时，必须依据规划的要求，通过认真细致的调查，编制计划任务书，经审批下达后，作为改建测设的依据。公路改建一般应掌握以下几项原则。

一、先“干”后“支”

目前我国有相当多的干线公路处于超负载、超期限的使用，对经济效益和社会效益影响很大。有关统计资料表明，公路改建可使汽车行驶速度提高 20% ~ 50%，运输成本下降 15% ~ 40%。因此，公路改建必须要根据公路网的规划，集中力量先改建干线公路，有重点地进行技术改造，不断提高公路等级与服务质量，再逐步改建地方性的支线公路。当投资有限，多条公路均需要改造时，也要按经济效益和社会效益的原则进行比较，分析其在整个公路网中的地位和作用，以及内部收益率、投资回收期等确定公路改建的线路。

二、充分利用与积极改造

改建公路要坚持充分利用与积极改造相结合。改建方案既要对不符合标准要求的路段进行改造，又要充分利用原有工程；既要防止忽视标准而过分迁就原有路线的做法，又要防止片面追求过高标准而大量废弃原有工程的倾向。当工程造价可接受时，以改善为主，反之，以利用为主；对局部线形不良，严重影响交通的路段，应按改建标准彻底改造；对于不能适应改建公路等级和技术标准低的路段，应考虑大段改线或另择新线。

三、分期改建

改建公路应根据近、远期交通量，国家路网规划，国民经济发展及国防、自然条件以及建设资金等情况确定是一次改建还是分期改建。分期改建的方式一般有纵向的分段分期改建、横向分幅分期改建和按工程项目分期改建。采用分期改建的公路，应使前期工程在后期仍能充分利用，并为后期工程的修建留有余地和创造有利条件。

四、注意环境保护

改建公路和新建公路一样，要从社会环境影响、生态环境影响、环境空气影响和环境噪声影响四个方面进行评价，以保证自然环境的良性循环。

五、支援农业

公路改建要坚持支援农业、节约用地的原则。要把公路改建和农田水利建设结合起来，采用挖渠和填路、修坝和筑路相结合的方式，从线形改善、纵坡设计、路基高度、防护工程、排水系统、取土坑设计等方面综合考虑，要有利于造田排灌和水土保持。

第二节　公路改建的工作内容

一、平面线形改建

平面局部改线是公路改建的主要内容。当原有公路平曲线半径过小，不符合改建标准要求，首先应加大平曲线半径，如图 13–1 所示。在不少低等级公路，往往存在平面线形弯曲，小半径弯道多，以致视距不良的问题，此时可采用裁弯取直的方法进行改建，如图 13–2 所示。当原有公路的沿溪线限于当时投资而存在绕沟迂回、线形弯曲的，改建时可以从沟口修桥跨越，将路线取直。当原有公路的相邻两弯道中间直线段过短，且半径相差较大时，可将小半径弯道曲线的半径加大，构成同向复曲线或一个半径的平曲线。

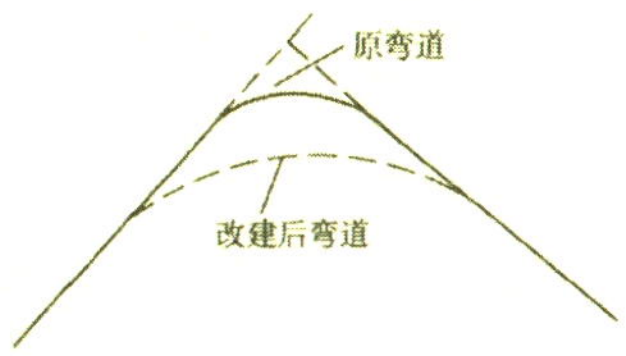

图 13–1　加大平曲线半径示意图

图 13–2　裁弯取值的方法示意图

对原有公路由于受限于当时的工期、投资、技术等原因，可以采用沿溪线而采用了越岭线，以致存在陡坡急弯、线形不良、标准过低的，改建时首先考虑沿溪线方案。

原有公路有些桥头往往弯道过急，容易发生行车事故，这时可采取顺桥方向延长路线，并加大平曲线半径，以局部改善桥头线形，如图 13–3 所示。

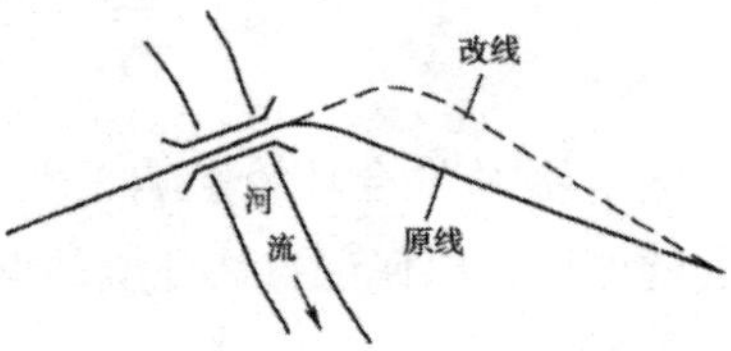

图 13–3　局部改善桥头线形示意图

我国原有的许多公路在通过小城镇时，一般都从街道中心通过，出入口的弯道紧靠街口房屋，驾驶员的视线严重受阻，而且路面加宽时须拆除临街的大量房屋，改建时应从改善城镇出入口的线形和绕避城镇这两个方案综合考虑。一般来说，对于路线等级高的公路以绕避城镇为好，对一般小的居民点可不考虑避绕，但重点是要保证视距和改善行车条件。

二、纵面线形改建

当原有公路的纵坡超过标准规定的极限值或出现连续起伏的大坡段时，往往需要结合平面改建进行局部改坡。当原有公路的纵坡在短距离内出现超过极限纵坡或纵坡频繁起伏时，一般可平面不变，而只需调整填挖高度，减小或取消纵坡的频繁起伏，降低纵坡坡度，如图 13–4 所示。在调整纵坡时，应尽量利用原有构造物，并调查其加宽和接长的可能性。如果路段不但坡度大，同时其坡长又接近或超过极限，采取以上措施难以解决时，则必须结合平面线形改建加以改建，通过延展路线来克服高差从而达到减小纵坡的目的。

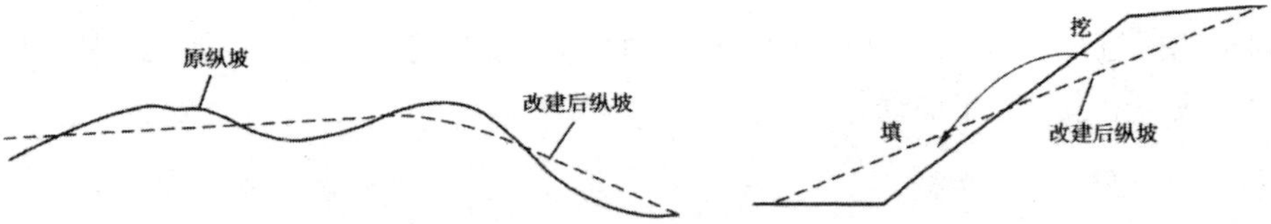

图 13–4　纵面线形改建示意图

此外，在原有公路改建时如果某些路段的平面与纵面线形都不能满足要求，则在确定改建方案时，应先按规定的平面线形标准，采取裁弯取直、减少交点、增加曲线间的直线段长度等措施，使平面线形达到标准要求，然后按改建后的平面位置进行纵断面设计，看纵坡是否能满足标准要求。若不能满足要求，则另选新线。

三、路基改建

对于路基需要改建的路段，一般包括两项内容：一是提高路基强度，增加路基稳定性；二是路基加宽，其主要内容如下。

（1）在地下水位较高或排水不良路段，路基会经常处在潮湿或过湿状态使路基强度不足，此时应按公路最小填土高度的要求，采取提高路基、增加或完善排水设施、设置隔离层、加深边沟等措施予以改建，以保证路基的强度和稳定性。

（2）对经常受洪水影响的路基，应采取改善排水设施、增设防护与导流工程等措施，以改善排水状况，消除路基受水毁的威胁，使路基免受侵害，主要措施包括石笼防护、砌石护坡，导流坝等；对边坡不稳定、变形和塌方等情况，应采用放缓边坡、坡面防护等措施；如因路肩排水不良，致使路基水分过多，应修整路肩和采取防渗措施。

（3）路基加宽的方式有单侧加宽和双侧加宽两种方案，各有优点，一般情况下，如无地形地物限制以单侧加宽为好。

定线时将中线偏离旧路中线，使路基只需一侧加宽的方式称为单侧加宽^这种加宽方式便于施工，压实度容易保证，施工进度快，但缺点是新旧路基会产生不同的沉降，因而会引起路基沿接缝处出现纵向裂缝，因此应注意新旧路基的衔接，在旧路基边坡应根据边坡高度开挖一定数量的台阶，分层填土并严格控制施工压实度，以免出现新旧路基不均匀沉陷。

当在山坡路基加宽时，一般可将原路的中线向山坡方向内移，通过挖方来加宽路基。如果地表横坡较陡，路堑上方土石方工程量很大，不宜再开挖时，可设置路肩墙，进行外侧加宽。路基设计中线与旧路中线重合，称为双侧加宽。这种加宽方式基础强度较高，较均匀，路面稳定性好，但缺点是如果路基加宽值较小时不但不利施工，而且路基的压实度不易保证，影响路基的稳定，因此一般适用于无法向一侧拓宽的情况。如在路线穿越村镇居民点时，为了减少拆迁量，用两侧加宽路基时，可将两侧梯形边沟改为浆砌片石矩形边沟，既增加了路基宽度，又保证了路基排水，同时也改善了路容；对平缓地段路基加宽，可两边回填边沟，挖土后形成新的边沟，减少因取土对农田的影响。在新旧路的结合部位，要在旧路基上开台阶，以保持路基的稳定。

四、路面改建

原有公路路面的改建设计，一般应根据改建公路等级的要求并结合原有路面的技术状况等情况而定。其基本内容包括用新的材料改建路面的一层或多层，补强加宽路面等。在具体设计时，如果原有路基标准低、强度低、稳定性差，则应按新建路面进行路基路面的综合设计；如果原有路基路面较密实坚硬，可利用其强度，将原有路面作为基层或垫层，在其上按路面结构设计的要求铺筑面层。

路面类型的选择，主要取决于交通量和公路的等级。改建后的路面等级应高于原有路面的等级，路面各结构层的类型应根据路用性质、设计交通量、地质水文、气候综合考虑确定。路面宽度不足需要加宽时，应与路基的加宽相配合。加宽部分应先按原路面强度补强，然后再作全路幅的补强处理。

五、小桥涵改建

桥涵的改造应坚持充分利用与积极提高的原则，如经现场鉴定为完好的桥涵，则应尽量利用；如桥涵破坏严重，承载能力严重不足，无修复利用价值时，则应拆除旧桥涵按设计标准新建桥涵。小桥涵的改建主要有改善、加固、加宽与接长等内容。

1．桥梁加固

由于原桥设计荷载过小或公路等级提高导致承载力不足时，应对原桥进行加固，加固时可根据桥型、河床条件、排水情况、就地取材等情况，分别采用不同的措施。

下部结构如个别墩台被洪水冲空，可采用修补、抛石、铺河底等方法加固，或根据实际情况，在上游适当地点增设调治构造物，以改善水流状况。上部结构加固可采用树立排架，增设桥墩或用八字撑、人字撑等方法加固，如只是个别大梁损坏，可以抽换大梁，或用工字钢、槽钢等加固，采用桥下支撑的方法，往往起阻水的不良作用，故应结合水流特性综合考虑。总之，针对不同情况，分别采用“加”、“补”、“换”的方法，使之完善。

2．增加泄水能力

如果原有桥梁泄水断面不足排泄标准规定频率的洪水时，可根据实际情况增加泄水能力，增大过水断面横向通过增加桥孔实现，一般在提高桥面受限制时采用此方法；竖向增加泄水能力有两种办法：加高桥墩，增大桥下净空；开挖河床，增大过水断面。具体要结合地质水文和工程造价合理选取其中一种方法或多种方法并用。

3．桥梁加宽与涵洞接长

原桥需加宽时，宜考虑在一侧按原式样加宽桥台及桥面，条件许可时，可在上部或台帽处作挑悬设计，以节省下部工程的费用；对于加宽值较大的桥梁也可在旧桥旁边新建独立的窄桥，其结构最好和旧桥一致，然后把旧桥桥面与加宽桥桥面采用适当措施连接起来。

路基加宽后的涵洞接长，一般宜在一端接长，与路基改建相一致。施工时先拆除需接长一端的洞口及翼墙，然后按要求接长涵洞，最后重新修建洞口及翼墙。

第三节　原有公路改建的方法与步骤

一、原有公路的调查内容

（1）调查搜集原有公路的路况资料及历年改建、养护工程的测设、施工和竣工资料，对严重病害、经常肇事和阻塞的路段，要找出原因，提出总体改建方案。

（2）做好经济调查，调查原有公路的使用性质，路线影响范围内工农业及商业方面的现状和今后发展的要求，现阶段主要运输企业和运输设备，历年主要运输指标，调查车辆组成、运输分布、经济指标、交通量等资料，并根据路网规划，进一步论证改建所采用的技术等级和技术标准的依据及其合理性。

（3）征求地方、养护等有关部门的意见，做到公路的改建和地方的规划相协调、建设和养护相一致。

（4）收集原路的勘测设计和施工竣工资料及交付使用后行车增长及行车事故的情况，根据收集的路况资料，对原路进行实地调查，提出分段局部改线、改桥、加宽增建、排水的具体方案。初步拟定各项改建工程的基本尺寸结构类型、概略工程量及主要建筑材料的数量。

（5）路线调查要确定各路段地形分类、主要技术指标、极限指标，对居民点、重要交叉道、地质不良地段、重点工程地段要重点调查，并定出局部改线的概略位置。

（6）路基路面调查要确定路基的干湿类型，断面形式和尺寸，强度和稳定性，防护工程的类型、尺寸，表面有无变形和裂缝，路面的强度和使用情况，提出对路基路面的改建方案。这项工作可用开挖试坑和目测的方式。桥涵的调查主要是检查结构物的形式、尺寸、孔径，基础埋置深度，载重能力，能否满足泄洪的要求，是否需要加固加宽，结合实际地形、地质，提出桥涵改建意见。

二、资料整理

改建公路的资料整理，应根据公路工程基本建设项目的勘测设计阶段的要求，按照设计文件的组成和内容，加上改建增加的内容，进行整理、汇总，可参见新建公路初测的有关内容。

现有公路的路线、路基路面、桥涵等的现状资料，应将结果反映在公路平面示意图上，改建意见应在有关图表或说明里反映。

经济和路况调查由于面广、量大、项目多，既要全面调查，又要有重点地分项进行。调查工作应采用重点调查和典型调查的方法，以统计表为主，观察、询问为辅的手段，逐步调查，逐步整理，除必要的文字记载及说明外，应分别填写各种表格。其表格形式如表 13–1 ～表 13–4 所示。

表 13–1　平面极限路段调查表

起讫桩号	平曲线半径		曲线长度（m）	曲线间直线长度（m）	改建措施	备注
	左偏	右偏				

表 13–2　纵面极限路段调查表

起讫桩号	最大纵坡		超限路段		改建措施	备注
	坡度（%）	坡长（m）	坡度（%）	坡长（m）		

表 13–3　路基调查表

编号	起讫桩号	长度（m）	路基形式	路基宽（m）	土壤类别	地带类型	路基稳定性	改建措施

表 13–4　路面调查表

编号	起讫桩号	长度（m）	路面宽度（m）	结构形式	路面厚度（m）	使用情况	改线建议

三、改建的方法与步骤

改建公路的测量和新建公路的测量基本相同。当其中某些路段需要大段改线、重新布线时，各业务组的工作内容和操作方法与新建公路测量相同。而在一般只需局部改线、改坡、路基路面拓宽、桥涵及人工结构物改建的地段，则采用详细测量和补充测量相结合的方法，对局部改线改坡等路段可详细测量，对路况良好，路线标准基本符合要求的路段，只针对加宽或接长等需要，进行补充测量。

1．定线

改建公路定线的方法，根据旧路各段路况不同而有所不同。

当对于大段脱离原有公路连续改线的路段，其定线方法和新线测量要求完全相同；当基本利用原有公路的路段而只需加宽路基时，定线时应从保证路基稳定，有利于施工，有利于线形改善和尽量减少工程量等出发，确定路基是两侧同时加宽或只加宽一侧，从而定出路线中线。定线时，为了比较准确地找出原路中线，可利用原有桥梁轴线、涵洞中心线为控制点结合路基、路面、边沟及其他构造物的中线，交出两相邻直线的交点，并选定合适的平曲线半径。

当交通量大，原路已有足够的路基宽度，仅以改建路面为主时，为减少行车干扰，可以采用平行于路中线的边线测量。

2．中线定桩

旧路一般都沿中线丈量距离，但为了使铺设的标志不至于钉坏路面和影响行车。一般只在路中线该钉桩处钉上附有红布的小铁钉或圈上红油漆，为后面各组留下标志。在与中线垂直方向，向路基右侧引出一定的距离（一般在路肩边沿），钉出指示桩，桩上除标明桩号及里程外，在桩的背面应注明公路中线上桩位距该指示桩的距离。

3．水准测量

根据新建公路水准测量要求进行，凡改建的构造物均需测定其高程，对可利用的路线的中桩标高可根据实际需要，选择测定。

4．横断面测量

对改线新建段横断面测量同新建公路，对原路利用段要绘出桥涵、挡墙、护坡等构造物的断面图，并对沿线的渠道、管线、建筑物等绘出轮廓线，为公路的加宽、加高，构造物的加固、加长提供尺寸。

5．地形测量

如有原地形图，可在原地形图上补充测量，以减小工作量；否则，应重新测量，改线地段的地形测量与新建公路相同。

6．路基路面调查

路基路面调查的主要内容见表 13-5。

表 13–5　路基路面调查

项目	具体内容
路基形式及边坡现状调查	收集不同土层类型边坡的坡度、高度及其稳定情况，以便合理地确定挖填路基的边坡度
路基排水调查	调查路基纵横向排水情况，各种排水设施的现有状况及是否满足排水要求，以确定是否需要改造、维修或新设排水设施，并从水对路基的影响，合理确定路基的高度和形式
路基附属工程的调查	调查挡土墙、护坡、护栏、改移河道等路基附属工程所在的位置、长度，以及结构物的各部尺寸及现状，有无变形、裂缝及破碎现象，是否需要加固、加高、接长或重建，必要时还应对基础类型、基础埋置深度进行调查
路面调查	调查路面的种类、宽度、厚度、路面材料及磨耗层的组成和性质，采用弯沉仪分段测量路面的强度
路基病害的调查	调查不良地质地带的类型及其对路基的危害程度，路基病害的程度以及对行车的影响，路基有无松软、沉陷、水毁等情况并确定采取的处治措施

7．原有桥涵的调查

（1）调查原有桥涵的所在位置、结构类型、孔数、总长度、基础类型及埋置深度、修建年月、承载能力、桥头两端路线对行车有无妨碍，该桥是否能全部或部分利用。对于需要加固接长的桥涵，应详细查明原有结构的尺寸以及最佳的衔接方案。

（2）调查桥涵位置是否适当，孔径是否足够，有无淤塞及水毁现象，是否需要增补有关的附属工程。对于需要增设的桥涵应按新建公路的勘测规程要求进行野外调查及勘测工作。

改建测量完成之后，应按设计文件编制的要求编制施工图设计文件，并编制施工图预算，经主管部门批准后，由工程主管部门下达给施工单位进行施工。

第十四章 公路排水设计与公用设施布设

第一节 公路排水设计

一、公路排水设计的一般原则

（1）全面规划、合理布局、少占农田、并与当地排灌系统协调，防止冲毁农田及其水利设施；重视环境保护，防止水土流失和水源污染。

（2）穿越城镇的公路，其排水设计应与城镇现有或规划的排水系统和设施相协调。黄土、膨胀土、盐渍土、多年冻土、滑坡等特殊地区（段）的公路，其排水设计应结合该工程的其他处治措施综合进行。

（3）根据公路等级、沿线地形、地质、水文、气象等条件以及桥涵设置等情况进行综合考虑，注意各种排水设施及排水构造物之间的联系与协调，使全线形成完善的排水系统。

（4）在不断总结生产实践经验和科学试验的基础上，积极采用新材料、新技术和新工艺。

（5）考虑施工场地的临时性排水设施，并尽可能使之与永久性排水设施结合起来。各排水设施和构造物的设计，均应考虑便于施工、检查和养护维修。

二、公路地表排水

1．路界地表排水的一般规定

（1）地表排水设施的布设应充分利用地形和天然水系，形成完善的排水系统，并做好进出口位置的选择和处理，使水流顺畅，不出现堵塞、溢流、渗漏、淤积、冲刷、冻结等，以免对路基、路面和毗邻地带造成危害。

（2）路界地表排水设施不应兼作其他流水用途。对于二级以下的公路，如受条件限制而需兼用时，应限制在较小的范围和规模内，符合公路排水设计原则，并应进行个别设计。

（3）地表排水设计应与坡面防护工程综合考虑，采取有效措施防止坡面岩土遭受冲刷和失稳。地表排水沟管排放的水流不得直接排入饮用水的水源，也不宜直接排入养殖池，农田等。

2. 路面表面排水

路面表面排水应遵循下列原则：

（1）降落在路面上的雨水，应通过路面横向坡度向两侧排流，避免行车道路面范围内出现积水。

（2）在路线纵坡平缓、汇水量不大、路堤较低且边坡面不会受到冲刷的情况下，应采用在路堤边坡上横向漫流的方式排除路面表面水。

（3）在路堤较高，边坡坡面未做防护而易遭受表面水流冲刷，或者坡面虽已采取防护措施但仍有可能受到冲刷时，应沿路肩外侧边缘设置拦水带，汇集路面表面水，然后通过泄水口和急流槽排离路堤。

（4）设置拦水带汇集路面表面水时，拦水带过水断面内的水面，在高速公路及一级公路上不得漫过右侧车道外边缘，在二级及二级以下公路上不得漫过右侧车道中心线。

按照上述原则，当路基横断面为路堤时，可采用两种方式排除路面表面水：

1）在汇水量不大，路堤不高，路线纵坡不大，坡面耐冲刷能力强的情况下，让路面表面水以横向漫流形式向路堤坡面分散排放；

2）在表面水有可能冲刷路堤坡面的情况下，在路肩外侧边缘放置拦水带，将路面表面水

汇集在拦水带同路肩铺面（或者路肩和部分路面铺面）组成的浅三角形过水断面内，然后通过相隔一定间距设置的泄水口和急流槽集中排放到路堤坡脚外。由于修筑拦水带和急流槽需增加工程投资，因而，在两种方式作抉择时，须对投资的经济性进行分析、和比较后作出决定。

拦水带的泄水口可设置成开口（喇叭）式。设在平坡或缓坡坡段上时，泄水口可做成对称式；设在纵坡段上的泄水口，宜做成不对称的喇叭口，并在硬路肩边缘的外侧设置逐渐变宽的低凹区。低凹区的铺面类型与路肩相同。

在道路交叉口、匝道口、桥梁等构造物连接处及超高段和一般路段的横坡转换处，应设置泄水口以避免路面表面水横向流过行车道或结构物，在纵坡符号变换的凹型竖曲线底部，泄水口应设在最低点，并在其前后相距 3 ~ 5m 处各增设一个泄水口。泄水口的设置间距以 20 ~ 50m 为宜。

在路堤较高，边坡坡面易遭受路面表面水流冲刷的情况下，也可沿硬路肩外侧边缘设置三角形或碟形水泥混凝土边沟，以汇集路面表面水。

当路基横断面为路堑时，横向排放的表面水可沿硬路肩边缘或者在无铺路面路

肩内或边缘处设置边沟，以汇集路面表面水和路堑边坡坡面水。

边沟可采用三角形、碟形、U 形、梯形、矩形或矩形盖沟断面，按公路等级、所需排泄的设计流量、设置位置和土质或岩质选定。高速公路及一级公路，宜采用三角形或碟形边沟；受条件限制而需采用矩形横断面时，应在顶面加盖格栅或者带槽孔的混凝土盖板。二级及二级以下公路，可采用梯形横断面（土质）或矩形横断面（石质）。

3．中央分隔带排水

中央分隔带排水是高速公路、一级公路地表排水的重要部分。根据分隔带宽度、绿化和

交通安全设施的形式、分隔带表面的处理方式等因素选择不同的排水方式。中央分隔带排水划分的类型如下：

（1）宽度小于 3m 且表面采用铺面封闭的中央分隔带。降落在分隔带上的表面水排向两侧行车道，其坡度与路面的横坡度相同；在超高路段上，可在分隔带上侧边缘处设置缘石或泄水口，或者在分隔带内设置缝隙式圆形集水管或碟形混凝土浅沟和泄水口，以拦截、排泄上侧半幅路面的表面水。缘石过水断面的泄水口可采用开口式、格栅式或组合式。碟形混凝土浅沟的泄水口采用格栅式。格栅铁条应平行于水流方向，孔口的净泄水面积应占格栅面积的一半以上，泄水口间距和截流量计算以及截面尺寸，可通过计算选取。

（2）宽度大于 3m 且表面未采用铺面封闭的中央分隔带。降落在分隔带上的表面水汇集在分隔带中央的低洼处，并通过纵坡排流到泄水口或横穿路界的桥涵水道中。分隔带的横向坡度不得陡于 1：6。分隔带的纵向排水坡度，在过水断面无铺面时不得缓于 0.25%，有铺面时不得缓于 0.12%。当水流速度超过地面土的最大允许流速时，应在过水断面宽度范围内对地面上进行铺砌防冲刷处理，做成三角形或 U 形断面的水沟。

4．坡面排水

坡面可分为自然坡面、路堑边坡坡面和路堤边坡坡面三部分。

（1）自然坡面截水沟。路堑或路堤边坡上方自然坡面流入路界的地表水径流量大时，须设置拦截地表水的截水沟。在汇流长度大的坡面上，应酌情设置一道以上大致平行的截水沟；在坡体稳定性较差或有可能形成滑坡的路段，应在滑坡体的周界外设置拦截地表水的截水沟。

截水沟设在路堑坡顶 5m 或路堤坡脚 2m 以外，如土质良好、路堑边坡不高或沟壁进行铺砌时，前者也可不小于 2m。截水沟应结合地形和地质条件沿等高线布置，将拦截的水顺畅地排向自然沟谷或水道。沟渠需转弯时，其曲率半径不得小于 3 倍

水面宽度或10倍水深。长度以200 ~ 500m为宜，超过500m时，可在中间适当位置处增设泄水口，由急流槽或急流管分流排出路基范围以外。截水沟一般采用梯形横断面，沟坡坡度为1：1.0 ~ 1：1.5，沟底宽、沟深不宜小于0.5m。地质或土质条件差，有可能产生渗漏或变形时，应采用相应的铺砌或防护措施。

（2）路堑边坡坡面边沟和排水沟。路堑边坡坡面水流向设在坡脚的边沟内，边沟同时接纳路面表面水。

深路堑边坡为增加边坡稳定而做成台阶形（设边坡平台）时，在坡面径流量大的情况下可设置平台排水沟，以减少坡面冲刷。边沟断面高速公路及一级公路宜采用三角形或碟形边沟。二级及二级以下公路，可采用梯形横断面。岩石挖方路段可采用矩形横断面，其内侧坡面用浆砌片石砌筑以保证直立。矩形和梯形边沟的底宽和深度不应小于0.4m，挖方路段梯形边沟的外侧坡面与路堑下部坡面的坡度一致。

边沟的纵坡坡度应结合路线纵坡、地形、土质、出水口位置等情况选定，尽可能与路线纵坡坡度保持一致。边坡出水口的间距，一般地区不宜超过500m，多雨、山岭重丘地区不宜超过300m，三角形和碟形边沟不宜超过200m。边沟出口水的排放应结合地形、地质条件以及桥涵位置，将水排到路基范围外，避免冲刷路堤坡脚。

（3）路堤边坡坡面边沟和排水沟。路堤边坡坡面水流向设在坡脚的边沟（低矮路堤）或排水沟（高路堤）内，边沟或排水沟同时接纳路面表面水。

高路堤边坡设边坡平台时，在坡面径流量大的情况下可设置平台排水沟，以减少坡面冲刷。

（4）竖向急流槽或急流管。在高路堤和深路蜜的坡面上，从坡顶或者坡面平台向下竖向集中排水时，或者在截水沟或排水沟纵坡度很大时，可设置竖向急流槽或急流管。

急流槽采用由浆砌片石铺砌或水泥混凝土预制件组成的矩形断面沟槽，或者金属管。急流槽或急流管的出口处应设置消能设施，可采用混凝土或浆砌片石铺砌的消力坪或消力池。

三、公路地下排水

当路基范围内出露地下水或地下水位较高，危及路基、路面强度或边坡稳定时，应根据具体情况采取拦截、旁引、排除含水层的地下水、降低地下水位或者疏干坡体内地下水等措施。地下排水设施按其作用和使用条件不同，可分为暗沟（管）、渗沟、渗井三种类型。

1．暗沟（管）

为排出泉水或地下集中水流，有针对性的采用单一暗沟（管）排出。暗沟横断面一般为矩形，用浆砌片石或水泥混凝土预制块砌筑，沟顶设置盖板，盖板上的填土高度不应小于 50cm。各部位尺寸大小根据排出水量及地形、地质条件确定。

暗沟的纵坡不宜小于 1%，出水口应高出地表排水沟常水位 0.2m，以避免倒渗。寒冷地区的暗沟，应做防冻保温处理或将暗沟设在冻结深度以下。

2. 渗沟

渗沟是采用渗透方式将地下水汇集于沟内，并通过沟底的通道将汇集的地下水沿水平方向排至指定地点。根据设置位置的不同有不同的作用。按渗沟构造不同有三种形式，分别为盲沟式、管式和洞式。

盲沟式渗沟一般适用于渗流量不大、渗沟不长的地段；管式渗沟通常设置在地下引水较长地段。如果渗沟过长，应将纵向渗沟沟内的水流，迅速分段排除。沟底水流量较大时，可采用洞式渗沟，其洞口大小可按设计流量而定。

渗沟各部位尺寸根据埋设位置及排水需要等情况确定。渗沟的平面布置，当用作降低地下水位时，应尽量靠近路基；用作拦截地下水时，应尽量与地下水流方向垂直。沟宽不宜小于 0.6m。渗沟顶部和底部应设置封闭层，可采用 M5 浆砌片石铺砌或水泥混凝土。

盲沟式渗沟最小纵坡不宜小于 1%，管式及洞式渗沟最小纵坡不宜小于 0.5%。渗沟的设置长度视实际需要确定，一般间隔 100 ~ 300m 设横向排水管。

渗沟应设置反滤层，反滤层设置在迎水面一侧，背水面一侧设置隔渗层，否则，在两侧沟壁均应设置反滤层。反滤层应选用颗粒大小均匀的砂石材料分层填筑，相邻层颗粒直径比不宜小于 1：4，层厚不宜小于 15cm，砂石料粒径小于 0.15mm 的颗粒含量应小于 5%，填料的粒径应为含水层粒料最大粒径的 8 ~ 10 倍。也可采用渗水土工织物做反滤层。

管式渗沟的排水管可采用预制渗水管。水泥混凝土圆管的最小直径不宜小于 20cm，带孔塑料渗水管直径宜为 8 ~ 5cm。管的渗水孔径为 1.5 ~ 2.0cm，管壁可采用渗水土工织物形成反滤层。带有钢圈、滤布和加强合成纤维组成的加劲软式透水管，直径为 8 ~ 30cm。

深而长的渗沟，在直线段每隔 30 ~ 50m 或在转弯渗沟处应设检查井。检查井直径不宜小于 1m，井壁应设渗水孔和反滤层。井壁处的排水管应高出井底 0.3 ~ 0.4m。检查井应设检查梯，井口顶部应高出附近地面 0.3 ~ 0.5m 并设井盖。

3. 渗井

渗井是竖向排除地下水的一种设施，它是将路基上层地下水，引向更深的地下汇水层中去，从而降低上层地下水的水位或全部排除上层地下水。渗井由上部集水构造与下部排水构造两部分组成。集水部分的构造与渗沟相同，井的四周设置反滤层，顶部设封闭层；下部排水的构造全部用粗粒矿料做填充物。渗井一般做成圆形。由于渗井造价比其他地下排水设施高，一般不轻易采用。

第二节　城市道路排水设计

一、排水系统的制度

城市道路排水是城市排水系统的重要组成部分。为了保障交通畅通、改善城市卫生条件，避免路面过早破坏，要求迅速将地面雨、雪水排除。

城市中除需要排除的雨、雪水等，还需要排除工业废水和生活污水。由于废水、污水和雨水的水质不同，因此，可分别组织不同的管道系统来排除。城市道路排水系统分为合流制和分流制两种。

1. 合流制

将污水和雨水以同一管道系统排除的称为合流制排水系统。以往我国很多旧城市大都采用合流制，污水不经过处理与雨水直接排入水体，这是由于历史原因造成的。随着工业的高速发展，生活污水量和工业废水量急剧增加，合流制往往对环境造成严重的污染和危害。为保护环境，需将混流的雨污水经污水处理厂处理后，再行排放。现在常采用截流式合流制排水系统。如今新建的大中城市均对这种排水系统进行了改造，而采用分流制排水系统。

2. 分流制

以两个或两个以上各自独立的管道系统分别汇集生活污水、工业废水和雨水的称为分流制排水系统。汇集和处理生活污水、工业废水的系统称为污水排除系统；排泄雨水的系统，称为雨水排除系统。分流制排水系统又可分为两种情况：一种情况是分别设置污水和雨水管道系统即完全分流制；另一种情况是只有污水管道系统，而不设雨水暗管，雨水沿着地面、街道边沟和明渠泄入天然水体即不完全分流制。

采用分流制，有利宇环境卫生保护和污水的综合利用，便于从废水中回收有用物质，可以做到清浊分流，降低需要处理的废水量。

对排水制度（分流制或合流制）的选择，应根据当地自然条件、卫生要求、原有排水设施、水质和水量、地形、气候、水体和污水利用等条件，从全局出发，综合考虑确定。新建的排水系统一般采用分流制，同一城镇的不同地区可以采用不同的排水制度。在具体实施方面，可根据当地的条件，如雨量少而集中，地面坡度较大，可先建造污水管道系统，用较少的投资将有碍卫生的污水从居住区排泄出去进行处理，雨水可用明沟排泄。

二、城市道路排水设计的一般要求

1. 设计范围及原则

（1）城区道路排水一般采用管道形式，设计时应根据当地材料和道路类别来选择。城区道路排水设计包括边沟、雨水口和连接管的布设，不包括排水干管设计。

（2）郊区道路排水设计包括边沟、排水沟与涵洞设计等。设计流量可按当地的水文公式计算。

（3）郊区道路排水设计应处理好与农田的排灌关系。快速路的路面水应排泄迅速，以防止路面形成水膜影响行车安全。

2. 道路排水设计标准

（1）城区道路排水设计重现期高于地区排水标准时，应增设必要的排水设施。

（2）当郊区道路所在地区有城市排水管网设施或排水规划时，应按规定选用适当的重现期。

三、雨水管道及其构造物沿道路的布置

1. 雨水管

（1）雨水管设计原则：城市道路的雨水管不仅用来排除道路地面水，还要使雨雪水能顺利地从建筑物、工厂或居住区排泄出去。因此，雨水管道设计，是指整个城市或城市某一区域范围内雨水排除设施的总体设计。雨水管道的总体布置主要根据城市的地形和道路规划来确定，设计时应遵循下列原则：

1）充分利用地形就近排入水体，要求雨水管道能从最短路程把雨雪水就近排入池塘、河流、湖泊等水体。

2）合理利用地形，使雨、雪水靠重力流排入水体，尽量减少或避免设置泵站。

3）结合城市规划布置雨水管道，雨水干管应沿排水地区低处布置。合理选择和布置出水口。

（2）雨水管布置。城市道路的雨水管线应平行于道路的中心线或规划红线。雨水管一般沿道路铺设在人行道或分隔带下面。当道路规划红线宽度大于60m时，一般布置两条；小于24m时，布置一条；宽度在24 ~ 60m间的道路，通过技术经济比较，可考虑布置一条或两条。

由于管道施工和检修对交通影响较大，所以在交通量较大的干道上，雨水管一般埋设在街道的绿带下和较宽的人行道之下，但不可埋设在种植树木的绿带下和灯

杆线及侧石线下。雨水管线应尽可能避免或减少与河流、铁路以及其他城市地下管线的交叉，避免使施工复杂，管线间相互干扰增加工程造价。在不能避免相交处应尽量正交，并保证相互之间有一定的竖向间隙。

雨水管与其他管线发生平交时，其他管线一般可用倒虹吸管的办法跨越。如雨水管和污水管相交，一般将污水管用倒虹吸管从雨水管的下方穿过。

如果污水管的管径较小，也可在交汇处加建窨井，将污水管改用生铁管穿越而过。当雨水管与给水管相交时，可以把给水管做成向上的弯头，用铁管穿过雨水窨井。

雨水管的纵断面设计应尽量与街道地形相适应，即管道纵坡尽可能与街道纵坡取得一致，这样，可使土方量最小。从排除雨水的要求来说，道路的纵坡最好在0.3% ~ 4% 范围内。道路过陡，需要分段设置跌水井等特殊构筑物，增加基建费用。如果道路过于平坦，而排除地面水有困难时，应在道路两侧设置锯齿形街沟，并使街沟的纵坡大于 0.3%，以保证排水。

管道的埋深，指管道内壁底到地面的深度。管道的埋深对整个管道系统的造价和施工影响很大，管道埋深越大，施工越困难，工程造价越高。所以，管道的埋深不宜过大。管道的最大埋深决定于土壤性质、地下水水位及施工方法等。在干燥土壤中一般不超过 7 ~ 8m；在地下水位较高、流沙严重、挖掘困难的地层中通常不超过 4 ~ 5m。当管道埋深超过最大埋深时，应考虑设置雨水泵站等措施。

显然，在满足技术要求的条件下，管道埋深越小越好。但是，管道的覆土深度（指管道外壁顶部到地面的距离）有个最小限值，称为最小覆土深度。

最小覆土深度一般根据雨水管可能承受的外部荷载、管材强度、当地冻深以及临街建筑内排水支管的衔接要求等条件确定，一般不小于 0.7m。在保证管道不受外部荷载损坏时，最小覆土深度可适当减小。至于北方冰冻地区，则要依靠防冻要求来确定覆土深度。

不同直径的管子在检查井内衔接时，应使上、下游管段的管顶等高，即管顶平接，这样可以避免在上游管中形成回水。

（3）雨水管设计的步骤和方法。雨水管道设计应完成以下工作：

1）调查研究与资料收集。首先做调查研究，收集并整理各种原始资料，根据当地情况确定设计基本数据。

2）划分流水区域。根据前述管道设计原则，在 1：2000 ~ 1：5000 并绘有规划总图的地形图上划分排水流域，规划雨水管道路线，确定水流方向。

3）划分设计管段并标定检查井的位置。两个检查井之间管径没有变化的管段为设计管段。所设计管段的起点就是检查井的位置，计算时可以把两检查井的间距作为一计算管段的长度，但这样工作量较大。为了简化计算，可以把估计采用同样管径和坡度的连续段，合并成为 - 个设计管段。

2. 雨水口

（1）雨水口布置要点。雨水口（进水口）是雨水管道或合流管道上收集雨水的构筑物。雨水口一般设在街道区内、广场上、街道交叉口和街道边沟的一定距离处，以防止雨水漫过道路或造成道路及低洼地区积水，妨碍交通。布置雨水口时，首先应根据道路纵断面设计，把街沟纵断面上低洼汇水处和交叉口上必须设置雨水口的地点确定下来，然后根据街沟纵坡大小、街道的宽窄、路面种类以及两旁街坊院落排水情况等，综合考虑确定雨水口的间距和位置。此外，还要考虑当地暴雨强度、雨水口的排水能力和汇水面积等因素。道路上雨水口的间距一般为 25 ~ 50m。道路纵坡直接影响雨水口的间距。通常道路纵坡较大时，水的流速大，部分水流会越过雨水口；而纵坡过小时，水的流速过缓，往往形成积水，此时，雨水口的间距均须缩少，即增加雨水口数量。雨水口应避免设在沿街建筑物通道、停车站、分水点及其他地下管道顶上。建筑物通道、停车站、交叉口处均应根据雨水径流情况及方向在上游设雨水口对雨水进行截流。

（2）雨水口型式及适用地点。雨水口的构造包括进水箅、井身和连接管三部分。根据进水箅布置的不同，雨水口可分为平箅式、立箅式和联合式三种（见表 14–1）。

表 14–1 雨水口的分类

类型	主要内容
平箅式雨水口	分为缘石平箅式和地面平箅式两种。缘石平箅式，适用于有缘石的道路，主要排除路面水；地面平箅式适用于无缘石的路段、广场及地面低洼聚水处。平式雨水口的盖子易被车辆压坏，设计中应注意结构问题
立箅式雨水口	分为立孔式和立箅式两种。适用于有缘石（侧石）的道路，其中立孔式适用于箅隙易被杂物堵塞的地方。这种雨水口，因为雨水沿纵坡流来时需要转 90° 才能流入雨水口，以致水流不畅，进水较慢，所以间距不宜过长，在严重积水区不宜使用
联合式雨水口	在水平和垂直方向上均有雨水箅子。宜用于径流集中且有杂物堵塞处

对于径流量大而集中的积水区，道路纵断面竖曲线全凹或广场最低点以及宽街道时，为避免单箅雨水口间距过近、支管过多，宜采用多箅式雨水口。

（3）雨水口设置要求。

1）平式雨水口的进水箅宜稍低于路面或邻近地面约 3 ~ 5cm，使周围地面坡向雨水口，且应自雨水口圈向四周护砌。

2）设置在有立缘石路段上的雨水口，应使路面纵坡在前后 1m，横向 0.5m 范围内坡向雨水口，使雨水口圈低于两侧路面 2 ~ 3cm。

3）雨水口砌置深度要根据支管位置（通过行车道或人行道）、水文地质、道路交叉等情况决定，一般砌置深度以 0.5 ~ 1.0m 为宜。冰冻地区应对雨水口及其基础采取防冻胀措施。

4）雨水口井边可用机砖砌筑或预制装配，井底部可分为有沉泥槽和无沉泥槽两种。沉泥槽可截留雨水所夹带的泥沙，不使它们进入管道而造成淤塞，但它往往影响环境卫生，增加养护的工作量，可根据需要及各地养护经验设置沉泥槽。

第三节　公共交通站点布置

一、汽车客运站

汽车客运站是公路运输部门的重要基层生产单位之一。汽车客运站的基本任务是：按照基本经济规律的要求，从一切为旅客服务的原则出发，尽可能满足人民群众日益增长的旅行需要，为工农业生产、经济发展、城乡交流和促进整个社会宏观经济效益的提高服务，保证安全、及时、方便、舒适、经济地完成运送旅客的任务。

1. 客运站类型

汽车客运站是旅客集散的地方，在客运生产服务活动中，客运站起着组织、协调、指挥、监督运输工作的重要作用。根据公路旅客运输市场的客观要求，对于较大规模的汽车客运站，应该具备运输组织管理、中转换乘、通讯信息、多式联运和辅助服务等功能。我国汽车运输企业的客运站大致可分为以下三种形式。

（1）自办站，一般设置在省、区、县政府所在地及交通枢纽点或旅客较集中的地点。自办站由公路客运部门依靠国家投资或自筹资金兴建，并由汽车运输企业直接领导管理。

（2）代办站，一般设置在客运量不大，尚不具备建自办站条件的旅客集散点。代办站由县级客运站与当地城镇、乡村或国有企业单位协商条件，委托代办。代办的业务工作由就近客运站领导。

（3）停靠点，一般是根据客流需要设置在客运班车沿线，客运量较小，但又不具备设置代办站的旅客集散点。停靠点只设置标志或简易候车棚，没有站务工作人员，仅供班车停靠和上下旅客之用。

上述各种类型的车站，在设置前必须周密调查，慎重选址，车站一经设置不宜轻易变动。

2. 客运站级别划分

客运站的级别根据车站年平均日旅客发送量（指统计年度车站平均每天始发旅客的数量），结合所在地的政治、经济、文化以及车站设施和设备等因素划分。客运站级别划分为一级车站、二级车站、三级车站、四级车站和简易车站。

（1）一级车站

一级车站除应具备相应的设施和设备各项外，还应具备以下条件之一：

①日发量在10000人次及以上；

②省、自治区、直辖市及其所辖市、自治州（盟）人民政府和地区行政公署所在如无10000人次以上的车站，可选取日发量5000人次以上具有代表性的一个车站列为一级车站；

③位于国家级旅游区或一类边境口岸日发量在3000人次以上。

（2）二级车站

二级车站除应具备相应的设施和设备各项外，还应具备以下条件之一：

①日发量在5000人次及以上，且不足10000人次；

②县以上或相当于县人民政府所在地，如无5000人次以上的车站，可选取日发量在3000人次以上具有代表性的一个车站；

③位于省级旅游区或二类边境口岸日发量在2000人次以上。

（3）三级车站

三级车站除应具务相应的设施和设备各项外，日发量应在2000人次以上，且不足5000人次。

（4）四级车站

四级车站除应具备相应的设施和设备各项外，日发量应在300人次以上，且不足2000人次。

（5）五级车站

五级车站除应具备相应的设施和设备各项外，日发量应在300人次以下。

二、汽车货运站

汽车货运站同样是公路运输部门重要的基层生产单位之一。汽车货运站的基本任务是：满足营运区域内社会对汽车货运的需求，为汽车货物合理运输创造良好条件，组织好城市间、城乡间的汽车货运工作；组织好汽车与其他运输方式的联运及相关业务；提高汽车运输实载率，保证安全、及时、便捷、经济地完成货运任务。

汽车货运站是公路货物的集散点，也是公路货运网络的节点，是实现货物“门到门”运输和直接为车主和货主提供多种服务的场所。在公路货运市场中，货运站起着集散货物、停放车辆、运行指挥和综合服务等重要作用。根据公路货物运输市场的客观要求，对于较大规模的汽车货运站，还应具备运输生产组织管理、中转换装、通讯信息、多式联运、运输代理和综合服务等功能。

1. 汽车货运站类型

随着国民经济的发展，为了适应公路货运市场发展的新形势，汽车货运结构必须根据运输业务范围，进行合理分工和组织，向各自专业化方向发展，形成不同的货运网路，即形成不同的货运业务受理站点、运载工具以及运行线路组成的循回运输系统。当前，我国汽车运输企业的货运站，大致可分为零担货运站、集装箱货运站和整车货运站三类。

（1）零担货运站

这是以专门经营零担货物运输为主的汽车站，简称零担站。凡一批货物托运的质量、体积或性质在 3t 以下或不满一整车装运时，该批货物称为零担货物。零担货物要求单件质量不超过 200kg，单件体积不超过 $1.5m^3$，货物长度不超过 3.5m，宽度不超过 1.5m，高度不超过 1.3m。零担货运站的主要特点见表 14–2：

表 14–2　零担货运站的主要特点

特点	具体内容
站务工作量大而复杂	其主要程序是：受理托运、退运与变更、检货司磅；验收入库、开票收费、装车与卸车、货物交接、货物中转、到达与交付等环节
站务作业计划性差	零担货物一般由托运单位或个人自行运抵货运站点，也可由车站指派业务人员上门代理托运手续。因此，难以采用合同运输等方式将其纳入计划运输的轨道
设备条件要求高	车站必须选择厢型车作为专用运输车辆，同时还应配置较高生产效率的站内运输机械和装卸设备
建站条件要求较高	车站必须满足零担货运的工艺要求，合理地设置零担货运站房、仓库、货棚、装卸场、停车场以及有关的生产辅助设施，且各部分相互位置应符合方便货主、便于作业、适应需要、优质服务的要求

（2）整车货运站

这是以货运商务作业机构为代表的汽车货运站。这种机构在我国各地的名称不一，如营业所、运输站、运管办等。它是调查并组织货源，办理货运商务作业的场所。商务作业包括托运、承运、受理业务、结算运费等项工作。有的整车货运站也兼营零担货运。整车货运站的主要特点如下。

①它是汽车运输企业调查、组织货源、办理货运等商务作业的代表扒构；

②承担汽车货运车辆的停放和保管；

③一般不提供仓储设施，只提供运力，从发货单位的仓库装车，负责运输过程的货物保管，直接运送到收货单位的仓库卸车；因运量大、地点较固定，所以适于采用大吨位载货车和较高生产效率的装卸机械。

（3）集装箱货运站

这是以主要承担集装箱中转运输任务为主的货运站，又称集装箱公路中转站。其主要业务功能为：

①港口、车站与货主间的集装箱“门到门”运输与中转运输；

②集装箱货物的拆（掏）箱、装（拼）箱、仓储和接取、送达；

③空、重集装箱的装卸、堆存和集装箱的检查、清洗、消毒、维修；

④运输车辆、装卸机械与设备的检查、清洗、维修和保管；为货主代办报关、报检等货运代理业务。由于零担和集装箱货运站的业务比整车业务复杂，本节仅就汽车零担货运站与集装箱公路中转站作进一步介绍。

2. 汽车货运站站级划分

汽车货运站站级划分的主要依据是年换算货物吞吐量。所谓货物吞吐量是指报告期内，货运站年发出与到达的货物数量，包括中转、收、发量的总和。

三、公交站点的分类与布置

公交站点主要分两类：一类称终点站（也称端点站），另一类称中间停靠站。

1. 终点站

终点站是供车辆始发、折返或暂时停放，同时兼作乘客上下的站点。除环形公交路线外，每条公交路线都有两个终点站（端点站）。终点站在布置时主要应考虑回车（掉头）和车辆暂时停放的要求。

终点站的布置形式最好是在路边专辟一块场地，这样既利于回车，又便于车辆停放，同时车辆的运行调度、加水、保养小修等工作也可以开展。有些路线终点站位于市区，单独辟一块专用场地有困难，这时可利用行车道回车，但行车道宽度应在 20 ~ 30m（铰接汽车）或 30 ~ 40m（无轨电车）。若道路宽度有限，不能直接回车，亦可利用交叉口回车或绕街坊回车。

2. 中间停靠站

公交运输是一种定时、定点的客运系统，与出租车不同，其特点是有规律、可控制。公交路线中间停靠站设置得当与否，将直接影响乘客利用公交的方便程度和公交自身的运输效率。中间停靠站的平面布置形式与道路横断面形式相关，通常有以下三种。

（1）沿人行道布设

在机动车与非机动车混行的一幅路和两幅路上，多采用这种形式的公交停靠站。为改善乘客的候车条件，应对站点附近人行道进行适当铺砌，设置安全栅栏和防雨、防晒设施。

该种站点布置形式，便于乘客上下，但对非机动车行驶带来一定的干扰。为不过分压缩机动车道，往返站点应错开设置。

（2）沿机、非分隔带布设

在设站处，将分隔带适当铺砌，并设置栅栏和防雨、防晒设施。这种形式站点对于车辆来说，停靠方便，无须驶入非机动车道，机动车与非机动车没有相互干扰；但乘客需穿越非机动车道。此外，公交车辆停站时占据道路外侧车道，从而使道路通行能力下降。为此，便产生下面第三种公交站布设形式。

（3）港湾式停靠站

对于三幅路或四幅路断面形式，机非分隔带在4.0m以上时，在公交站点处将分隔带辟筑成港湾形式。这样既有利于公交车停靠，又有利于乘客上下车安全，是目前最理想的公交车停靠站形式。

“港湾式”的做法，亦可用于上述第一、二种停靠站的布置。第一种是压缩人行道；第二种是压缩非机动车道，在站点处将机非分隔带向非机动车道方向挪移。须注意，这种港湾式的做法其前提是人行道足够宽或非机动车道足够宽，保证在压缩以后行人或非机动车仍能通过。

3．公交站点的站距

公共交通是为居民各种活动出行要求服务的，因此，设置公共交通停靠站的基本原则是方便乘客，节省乘客出行时间。

若停靠站间距较小，道路设站过多，这样会增加乘客的乘车时间，车辆速度不高，且频繁制动、起动，轮胎与燃料消耗大。如果停靠站间距过大，虽然车辆运行速度提高，减少了乘客的乘车时间，但增加了乘客的步行时间，于乘客不便。公交车辆中途停靠站比较合理的间距，通常市区以500 ~ 800m左右为宜；郊区为1000m左右。在交叉口附近设站时，为了不影响外交叉口的交通组织和通行能力，一般应离开交叉口50m左右。交通量较小的道路，站位距交叉口不得小于30m。

第四节　停车场布设与道路照明布设

一、停车场的分类和任务

1. 停车场的分类

（1）按停放车辆性质分

按停放车辆性质可分为机动车与非机动车停车场。机动车停车场主要是指汽车停车场，又可分为小客车停车场、公共汽车停车场、货运汽车停车场、出租汽车停车场等。非机动车停车场包括各种类型自行车和三轮车停车场（或存车处、保管站）。

（2）按停放地点分

按停放地点可分为路内停车场和路外停车场。路内停车场是指在道路用地控制（红线）内划定的供车辆停放的场地，包括行车道边缘、公路路肩、较宽的隔离带，或利用高架路、立交桥下的空间停车。这种停车场基本上不妨碍交通，设置简单，使用方便，投资少，多作临时短时间停放。其位置的选择主要考虑道路和交通情况，原则上不宜在主干道上或道路纵坡大于4%的路段上停车。一般设有标志、隔离护栏或用标线划定范围。

路外停车场是指道路用地控制范围以外专辟的停车场地，包括停车库、停车楼、机械式立体停车场和各类大型公共建筑附设的停车场。这类停车场一般包括停车场地、停车出入口通道、计时收费系统、各种停车管理设施和其他附属设施。停车楼和地下停车库都是为了节省城市用地，充分利用空间的有效措施。尤其是地下停车库是近些年来大城市普遍采用的停车形式。此外，智能化机械式停车设备是一种综合性强，难度高，要求严，投入大的机、电、光一体化的高科技装备，是将来解决停车问题的发展趋势。

（3）按服务对象分

按服务对象可分为公用停车场和专用停车场。公用停车场又称社会停车场，主要指设置于大型公共建筑、商业文化街、公园及旅游区附近，连接道路为各种社会车辆停放服务，以及分布在城镇出入口附近供入城、过境车辆临时停放的停车场。公用停车场又可分为三类，即大型集散场所停车场、商业服务业停车场、生活居住区停车场。专用停车场主要是指机关、企事业单位等内部自用的停车场和公共交通、汽车运输公司等专用的停车场，主要为单位所属车辆提供服务。

（4）按停放车辆容量分

按停放车辆容量可分为小型、中型和大型停车场三种。这种分类方法，目前我国尚无统一划分标准，通常把停放 50 辆汽车以下的称为小型停车场，50 ~ 100 辆的称为中型停车场，100 辆以上的为大型停车场。

（5）按车辆保管方法

按车辆保管方法不同，停车场可分为暖式车库、室内车库、棚式停车场和露天停车场四种。车辆在室内停放，可不受风、雨等自然条件的侵袭。在寒冷季节，暖式车库内的温度可保持在 10℃ ~ 15℃之间，能保证汽车随时具备最佳的技术状态，适合救护车、消防车等特种车辆的停放和保管。棚式停车场可使车辆免受雨、雪的侵害，但不能防止风沙和寒气的影响，保管质量尚好，适合临时性流动车辆的停放。车辆在露天停车场停放和保管，则受各种自然条件的侵害，保管质量差。目前，我国汽车运输企业多采用此种停放形式。

2. 停车场的任务及要求

尽管汽车停车场类型较多，但汽车运输企业停车场的主要任务是保管和存放车辆，保持车辆的技术性能完好。汽车运输企业的货运汽车停车场往往是综合性企业的车队所在地；而客运汽车停车场又往往是一个客运服务站。因此，这类停车场不仅要做好车辆的保管存放工作，而且还要进行营运组织和管理工作，并负责车辆的简易技术维护、小修以及运行材料的供应等工作。为了保证被保管存放车辆的安全可靠，停车场必须满足以下要求：

（1）保持车辆原有的技术状况；

（2）设置为停放车辆服务的技术性服务设施；在不降低上述基本要求的原则下，应尽量减少基建投资额和日常运用费，力求减少占地面积；

（3）车辆可以随时安全、顺利、方便、迅速地进出，以保证能及时参加营运工作；

（4）无火灾危险，并备有必要的消防设施及安全疏散的通道和大门；

二、车辆停发和停放方式

车辆停发和停放方式是指车辆驶入和驶出停车位置（简称车位）及在场（库）内的停放排列方法。

1. 车辆停发方式

车辆停发方式通常有三种。前两种进出车位的方式统称尽头式，第三种称贯通式。其中，由于后退停车、前进发车方式迅速、行驶方便，所需调车通道面积较小，且便于车辆的安全疏散，因此被广为采用。而贯通式进出车位的方式，虽然都以前进式行驶，可避免车辆进出车位时的交叉，调车安全性较好，但因占地面积较大，通常很少采用。

2. 车辆停放方式

车辆在停车场（库）内停放保管时，根据停车场地条件和车辆的停车要求，可以采用不同的停放方法。

（1）按车辆纵轴线与通道中心线的相对位置关系分

①平行式，车辆平行于通道方向停放。这种停放方式占用的停车带较窄，车辆驶出方便、迅速，但单位长度内停放的车辆数最少，一般在车型多、场地狭长、沿道路一侧或两侧布置停车时，常采用此种形式。

②垂直式，车辆垂直于通道方向停放。这种停放方式的特点是单位长度内停放的车辆数最多，用地比较紧凑，但所需通道较宽。布置时一般采用两边停车，合用中间一条通道，因此在场区整齐的情况下被广泛采用。

③斜置式，车辆一般与通道呈 30°、45°、60° 或其他锐角斜向布置。这种停放方式的特点是停车带宽度随车身长度和停放角度而异，车辆停放比较灵活，驶出、驶入车位方便。但由于受通道宽度限制，车辆只能在通道内作单向前进行驶，单位停车面积比垂直式大，而且随着停放角度的减小，车辆前后不能利用的三角形面积增大。尤其是 30° 停放，用地最不经济。所以，其适宜在停车处宽度有限的场合下采用。若采用斜角插入式停车方法，可减少一部分空隙面积，有利于停车场地的有效利用。

（2）按停放车辆的排列数分

按停放车辆的排列数可分为单列和多列两种停放方法。尽头式的排列一般不宜超过 2 列，贯通式的排列不宜超过 6 列。

选择车辆停放方式，除须因地制宜地与停车场地的形状相协调外，还应考虑停车场（库）的类型、车辆类型及用途等因素。如对特种用途的车辆和机关自用车辆，一般应采用在室内单列停放，以保证能随时快速出车；对于运输企业的车辆，在场地紧张的情况下宜采用双列或多列停放方式；而大型客车在室内停放时，由于机动性较差，宜采用无内部通道的贯通式停车方式等

三、照明的目的与作用

高速公路以其良好的线形与交通条件、较高的运营经济效益与巨大的社会效益，吸引越来越多的用户。但是高的设计速度、大的交通流量和较高的车流密度给高速公路的行车安全造成很大的威胁，特别是高速公路的夜间行车安全。因此，目前高速公路的照明问题在国际上已经引起世界各国的极大关注。大量的研究表明，高速公路照明条件的好坏直接影响夜间高速公路的行车速度及交通事故的潜在发生率，

即在相当程度上影响高速公路作用的充分发挥。

高速公路设置道路照明的主要目的是为了使车辆在不使用前照灯的条件下，也能够看清前方道路形状、周围交通情况，并能够及时认清前方障碍及各类标志等。另外，高速公路对对向车辆前照灯眩光影响的要求较一般公路更为严格，因而足够的照明能够使驾驶员从容、安心地驾驶车辆，保证夜间交通安全。

在高速公路高速行车中，驾驶员必须提前发现道路前方的各种障碍物，如损坏的车辆、行人或其他障碍物等，它们自身的反射率大都20%以下，而汽车前照灯的照明范围又很有限，所以在道路上如不设置照明设施，汽车在夜间行驶过程中就不得不降低行车速度。即便设置了照明设施，高速公路的夜间事故还是远远高于白天。据法国高速公路资料介绍，在不设照明的高速公路上，夜间交通量比白天低3倍的条件下，发生事故的次数要比白天多得多。

良好的高速公路照明不但可以提高行车速度，提高道路的利用率，而且还可以减轻或消除驾驶员的紧张与不安全感。由于照明设施保证了高速公路行车的通视与诱导性，容易注视前方，缓和了注意力的紧张程度，从而可以大大减轻驾驶员的驾驶疲劳，特别是在高速公路上长距离行驶时更为显著。由此可见，高速公路照明应该作为高速公路建设的重要组成部分，同时也是一个国家科学技术、经济实力与能源工业发展水平的综合体现。合理的照明在保证高速公路交通安全、提高运输效率、美化环境和节约电能等方面均有重要作用。

四、照明的分类

高速公路照明根据高速公路系统的各组成部分，大致可分为以下两类。

1．为运行车辆提供的照明

指为提供高速公路使用者以必要的视觉信息而进行的照明，如高速公路主线照明、互通式立交照明及隧道照明等。其主要功能是使驾驶员观察到必须要观察的对象及其背景，如道路的几何线形，前方道路上是否有各类的障碍物，路面状况信息及关于道路上的特殊场所及位置信息等。确切地讲，高速公路照明兼有两种作用，起主要作用的是准确方便地将高速公路沿途的视觉信息直接传递给高速公路的使用者。另外，由于高速公路上照明器的排列，还起着诱导车辆前方行进道路的作用。由于高速公路照明主要为运行的车辆而设计，故其属于专门交通照明的领域。

2．为高速公路管理业务及乘客而进行的照明

这类照明既是为保证高速公路管理工作人员的正常业务，又应满足车辆行驶的视觉需求。如高速公路的收费广场与收费遮棚，既要满足收费人员的工作环境照明，也应兼顾车辆在收费广场内的行驶需求。服务区广场的照明也应兼顾乘客与驾驶员

在场内各种活动对照明的需要。这一类照明的目的在于满足管理工作及乘客活动的需要，属于一般照明业务范畴，可采用通常的照明方法与标准即可。

五、照明器的布置

1. 杆柱照明方式

杆柱照明方式是把照明器安装在杆柱的顶端，杆柱沿道路配置。这种方式应用最为广泛。杆柱照明的特点是灯杆可沿线任意布置，并且可依线形变化配置照明器，每个照明器都能有效地照亮路面，可以选用小光通量光源，比较经济。由于照明器沿线形而设，在弯道上能够得到良好的视觉诱导，这种照明方式可以应用于高速公路主线、立体交叉、大桥、收费站及服务区等处的照明。杆柱照明灯与路面间的关系。

（1）照明器的安装高度（H）

加大照明器的安装高度可以减少眩光，增加照明光线的舒适感。由照明器形成的亮度分布大而广，可相对减少照明器的数量，而得到同样亮度与均匀度。

但另一方面，随高度增加既增加灯杆自身成本又使溢向路面以外的光通量增加，使照明器的利用率降低。根据气体放电光源的特点，灯杆的高度为 10 ~ 15m 是经济的。

（2）照明器外伸长度（oh）

加大照明器向路面的外伸长度，可使路面的平均亮度增高；而路肩或紧急停车道的照明亮度却因此而降低，在道路潮湿情况下更为严重。特别当路侧是紧急停车带的道路，这些地方常有车辆或障碍物存在，如照明处理不当，可引发事故。

外伸长度太长或太短都易使整体失去美观性能，从而影响照明质量，且不易发挥灯具的配光性能。因此，根据对环境的要求与影响，外伸长度一般不超过灯杆高度的 1/4。

（3）照明器的安装角度（θ）

安装角度 θ 的变化虽不影响照明器的平均亮度及其均匀度，但会对眩光及光线的舒适性产生影响，一般的安装角度在 5° ~ 15° 左右。

2. 高杆照明方式

高杆照明是指在 15 ~ 20m 的高杆上安装由大功率的光源组成的多个照明器，进行广阔范围内的大面积照明。高杆照明主要适用于高速公路的立体交叉、收费广场、服务区广场和线形复杂、视野广阔场所的照明。

3. 悬索照明

在道路的中间分隔带上设置较大间距的杆柱，其高度一般为 15 ~ 20m，在杆柱间拉起钢索，并把照明器悬挂在钢索上进行道路照明。悬索照明的优点是照明器扩展方向是沿道路横向，因此可以得到较高的照度和较好的均匀度；眩光较少，可形成舒适的照明环境。另外，由于照明光束沿道路纵向分布，使得雨天也有良好的照明效果。荷兰沃特克立交公路悬索照明。

六、大桥照明

高速公路沿线的桥梁包括跨线桥、跨河桥、跨江桥或跨海桥等，其结构形式与跨度更是多种多样。桥梁的照明问题在设计原则上、照明器形式与布置上与主线照明大致相同。但由于桥梁自身的一些特点，在特大桥的照明设计时，应注意以下几点原则。

1. 大桥主线照明

（1）一般大桥照明

一般大桥指不具桥下通行、空中飞行及观赏意义等特殊要求的普通高速公路桥梁。此类桥梁的照明，在主线未设置照明条件下，考虑到大桥的行车安全，可根据行车需求适当设置照明，其设计原则与高速公路主线照明基本一致。如果在主线已设置照明的条件下，则应考虑大桥照明在照度要求上，要使桥面照明高出其相连接的进出口主线道路。

（2）桥下有通航要求情况

对较大的跨海或跨江桥，其桥下有水上运输航道和水上交通运输。如我国位于广东省汕头特区沿海高速公路上的汕头海湾大桥，全长 2500m，桥下设主航道净空 460m，副航道净空 180m，可供万吨级船舶通过。

位于广东东莞与番禺市境内的虎门大桥，东接广深高速公路，横跨珠江虎门水道，西连广珠高速公路，全长 15.76km。此类大桥的照明除了要满足大桥沿高速公路主线的照明要求外，还应注意桥上设置的照明设施可能对过往船舶行驶造成的不利影响。因此，对照明器的形式、配光及安装等要慎重考虑。

为了使水上交通能够及时发现由桥梁造成的障碍物，还应在桥梁的下部结构上设置照明设施，以便使航行的船舶能够准确辨认前方桥墩的位置、航道的净空等，采取有效的安全通行措施。另外，有较高桥头柱或塔的大桥，还应考虑其可能对空中飞机航行造成的不利影响。

2. 大桥立面照明

对位于特殊地理位置的具有重大意义和观赏价值的大型桥梁，除了考虑行车安全需要的正常照明外，还需要设置供夜间观赏的立面照明，这种会产生较强的艺术效果。

立面照明的设计，首先要掌握桥梁结构类型的特点和立面建筑风格、艺术构思等，根据全日阳光照射方向不断变化所形成的最佳观赏角度及背景的对比和光色的烘托效果等，找出从不同角度落光时最能引人注目的特色。究竟光线应照射哪个立面为好，应视观看几率而定，显然观看几率多的立面便是照射面。

立面照明的常用光源有两种类型。一是串灯方式，即沿桥梁的轮廓装设照明器（或彩灯）。串灯照明的优点是简单易行，适于沿大桥的纵向进行照明布设，但其具有耗电量大和艺术效果难以体现的缺点。二是投光照明方式，即采用投光灯作为立面照明的光源。其优点是投光灯的光色好，立体感强，所需照明功率小，投光灯照明适用于较高耸的桥头建筑物的立面照明。

七、互通式立交照明

在较复杂的互通式立体交叉区域设计照明时，从照明器的安装高度、角度考虑可以按以下两种照明原理进行设计。

1．常规高度（低杆）照明

如主线照明那样，互通式立体交叉的照明器安装高度 15m 以下，灯杆的间距在 30 ~ 50m。这种照明技术在道路照明中用得比较普遍，而且与之相配的照明器也比较多。它具有能够有效利用光源光通量、节约能源、照明设施日常维护简单易行等一系列优点。但对立交照明来说，特别是对那些形式比较复杂的立交枢纽，这种照明方式在眩光和诱导性方面显得难以控制。为此，对较复杂的立交枢纽，在照明设计上常采用高杆照明方式。

2．高杆照明

互通立交采用高杆照明时，杆的设置高度应根据光源、照明器类型及互通式立体交叉的层次和高度确定，一般在 25 ~ 35m 之间，特殊的可达 40 ~ 70m。杆的间距在 90 ~ 100m 之间，杆柱上安装由多个高功率和高效率光源组装在一起的照明器，在立交广阔的范围内进行照明。

在立交处采用高杆照明的主要优缺点如下。

（1）照明的区域广阔，照明器光通利用率高。

（2）由于采用较高的杆柱，使得照明器的光通量分布均匀。

（3）由于每个杆柱上安装有多个照明器，可减少灯杆的数目，避免诱导性差的缺点；同时在夜间交通流量比较小时，可在满足车辆运行需求的条件下，通过减少灯杆上亮灯的数目来节约能源。另外，由于一个高杆上可安装多个照明器，可通过选用不同类型的电光源形成混合色光，以获得较理想的光的显色效果。

（4）高杆照明一般灯柱都安装在立体交叉车道以外的地方，特别是在匝道与主线之间的空地内，这样可便于照明器的维修与保养，不会影响立交车道内车辆的正常运行。

（5）较高的灯柱可使驾驶员在较远的地方发现高杆照明，以便于驾驶员预知前方道路的交通状况，采取适当措施保证安全。由于采用高杆柱，增加了照明的投资成本（相对低杆照明）。

第五节　人行天桥和人行地道布设

一、人行天桥和人行地道的布设地点

人行天桥宜建在交通量大，行人或自行车需要横过行车带的地段或交叉口上。在城市商业网点集中的地段，建造人行天桥既方便群众也易于诱导人们自觉上桥过街。

在某些城市的旧城区商业街道，虽然人流多，但道路较窄，机动车辆少，在这种情况下，则不一定要建造人行天桥。因为建造人行天桥对改善交通收益不大，行人反而感到不便。

人行地道作为城市公用设施，在使用和美观上较好。但是因工程和维修费用较高，在下列情况下，可考虑修建人行地道。

（1）重要建筑物及风景区附近，修人行天桥会破坏风景或城市美观。

（2）横跨的行人特别多的站前道路等。

（3）修建人行地道比修人行天桥在工程费用和施工方法上有利。有障碍物影响，修建人行天桥须显著提高桥下净空时。

总之，选择人行天桥或人行地道时，要充分考虑设置地点的交通状况、道路状况以及费用等问题。

二、人行天桥和人行地道的设计

1. 人行天桥的设计

人行天桥的桥宽和人行地道的宽度主要取决于高峰小时的人流量和设计通行能力。设计时人行天桥和人行地道的通行能力按 2000 ~ 300 人 /（h · m）计算。此外，还应考虑到桥宽与道路宽度、交叉口大小比例协调。我国已建的人行天桥和人行地道的宽度一般在 3.0 ~ 5.0m 之间。

2. 阶梯的设计

由于人流通过桥梯的速度低于通过桥面的速度，因此，人行天桥的通行能力往往受桥梯宽度的影响。为了使人流通过桥梯和桥面的速度一致，一般桥梯宽度应略大于桥面宽度。梯宽可根据人流量、通行能力按1800人/（h·m）计算决定。桥梯布置和结构应同建桥点景观协调。

桥梯步级的宽度和高度之和等于45cm左右为好，一般常用步级宽30cm、高15cm，或宽28cm、高16cm。在用地紧张的情况下，也可采用螺旋梯。

3. 人行天桥的净空

为满足大型集装箱车和无轨电车行驶，最小净空为5m。

4. 行人护栏的设置

为了引导行人上桥过街，避免穿越桥底，需沿街在桥梯两边50～100m设置高栏杆，形式以采用1.1～1.2竖杆为宜。

参考文献

[1] 孟祥海.高速公路规划设计与管理[M].哈尔滨工业大学出版社，2006.

[2] 傅大放，解建光，肖波.公路网规划环境影响评价[M].东南大学出版社，2011.

[3] 李贵财.关于城市道路规划中存在的问题[J].科技创业家，2012（24）.

[4] 崔莹.国内外对道路规划设计相关规定的比较研究[D].2015.

[5] 李朝阳.城市交通与道路规划[M].华中科技大学出版社，2009.

[6] 钱红艳.城市道路工程设计浅析[J].城市建筑，2014（23）：235-235.

[7] 张金水，张廷楷.道路勘测与设计[M].同济大学出版社，2009.

[8] 朱照宏.道路勘测设计软件开发与应用指南[M].人民交通出版社，2003.

[9] 黄文雄，张系斌，谭利英.道路勘测设计课程教学改革的研究[J].高教论坛，2007（1）：100-101.

[10] 隋永芹，陈建兵.道路勘测设计课程教学改革的研究和探讨[J].高等建筑教育，2002，11（4）：36-37.

[11] 孙国富，冯马必，刘运通，等.道路勘测设计课程的数字化教学改革[J].高等建筑教育，2006，15（2）：74-77.

[12] 赵永平，马松林，王百成.道路勘测设计一体化的DTM实现技术[J].哈尔滨工业大学学报，2009（7）：155-159.

[13] 张秀成.在“道路勘测设计”课程中如何培养学生的实践能力[J].设计艺术研究，2010，29（5）：126-127.

[14] 崔亚楠，高利平.《道路勘测设计》课程教学方法改革研究与实践[J].内蒙古工业大学学报：社会科学版，2009，18（1）：103-105.

[15] 郑丽娜.论“道路勘测设计”的教学改革[J].黑龙江教育：高教研究与评估，2008（3）：66-67.

[16] 文建华.道路勘测设计课程教学时效性研究[J].大学教育，2013（12）：

50-51.

［17］钟栋青，李玉华.《道路勘测设计》课程实践教学改革与评价机制［J］.教育教学论坛，2012（S4）：53-54.